燃煤电站过程模拟与热经济学分析评价

Process Simulation and Thermoeconomic Analysis on Coal-Fired Power Plants

赵海波　郑楚光　金　波　张　超　熊　杰　著

科 学 出 版 社

北　京

内 容 简 介

对复杂能量系统进行能源-经济-环境多角度综合评价和分析是众多工业领域的实际需求。本书介绍燃煤电站过程模拟、热力学分析、热经济学分析的基本概念、基本模型和基本方法，其中过程模拟包括稳态过程模拟(仿真)和动态过程模拟，热力学分析包括常规㶲分析和动态㶲分析，热经济学分析包括技术经济评价、热经济学成本分析、热经济学故障诊断、热经济学系统优化和环境热经济学成本分析。本书各章节内容可相对独立应用于复杂能量系统的描述和分析，也紧密关联自成体系，过程模拟为热力学分析提供所需的物流和能流数据，而热经济学建模是以㶲分析和技术经济评价为基础的。本书虽以常规燃煤电站和富氧燃煤电站为主要研究对象，但所介绍的方法及理论也可应用到其他能量系统。

本书可作为动力工程与工程热物理、化学工程等领域的大专院校教师、研究生和高年级本科生的参考书，也可作为相关科研人员和工程技术人员的参考书。

图书在版编目(CIP)数据

燃煤电站过程模拟与热经济学分析评价 = Process Simulation and Thermoeconomic Analysis on Coal-Fired Power Plants / 赵海波等著. —北京：科学出版社，2020.6

ISBN 978-7-03-064279-0

Ⅰ. ①燃… Ⅱ. ①赵… Ⅲ. ①火电厂-热力系统-过程模拟 ②火电厂-热经济学-经济分析 Ⅳ. ①TM621.4 ②F069.9

中国版本图书馆CIP数据核字(2020)第017874号

责任编辑：范运年 王楠楠 / 责任校对：王萌萌
责任印制：吴兆东 / 封面设计：蓝正设计

科学出版社出版
北京东黄城根北街16号
邮政编码：100717
http://www.sciencep.com
北京捷迅佳彩印刷有限公司印刷
科学出版社发行 各地新华书店经销
*
2020年6月第 一 版 开本：720×1000 1/16
2020年6月第一次印刷 印张：22 3/4
字数：450 000

定价：168.00元

(如有印装质量问题，我社负责调换)

前　　言

燃煤火力发电在中国国民经济和能源结构中仍然占据不可替代的地位，据《中国统计年鉴 2017》，2016 年原煤占能源生产总量的比重为 69.6%，2016 年煤炭占能源消费总量的比重为 62.0%，2016 年火电装机容量占发电装机容量的 64.3%，2015 年火力发电用煤占煤炭消费总量的 45.2%，2015 年火电占发电总量的 65.9%，而且预计这种基本状况在相当长的一段时间内仍将维持。

燃煤发电的核心问题是高效、清洁和低碳。经过几代人的奋斗，中国燃煤发电技术已经居世界先进水平。据中国电力企业联合会发布的《中国煤电清洁发展报告》(2017)和《中国电力行业发展报告》(2017)，燃煤发电机组的热效率已经从 1983 年的 36.94%提高到 2015 年的 44.22%，供电标准煤耗从 1978 年的 471g/(kW·h)降低到 2016 年的 312g/(kW·h)；在日趋严重的环境污染面前，通过现役机组达标改造和新建机组超低排放，大气污染物排放量快速下降。1979～2016 年，火电发电量增长 17.5 倍，烟尘排放量比峰值 600 万 t 下降了 94%，SO_2 排放量比峰值 1350 万 t 下降了 87%，氮氧化物排放量比峰值 1000 万 t 下降了 85%；另外，2016 年全国火电单位发电量 CO_2 排放约为 822g/(kW·h)，比 2005 年减少了 21.6%。尽管取得了非常突出的成效，然而燃煤火电在新的形势下仍然面临着诸多挑战：①火电利用小时数和负荷率持续走低，调峰任务日趋增加，严重影响机组运行经济性；②煤电机组进一步提效(如 700℃超超临界发电技术)空间越来越小；③更严格的《火电厂大气污染物排放标准》(GB 13223—2011)使电厂污染物减排压力进一步增大，减排成本显著增加；④在全球气候变化和温室效应的大背景下，燃煤电站碳减排的技术挑战和经济压力直线上升。

实际上，燃煤电站具有技术密集型、资金密集型、资源消耗大、污染排放多、生产消费市场化、直接关系国计民生、行业竞争激烈等特点，很难仅仅从能源的角度(如煤耗、能效)，或环境的角度(如污染物排放)，或经济的角度(如发电成本和收益)等来对其进行分析评价、集成优化，必须协同考虑能源、经济和环境的综合影响。长久以来，燃煤电站的工程热力学分析评价方面已经积累了非常好的研究，并得到较广泛的工业应用，但是从能源-经济-环境的角度对燃煤电站进行综合分析和优化的工作并不常见。另外，在全球碳减排的背景下，富氧燃烧作为一种非常有潜力的碳减排技术，已经跨入中试研究阶段，但对其进行能源-经济-环境的综合分析评价和系统集成优化的工作更少。

本书是作者团队在燃煤电站过程模拟和热经济学分析方面多年研究成果的系统总结。20 世纪 90 年代以来，郑楚光教授即指导研究生周英彪、李强、娄新生、张静英、单杰锋、刘革辉、唐良广等开展燃煤电厂仿真的工作；进入 2000 年以来，郑楚光教授指导张超博士首先引入热经济学结构理论到燃煤电站，在热经济学成本分析、故障诊断和系统优化方面开展系统工作；之后赵海波教授指导熊杰博士开展了富氧燃烧电站的过程模拟、技术经济评价和(环境)热经济学分析的研究，指导金波博士进一步开展了燃煤电站动态过程模拟和动态㶲分析的研究，指导的研究生陈猛、孟靖、邹希贤、王小雨、卿梦磊等也分别在燃煤电站稳态过程模拟和化学链燃烧系统分析评价等方面开展了工作。在这历时 20 多年的研究历程中，我们的研究思路从朦胧到逐渐清晰，也经历了数学模型难以自洽、程序编制不通、模拟难以验证、新的思路不被接受等茫然和困惑，当然更有“漫卷诗书喜欲狂”“柳暗花明又一村”的兴奋和欣慰，最终形成了初具雏形的燃煤电站环境热经济学理论和方法。本书的完成，离不开以上研究生的贡献，在此表示诚挚的谢意。本书的工作，同样受益于煤燃烧国家重点实验室同事的工作，特别是碳捕集、利用与封存研究所的同事在 0.3MW_{th}、3MW_{th}、35MW_{th} 富氧燃烧小试和中试装置上的突出成绩，为我们的工作提供了可对照的实验结果，也间接加深了我们对于实际燃煤发电流程、空分制氧流程、CO_2 压缩纯化流程等方面的理解。我们也感谢与本实验室柳朝晖教授和罗威博士在富氧燃烧动态过程模拟多方面卓有成效的专业讨论。本书也受益于卓有成效的国际合作和国内外同行的帮助。熊杰博士、金波博士受美国 Alstom 电站锅炉研究设计执行部的资助分别去康涅狄格州访学一年和半年，Alstom 也设置专门项目对此工作进行支持，娄新生博士、Marion 主任、Kang 博士、杨世宗博士等提供了诸多帮助和引导；康涅狄格大学的 Luh 教授对我们在热经济学优化方面的工作提供了帮助，清华大学蔡宁生教授赠送了书籍和学位论文，弗吉尼亚理工大学的 von Spakovsky 教授、西班牙 Zaragoza 大学 Serra 博士等提供了热经济学相关资料；中国科学院工程热物理研究所金红光院士、清华大学李政教授、海军工程大学陈林根教授对本书进行了审阅和推荐，在此一并致谢。

本书得到了国家重点研发计划(2016YFB0600801)资助。

尽管国内外有一些关于热力学分析评价、技术经济评价和能源-经济-环境分析评价等的著作，作者也从中受益匪浅，但是目前尚无对燃煤电站过程模拟和(环境)热经济学进行系统介绍的著作，作者希望本书能够起到抛砖引玉的作用，也希望本书的出版能够对动态㶲分析和(环境)热经济学的纵深发展起到促进作用，并期待这些方法和理论能广泛应用到其他能源系统的分析和评价。

由于作者水平有限，对于该领域的某些关键问题尚处于探索和研究阶段，书中肯定也存在诸多不足之处，恳请读者谅解，并真诚希望读者能够通过如下联系方式将不足之处或意见、建议反馈给作者，以此指导和促进我们今后工作的进一步开展：hzhao@mail.hust.edu.cn，或华中科技大学煤燃烧国家重点实验室(430074)，赵海波。

作　者

2019 年 11 月 23 日于华中科技大学

目　录

第1章 绪 论

能源是人类社会发展与进步的重要物质基础，攸关国计民生和国际战略竞争力[1]。中国已经是世界上最大的能源消费国，约占世界一次能源消费量的23%[2]，而中国一次能源结构中化石燃料(石油、天然气与煤炭)消费量占比为 87%[2]。煤炭作为最主要的一次能源，在中国的能源结构中占主导地位。尽管国家一直致力于大力调整能源结构，煤炭占比由 2006 年的 71.1%[3,4]降至 2016 年的 62%[2]，但仍占据主导地位。煤炭的消费主要来源于火力发电行业，在 2015 年火力发电用煤量占煤炭消费总量的 45.2%[3,5]，这与火力发电在中国电力结构中的比重息息相关。据统计，由于国家鼓励清洁能源、限制火电发展，燃煤火力发电比重逐渐下降，但在 2016 年占比仍达 74.4%[2]，这一现状在未来相当长的一段时间内仍将维持。

由于煤炭组分复杂，用于火力发电的大部分为相对劣质的煤种，其经燃烧后产生烟尘、细微颗粒物、二氧化硫、氮氧化物和重金属等常规/非常规污染物质，引起日趋严重的环境问题。根据国家“节约、清洁、安全”的能源战略方针，中国能源结构需不断调整，着力提高能源效率，发展清洁能源，推进能源绿色发展[5]。国家发展和改革委员会与国家能源局出台《电力发展“十三五”规划(2016—2020 年)》[6]，明确煤电必须转型升级，实施煤电超低排放改造，降低供电煤耗，加强调峰能力与消纳稳定性，进一步解决电力需求与污染排放的矛盾。中国电机工程学会发布的《“十三五”电力科技重大技术方向研究报告》[7]指出，发展高效、清洁、低碳的燃煤发电技术是迫切需要，我国需要从提高煤炭能源利用率、降低发电机组污染物排放浓度与总量、减少 CO_2 排放强度着手，将高效清洁火力发电技术作为重大技术方向，发展 700℃超超临界燃煤发电技术、燃煤电站烟气污染物一体化脱除及二氧化碳捕集技术等。

1.1 燃 煤 电 站

1.1.1 常规燃煤电站

常规燃煤电站是火力发电行业最为常见的形式，不断向高参数、大容量、高效和低排放方向发展。在上述严峻形势下，尽管燃煤火力发电备受压力，但仍在不断更新技术，向高效、清洁和低碳的目标不断迈进。根据中国电力企业联合会发布的《中国电力工业行业年度发展报告 2017》，燃煤发电机组供电标准煤耗降低到 312g/(kW·h)，单位火电发电量烟尘排放量、二氧化硫排放量和氮氧化物排放量显著降低，分别为 0.08g/(kW·h)、0.39g/(kW·h)和 0.36g/(kW·h)，单位火电发电量二氧化碳排放约为 822g/(kW·h)，比 2005 年下降 21.6%，继续保持世界先进水平。尽管能源战略方针得到有效实施，取得了突出成效，然而燃煤火电在新的形势下仍然面临着诸多挑战：①火电利用小时数和负荷率持续走低，调峰任务日趋增加，严重影响机组运行经济性；②煤电机组进一步提效(如 700℃超超临界发电技术)空间越来越小；③更严格的《火电厂大气污染物排放标准》(GB 13223—2011)使电厂污染物减排压力进一步增大，减排成本显著增加；④在全球气候变化和温室效应的大背景下，燃煤电站碳减排的技术挑战和经济压力直线上升。

因此，仅仅从能源(如煤耗、能效)、环境(如污染物排放)、经济(如发电成本和收益)等单一因素来评价燃煤电站性能，不足以应对上述挑战，必须协同考虑能源、经济和环境的全方位综合影响。实际上，基于工程热力学、技术经济学等对流程复杂、系统庞大的燃煤电站进行分析评价，已经得到长足发展进步，并得到了较广泛的工业应用。正是基于以上考虑，本书系统总结了能源-经济-环境综合分析评价相关理论，及其在燃煤电站和以富氧燃烧为代表的新型燃烧与碳减排技术中的应用。

1.1.2　富氧燃煤电站

富氧燃烧技术于 20 世纪 80 年代初提出，目的在于提高石油开采率与 CO_2 减排。到了 90 年代中期，由于温室效应的压力，CO_2 减排成为研究的主要目的[8,9]，对该技术的研究才迅速发展起来。如图 1-1 所示，富氧燃煤电站是在常规燃煤电

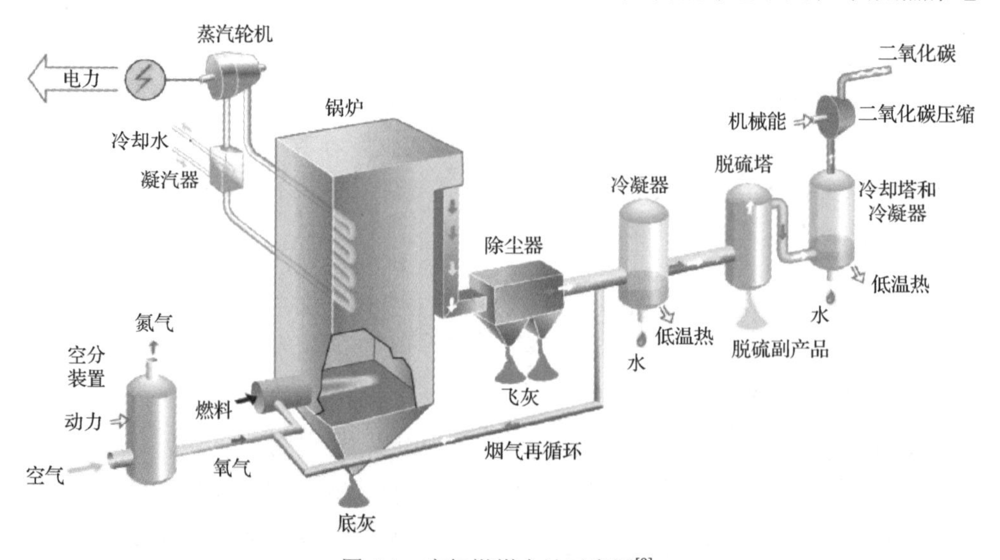

图 1-1　富氧燃煤电站示意图[9]

站基础之上，用空分装置(air separation unit，ASU)提供的高纯度氧气来代替空气与煤燃烧，同时用循环烟气调节炉膛内燃烧工况，以期与常规空气燃烧工况相匹配，产生的烟气中富含80%～90%的CO_2，并运用CO_2压缩纯化(CO_2 compression and purification，CPU)系统进行压缩、纯化与分离，获取高纯度的CO_2产品，从而实现CO_2捕获与利用。

由于具有技术可靠、可规模放大和环境友好等优点，富氧燃烧技术得到全世界广泛关注。各国研究机构与专家学者开展了大量的研究工作，包括燃烧特性[10]、常规/非常规污染物生成特性[11]、系统集成优化[12]及运行控制策略[13]等。华中科技大学煤燃烧国家重点实验室是国内最早开展富氧燃烧技术研究的单位之一，早在1997年就对富氧燃烧方式下NO_x抑制机理、SO_2钙基脱硫机理以及燃烧火焰稳定性进行了基础性研究工作，现阶段已实现了0.3MW_{th}、3MW_{th}以及35MW_{th}等不同级别的富氧燃烧中试装置的成功运行，获得了具有关键意义的理论与经验[14]。经过几十年的研究与发展，富氧燃烧技术已逐步进入工业示范阶段。然而，能耗成本与运行控制成为现阶段该技术进一步商业推广的瓶颈。与常规燃煤电站相比，富氧燃煤电站呈现出以下特点：系统流程结构复杂度增加、增加空分装置与CO_2压缩纯化系统，燃烧气氛由N_2/O_2转变为CO_2/O_2，增加烟气循环等。由此，富氧燃煤电站净热效率通常降低9～11个百分点[15]，发电成本大幅增加。而且，传统燃烧控制方式可能失效，制氧-压缩纯化-锅炉岛耦合运行难度加大，运行调控灵活性增加，空气燃烧-富氧燃烧兼容工况切换策略与规律不明确等。为了推动富氧燃烧技术实现商业示范，非常有必要从能源-经济-环境角度进行综合分析，进一步进行系统集成优化和运行控制优化，实现富氧燃煤电站高效低成本运行。

1.2　过程模拟(仿真)

1.2.1　功能与实现

建模与仿真被广泛运用于研究一个特定工程、活动、系统或过程的稳态和动态特性。模型可定义为：一个用于理解物理、生物或社会系统，与所研究系统相似且遵循特定条件的数学或物理系统[16]。过程模型主要基于严格的第一性原理并用于代表或描述已经建立或新建的工业过程。在工业上，过程模型可定义为用于预测过程行为且具备必要的输入条件以求解方程的一系列数学方程组。

按模型建立的方法，即由第一性原理(机理方法)或“黑箱”决定，过程模型分为机理模型与黑箱模型。机理模型是通过分析过程的物理化学本质和机理，建立暂态的能量和质量等守恒方程，而黑箱模型(经验模型)是直接以实验数据为根据，着眼于简单描述输入与输出的关系，通过数理分析方法确立过程参数之间的函数关系。

根据研究目的的不同，过程模型通常分为稳态模型和动态模型[17]。稳态模型是指系统或过程在稳定状态或平衡状态下，各输入变量与输出变量之间关系的数学描述，能反映系统或过程的静态特性。在某一工况下，各种状态参数都有一定的数值，与系统经历的过程无关。当系统由一个稳定工况变化到另外一个稳定工况时，各种状态参数之间总存在着某种确定的数学关系，这些关系可以用公式、曲线、表格等数学形式表达，从而构成稳态过程的数学模型。动态过程的数学模型是用来描述系统或过程在不稳定状态下，各种参数随时间变化的数学关系式。这些数学关系式一方面服从物理与化学的基本定律，另外一方面也取决于系统的结构特点和初始工作条件。理论上，当时间趋于无穷时，由动态数学模型决定的所有参量的最终稳态值应该与稳态过程数学模型所决定的完全一样。因此，可以认为稳态模型是动态模型的极限和基础，稳态过程模拟(仿真)是动态过程模拟的基础。

基于过程对象的数学描述方法，过程模型分为集中参数模型与分布参数模型[18]。前者过程中各参数与空间位置无关，且在整个系统中是均一的，而后者描述的是系统各参数与空间位置之间的函数关系。

依据所研究对象的属性，过程模型又可分为确定模型与随机模型[18]。确定模型中每个变量对任意一组给定的条件取一个确定的值，而随机模型用于描述一些不确定性过程，这些过程服从统计概率规律。

本书中涉及多种模型形式，包括黑箱模型、稳态模型、动态模型、集中参数模型以及确定模型。

过程模拟是通过数学建模方式在计算机上“再现”实际的生产过程[19]，不涉及实际的设备、操作和人员等，可在模型上做任意改动，增加了设计人员的自由度，节省人力与物力，可广泛应用于研究系统整个生命周期内(从概念提出至退役停运)的运行特性[20,21]。在预可研阶段，基于过程模拟的技术经济评价或可行性分析，可用于比较多种技术方案，以决定采用何种合适的技术。在设计阶段，过程模拟可用于检验流程结构的合理性与验证物流及能流的准确性。进而，可使用过程模型进行灵敏度分析，探讨关键运行参数对系统运行的影响，获取运行优化值，提高系统性能。在运行系统之前，可运用过程模拟对系统进行闭环控制设计与方案比较，获取系统在不同运行工况下的动态特性，确保系统安全、稳定与高效运行。在系统运行很长一段时间后，可考虑采用过程模拟对系统流程结构与运行工况进行优化和诊断，以期减少能耗和运行成本。在运行过程中，若出现紧急工况，也可通过过程模拟进行实际情形还原，寻找切实有效的解决途径。直至系统退役停运，过程模拟在系统的整个生命周期内均扮演着重要角色。

具体来讲，过程模拟的类别不同，呈现出的作用也会有所差异。稳态模拟是根据系统的稳态数据(如流程结构、操作条件、产品规定等)进行稳态建模，以获取系统与设备的热力学信息。主要作用在于，设计与验证新流程或设备、改进旧设备或流程的性能，以及优化与诊断运行情况，并为动态模拟提供基础。动态模拟可辨识系统在运行指令或干扰下各个参数的动态响应过程，用于动态运行特性分析、控制系统设计、安全性分析、开停车方案优化以及仿真虚拟机开发等。稳态模拟中的过程优化与动态模拟中的可操作性之间存在权衡关系[22]。对于多数的系统设计工程师，他们倾向于使用稳态优化技术最小化投资和运行成本，然而系统之间的高度集成和交互性，可能会导致动态运行中不具有可操作性等问题。根据研究目的和已获取的信息，可建立不同可靠度的过程模型，用途也会有相应的变化。当获取足够多的实际信息后，可建立某个系统的高可靠度过程模型，用实际运行结果对模型及模拟结果的正确性进行验证，进而可用于对过程、设计以及控制策略等的优化。尽管这种模型精确度高，但所需信息量巨大，计算代价很高，所需成本较大。通常情况下，研究人员会根据实际情形进行取舍，尽量接近实际系统的特性，保证一定的可靠性，且不会造成太大的负担。

从世界上第一个化工模拟程序——Flexible Flowsheeting 问世以来，模拟软件的开发与研制逐渐走向专业化、商业化与大型化。到了 21 世纪初，流程模拟商业化软件达到比较成熟的阶段，涌现出了大批的模拟软件，如 Aspen Plus、HYSYS、PRO/Ⅱ、gPROMS、CHEMCAD、Aspen Plus Dynamics、ECSS 等[22]。这些软件可用于模拟复杂能量系统，且所采用的建模方法存在其独特性。Aspen Plus 包含大量关于化学物质和单元模型的数据库，可用于计算膨胀机的低温气体行为，决定燃烧产物、冷凝器中电解效应，以及分离器和精馏过程的相平衡等，但不足之处在于该软件开发之初并不是针对复杂能量系统(如燃煤电站)，其模块化计算可能导致收敛问题[15,23]。另外，Aspen Plus 只针对稳态模拟过程，不能对某个系统的动态运行进行测试，无法获取系统的动态特性。与 Aspen Plus 不同，Aspen Plus Dynamics 是一个强有力的动态过程模拟工具，可帮助过程工程师和运行人员理解与解决一些实际运行问题，模拟实际装置运行的动态特性，支持并行过程和控制设计，减少投资和运行成本，提高运行安全性，在装置设计和生产操作的全部过程中发挥最大的潜力。

除此之外，联合多种不同软件的协同模拟也逐渐受到重视。具体而言，对于某个具有多个设备或子系统的过程，可采用不同的软件来单独模拟系统中某个设备或过程，并在不同模型之间进行信息交换。Zitney[24,25]对应用于复杂能量系统的高级过程系统仿真技术(advanced process engineering co-simulator co-simulation technology)进行了详细的综述，通过开放源编程可连接使用不同软件所建立的模型，并进一步研究它们对于集成系统的影响。从学术角度看，协同仿真方法是一种有效节约时间的方法，可帮助建立高精确度的过程模型。然而，从应用角度看，这种方法仍然存在着挑战，因为有效与正确地连接这些单独用不同软件建立的模型本身就存在很大的难度[26]。为了完成集成过程，可使用运行点线性化、辨识及直接耦合等模型降阶方法来寻求所研究系统的特性，并为实际工程提供切实有效的信息和解决方案[26]。

1.2.2 过程控制与优化

过程控制是将自动控制理论、工业生产过程工程与工艺、自动化仪表及计算机的知识相结合而构成的一门综合性学科[27]。在实际控制系统中，主要由主元件(传感器或传输器)、控制器、执行器以及所调控的过程本身构成[21]。在某个过程系统中设置控制结构的目的在于，通过系统中各类仪表完成对过程变量的监测与调控，从而实现强化产品品质、最小化废物排放、降低环境损害、最大化产量及维持安全稳定运行等目标[28]。燃煤电厂(常规燃煤电厂和富氧燃煤电厂)结构复杂，运行操作难度大，需设计与配置厂级控制(plantwide control)系统来实现自动化调控与运行。另外，良好的过程控制可实现系统热力学性能的提升，降低系统运行能耗与成本，实现一定的经济效益。

厂级控制涉及如何设计控制系统与策略，来实现对包含多个单元设备或子系统的整个系统的控制。Luyben 等[29]简要介绍了厂级控制的发展历程，包括单元运行方法与两级 Buckley 步骤。前者的含义为单独设计每个单元或设备的控制结构，将这些控制结构整合起来形成全系统的控制系统；而后者包括明确质量平衡的控制结构来掌控某参数(如储罐的持液量)从而抵御低频率的干扰，建立产品品质的控制结构来抵御高频率的干扰。接着，他们又提出了厂级控制的九步法则[30]，包括设定控制目标，确立控制自由度，建立能量管理系统，设置生产率(production rate)，控制产品品质与掌控安全、环境与运行等约束，在每个循环中固定一股物流与控制某参数(如持液量)，检查组分平衡，控制每个单元运行以及优化经济性与提高动态可控性。Bequette[16]采用七个步骤实现某个过程的控制，包括控制目标，输入变量，输出变量，运行约束，运行特性，安全、环境与经济性考虑以及控制结构。Larsson 和 Skogestad[31]对厂级控制进行了详细的综述，并提出了系统性的“自上而下分析、自下而上设计”的控制设计方法[32]，如图 1-2 所示，包括日常规划、全局优化、局部优化、高级控制层与常规控制层。在“自上而下分析”步骤中，完成运行目标定义、操作变量与自由度分析、主控制变量以及生产率设定等；而“自下而上设

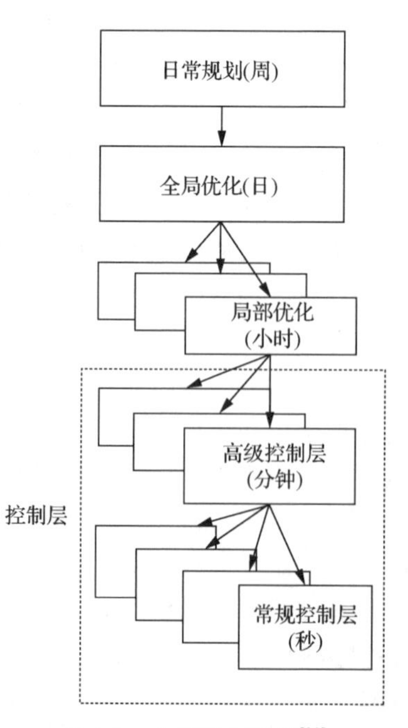

图 1-2 典型控制层级[32]

计”步骤主要侧重于常规控制层、高级控制层、优化层以及验证等。另外，控制系统设计可分为传统方式与以模型为基础的方式[33]。前者的实现一般建立在系统已经设计好且获得足够的运行经验的基础上，具有一定的局限性，可能造成过程不可控的风险。后者则是在建立过程的动态模型后，在模型上设计控制结构，并运行测试以获取控制器初始的整定参数设定与系统运行预测结果等。以模型为基础的控制系统设计，主要步骤包括定义控制目标，辨识过程与运行约束，确立所有可能的操作变量、控制变量与运行干扰，进行开环动态测试与系统辨识，研究不同控制结构的可控性，设计闭环控制结构及进行闭环控制下的模拟与运行测试[33]。这种方式具有一定的优势，便于更好地理解系统的过程动力学，在动态模拟中实现虚拟工况的测试与调节，跟踪与理解实际系统无法监测的内部变量的变化过程等。这种方式的难点在于建立精确的模型时，需根据已获取信息量的程度，对模型进行适当的取舍，基于实际经验逐步去完善模型。

在某个能量系统中，设计与配置闭环控制系统旨在自动调控运行参数、预防非期望的干扰，以及避免非必要的紧急事件，从而维持系统安全稳定运行，提高运行可靠度与智能度。对于高可靠度和强鲁棒性的燃煤电站而言，控制系统将是不可或缺的部分，用于帮助运行人员在运行中完成远程操作，以实现实时监测与维持运行目标。过程系统优化主要向着从设计、操作到控制一体化的动态多功能优化方向发展。此时不是寻求一组决策变量的优化值，而是寻找一个优化轨迹。过程系统优化主要包括三个方面[34]：①设计优化，即流程结构已经确定，如何优化设计和控制参数；②流程结构优化，又称为综合优化或系统综合，即当系统总的燃料消耗量或系统生产量已经确定时，如何得到最佳的系统配置与流程；③操作优化，即流程结构已经确定，但系统的运行方式随时间变化，如何确定一段时间内系统的最佳运行方式。

1.2.3 过程综合与集成

过程系统技术的核心内容是过程综合(process synthesis)，过程综合的前期研究主要从物料流程优化方面研究过程系统的设计，主要集中于工业装置新流程的生成。1973 年 Rudd 等划时代的著作《过程综合》[35]的出版，以及 1988 年 Douglas 推出的 Conceptual Design of Chemical Synthesis[36]，都标志着这一领域的进步。

过程集成侧重于在一定的物料流程方案前提下，能量的综合利用与相应设备优化选择及流程结构之间的权衡，同时考虑系统的柔性、可控性、安全性和环境目标等[37]。国外在过程集成研究方面最引人注目的范例是 Linnhoff 的夹点分析(pinch analysis)[38,39]及 Smith 和 Linnhoff[40]所建立的“洋葱模型”，这些方法是从研究换热网络优化合成的基础上发展起来的，它们在不同程度上反映了系统不同部分的能量特征及其相互关系，能够用于包括工艺过程和公用工程系统在内的整个过程系统的能量综合优化。夹点分析的研究对象主要是换热网络(heat exchanger network)。它是通过最小化网络中的换热器数量、优化热量回收系统、能源供应方式和工艺操作，达到热集成目的，主要是一种设计工具。在进行夹点分析时，要绘制一个温度/焓率差图。对于不同的热流和冷流，结合它们的热力性质，得到两条曲线——热合成物曲线和冷合成物曲线。如此，就能找到夹点-最小温差点。在设计过程中，可以通过改变夹点来使得两条曲线靠近或者远离。对于选取最优换热网络有如下的一些简单规则：不存在跨越夹点的传热；使用夹点之上的热流以及夹点之下的冷流[41]。目前夹点分析扩展的主要应用方面有[42]：①考虑流体压降的能量优化；②多种基础方案的设计；③精馏塔工艺参数的剖面分析；④低温过程的能量集成；⑤间歇过程的能量集成；⑥如何使水的用量和废水的处理量达到最小；⑦全厂的能量集成；⑧如何达到排放标准(如 CO_2 排放)。然而夹点分析未能给出严格、定量的数学模型，子系统划分的提法也未能确切反映能量结构的本质[43]。

1.3 热力学

1.3.1 热力学方法简介

热力学第一定律分析方法是在卡诺和克劳修斯所奠定的基础上，经过长期运用于正向循环与逆向循环分析而不断完善和改进所形成的传统方法。该方法是能量守恒和转换定律在热现象中的应用，它确定了热力过程中热力系统与外界进行能量交换时，各种形态能量数量上的守恒关系[44]。该方法简单易行，但仅能反映能量转换过程中各股物流和能流的能量数量，无法反映能量传递的方向以及评价其能量品质，这就导致该方法无法全面分析系统节能、优化的潜力。热力学第二定律分析方法以吉布斯理论为基础，利用热力学势的方法评价系统中任意点上的物质与能量，只进行性能分析，与系统的形式、结构以及复杂程度无关。通过分析发现，各种能量形式之间存在相互转换的不等价性，不可逆成为热力性能提升的最大障碍，“可用能”(availability)以及“㶲”(exergy)[45]的概念应运而生。在能量转换过程中，能量的数量虽然保持不变，但是可用能(或者㶲)的数量却是逐步减少的，甚至最终消失。可用能的这种“稀缺性”和“损耗性”直接导致各种能量形式之间存在不等价性，这种不等价性是能量本身的特性。

热力学分析仅能从局部计算系统的效率、定位和量化各设备中的不可逆损失。而经济学分析能够从全局的角度，计算整个系统的燃料、投资、运行以及维护的成本，但是无法评价在某一子系统或设备中成本的形成和分布规律。热力学分析与经济学分析之间的这种互补性，使得将两者相结合成为可能。

热经济学或㶲经济学分析方法，将经济学中“成本”的概念(经济属性)应用到热力学的“㶲”(能量属性)，紧密地将热力学分析与经济学分析结合起来[38]。

将热力学与经济学相结合的前提条件是，所使用的热力学属性必须与经济学中产生价值与成本的首要条件——“稀缺性”和“损耗性”相一致。热力学第一定律所定义的能量由于在转换过程中具有“守恒性”，如果利用能量的数量来量化生产过程中的成本，将无法正确反映不同形式能量所具有的真实价值[46]。热力学第二定律的㶲由于包含了能量品质的信息，同时具有“稀缺性”和“损耗性”的特质，与其他热力学属性相比更适合与成本相结合[46-48]。因此，基于㶲的热经济学分析方法又常常称为㶲经济学[49]。㶲、不可逆或熵产成为连接热力学与经济学的桥梁。热力系统分析方法之间相互关联，如图1-3所示。

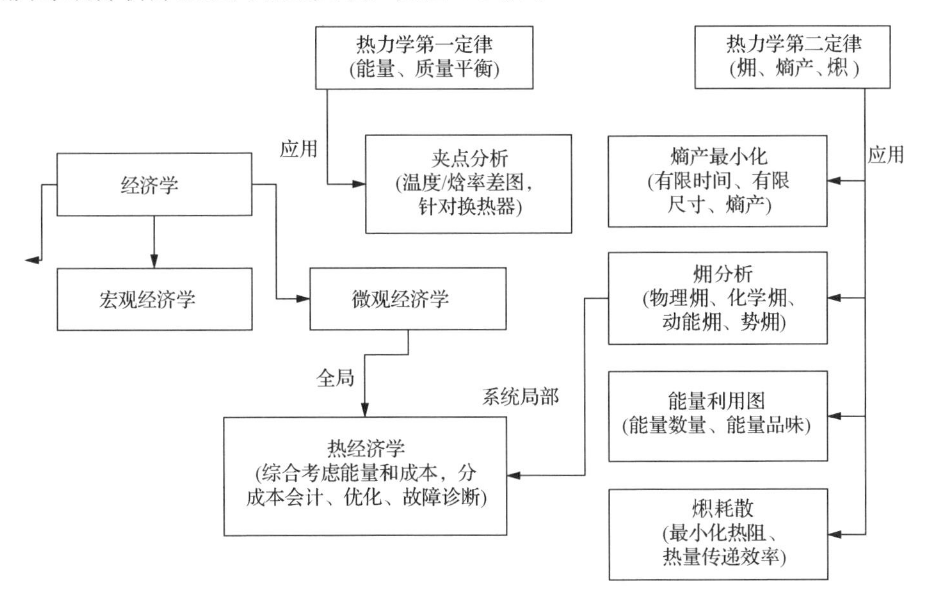

图1-3 热力系统分析方法

1.3.2 㶲分析

作为强有力的分析手段，㶲分析被广泛用于评价复杂能量系统的热力学性能、经济学特性、环境影响以及可持续发展性等[50]。首先，通过计算得到㶲效率与㶲损分布，评价系统的热力学性能与确立潜在节能方式。进而将经济成本概念引入㶲中，形成㶲成本理论[51,52]，可从㶲的角度理解获得产品所需的燃料消耗。进一步结合㶲分析与经济评价，进一步形成热经济学理论[53]，可为工程人员提供设计与运行经济高效系统的信息，而这些信息不能通过常规㶲分析与经济评价获得。在热经济学理论中，热经济学成本分析[54,55]用于辨识系统的成本形成过程，热经济学优化[56,57]用于优化系统的性能与运行，热经济学故障诊断[58]用于挖掘定量化系统中的故障所在。另外，㶲分析被认为是最适合于揭示系统对环境的影响的方法，因为减少㶲损失有助于能源安全与完善污染控制技术[59]。进而，㶲与生命周期评价[60]相结合，形成㶲环境分析[61]（exergoenvironmental analysis），用于评价能源系统所带来的环境影响的位置、大小与来源。当环境影响最小化与可持续性能源得以提供后，可实现与提升可持续性发展[62]。

众多学者对热力系统的㶲分析进行了大量的研究工作，重在分析不同系统中㶲损的数量以及来源。Som 等[63]构建了一个管状煤粉燃烧器并对其进行了实验研究，根据测得的基础热力学参数，计算得到了不同运行工况下的㶲效率。Rosen 和 Tang[64]对传统燃煤发电厂进行了㶲分析，目的是通过调节适当的运行参数以提高系统的㶲效率，研究结果显示通过调节过量空气系数和烟气出口温度可以显著提高系统的㶲效率。Prins 等[65]对燃烧与气化过程进行了㶲分析并对结果进行了比较，分析结果显示，由于内部㶲损降低，气化过程较燃烧过程的㶲效率提升较明显。Martin 等[66]对一台 $1MW_{th}$ 的生物质、煤混烧鼓泡流化床进行了实验研究并对它进行了㶲分析，目的也是找到提高㶲效率的方法，如降低出口烟气温度。Eskin 等[67]对一负荷为 $7.7MW_{th}$ 的流化床燃煤系统进行了详细的㶲分析，重点分析了空气过量系统、蒸汽压力等运行参数对系统㶲效率的影响，同时研究结果显示，流化床装置中的燃烧过程是整个系统中㶲损的主要来源。

随着 CO_2 减排系统的不断发展、成熟，这些系统的中试台架、示范电厂甚至商业化运营的电厂也将迅速地出现，对这些新型系统进行㶲分析是非常有必要的，这能给系统热力性能优化提供十分有价值的根据。但是，这项工作也面临着较大的困难，主要原因是从实际系统得到的运行数据很有限，限制了较为详细的㶲分析的开展。中国科学院金红光团队[68-70]对整体煤气化联合循环（integrated gasification combined cycle, IGCC）系统和化学链燃烧（chemical cooping combustion, CLC）系统开展了长时间的研究，对这两种系统均进行过㶲分析，还提出了化学能梯级利用的概念，他们认为，化学能的梯级利用是降低燃烧㶲损失的有效途径，而燃料化学能梯级利用最关键的是对燃料设计适合的反应方式[60]。Anheden 等[71]对 CLC 系统的㶲分析显示，采用这种非直接燃烧的方式可以显著提高系统的㶲效率。另外，Brandvoll 等[72]的研究结果显示，CLC 系统中氧化反应器气体的入口温度、排气温度均对系统的效率有显著的影响，最佳效率可以达到 55.9%。

对富氧燃烧系统进行㶲分析可以更好地理解富氧燃烧技术的热力特性，有效寻求到系统中需要改造、优化的地方，也为富氧燃烧系统的热经济学成本分析提供了基础数据。Seepana 等[73]对煤富氧燃烧系统的㶲分析工作采取较高的系统集成度，即系统划分得比较粗，如仅仅针对锅炉、空分、CO_2 处理装置等进行㶲分析，没有详细计算系统中各股物流能流的㶲；且该工作进行㶲分析时仅仅考虑了物理㶲，且大部分是机械能、电能。实际上，富氧燃烧系统较传统燃烧系统最大的区别在锅炉部分（空分和尾气处理都是直接加上去的），特别是烟气物性、成分的改变，因此在对富氧燃烧系统进行㶲分析时必须考虑化学㶲[57]，虽然这样会加大工作的难度，但是唯有如此才能真正找到富氧燃烧技术的优势和不足。

1.3.3 热力学与过程控制

㶲作为过程控制与热力学之间的桥梁，可实现从热力学角度来评价系统的可控性、操作变量与控制变量之间的匹配性、比较控制策略及分析系统动态性能等。通过减少压降、热耗散以及混合等因素所产生的㶲损失，人们尽可能地促使热力学过程具有更高的能量利用效率，却往往忽视了过程控制在系统热力学性能中所起的作用，且热力学性能高的过程可能出现难以控制的情形。事实上，这涉及热力学效率与可控性之间的关系，通过建立动态㶲平衡方程，可发现㶲对某一系统状态变量的函数为李雅普诺夫函数，正好适用于可控性的表征，可引入以㶲为基础的系统响应时间来表征系统的可控性，它的物理含义是由于熵产率相应地增加，细微增加的系统㶲储存量耗散的快慢程度[29]。基于动态㶲平衡方程与以㶲为基准的系统响应时间方程，结合相对增益矩阵[74]的概念，可提出相对㶲矩阵[75]（relative exergy array）与相对㶲损矩阵[76]（relative exergy destroyed array）来定量匹配操作变量与控制变量，实现经济高效（eco-efficiency）的过程设计与控制。

然而，热力学效率高的控制匹配并不意味着过程控制也具备高可靠性。为同时保证经济高效的控制结构与高可控性，需借助动态模拟来表征系统的动态㶲行为，比较不同控制匹配方案下的总㶲损，从而验证控制匹配的结果，决定合适的控制匹配。尽管系统的动态㶲值不能直接从动态模拟的结果中计算得到，然而一种㶲经济高效系数[76]可用于评价控制匹配的优劣，完成相对㶲矩阵和相对㶲损矩阵分析结果的验证过程。但上述动态㶲值的计算来源于粗略的稳态模拟结果，且该系数不具备确切的物理意义。另外，可运用热经济学方法来评价控制系统的表现，即通过定量计算由控制结构引起的额外燃料消耗与额外的经济成本，可比较不同控制策略对系统主燃料消耗、运行成本以及故障传播等的影响[77, 78]。综上所述，需建立一套准确性高且系统性强的方法来获取系统的动态㶲行为，并定义具有一定物理含义的指标来评价系统的运行性能，以达到高效可靠运行。

另外，控制结构常常用于确保系统产品品质以及安全稳定运行，却很少从热力学角度来评价控制系统对系统运行的影响，这表明从能耗表现上来明晰控制系统在不同运行工况下的功能与作用势在必行，并可进一步帮助优化控制结构与系统运行。

1.4 热经济学理论

如前所述，传统的㶲分析具有诸多局限，如难以避免㶲损、局部不可逆的技术不等价、难以辨识㶲损的真实原因。究其原因，是因为㶲分析方法是从系统的局部着眼，在对系统进行分析时没有一个“层次”“深度”的概念，认为系统中包含的各个装置是平等的，也是比较孤立的。

另外，经济学分析(主要是微观经济学)则能够从全局的角度出发，对整个系统的燃料、投资、运行以及维护的成本进行计算，但是它无法评价在某一设备或子系统中成本的形成与分布规律。因此，㶲分析与经济学分析之间存在的这种互补性使它们的结合成为可能。

㶲具有“耗散性”和“稀缺性”，表现出了经济价值属性。㶲可以很好地与微观经济学及宏观经济学联系起来，分别与微观经济学中的“成本”及宏观经济学中的“效用”概念找到了契合点。不过，到目前为止，相关研究主要是牵涉㶲和成本的结合，即热经济学(或㶲经济学)[38]。㶲的重要性不仅仅表现在系统的效率分析上，而且能在成本会计及经济分析中起到很大的作用。能量是守恒的，将成本简单地赋予在能量之上将会造成许多的不合理。在热经济学中，不仅可以对系统中的低效(较大的不可逆)进行确定，更能得到这些低效对应的成本及为了减少这些低效而投入的成本。“效用”概念与㶲紧密相连，并且在考虑环境问题时，越来越受到一些经济学家的关注，“㶲税”[79,80]的概念就是其中的一个例子。

20 世纪五六十年代，Tribus 团队[81,82]和 Gaggioli 团队[83]最早对热经济学开展研究。最初的热经济学理论主要是成本会计(cost accounting)[84]。Tribus 和他的合作者，如 Evans[82]、El-Sayed 等[85]，起初的研究方向主要是海水淡化，他们对所研究的系统建立了成本分析和优化的模型，定义了热经济学(thermoeconomics)一词。而 Gaggioli 最早在其博士学位论文中对一电厂蒸汽系统进行了最优设计，他主张对系统中的蒸汽㶲进行成本分析[83]。同时，在 20 世纪 50～70 年代，欧洲科研人员也对热经济学进行了大量的研究。这些研究成果中的一部分被 Kotas 于 1985 年集中整理在他的专著中[86]。90 年代是热经济学发展的高峰期，不同研究方法、对象的研究成果相继被报道。而正是因为热经济学研究领域发展颇广，众多学者主张找到一个标准、通识的数学表达形式来将能用线性方程描述的热经济学模型统一起来。这一想法促使了 CGAM(1994 年)问题[87]的发生。

CGAM 问题是由 Frangopoulos(研究热经济学功能分析(thermoeconomic functional analysis))[88]、Tsatsaronis 等(研究㶲成本计算(exergy-costing))[89]、Valero(研究㶲成本理论(exergetic cost theory))[90]和 von Spakovsky(研究工程功能分析(engineering functional analysis))[91]这四位学者共同发起、承担的，并用他们名字的首字母来命名。他们分别用各自的方法对一个燃气轮机联合循环系统进行优化，目的并不是要评价各方法之间的优劣，而是希望能将各种方法整合。最终，从㶲成本理论发展而来的热经济学结构理论(structural theory of thermoeconomics)[92]在众多理论中逐渐脱颖而出，它成功地采用一种基于线性模型的通用数学形式，囊括了成本会计和优化领域内的所有热经济学方法[53,54,93,94]。同时，热经济学结构理论将平均成本和边际成本的计算统一到一个通用的模型上[95]，而且使得该模型不仅能用于系统的成本分析也能用于系统优化等方面。热经济学结构理论更将热经济学的研究范围扩展到了故障诊断领域，为热经济学研究提供了更为广阔的前景。

另一个有影响力的计划是于2001年开始的TADEUS(Thermoeconomic Approach to the Diagnosis of Energy Utility Systems)计划[96,97](为了纪念Tadeus Kotas)，这一计划的主要目的是解决故障诊断问题，希望能建立共同的概念和字符命名方法，并对使用不同方法得到的结果进行比较从而了解它们各自的特点。

热经济学理论(模型)可以大体分为两类[98]：代数方法和微积分方法。代数方法是对每一个子系统或者组件建立代数成本平衡方程，探究系统中成本的形成过程，主要用于成本会计，对应的是平均成本。相关的研究方法有㶲成本理论、㶲成本理论的分解方法(disaggregating methodology)[52,54]及由Tsatsaronis及其合作者提出的㶲经济学分析方法(exergoeconomic analysis (EEA) methods)[99,100]。㶲经济学分析方法又包含了后进先出理论(last-in-first-out (LIFO) principle)[54,94,101]、比成本的㶲成本方法(specific exergy costing/average cost (SPECO/AVCO) approach)[89,101]及修正的生产结构分析方法(modified productive structure analysis(MOPSA) approach)[102]。而微积分方法则是基于微分方程，主要是通过求解拉格朗日乘子对系统进行优化，对应的是边际成本，但是在系统部件的热经济学孤立无法达到时，优化求解过程可能很难收敛。相关的研究方法包括热经济学功能分析、工程功能分析以及热经济学结构理论。

总之，热经济学理论经过半个多世纪的研究与发展，其研究与应用范围逐步扩大，从最初的成本分析和系统优化，逐渐扩展到考虑环境影响的系统评价和优化，并且由热经济学结构理论将热经济学研究范围扩展到的故障诊断领域。为此，本书将热经济学理论的研究与应用范围分成四个大领域，即成本分析、故障诊断、系统优化和环境评价；将热经济学领域中出现的各种重要的方法，按照其所对应的领域，逐一进行详细的综述和比较。

1.4.1　热经济学成本分析

热经济学成本会计就是确定系统中的㶲流并对它们赋予经济价值。成本会计法用于估算系统中每一种产品的生产总成本，该成本包括系统运行所需的各种资本成本和运行费用。成本会计法的目的在于：①确定所有产品的成本；②提供一个能够用于产品定价、利润计算的基础；③控制花费；④形成一个用于运行决策和评价的基础。该方法不仅能用于已建系统的分析，也能用于改进概念设计[103]。该方法能跟踪成本的形成、确定中间产品的成本、系统维护和优化改造的决策分析及实现运行和控制策略。成本会计法又包括三类方法[46]：①内部㶲损(exergy destructions）及外部㶲损（exergy losses）的成本计算方法；②使用代数现金平衡方程和辅助定价方程确定㶲流的平均单位成本的方法；③使用微积分方法获得㶲流边际成本的方法。

内部㶲损与外部㶲损的成本计算主要用于估算某一设备㶲耗散的成本。当系统总产量一定时，㶲耗散的单位成本通常等于输入系统的燃料㶲成本；当系统总燃料量一定时，㶲耗散的单位成本等于系统产品的㶲成本[46]。在设计阶段，研究人员可以通过改变系统的资本花费，来权衡每一个设备的㶲耗散成本和资本花费，从而改善系统的运行经济性。然而，利用该方法进行优化分析还存在很多问题：①赋予耗散㶲的成本并不一定正确；②某一单元单独优化所得到的最优参数值通常与系统整体优化所得到的参数值不同。

基于㶲流的成本计算方法一般利用现金平衡的方法列出某一系统内部各设备的成本平衡方程。通常，未知的单位成本的数量要超过成本平衡方程的数量。因此，必须引入辅助方程。Gaggioli 等[104]定义了"提取"、"等同"以及"副产品"等概念用于确定这些辅助方程，并将这些概念用于各种复杂能量系统的成本分析[105,106]。Valero 等[52,107]建立并发展了㶲成本理论，为热经济学的进一步发展奠定了坚实的基础。在㶲成本理论中，Valero 等提出了几条关于燃料、产品的假设以及推论，并将其作为确定辅助方程的基础。Valero 等的方法主要分为两个步骤：①正确定义每一个单元的效率，也就是确定与某一单元相连的所有流中，哪些流属于该单元的"燃料"，哪些流属于"产品"；②确定在剩余的流中，哪些属于排弃的废物，哪些是副产品。然后，在生产结构模型上基于如下四条假设建立整个系统的㶲成本方程：①㶲成本与源流有关，不考虑外部值时，进入系统的物(能)流的㶲成本等于它们各自的㶲，即单位㶲成本为 1；②㶲成本有守恒性，对于系统中的任一组件，入流的㶲成本之和等于出流的㶲成本之和；③如果某一单元的一个出流是这个单元燃料的一部分（未耗尽燃料），则此出流的单位㶲成本等于它的入流的单位㶲成本；④如果某一单元的产品由多个具有相同热力学品质的物流组成，则这些物流的单位㶲成本相等。其中假设①可以提供的方程数量等于系统的入流数量（e），而假设②提供的方程数量为系统中实际组件的数量（n），假设③和假设④可以提供的方程数量等于系统生产结构中的"分歧"数（m–n–e）；联立求解这 m 个方程，可以得到系统中 m 个物(能)流的㶲成本。利用以上方法得到的方程（㶲成本）没有考虑外部值，如果考虑了外部值的影响，方程还需要修正。Valero 等所开发的方法比 Gaggioli 等的方法更为系统，也具有更为严格的数学形式[46]。EI-Sayed 等[46]利用该方法分析了一个 30MW 热电厂，研究在不同系统集成度下各股物流、能流的㶲成本。实际上，Valero 等[108]通过研究发现，一旦确定了需要优化的问题（也就是目标函数和约束），则㶲成本理论所提供的成本与拉格朗日乘子相一致。换句话说，这意味着㶲成本理论与基于边际成本的优化理论相统一。

如果说㶲成本理论是热经济学发展的理论基石，那么 Valero 等[108,109]在㶲成本理论基础上建立的符号㶲经济学(symbolic exergoeconomics)或矩阵㶲经济学，使用符号或矩阵计算技术能够建立更为通用的热经济学模型。符号㶲经济学能够分析各组件局部消耗对系统外部资源消耗的影响，为热经济学的故障诊断奠定了基础。

Tsatsaronis 等[49]介绍了多个用于㶲成本计算的概念，根据他们所定义的燃料、产品单位㶲成本，能够得到使用内部㶲损和外部㶲损的成本计算方法所得到的㶲耗散的成本。他们将燃料单位㶲成本与产品单位㶲成本之差定义为边际㶲成本(这里所定义的边际成本与实际的边际成本有所不同)，用于比较各组件的生产性能。此外，他们还定义了多个与成本相关的因子，用于评价系统运行、优化改进等。

Moore 和 Wepfer[110]对㶲成本计算方法做出了两个主要贡献：①他们认为除了㶲具有成本，向环境排放熵(也就是废热)也具有成本；②他们将基于㶲流的成本计算方法应用到一个简化的三组件蒸馏系统，计算了各股流的㶲成本和废物熵(waste entropy)成本，通过权衡资本成本、㶲成本、废物处置成本优化了整个系统。

Valero 等[92,111]在四条假设的基础上建立了热经济学结构理论，使用链式微分法则得到了两个重要的结构：①由特征方程所表示的主(primal)子式；②由成本方程所表示的对偶(dual)子式。这种“主-偶”关系能够反映、量化任何复杂能量系统的结构特性(也就是组件之间的复杂交互)。Serra 等[95]经过研究发现，当特征方程是关于质量流率的一阶齐次方程时，利用热经济学结构理论所获得的成本既是平均成本又是边际成本，这意味着热经济学结构理论将成本会计法和优化方法统一到同一个平台上了。

㶲成本理论[52]和热经济学功能分析[112]相当于热经济学结构理论的一个特例。Lazano[113]通过分析证实，在一定的系统分解条件下，特征方程与“燃料-产品”所定义的热力学第二定律效率相一致，成本、效率和系统性能主要依赖于特征方程的单位资源消耗系数。Royo 等[114]使用热经济学结构理论研究汽轮机的边际成本分配，使用一系列的校正项减小计算误差。Rosen 等[48]在 Tsatsaronis 等[49]的工作基础上，以 500MW 燃煤电厂为对象，研究了能量损失与资本成本以及㶲损失与资本成本的关系。通过分析发现，热力学损失率与资本成本的比例代表着重要的系统参数，正确的权衡存在于㶲损失与资本成本中(而非能量损失与资本成本)。Kim 等[102]、Kwon 和 Kwaka[115]推导出一个能够应用在任何热力组件的通用的成本平衡方程，并将该方法应用到一个 1000kW 燃气轮机联合循环系统，研究了不同运行负荷下，各股㶲流成本的组成。王加璇、程伟良、张晓东等[116-118]利用㶲成本理论、热经济学结构理论等方法研究了燃煤机组的热经济学建模及成本分析。

利用以上成本计算方法所得到的单位成本都是平均成本，要进行严格的系统优化需要使用边际成本。然而，在某种程度上，平均成本可以看作边际成本的一种近似，虽然不能得到严格、精确的系统最优，但是，至少可以获得潜在的改进[46]。

1.4.2　热经济学故障诊断

故障的检测和诊断是过程系统工程中非常重要的问题。实时的故障检测和诊断能够避免与阻止异常的传播，减少经济性损失。据估计，美国的石油化学工业由于缺乏有效的异常事件管理(abnormal event management)，每年损失近 200 亿美元[119]。随着新技术和制造工艺的不断发展，现代的过程系统变得越来越复杂，每秒钟需要监视的数据量越来越大，常常导致信息过载。因此，故障检测和诊断在现代过程工业中变得更加重要。

故障通常被定义为与过程有关的某一监视参数或者计算参数偏离某一可接受的值的范围[120]。异常的原因称为基本事件，也称为故障(malfunctions)或缺陷(failures)。用于故障诊断的推理知识通常由一组故障以及故障和征兆的关系组成[121,122]。根据所采用的推理知识，故障诊断方法主要分为三大类[121,122]：基于定性模型的方法、基于定量模型的方法和基于过程历史数据的方法。

能量系统的故障诊断主要包括两个部分[96]：①机械性能诊断，通过监视设备的机械性能(如旋转、震动等)，利用小波转换或各种信号处理分析技术检测设备故障[123]；②热力性能诊断，通过监视设备的热力性能(如效率、加热器端差等)，利用各种热力学方法检测系统性能降低的主要原因[124]。本书主要研究能量系统的热力性能诊断。火电机组是能量系统的一种特殊形式，其热力性能诊断普遍采用苏联的库兹涅佐夫提出的等效焓降法[125,126]，该方法以其快速、准确、简洁的特点成为火电厂热力系统局部定量分析的主要工具。等效焓降法的抽汽效率有机地结合了能量的“质”和“量”，使其与㶲分析在某种程度上有些类似。然而，该方法仅能应用在电厂热力系统，对其他复杂能量系统则无法应用。㶲分析方法与等效焓降法相比更具有普适性，不仅可以应用于电厂热力系统的诊断分析[86]，也可以应用于其他复杂能量系统。然而，由于产生在系统不同部位的不可逆之间存在不等价性，当系统结构和设备交互非常复杂时，单纯使用㶲分析也无法找到系统故障的原因[52,127,128]。

基于热经济学的故障诊断方法不仅解决了传统方法中存在的问题和局限性，也能够量化各种异常所导致的经济价值。异常的经济价值通常使用与㶲成本相关的概念来量化，如㶲成本[107]、热经济学成本[107]、故障成本(malfunction cost)或燃料影响(fuel impact)[96]。燃料影响的概念首先由 Valero 等[109,129]提出，标志着将热经济学应用于故障诊断的开始。基于符号㶲经济学[109,130]和拉格朗日乘子的扰动理论(theory of perturbations)[129]是第一个将热经济学应用于能量系统故障诊断的方法。在该理论中，Valero 等定义了故障(malfunction)和障碍(dysfunction)的概念，用于量化不可逆增加和额外资源消耗的原因与影响。随后，Lozano 等[128]在扰动理论的基础上得到了燃料影响的数学表达形式，并将该方法应用于一个热电厂的故障诊断和优化[128]。Schwarcz 等[131]将扰动理论应用到增压循环流化床的故障诊断，验证了该理论的可行性。Valero 等[132]利用㶲成本理论[52]和故障的概念对一个 350MW 燃煤电厂进行了故障诊断分析，随后又利用扰动理论建立了一个较为完善的在线实时诊断系统[133]。然而，扰动理论仅能近似预测在参考工况附近每一个组件故障所引起的额外资源消耗[134]。此外，由于组件之间的复杂交互，产生在某一组件内的异常有可能引起其他组件性能发生变化。因此，仅使用故障、障碍以及燃料影响的概念仍然无法辨识系统故障的真正原因(也就是辨识到底是由该组件本身的故障引起某一组件的降等，还是产生在其他组件的异常间接诱导该组件产生降等)。

随着基于热经济学结构理论[92,111]的故障诊断的发展，又产生了几个非常有用的概念，即内在故障(intrinsic malfunction)和诱导故障(induced malfunction)[134,135]，使用这些概念能够更好地理解故障产生的原因和影响。与扰动理论相比，使用基于热经济学结构理论的故障诊断方法能够获得更精确的燃料影响值[134]。Valero 等[136]将该方法应用于一个 160MW 燃煤电厂的故障诊断，分析了各组件降等对系统燃料消耗的影响。同时，利用热力学稳态仿真技术，分析了产生在某一组件的内在故障对其他组件的诱导影响(诱导故障和障碍)，得到了一些具有规律性的现象，这些现象对于辨识诱导故障非常有帮助。Arena 等[137]和 Verda 等[138]分别研究了生产结构及产品㶲的不同组成对热经济学故障诊断的影响，通过分析发现系统的生产结构划分得越详细(也就是系统的集成度越低)，所获得的诊断结果越精确。如果系统的生产结构划分得过于粗糙，则将丢失一些与过程有关的物理信息。此外，将产品㶲按照㶲的属性进行分解(分为热力㶲、机械㶲、化学㶲、负熵等)，能够获得更精确的产品成本，Tsatsaronis 等[89]、von Spakovsky[139]和 Frangopoulos[112]都建议将产品㶲进行分解。然而，无论采用更加详细的生产结构还是将产品㶲进行分解，都将加大热经济学建模和求解的工作量。Correas 等[140]将该理论应用于一个 280MW 联合循环系统，研究实时数据的不确定性对热经济学故障诊断的影响，通过分析发现利用数据调和技术能够产生用于热经济学诊断的精度足够的实时数据，进一步验证了将热经济学诊断方法应用于实际系统的可行性。Marcurello[127]将热经济学故障诊断应用于一个 122MW 多级闪蒸海水淡化发电厂，研究了不同运行工况下，系统局部变量、全局变量、区域变量对系统性能的影响，利用内在故障、诱导故障、障碍等概念解释了系统额外资源消耗以及各设备不可逆增加的原因。Royo 等[141]在 Valero 等提出的“相对自由能”[142]的基础上建立了“耗散温度”的概念，用以评价系统的内在故障以及故障对组件㶲效率的影响。Zaleta-Aguilar 等[143]在 Royo 等工作的基础上，使用焓变、熵变和质量流率描述组件的“参考性能状态”（RPS），研究内在故障、诱导故障对 RPS 的影响。利用该方法最大的优点是，能够使用热率影响表述故障的热经济学成本。Verda 等[77,138,144]研究了控制系统对热经济学诊断的影响，针对系统的不同运行工况建立了相应的“自由工况”（free condition），详细研究了控制系统的干预对系统额外资源消耗及不可逆增加的影响。通过分析发现，控制系统的干预将会在某些设备内产生较高的诱导故障。

随着热经济学故障诊断研究的不断深入，人们逐渐发现系统内各组件之间的复杂交互以及控制系统的干预，将在各组件中产生较为严重的诱导故障。由于诱导故障并不是相应组件内部的实际故障，其产生主要与系统的结构特性有关，如果不能辨识和分离这些诱导故障，则将严重影响故障源的定位和诊断的精度[145]。然而，诱导故障的辨识和分离并不容易。为此，Valero 等[135]将热经济学诊断分为两大问题(从某种角度来看，这两大问题代表了热经济学诊断的两个阶段)：①诊断的正向问题(已知原因求结果)，已知故障源的位置和大小(也就是内在故障)，分析该故障源所引起的各组件的不可逆增加(也就是分析各组件内部内在故障所引起的诱导故障和障碍)；②诊断的逆向问题(已知结果反推原因)，已知系统的两个运行状态，也就是实际运行工况(或故障工况)和参考工况(或无故障工况)，辨识系统故障的原因和位置。诊断的正向问题与逆向问题相比较为简单，其目的实际上是在逆向问题无法解决的情况下，先研究某一设备的内在故障对其他设备产生的诱导影响，分析诱导故障和障碍产生的特性及分布，为解决逆向问题做准备。前面所介绍的各种工作仅仅解决了诊断的正向问题，要想使热经济学故障诊断理论真正能够应用于实际系统的诊断，逆向问题必须要解决。然而，Valero 等[135]发现，从数学的角度来看，逆向问题无法解决。这是因为对于一个含有 n 个组件的系统，热经济学故障诊断方法只能列出 n 个故障方程和 n^2 个障碍方程。为辨识 n 个组件内的诱导故障，至少还需要 n 个诱导故障方程(这里需要说明的是，如果要建立更为详细的诱导故障方程，也就是考虑诱导故障之间的相互影响，理论上需要 n^2 个方程)。显然在逆向问题中求解变量数($2n+n^2$)多于方程的数量($n+n^2$)，方程组没有唯一解。使用热经济学结构理论不能求解诱导故障主要是因为：①诱导故障本身并没有包含任何与内在故障有关的信息，诱导故障的产生与系统生产结构以及特征方程(characteristic equation)的建立有关[146]；②某一热经济学变量是多个与过程有关的物理变量的抽象，经过热经济学的转换，系统热经济学变量的数量要远远小于物理变量的数量，这也意味着与过程有关的某些信息可能随着转换而丢失[147]。为此，要得到系统中的诱导故障有两种方法：①重新定义特征方程的形式；②通过其他方法(如仿真、神经网络等)补充热经济学转换所丢失的信息。

Valero 等[96,148]为了使更多学者投入热经济学故障诊断的研究中，发表了多篇重要的文章，一方面展示热经济学方法用于能量系统故障诊断的能力；另一方面为今后的工作搭建一个通用的研究平台，并命名为TADEUS。多个学者[146,147,149]针对热经济学诊断的逆向问题提出了各自的解决方法，并利用TADEUS平台验证了各自方法的诊断精度和可行性。Reini 等[146]提出了两条假设，并在这两条假设的基础上计算单位㶲耗对产品㶲的偏导数，得到了无故障工况下各组件的故障成本。将该故障成本与实际工况下的故障成本相比较，可通过“经验”判断各组件发生故障的可能性。此外，Reini 等[146]认为正确地定义生产结构能够最大限度地减弱单位㶲耗之间的相互依赖，由此可以减少系统内的诱导故障。为此，他们建议将热经济学模型的特征方程由燃料、产品的比例形式修改为燃料、产品的线性形式。然而，改进生产结构以及重新分配与连接点有关的故障成本[145,150]也无法有效地提高诊断的精度。同时，修改特征方程的形式也会使燃料影响的数学形式变得更加复杂。

Stoppato 等[151]采用基于不可逆增加的性能指标(ΔI、$\Delta I/I$ 等)评价组件故障的影响，将这些性能指标从大到小排列就可定位组件故障。Stoppato 等[152]将该方法应用于多个复杂能量系统的故障诊断，验证该方法的可靠性。通过分析发现，当系统中组件之间的交互程度较低时，该方法能有效地定位故障，一旦系统过于复杂，该方法将无法辨识真正的故障源。其主要原因为，该方法不能有效地辨识内在故障与诱导影响。Toffolo 等[147,153]在 Stoppato 等工作的基础上，提出了一个用于故障诊断的新思路和新指标，他们认为组件性能变化的真正原因是其特性曲线发生了变化。因此，通过观察组件的实际运行工况点是否沿着其参考工况的特性曲线变化，就可以判别该组件内部是否有异常(或内在故障)。为此，他们定义了一个新的故障判别指标，该指标定义为组件实际性能的变化与组件沿着参考工况性能曲线运行所引起的性能变化之差，如果该指标大于零，则说明组件内部存在异常。他们将该方法用于TADEUS的运行故障诊断，得到了较为精确的诊断结果。然而该方法还存在一些问题：①所定义的新指标不具备特定的物理或者经济含义，不利于对系统故障的理解和分析；②该方法没能充分利用传统热经济学诊断所得到的一些有意义的结果(如故障、障碍等)。

Verda 等[77,144,154,155]最初提出一种逐步放大的策略，用于过滤控制系统的影响，随后将该方法扩展到解决热经济学诊断的逆向问题[156]。为定位故障源，该方法分为三个步骤逐步过滤诱导影响：①使用整个系统作为控制容积，生产结构仅由一个组件所组成(也就是整个系统)，利用热经济学分析判断系统内部是否存在异常；②使用一个较为粗糙的生产结构描述该系统，通过仿真方法建立一个“自由工况”，消除控制系统的诱导影响；③使用一个更为详细的生产结构描述该系统，通过建立单位㶲耗与组件燃料之间的关系，评价组件燃料的变化对组件单位㶲耗的影响，以此来消除各组件性能的相互影响所导致的诱导故障。Verda 等[156]将该方法用于一个包含两个燃气轮机、两个余热回收锅炉(heat recovery steam generator，HRSG)

和一个汽轮机的复杂能量系统的故障诊断，通过分析发现：①控制系统的诱导影响通常不能够被忽略；②系统的生产结构必须足够复杂和详细才能考虑所有的诱导影响；③由于使用线性的热经济学模型来近似非线性的组件性能，必然导致诊断结果存在一些“残余影响”，然而，这些“残余影响”与内在故障相比要小很多，并不会干扰故障源的定位。然而，由于使用线性模型，该方法只能分析在参考工况附近发生的小故障。为此，Verda[149,155]提出了基于神经网络的非线性热经济学模型，使用神经网络描述组件产品与燃料的关系，该关系需要使用大量的运行数据通过训练获得。

除了热经济学诊断的逆向问题成为研究和关注的热点，利用热经济学诊断进行系统维护策略的研究也逐步提到了议事日程上。当辨识出系统的所有故障后，如何在保证有成本效益的情况下，消除这些故障，是值得关注的问题之一，例如在系统维护过程中，最为重要的一个环节是正确地评价消除系统故障所获得的燃料资源的节省，该环节被 Verda[149]定义为“预报”(prognosis)。通过过滤诱导故障的燃料影响增加可以获得实际故障(也就是内在故障)所引起的燃料影响增加，由此可以确定消除故障所获得的燃料资源的节省。Zaleta-Aguilar 等[157,158]改进了传统的燃料影响公式，并利用㶲经济学燃料影响分析了一个 158MW 传统再热蒸汽循环系统，与 ASME PTC-6 和传统的燃料影响公式相比，改进的燃料影响公式的误差不超过 0.15%。他们利用该方法分析了汽轮机在大修前和大修后的燃料影响，为电厂的管理和维护提供了重要的决策信息。如果能够建立系统的校正或维护成本的方程，就可以通过比较校正成本和燃料资源节省获得最佳的系统维护时机[96,156]。

1.4.3 热经济学系统优化

很多能量转换系统中包含设备的数量众多、设备之间的相互影响较大，以及依赖于时间的运行模式，直接导致系统变得非常复杂。此外，材料工艺和制造水平的限制、投资成本以及环境影响等问题都将制约着系统的设计和运行优化。完整的优化问题通常表述为：在一定的(物理、经济和环境等)约束和限度内，采用何种系统配置(或结构)，使用何种组件的设计特性和运行策略，能够使整个系统达到全局最优。这一问题代表着能量系统优化的三个层次[34,159]：综合、设计和运行优化。

为解决以上问题，Linnhoff的夹点分析(pinch analysis)[38,39]及Smith和Linnhoff所建立的洋葱模型[40]是最早用于复杂能量系统优化设计的方法。然而，如前所述，夹点分析还存在很多问题，如不能得到全局最优解、并非基于热力学第二定律、难以应用于包含热泵的换热网络。针对夹点分析存在的这些问题，很多学者[160,161]将热力学第二定律的分析方法与夹点分析相结合，力图寻找新的突破口。然而，这些工作只能说是一种技术层面的改进，很难在过程综合的理论上有所突破。基于热力学第二定律的分析技术与传统的分析方法相比，更适合用于复杂能量系统的优化改进[162]。其中，最为著名的就是熵产最小化(entropy generation minimization)方法[163]。该方法能清晰地辨识和计算熵产的物理原因，将热力学的不可逆与物理机制(如有限温差、摩擦等)相联系，通过改变系统的物理特性参数达到熵产的最小化。该方法的最大特点在于能够将传统的热力学分析与详细的传热传质分析相耦合，定位在控制容积中熵产最大的部位。然而，该方法也存在某些问题：①当研究对象超越单个组件，达到包含有多个组件的系统时，该方法需要更多的试验验证以及更高的计算强度，当对系统进行优化时，计算强度还会进一步增大[41]；②由于缺乏某种权衡，单纯使用基于热力学第二定律的优化也无法获得某些重要参数的热力学最优值(如汽轮机等熵效率、温度比等参数)[164]；③由于局部不可逆存在技术上的不等价性[52]及节㶲的技术限度[99]，传统的热力学第二定律分析技术无法从全局的角度辨识、评价系统的成本形成过程以及各组件的生产性能[165]。

热经济学优化方法正是针对传统热力学优化方法的不足而建立的一种更为科学、全面的评价方法。El-Sayed 和 Evans[85]使用严格的微积分方法和基于拉格朗日的分解优化方法[166]，建立了一套完整的热经济学优化体系，该体系无疑是热经济学领域中最具影响力的工作。热经济学优化领域中很多重要的优化方法(如热经济学功能分析[112,167]、工程功能分析[168]、结构理论[89,92]等)都是 El-Sayed 等的方法的某种扩展。Evans[82]基于此工作提出了热经济学孤立化(thermoeconomic isolation)原理，并使用数学方法证明了，当系统内部某一组件与其他组件之间的经济交互可以由一组稳定的拉格朗日乘子所描述时，那么该组件与其他组件处于热经济学上的孤立[169]。使用热经济学孤立化可以通过子系统或组件的逐个局部优化从而达到全局系统的优化。他们认为，使用能质(essergy=essential aspect of energy)[82,112]能够近似地达到热经济学孤立化。Evans 等[170]随后提出了能质功能分析(essergetic functional analysis)法作为用于逼近热经济学孤立化条件的一种方法。

然而，Evans 对热经济学孤立化的数学证明并不十分严谨[116]，此外，利用能质功能分析法无法正确量化凝汽器的生产功能[57]。为此，Frangopoulos[112]在 Evans 等的指导下，改进了能质功能分析法，使用优化理论和热力学第二定律严格地导出了在热经济学优化领域中又一著名的方法——热经济学功能分析(thermoeconomic functional analysis)法。该方法具有如下特点：①由于使用了分解优化技术，该方法能够应用于任何尺度的系统；②通过子系统或组件的逐个寻优达到整个系统的最优；③该方法具有快速的收敛性；④通过使用热力学第二定律分析，可以避免概念的混淆，并可建立一个更加合理的系统组件性能评价基础。Frangopoulos[112,167]将三种不同的优化方法分别应用于一个简单的(仅含有四个单元)热电厂，详细比较了各种优化方法的性能。通过分析发现：①准确的系统优化依赖于所使用成本方程的精度和可靠性；②如果各单元的决策向量之间存在交集，则使用该方法不能达到严格的热经济学孤立化；③使用简约梯度法(reduced gradient method)和共轭方向法(conjugate direction method)解决优化问题可能更为有效。von Spakovsky[139]在 Evans 和 Frangopoulos 工作的基础上，将热经济学功能分析应用于一个具有给水加热和蒸汽再热的兰金循环，建立了主要单元的成本估算方程和热经济学模型，演示了将热经济学功能分析应用于实际系统优化的能力。通过分析发现：①由系统性能分析或者单个组件设计所确定的运行点和成本率并不十分依赖于资本成本的函数值；②Kuhn-Tucker 条件[166]或者不等式约束对热经济学模型的影响需要进行检验；③需要进一步研究单元成本计算方程的建立方法；④除热力系统之外，热经济学功能分析还能应用于非热力系统的可靠性和控制问题的研究。Lenti 等[171]将热经济学功能分析应用于一个简单热电厂的系统优化，并将五种不同的优化方法做了对比分析：①将拉格朗日乘子法与修改的多变量试位法[112]相耦合；②使用热经济学孤立化原理的方法；③基于第一定律的优化方法；④将拉格朗日乘子法与非线性约束优化方法相耦合；⑤直接使用非线性约束优化方法。通过分析发现，当使用方法①和方法②进行优化时，大量的时间都用在系统分析和建模方面，使用方法⑤建模虽然简单，但不能清晰地反映单个组件的性能以及系统的内部经济[112](internal economy)。

von Spakovsky 和 Evans[91,168]在随后的工作中，针对热经济学功能分析的不足，提出了一个基于完全对称拉格朗日乘子方法的工程功能分析法，利用该方法能够更加便利地进行热力系统和非热力系统的分解。系统分解的程度越高，单个组件所处的经济环境越稳定，因此越有利于大系统的综合和优化。该方法主要包括以下几个模块：①将“Courant-Hilbert 互易”融入非线性优化问题；②产生连接单元定律的约束倒置和交换对称；③影子成本拉格朗日乘子理论所需的影子价格、成本和价值的对称定义；④影子成本拉格朗日乘子理论所需的 Kuhn-Tucker 必要条件的对称处理；⑤能够扩展到更加通用的分解以及使用更通用的变量类型(如复数、张量等)的工程系统对称分解。Muñoz 等[41,172]在 von Spakovsky 的指导下建立了两种用于高耦合、高动态能量系统的分解优化方法：①局部-全局优化方法(local-global optimization approach)，该方法仅优化单元的局部变量，优化结果用于创建一个最优响应表面(optimum response surface)，最后使用系统层的优化器在最优响应表面搜索系统层的最优解；②迭代的局部-全局优化方法(iterative local-global optimization approach)，使用 Taylor 展开近似逼近最优响应表面，由此所获得的偏导数对应于影子成本或边际成本，该方法能够有效减少需要优化的单元数量，同时避免了嵌套优化。

El-Sayed[173-175]制定了一整套设备成本计算方程的建立方法，并提出了一个基于热力学第二定律的分解优化方法。该方法将系统分解为耗散-耗散器，在㶲损成本和资本成本之间进行权衡，通过优化局部变量和全局变量的两步优化方法达到系统最优。然而，该方法还存在很多问题：①当㶲损被分解为多个组成部分时，该方法将无能为力；②当多个资源进入或多个产品离开某单元时，该方法在赋予㶲损成本时有些武断。Tsatsaronis 等[47,89]提出了一个基于“相对成本差”的㶲经济学优化方法，其基本思路为：当某一组件、子系统或整个系统的产量一定时，投资成本越高对应的组件或系统的效率应该越高。该方法的目的并不是获得一个严格的全局最优，而是试图去寻找一个最佳的改进，最后利用灵敏度分析验证所获得的改进是否还存在进一步优化的可能。Hua 等[176]从能量在过程系统中的作用和追踪其变化入手，揭示出能量在过程系统中转换、利用、回收和排除的规律，提出了三环节能量结构模型，以此作为系统分解的依据，然后利用 Tsatsaronis 等[47,89]所提出的㶲经济学优化方法对系统进行优化改进。Mazur[177]提出了基于模糊技术的热经济学优化方法，将不确定性引入了经典的热经济学理论，将 Bellman-Zadeh 模型作为所有模糊标准和约束的交集用于最终的决策。

Lozano 等[178]利用㶲成本理论[52]、拉格朗日乘子方法和热经济学孤立化原理建立了一套热经济学分解优化方法。与传统方法对比，该方法不仅具有较高的精度，同时具有很快的收敛速度。Lozano 等[178]将该方法应用于一个燃气轮机联合循环系统的优化，并将该方法与直接使用共轭梯度法进行优化的全局优化方法进行了详细的对比分析，验证了该方法在解决复杂问题时的精确性和快速性。然而，该方法在利用热经济学孤立化原理进行系统分解时，缺乏定量的描述，仅依靠研究者的“直觉”进行分解。为此，Lozano 等[179]在前面工作的基础上，利用扰动理论[129]定量地研究系统变量对热经济学孤立化条件的影响，并以此作为系统分解的依据，建立了一套更为完善的能量系统局部优化理论。为了检验并对比各种热经济学优化方法，以及统一热经济学领域的术语和方法，Valero 等[87]建立了一个以各研究学者名字命名的复杂能量系统的研究平台——CGAM，Frangopoulos[88]、Tsatsaronis 等[89]、Valero 等[90]和 von Spakovsky[87]分别将各自的方法应用到 CGAM，检验了各自的精度并展示了各自的优势。

Torres 等[93]验证了热经济学结构理论[92]与热经济学功能分析[112]在系统优化方面的等同性，为将热经济学结构理论应用于系统优化铺平了道路。Uche 等[180]在 Lozano 等[179]工作的基础上，将热经济学结构理论和热经济学孤立化原理应用到多级闪蒸海水淡化联合发电系统的优化研究，通过分析发现：①利用该方法能够非常容易地进行复杂能量系统的改进和优化设计；②设计者能够将更多的力量放在单个组件变量的设计；③该方法与传统方法相比具有较高的收敛速度。但是，Uche 等仅利用热经济学结构理论研究了局部变量的优化。除了以上经典的热经济学优化方法，还有很多将其他优化理论（如退火算法、遗传算法等）、图形理论（如连通性矩阵等）与热经济学优化相结合的优化方法，具体请参见文献[34]、[181]、[182]。

1.4.4　热经济学环境评价

随着环境问题的日益严峻，热经济学研究领域也开始考虑环境因素。实际上，热经济学研究的对象主要是热力、化工系统，而这类系统通常伴随着较严重的环境污染问题，因此，合理地在热经济学研究过程中计入环境影响是必要的，也将会是未来的一个重要发展方向。不过，目前计及环境影响的热经济学(环境热经济学、生态热经济学)研究成果还十分有限。将环境因素纳入热经济学模型中主要存在着三个难点：①如何从经济的角度来量化污染物质的环境影响；②如何了解污染物质脱除装置的投资成本，特别是投资成本经验方程；③如何修正传统的热经济学模型以包括环境部分，即将环境污染的外部成本内部化。从发表的文献来看，热经济学研究流派主要关注于第三个难点，即环境热经济学模型的建立，如何构建成本分析模型、优化模型等。污染物质的经济性量化(环境影响评价)是一个相当广的研究领域，已经有许多机构和学者在这方面发表了他们的研究成果，这方面的工作也将在后面介绍。不过，值得提到的是，环境影响评价的研究与热经济学研究还并没有得到有机的融合，目前还呈现出一种“各自为战”的局面。另外，在构建环境热经济学模型时，相关学者多采用脱除模型，即考虑将产生的污染物质脱除，相应地添加脱除装置。这样的处理方法伴随而来的就是第二个难点，这些污染物质脱除装置的投资成本经验方程往往很难获得。在进行成本会计计算时，可以用实际的投资成本数额来代替，但是在进行系统优化时，使用固定的数额将难以满足要求。现在先对环境热经济学的发展和特征进行介绍。

Frangopoulos 最早提出了考虑环境影响的热经济学分析方法——环境经济学(environomics)[183]，而且建立了环境经济学功能法(environomic functional approach)[164]，介绍了环境经济学的优化目标函数的建立及求解方法。Frangopoulos 等[184]使用该方法对燃气轮机联合循环系统(配备烟气脱硫装置)进行了成本分析，研究介绍了几种环境影响的计量方法(直接、间接和代理法)，也对污染物质是进行脱除还是支付处罚(税收)进行了详细分析和比较。然而，在这项研究中并没有建立环境热经济学成本模型，严格意义上讲，它只是在能量系统的经济评价、计算中添加了环境影响因素。

随后，Agazzani 等[185]对一个联合循环建立了环境热经济学优化模型，通过环境损害成本形式将系统的环境影响引入模型，考虑并给出了 CO 和 NO_x 两种物质的单位环境损害成本。Curti 等[186]对一个带有联合循环和热泵的区域加热网络建立了环境热经济学优化模型，通过环境损害成本(或脱除成本)形式将系统的环境影响引入模型，在进行计算时，给出了 CO_2 和 NO_x 的单位环境损害成本。Pelster 等[187]则对一个 50MW 燃气轮机联合循环电厂建立了环境热经济学的优化模型，利用遗传算法对系统进行了综合、设计优化，并得到了不同的系统配置下的成本分布情况。这个工作依然是通过环境损害成本(或脱除成本)的形式来引入环境影响项，不过，在计算中并没有给出实际的环境影响成本数值，而是选择对 CO_2 和 NO_x 两种物质的单位环境损害成本进行灵敏性分析(设置一个变化区间)。Ahmadi 等[188]对一个热电联产系统建立了环境热经济学的优化模型，考虑并给出了 CO 和 NO_x 两种物质的单位环境损害成本。从这些文献的情况来看，对污染物质的单位环境损害成本的计算在一定程度上影响了环境热经济学的发展。

Meyer 和 Tsatsaronis[61]采用了生命周期评价的方法(Eco-indicator 99 模型)来计算损害成本，对一个高温固态氧化物燃料电池连同生物质气化的能量系统建立了详细的环境热经济学模型，提出了㶲环境分析(exergoenvironmental analysis)方法，操作步骤为：①对能量系统进行㶲分析；②对部件和物流、能流进行生命周期评价(life cycle assessment)；③将从生命周期评价得到的环境影响分配到㶲流上。传统的生命周期评价，甚至是考虑了㶲的生命周期评价(exergetic life cycle assessment)均存在一个问题：无法将系统中燃料消耗的环境影响分配到系统中的每个部件，而将热经济学与生命周期评价结合则可以解决这一问题。

在为数不多的环境热经济学研究文献中，通常都是采用了环境损害成本的方式来引入环境因素，而使用的污染物质单位环境损害成本一般也都是从其他文献(模型)中获得。前面也已经提到过，环境影响评价本就是一个十分系统的研究方法，也已经得到了大量的数据。但是，因为适用性的问题，也有无法获知某些污染物质单位环境损害成本的情况，此时，往往选用脱除成本代替(多是 CO_2)或者仅仅只是进行灵敏性分析。环境影响评价的模型主要有两大类[189,190]：自上而下(top-down)模型和自下而上(bottom-up)模型。自上而下模型提出时间较早，它的思路是从国家(或某一区域)大层面开始，评估在这个范围内排放的所有污染物质的数量以及由这些污染物质所造成的经济损失，然后得到某污染物质的单位环境损害成本，可以看出它对应的成本是平均成本。因为此种方法是从国家(或某一区域)的整体层面来进行分析，所以往往可以得到所分析地区在某一段时间内污染物质排放造成的总经济损失，并且可以和此区域的国内生产总值(gross domestic product，GDP)进行比较，从而从政策层面上得到一定的指导意见。但是，这种方法无法辨别排放地点的区别，且忽略了人口密度、污染物浓度等方面的因素。不过，因为此种方法在理论模型上相对简单，所以当对所需要的环境影响数据精度的要求并不是很严格时，这种方法是较为可取的。另外，还需要说明的是，对于 CO_2 的排放，因为温室效应存在着全球性、累积性的特点，选用自上而下模型对其环境影响进行分析是较合理的选择。而自下而上模型则是从某一个污染物质排放源出发，对污染物质进行跟踪、量化并最终根据损害方程定价。它对应的是边际成本，从局部、某类污染物质着眼，相应地也要根据实际情况建立一些理论模型，但是由此得到的结果也更具有针对性，同时可以得到不同污染物质较为精确的环境影响成本。自下而上模型最典型的代表就是欧洲联盟(简称欧盟)开展的“ExternE 计划”，此计划的目的是对欧盟国家中不同发电系统产生的外部成本进行评估，而从中得到的一些结果也在很多研究中被利用。“ExternE 计划”利用生命周期评价方法并联合影响路径分析(impact pathway analysis)模型来对发电系统造成的外部成本进行全面的评估。同时，针对影响路径分析还开发了配套的软件“Ecosense”。

影响路径分析是追踪排放污染物质的路径，从排放源一直到受体(人、农作物、建筑等)，其计算过程分四个主要步骤[190,191]：排放(emission)、扩散(dispersion)、影响(impact)、定价(cost)。排放即明确污染物质的排放数量。扩散即求得污染物质排放所引起的所考虑区域污染物质浓度的升高。此步骤中要建立大气扩散模型，扩散情况往往与所考虑区域的地理环境、气候有关。影响即求得因为污染物质浓度升高而造成的反应(伤害)，此步骤中需要建立计量-反应方程(dose-response function)，或称为浓度-反应方程。例如，大气中臭氧浓度的升高引起的哮喘发病率的升高、颗粒物浓度的升高引起的肺部疾病的升高，这种研究方法通常应用于医学领域。另外，有必要说明的是，计量-反应方程所反映的可能是直线也可能是曲线(一般是凸函数)，可能有阈值也可能没有阈值。定价则是将造成的影响货币化。这也是这四步中主观因素、区域差别最大的一项。其中最难定价的就是对人类健康的伤害，而要解决这一难题唯有使用支付意愿(willingness-to-pay)或接受意愿(willingness-to-accept)方法，即愿意支付多少金额以避免相应的伤害或愿意接受多少赔偿以承受相应的伤害。在这项研究中，通常是用调查的方式来进行，而最初的调查目的是得到一个统计学生命的价值(value of statistical life)(虽然很多人对此并不赞同，认为人的生命应该是无价的)，最终得到针对欧洲、北美区域的此数值为 100 万～500 万欧元。但是，接下来的研究又发现，这样的研究思路的确存在问题，因为空气污染并不能被认为是个体死亡的主要原因，它的作用只是促使了个体加速死亡，即缩短了生命年限。于是，调查的方法转向得到一生命年的价值(value of a life year)，基于在法国、意大利和法国的调查报告，“ExternE”中使用的此数值为 5 万欧元。中国的实际情况与欧美国家的情况肯定存在较大的区别。

国内相关研究[192,193]基本都是计算所考虑区域内环境污染造成的经济损失及占当地 GDP 的比例，污染物质以颗粒物为主。这些文献多是利用自上而下模型计算区域整体经济损失，或只关注于影响路径分析中的第三、四个步骤，采用流行病学的研究方法。这主要是因为这些研究者对热力系统中污染物质的排放机理不熟悉，另外一个原因就是大气扩散模型的复杂性。汪鹏在其博士学位论文[194]中针对大连的空气环境特点建立了大气扩散模型，并对大连等三个城市中污染物质造成的经济损失进行了计算。不过，这些研究中均没有较好地将污染造成的经济损失分配到排放的单位污染物上。

近年来，有一批学者提出，可以用㶲作为指标来反映污染物质的环境损害程度[59,195]，加利福尼亚大学伯克利分校也发起了一个名为“㶲作为环境指标(Exergy as an Environmental Indicator)”的研究计划。这种思路的出发点是某一物质正是因为与参考环境之间存在不平衡才具有㶲，因此㶲可以指示影响环境的潜能。同时他们认为环境可以看成一个恒温的巨大空间，因此物理㶲(热量㶲和压力㶲)往往也对环境造成不了什么影响，而化学㶲对环境却有着很大的影响，特别是环境中的稀有组成成分所包含的化学㶲。然而，对于这一主张，也有研究者持不同意见[196]。他们认为，虽然㶲表现出了排放物质与环境之间的不平衡，但并不能反映此物质对环境的影响(损害)程度，事实上，环境影响通常是生态生理学和生物化学交互反应的结果，已经远远超过了传统热力学分析的范畴。经过分析也的确可以看出，即便是化学㶲，也无法反映出生物属性。例如，具有相同㶲含量的有毒的物质和无毒的物质对环境(人)的损害自然是不一样的，那么所对应的损害成本也自然不同。因此，直接将(化学)㶲含量与环境影响成本线性转换是值得商榷的，还存在大量的修正工作。

综上所述，环境影响评价工作牵涉面广、技术性强，同时还存在着较多的主观因素，为相关研究造成了许多困难，但还有很多难题等待解答。最后，不得不再次提到的是，当不确定性依然很大的时候，选用脱除成本来计量环境影响是较为妥善的办法，如酸雨对生态系统的伤害、温室效应的影响等。

1.5　本书主要结构

本书主要分为稳/动态模拟与控制、热力学分析及热经济学综合分析与评价三个部分，形成“稳态建模与仿真-稳态热力学分析-动态建模与控制-动态㶲分析-技术经济评价-热经济学成本分析、故障诊断与系统优化-环境热经济学”的连贯脉络，有机结合过程模拟、控制理论、热力学、技术经济学、热经济学等，系统性地总结了如何对燃煤电站进行能源-经济-环境综合分析评价，以期实现燃煤电站绿色、清洁、高效运行。本书共分为 11 章。

第 1 章简要介绍燃煤电站在能源、经济和环境方面所面临的问题，从过程模拟(仿真)、热力学分析及热经济学评价的基本概念出发，阐述了如何运用这些方法来优化燃煤电站运行性能及其研究进展。

第 2 章介绍基于黑箱模型和 Aspen Plus 的常规燃煤电站稳态仿真建模及模拟结果，阐述富氧燃煤电站的稳态过程模拟与分析。

第 3 章主要介绍基于热力学第二定律的㶲分析方法及其在复杂能量系统的应

用。基于第 2 章的稳态模拟，第 3 章对比分析常规燃煤电站与富氧燃煤电站的㶲分析结果，简要分析其他复杂能量系统(整体煤气化联合循环系统、煤化学链燃烧系统、氧-水蒸气燃烧中碳捕集系统及煤分级利用-化学链氧解耦燃烧系统)的热力学性能及其不可逆性。

第 4 章侧重于介绍富氧燃煤电站动态模拟及动态特性，涉及锅炉岛、CO_2 压缩纯化、深冷空分制氧，以及三者相耦合全流程系统的动态建模、控制策略及动态特性等，也简要介绍常规燃煤电站动态模拟的研究进展。

第 5 章介绍基于过程模型的动态㶲方法，结合稳态模拟、动态模拟和㶲方法，实现动态㶲计算与动态㶲评价，并应用到富氧燃烧系统(包含锅炉岛、CO_2 压缩纯化及空分制氧)，分析评价控制对系统热力学性能的影响。

第 6 章介绍适用于燃煤电站的技术经济评价基本流程与方法，详细描述对常规燃煤电站、富氧燃煤电站及煤化学链燃烧电站等复杂能量系统的技术经济分析评价，并结合当前 CO_2 减排要求分析其对系统成本的影响。

第 7 章重点介绍热经济学成本建模基本原理，包括热经济学成本基本概念、㶲成本建模和热经济学成本建模等，对常规燃煤电站和富氧燃煤电站进行详细的热经济学分析，明确从燃料进入到产品出来整个流程中的成本形成过程，也对 CO_2 压缩纯化和空分制氧系统进行热经济学成本分析。

第 8 章是在热经济学成本建模与分析基础之上，进一步考虑电厂排放污染物的环境影响，建立环境热经济学成本建模与分析方法，并将其应用到富氧燃煤电站中，从而实现真正从能源-经济-环境的综合角度来对燃煤电站进行分析评价。

第 9 章介绍如何运用热经济学来对系统运行进行故障诊断，包括故障诊断基本原理与概念、热经济学用于故障诊断的方法，以及将热经济学故障诊断应用到常规燃煤电站中，重点阐述针对系统内部复杂生产交互诱导引起效率变化的诱导故障。

第 10 章介绍热经济学系统优化，主要包括系统优化基本原理和概念、热经济学如何用于系统优化(局部优化和全局优化)等，并以常规燃煤电站为案例，分析该电站热经济学系统优化结果，以使燃煤电站同时达到高效低成本的最优运行状态。

第 11 章是对本书内容的总结和对复杂能量系统能源-经济-环境综合评价的展望。

参考文献

[1] 国家发展和改革委员会. 能源发展“十三五”规划[J]. 2017, 19(1): 2.

[2] BP 世界能源统计年鉴[EB/OL], 2017. https://www.bp.com/zh_cn/china/home/news/reports/statistical-review-2017.html.

[3] 国家统计局. 中国统计年鉴[M]. 北京: 中国统计出版社, 2017.
[4] 国家统计局能源统计司. 中国能源统计年鉴[M]. 北京: 中国统计出版社, 2013.
[5] 国务院办公厅. 能源发展战略行动计划(2014-2020年)(摘录)[J]. 上海节能, 2014, (12): 1-2.
[6] 国家发展和改革委员会与国家能源局. 电力发展“十三五规划”(2016-2020)[EB/OL], 2016. http://www.gov.cn/xinwen/ 2016-12/22/5151549/files/696e98c57ecd49c289968ae2d77ed583.pdf.
[7] 周孝信.“十三五”电力科技重大技术方向研究报告[M]. 北京: 中国电力出版社, 2015.
[8] Toftegaard M B, Brix J, Jensen P A, et al. Oxy-fuel combustion of solid fuels[J]. Progress in Energy and Combustion Science, 2010, 36(5): 581-625.
[9] Buhre B, Elliott L, Sheng C, et al. Oxy-fuel combustion technology for coal-fired power generation[J]. Progress in Energy and Combustion Science, 2005, 31(4): 283-307.
[10] Chen L, Yong S Z, Ghoniem A F. Oxy-fuel combustion of pulverized coal: Characterization, fundamentals, stabilization and CFD modeling[J]. Progress in Energy and Combustion Science, 2012, 38(2): 156-214.
[11] Font O, Córdoba P, Leiva C, et al. Fate and abatement of mercury and other trace elements in a coal fluidised bed oxy combustion pilot plant[J]. Fuel, 2012, 95: 272-281.
[12] 熊杰. 氧燃烧系统的能源-经济-环境综合分析评价[D]. 武汉: 华中科技大学, 2011.
[13] 金波. 氧燃烧系统的控制设计、运行分析与动态(㶲)评价[D]. 武汉: 华中科技大学, 2016.
[14] Zheng C, Liu Z. Oxy-fuel Combustion: Fundamentals, Theory and Practice[M]. Salt Lake City: Academic Press, 2017.
[15] Xiong J, Zhao H, Chen M, et al. Simulation study of an 800 MWe oxy-combustion pulverized-coal-fired power plant[J]. Energy & Fuels, 2011, 25(5): 2405-2415.
[16] Bequette B W. Process Control: Modeling, Design, and Simulation[M]. New Jersey: Prentice Hall, 2003: 1-769.
[17] 吕崇德, 任挺进, 姜学智, 等. 大型火电机组系统仿真与建模[M]. 北京: 清华大学出版社, 2002.
[18] 杨友麒. 实用化工系统工程[M]. 北京: 化学工业出版社, 1989.
[19] 陆恩锡, 张慧娟. 化工过程模拟-原理与应用[M]. 北京: 化学工业出版社, 2011.
[20] Barton P I. Dynamic Modeling and Simulation[M]. Cambridge: Massachusetts Institute of Technology, 1996.
[21] Svrcek W Y, Mahoney D P, Young B R. A Real-time Approach to Process Control[M]. Hoboken: John Wiley & Sons, 2013.
[22] 闫庆贺, 赵艳微, 李俊涛, 等. 当今国际市场商品化流程模拟类软件分类及性能分析[J]. 数字石油和化工, 2007, (10): 2-13.
[23] Rodewald A, Kather A, Frie S. Thermodynamic and economic aspects of the hard coal based oxyfuel cycle[J]. International Journal of Green Energy, 2005, 2(2): 181-192.
[24] Zitney S E. CAPE-OPEN Integration for Advanced Process Engineering Co-Simulation[M]. United States. Office of Fossil Energy, 2006.
[25] Zitney S E. Process/equipment co-simulation for design and analysis of advanced energy systems[J]. Computer & Chemical Engineering, 2010, 34(9): 1532-1542.
[26] Engl G, Kröner A, Pottmann M. Practical aspects of dynamic simulation in plant engineering[J]. Computer Aided Chemical Engineering, 2010, 28(1): 451-456.
[27] 何衍庆, 黎冰, 黄海燕. 工业生产过程控制[M]. 北京: 化学工业出版社, 2004.
[28] Goodwin G C, Graebe S F, Salgado M E. Control System Design[M]. New Jersey: Prentice Hall, 2001: 1-911.
[29] Luyben W L, Tyreus B D, Luyben M L. Plantwide Process Control[M]. New York: McGraw-Hill, 1998: 1-391.

[30] Luyben M L, Tyreus B D, Luyben W L. Plantwide control design procedure[J]. AIChE Journal, 1997, 43(12): 3161-3174.

[31] Larsson T, Skogestad S. Plantwide control-A review and a new design procedure[J]. Modeling, Identification and Control, 2000, 21(4): 209-240.

[32] Skogestad S. Control structure design for complete chemical plants[J]. Computer & Chemical Engineering, 2004, 28(1): 219-234.

[33] Seborg D, Edgar T F, Mellichamp D. Process Dynamics & Control[M]. New York: John Wiley & Sons, 2006: 1-732.

[34] Frangopoulos C A, Spakovsky M R V, Sciubba E. A brief review of methods for the design and synthesis optimization of energy systems[J]. Applied Thermodynamics, 2002, 5(4): 151-160.

[35] Rudd D F, Powers G J, Siirola J J. Process Synthesis[M]. New Jersey: Prentice-Hall, 1973.

[36] Douglas J M. Conceptual Design of Chemical Processes[M]. New York: McGraw-Hill, 1988.

[37] 华贲. 过程能量综合的研究进展与展望[J]. 石油化工, 1996, (1): 62-69.

[38] Bejan A, Tsatsaronis G, Moran M J. Thermal Design and Optimization[M]. New York: John Wiley & Sons, 1996.

[39] Linnhoff B. Pinch analysis—a state-of-the-art overview[J]. Chemical Engineering Research & Design, 1993, 71: 503-522.

[40] Smith R, Linnhoff B. The design of separators in the context of overall processes[J]. Chemical Engineering Research & Design, 1988, 66(3): 195-228.

[41] Muñoz J R. Optimization strategies for the synthesis/design of highly coupled, highly dynamic energy systems[D]. Blacksburg: Virginia Polytechnic Institute and State University, 2000.

[42] 杨少华. 基于环境(㶲)经济学策略的清洁过程系统优化研究[D]. 广州: 华南理工大学, 2000.

[43] 华贲. 过程系统的能量综合和优化[J]. 化工进展, 1994, (3): 6-15.

[44] 布罗章斯基 B W. 㶲方法及其应用[M]. (第一版). 王加璇译. 北京: 中国电力出版社, 1996.

[45] Ahern J E, Johnson D H. The exergy method of energy systems analysis[J]. Journal of Solar Energy Engineering, 1980, 104(1): 56.

[46] El-Sayed Y, Gaggioli R. A critical review of second law costing methods—I: background and algebraic procedures[J]. Journal of Energy Resources Technology, 1989, 111(1): 1-7.

[47] Tsatsaronis G. Thermoeconomic analysis and optimization of energy systems[J]. Progress in Energy and Combustion Science, 1993, 19(3): 227-257.

[48] Rosen M A, Dincer I. Thermoeconomic analysis of power plants: an application to a coal fired electrical generating station[J]. Energy Conversion and Management, 2003, 44(17): 2743-2761.

[49] Tsatsaronis G, Winhold M. Exergoeconomic analysis and evaluation of energy-conversion plants—I. A new general methodology[J]. Energy, 1985, 10(1): 69-80.

[50] Dincer I. The role of exergy in energy policy making[J]. Energy Policy, 2002, 30(2): 137-149.

[51] Zhang C, Wang Y, Zheng C, et al. Exergy cost analysis of a coal fired power plant based on structural theory of thermoeconomics[J]. Energy Conversion and Management, 2006, 47(7): 817-843.

[52] Lozano M, Valero A. Theory of the exergetic cost[J]. Energy, 1993, 18(9): 939-960.

[53] Valero A, Serra L, Uche J. Fundamentals of Exergy Cost Accounting and Thermoeconomics Part II: Applications[J]. Journal of Energy Resources Technology, 2006, 128(1): 9-15.

[54] Erlach B, Serra L, Valero A. Structural theory as standard for thermoeconomics[J]. Energy Conversion and Management, 1999, 40(15): 1627-1649.

[55] Xiong J, Zhao H, Zheng C. Thermoeconomic cost analysis of a 600MWe oxy-combustion pulverized-coal-fired power plant[J]. International Journal of Greenhouse Gas Control, 2012, 9: 469-483.

[56] Silveira J, Tuna C. Thermoeconomic analysis method for optimization of combined heat and power systems. Part I[J]. Progress in Energy and Combustion Science, 2003, 29(6): 479-485.

[57] Xiong J, Zhao H, Zheng C. Exergy Analysis of a 600 MWe Oxy-combustion Pulverized-Coal-Fired Power Plant[J]. International Journal of Greenhouse Gas Control, 2012, 9(8): 469-483.

[58] Zhang C, Chen S, Zheng C, et al. Thermoeconomic diagnosis of a coal fired power plant[J]. Energy Conversion and Management, 2007, 48(2): 405-419.

[59] Rosen M A, Dincer I. Exergy analysis of waste emissions[J]. International Journal of Energy Research, 1999, 23(13): 1153-1163.

[60] Rebitzer G, Ekvall T, Frischknecht R, et al. Life cycle assessment-Part 1: Framework, goal and scope definition, inventory analysis, and applications[J]. Environment International, 2004, 30(5): 701-720.

[61] Meyer L, Tsatsaronis G, Buchgeister J, et al. Exergoenvironmental analysis for evaluation of the environmental impact of energy conversion systems[J]. Energy, 2009, 34(1): 75-89.

[62] Dincer I, Rosen M A. Exergy as a driver for achieving sustainability[J]. International Journal of Green Energy, 2004, 1(1): 1-19.

[63] Som S K, Mondal S S, Dash S K. Energy and exergy balance in the process of pulverized coal combustion in a tubular combustor[J]. Journal of Heat Transfer-Transactions of the ASME, 2005, 127(12): 1322-1333.

[64] Rosen M A, Tang R. Improving steam power plant efficiency through exergy analysis: Effects of altering excess combustion air and stack-gas temperature[J]. International Journal of Exergy, 2008, 5(1): 31-51.

[65] Prins M J, Ptasinski K J. Energy and exergy analyses of the oxidation and gasification of carbon[J]. Energy, 2005, 30(7): 982-1002.

[66] Martin C, Villamanan M A, Chamorro C R, et al. Low-grade coal and biomass co-combustion on fluidized bed: Exergy analysis[J]. Energy, 2006, 31(2-3): 330-344.

[67] Eskin N, Gungor A, Ozdemir K. Effects of operational parameters on the thermodynamic performance of FBCC steam power plant[J]. Fuel, 2009, 88(1): 54-66.

[68] Xu Y J, Jin H G, Lin R M, et al. System study on partial gasification combined cycle with CO_2 recovery[J]. Journal of Engineering for Gas Turbines and Power-Transactions of the ASME, 2008, 130(5): 051801.

[69] Jin H G, Hong H, Wang B Q, et al. A new principle of synthetic cascade utilization of chemical energy and physical energy[J]. Science in China Series E: Technological Sciences, 2005, 48(2): 163-179.

[70] 金红光，王宝群. 化学能梯级利用机理探讨[J]. 工程热物理学报, 2004, 25(2): 181-184.

[71] Anheden M, Svedberg G. Exergy analysis of chemical-looping combustion systems[J]. Energy Conversion and Management, 1998, 39(16-18): 1967-1980.

[72] Brandvoll O, Bolland O. Inherent CO_2 capture using chemical looping combustion in a natural gas fired power cycle[J]. Journal of Engineering for Gas Turbines and Power-Transactions of the ASME, 2004, 126(2): 316-321.

[73] Seepana S, Jayanti S. Optimized enriched CO_2 recycle oxy-fuel combustion for high ash coals[J]. Fuel, 2009,102:32-40.

[74] Bristol E. On a new measure of interaction for multivariable process control[J]. IEEE Transactions on Automatic Control, 1966, 11(1): 133-134.

[75] Montelongo - Luna J M, Svrcek W Y, Young B R. The relative exergy array—a new measure for interactions in process design and control[J]. The Canadian Journal of Chemical Engineering, 2011, 89(3): 545-549.

[76] Munir M, Yu W, Young B. Plant-wide control: Eco-efficiency and control loop configuration[J]. ISA Transactions, 2013, 52(1): 162-169.

[77] Verda V, Serra L, Valero A. The effects of the control system on the thermoeconomic diagnosis of a power plant[J]. Energy, 2004, 29(3): 331-359.

[78] Verda V, Baccino G. Thermoeconomic approach for the analysis of control system of energy plants[J]. Energy, 2012, 41(1): 38-47.

[79] Traverso A, Massardo A F, Santarelli M, et al. A new generalized carbon exergy tax: An effective rule to control global warming[J]. Journal of Engineering for Gas Turbines and Power-Transactions of the ASME, 2003, 125(4): 972-978.

[80] Santarelli M G L. Carbon exergy tax: a thermo-economic method to increase the efficient use of exergy resources[J]. Energy Policy, 2004, 32(3): 413-427.

[81] Tribus M, Evans R B. Thermoeconomics[R]. UCLA Department of Engineering Report, 1962: 52-63.

[82] Evans R B. Thermoeconomic isolation and essergy analysis[J]. Energy, 1980, 5(8-9): 805-821.

[83] Gaggioli R A. Thermodynamics and non-equilibrium system[D]. Madison: University of Wisconsin, 1961.

[84] Gaggioli R A, El-Sayed Y M. Critical review of second law costing methods - II: Calculus procedures[J]. Journal of Energy Resources Technology/Transactions of the ASME, 1989, 111(1): 8-15.

[85] El-Sayed Y M, Evans R B. Thermoeconomics and the design of heat systems[J]. Journal of Engineering for Power, 1970, 92(1): 27-35.

[86] Kotas T J. The Exergy Method of Thermal Plant Analysis[M]. Stoneham: Butterworth Publishers, 1985.

[87] Valero A, Lozano M A, Serra L, et al. CGAM problem: Definition and conventional solution[J]. Energy, 1994, 19(3): 279-286.

[88] Frangopoulos C A. Application of the thermoeconomic functional approach to the CGAM problem[J]. Energy, 1994, 19(3): 323-342.

[89] Tsatsaronis G, Pisa J. Exergoeconomic evaluation and optimization of energy systems - Application to the CGAM problem[J]. Energy, 1994, 19(3): 287-321.

[90] Valero A, Lozano M A, Serra L, et al. Application of the exergetic cost theory to the CGAM problem[J]. Energy, 1994, 19(3): 365-381.

[91] von Spakovsky M R. Application of engineering functional analysis to the analysis and optimization of the CGAM problem[J]. Energy, 1994, 19(3): 343-364.

[92] Valero A, Serra L, Lozano M A. Structural theory of thermoeconomics[C]. International Symposium on Thermodynamics and the Design, Analysis and Improvement of Energy Systems, ASME Winter Annual Meeting, 1993: 189-198.

[93] Torres C, Serra L, Valero A, et al. The productive structure and thermoeconomic theories of system optimization[J]. American Society of Mechanical Engineers, Advanced Energy Systems Division (Publication), 1996, 36: 429-436.

[94] 张晓东, 张乃强, 王清照. 热经济学结构理论在热电联产机组分析中的应用[J]. 现代电力, 2003, 20(1): 8-12.

[95] Serra L, Lozano M A, Valero A, et al. On average and marginal cost in thermoeconomics[C]. The International Conference ECOS'95, 1995: 428-435.

[96] Valero A, Correas L, Zaleta A, et al. On the thermoeconomic approach to the diagnosis of energy system malfunctions: Part 1: the TADEUS problem[J]. Energy, 2004, 29(12-15): 1875-1887.

[97] Lazzaretto A, Toffolo A, Reini M, et al. Four approaches compared on the TADEUS (thermoeconomic approach to the diagnosis of energy utility systems) test case[J]. Energy, 2006, 31(10-11): 1586-1613.

[98] Abusoglu A, Kanoglu M. Exergoeconomic analysis and optimization of combined heat and power production: A review[J]. Renewable & Sustainable Energy Reviews, 2009, 13(9): 2295-2308.

[99] Tsatsaronis G, Park M H. On avoidable and unavoidable exergy destructions and investment costs in thermal systems[J]. Energy Conversion and Management, 2002, 43(9): 1259-1270.

[100] Tsatsaronis G, Moran M J. Exergy-aided cost minimization[J]. Energy Conversion and Management, 1997, 38(15-17): 1535-1542.

[101] Tsatsaronis G, Lin L, Pisa J. Exergy costing in exergoeconomics[J]. Journal of Energy Resources Technology, 1993, 115(1): 9-16.

[102] Kim S M, Oh S D, Kwon Y H, et al. Exergoeconomic analysis of thermal systems[J]. Energy, 1998, 23(5): 393-406.

[103] Elsayed Y. Strategic use of thermoeconomics for system improvement[J]. ACS Symposium, 1983, 235: 215-238.

[104] Gaggioli R A, Wepfer W J. Exergy economics[J]. Energy, 2014, 5(8): 823-838.

[105] Gaggioli R A. Analysis of energy systems design and operation[C]. Miami: American Society of Mechanical Engineers winter annual meeting, 1985.

[106] Gaggioli R A, El-Sayed Y, El-Nashar A, et al. Second law efficiency and costing analysis of a combined power and desalination plant[J]. Journal of Energy Resources Technology, 1988, 110(2): 114-118.

[107] Valero A, Lozano M A, Munoz M. A general theory of exergy saving. Parts II. On the thermoeconomic cost[J]. Computer-aided Engineering of Energy System, 1986, 2: 9-16.

[108] Valero A, Torres C, Lozano M A. On the unification of thermoeconomic theories[J]. Africa Journal of the International African Institute, 1989, 7(4): 554-556.

[109] Valero A, Torres C, Stecco M. On causality in organized energy systems-Part II. Symbolic exergoeconomis[C]// Stecco S S, Moran M J. International Symposium: A Future for Energy. Florence: Pergamon Press, 1990: 393-401.

[110] Moore B B, Wepfer J W. Application of second Law based design optimization to mass transfer processes[J]. ACS Symposium, 1983: 289-306.

[111] Valero A, Torres C, Serra L. A general theory of thermoeconomics: Part I. Structural analysis[C]//ECOS'92 International Symposium. Zaragoza. Spain: The American Society of Mechanical Engineers, 1992. 137-145.

[112] Frangopoulos C A. Thermoeconomic functional analysis : A method for optimal design or improvement of complex thermal systems[D]. Atlanta: Georgia Institute of Technology, 1983.

[113] Lozano M. The characteristic equation and second law efficiency of thermal energy systems[C]. Second Law Analysis of Energy Systems: Towards the 21st Century. Roma: 1995: 428-435.

[114] Royo J, Zaleta A, Valero A. Thermoeconomic analysis of steam turbines: an approach to marginal cost allocation[R]. New York: American Society of Mechanical Engineers. 1996.

[115] Kwon Y H, Kwaka H Y. Exergoeconomic analysis of gas turbine cogeneration systems[J]. Exergy An International Journal, 2001, 1(1): 31-40.

[116] 王加璇, 张恒良. 动力工程热经济学[M]. 北京: 中国水利水电出版社, 1995.

[117] 程伟良, 王加璇. 热经济学的辉煌发展[J]. 热能动力工程, 1999, (2): 79-82.

[118] 张晓东, 王加璇, 高波. 关于汽轮发电机组热经济学边际成本的研究[J]. 中国电机工程学报, 2003, 23(5): 140-143.

[119] Nimmo I. Adequately address abnormal situation operations[J]. Chemical Engineering Progress, 1995, 91(9).

[120] Himmelblau D M. Fault Detection and Diagnosis in Chemical and Petrochemical Processes[M]. Amsterdam: Elsevier Scientific Publishing, 1978.

[121] Venkatasubramanian V, Rengaswamy R, Kavuri S N. A review of process fault detection and diagnosis-Part II: Quanlitative models and search strategies.[J]. Computers and Chemical Engineering, 2003, 27(3): 313-326.

[122] Venkatasubramanian V, Rengaswamy R, Yin K, et al. A review of process fault detection and diagnosis part I: Quantitative model-based methods[J]. Computers and Chemical Engineering, 2003, 27(3): 293-311.

[123] Lou X S. Fault detection and diagnosis for rolling element bearing[D]. Cleveland: Case Western Reserve University, 2000.

[124] Sreedhar R. Fault diagnosis and control of a thermal power plant[D]. Austin: The University of Texas, 1995.

[125] 林万超. 火电厂热系统节能理论[M]. 西安: 西安交通大学出版社, 1994.

[126] 严俊杰. 汽轮发电机组经济性诊断理论研究及应用[D]. 西安: 西安交通大学, 1997.

[127] Marcuello F J U. Thermoeconomic analysis and simulation of a combined power and desalination plant[D]. Zaragoza: University of Zaragoza, 2000.

[128] Lozano M A, Bartolome J L, Valero A, et al. Thermoeconomic diagnosis of energy systems[C]//Carnevale E. Proceedings of the International Conference Flowers'94, Florence, 1994: 149-156.

[129] Valero A, Lozano M A, Torres C. On causality in organized energy systems: Part III. Theory of perturbations[C]// Stecco S S, Moran M J. International Symposium: A future for energy. Florence: Pergamon Press, 1990: 402-420.

[130] Torres C. Symbolic Thermoeconomic Analysis of Energy Systems[M]//Frangopoulos C A. Exergy, Energy System Analysis, and Optimization. Oxford: Encyclopedia of Life Support Systems Publishers, 2003.

[131] Schwarcz P, Lozano M A, Von Spakovsky M R, et al. Diagnostic analysis of a PFBC power plant using a thermoeconomic methodology[C]//Cai R. TAIES'97: Thermodynamic Analysis and Improvement of Energy Systems Proceedings of Intl. Conference. Beijing: World Pubs. Corp, 1997: 240-249.

[132] Valero A, Lozano M A, Bartolomé J L. On-line monitoring of power-plant performance, using exergetic cost techniques[J]. Applied Thermal Engineering, 1996, 16(2): 933-948.

[133] Valero A, Correas L, Serra L. On-line thermoeconomic diagnosis of thermal power plants[J]. Thermodynamic Optimization of Complex Energy Systems, 1999, 69: 117-136.

[134] Torres C, Valero A, Serra L, et al. Structural theory and thermoeconomic diagnosis: Part I. On malfunction and dysfunction analysis[J]. Energy Conversion and Management, 2002, 43(9): 1503-1518.

[135] Valero A, Torres C, Lerch F. Structural theory and thermoeconomic diagnosis-Part III: Intrinsic and Induced Malfunctions[C]//Ishida M, Tsatsaronis G, Moran M J, et al. ECOS'99. Efficiency, Costs, Optimization, Simulation and Environmental Aspects of Energy Systems. Tokyo: The American Society of Mechanical Energy, 1999: 35-41.

[136] Valero A, Lerch F, Serra L, et al. Structural theory and thermoeconomic diagnosis-Part II: Application to an actual power plant[J]. Energy Conversion and Management, 2002, 43(9): 1519-1535.

[137] Arena A P, Borchiellini R. Application of different productive structures for thermoeconomic diagnosis of a combined cycle power plant[J]. International Journal of Thermal Sciences, 1999, 38(7): 601-612.

[138] Verda V, Serra L M, Valero A. Effects of the productive structure on the results of the thermoeconomic diagnosis of energy systems[J]. International Journal of Thermodynamics, 2002, 5(3): 127-137.

[139] von Spakovsky M R. A practical generalized analysis approach to the optimal thermoeconomic design and improvement of real-world thermal systems[D]. Atlanta: Georgia Institute of Technology, 1986.

[140] Correas L, Martinez A, Valero A. Operation diagnosis of a combined cycle based on the structural theory of thermoeconomic[C]//ASME Int. Mechanical Engineering Congress and Exposition, Nashvill: The American Society of Mechanical Engineers. 1999.

[141] Royo J, Valero A, Zaleta A. The dissipation temperature: A tool for the analysis of malfunctions in thermomechanical systems[J]. Energy Conversion and Management, 1997, 38(15): 1557-1566.

[142] Valero A, Lozano M A. A general theory of thermoeconomics-Part II. The relative free energy function[C]// ECOS'92 International Symposium. Zaragoza: The American Society of Mechanical Engineers, 1992: 147-154.

[143] Zaleta-Aguilar A, Royo J, Rangel V H, et al. Thermo-characterization of power systems components: a tool to diagnose their malfunctions[J]. Energy, 2004, 29(3): 361-377.

[144] Verda V, Serra L M, Valero A. Zooming procedure for the thermoeconomic diagnosis of highly complex energy systems[J]. International Journal of Thermodynamics, 2002, 5(2):75-83.

[145] Reini M, Taccani R. Improving the energy diagnosis of steam power plants using the lost work impact formula[J]. International Journal of Thermodynamics, 2002, 5(4):189-202.

[146] Reini M, Taccani R. On the thermoeconomic approach to the diagnosis of energy system malfunctions the role of the fuel impact formula[J]. International Journal of Thermodynamics, 2004, 7(2): 61-72.

[147] Toffolo A, Lazzaretto A. On the thermoeconomic approach to the diagnosis of energy system malfunctions indicators to diagnose malfunctions: Application of a new indicator for the location of causes[J]. International Journal of Thermodynamics, 2004, 7(2): 41-49.

[148] Valero A, Correas L, Lazzaretto A, et al. Thermoeconomic philosophy applied to the operating analysis and diagnosis of energy utility systems[J]. International Journal of Thermodynamics, 2004, 7(2):33-39.

[149] Verda V. Thermoeconomic analysis and diagnosis of energy utility systems - from diagnosis to prognosis[J]. International Journal of Thermodynamics, 2004, 7(2):73-83.

[150] Reini M, Taccani R. On energy diagnosis of steam power plants: A comparison among three global losses formulations[J]. International Journal of Thermodynamics, 2002, 5(4):177-188.

[151] Stoppato A, Lazzaretto A. Exergetic analysis for energy system diagnosis[C]//The 1996 3rd Biennial Joint Conference on Engineering Systems Design and Analysis, Montpellier, 1996: 191-198.

[152] Stoppato A, Carraretto C, Mirandola A. A diagnosis procedure for energy conversion plants-part II: Application and Results[C]//Advanced Energy Systems Division. New York: American Society of Mechanical Engineers, 2001: 501-508.

[153] Toffolo A, Lazzaretto A. A new thermoeconomic method for the location of causes of malfunctions in energy systems[J]. Journal of Energy Resources Technology, 2015, 129(1): 1-9.

[154] Verda V, Serra L, Valero A. A procedure for filtering the induced effects in the thermoeconomic diagnosis of an energy system[J]. Journal of Gerontological Social Work, 2001, 12(1): 153-166.

[155] Verda V. An improved thermoeconomic diagnosis procedure for the detection of different malfunctions of complex energy systems[C]. ASME 2003 International Mechanical Engineering Congress and Exposition, 2003: 209-216.

[156] Verda V, Serra L, Valero A. Thermoeconomic diagnosis: Zooming strategy applied to highly complex energy systems-Part II: On the choice of the productive structure[J]. Journal of Energy Resources Technology, 2005, 127(1): 50-58.

[157] Zaleta-Aguilar A, Gallegos A, Valero A. Improvement of the exergoeconomic 'fuel-impact'analysis for acceptance tests in power plants[C]//Advanced Energy Systems Division. Nashville: The American Society of Mechanical Engineers, 1999: 389-395.

[158] Zaleta-Aguilar A, Rangel-Hernandez V H, Royo J. Exergo-economic fuel-impact analysis for steam turbines sections in power plants[J]. International Journal of Thermodynamics. 2003, 6(3): 133-141.

[159] Frangopoulos C A. Optimal synthesis and operation of thermal systems by the thermoeconomic functional approach[J]. Journal of Engineering for Gas Turbines & Power, 1992, 114(4): 707-714.

[160] Cui S. Integration of exergy analysis and pinch technology[D]. Milwaukee: Marquette University, 1995.

[161] Manninen J, Zhu X X. Thermodynamic analysis and mathematical optimisation of power plants[J]. Computers & Chemical Engineering, 1998, 22(1): S537–S544.

[162] Wall G, Gong M. Exergy analysis versus pinch technology[C]. ECOS'96 International Symposium, 1996: 451-455.

[163] Bejan A, Kestin J. Entropy Generation Through Heat and Fluid Flow[M]. New York: John Wiley & Sons, 1982.

[164] Frangopoulos C A. Introduction to environomic analysis and optimization of energy-intensive systems[C]// ECOS'92 International Symposium, New York: The American Society of Mechanical Engineers, 1992: 231-239.

[165] Xiong J, Zhao H, Zheng C, et al. Thermoeconomic operation optimization of a coal-fired power plant[J]. Energy, 2012, 42(1): 486-496.

[166] Reklaitis G V, Ravindran A, Ragsdell K M. Engineering optimization: methods and applications[J], SIAM Review, 2006, 54(1-4): 349-360.

[167] Frangopoulos C A. Thermo-economic functional analysis and optimization[J]. Energy, 1987, 12(7): 563-571.

[168] Evans R B, von Spakovsky M R. Engineering functional analysis-Part II[J]. Journal of Energy Resources Technology, Transactions of the ASME, 1993, 115: 93-99.

[169] Evans R B. Thermoeconomic isolation and essergy analysis[J]. Energy, 1980, 5(8): 804-821.

[170] Evans R B, Kadaba P V, Hendrix W A. Essergetic Functional Analysis for Process Design and Synthesis[M]. Washington: American Chemical Society, 2009.

[171] Lenti F, Massardo A, Satta A. Thermoeconomic optimization of a simple thermal power plant using mathematical minimization algorithms[C]//Proceedings of the 24th Intersociety Energy Conversion Engineering Conference. Washington: IEEE, 1989: 1725-1730.

[172] Munoz J R, von Spakovsky M R V. A decomposition approach for the large scale synthesis design optimization of highly coupled, highly dynamic energy systems[J]. International Journal of Thermodynamics, 2001, 4(1): 19-33.

[173] El-Sayed Y M. A second-law-based optimization: Part 2 - Application[J]. Journal of Engineering for Gas Turbines and Power, 1996, 118(4): 698-703.

[174] El-Sayed Y M. A second-law-based optimization: Part 2 - Application[J]. Transactions of the ASME. Journal of Engineering for Gas Turbines and Power, 1996, 118(4): 698-703.

[175] El-Sayed Y M. Application of exergy to design[J]. Energy Conversion and Management, 2002, 43(9): 1165-1185.

[176] Hua B, Chen Q L, Wang P. A new exergoeconomic approach for analysis and optimization of energy systems[J]. Energy, 2014, 22(22): 1071-1078.

[177] Mazur V A. Fuzzy thermoeconomic optimisation[J]. International Journal of Exergy, 2005, 2(1):1-13.

[178] Lozano M, Valero A. Thermoeconomic analysis of gas turbine cogeneration systems. in: Richter, H. J., editor. Thermodynamics and the Design, Analysis, and Improvement of Energy Systems-Session II: General Thermodynamics & Energy Systems, AES. New Orleans, LA, USA: ASME, vol. 30, 1993: 311-320.

[179] Lozano M, Valero A, Serra L. Local optimization of energy systems[C]//Advanced Energy System Division. Atlanta: The American Society of Mechanical Engineers, 1996: 241-250.

[180] Uche J, Serra L, Valero A. Thermoeconomic optimization of a dual-purpose power and desalination plant[J]. Desalination, 2001, 136(1): 147-158.

[181] Frangopoulos C. Methods of Energy Systems Optimization[R]. in: Summer School: Optimization of Energy Systems and Processes. Gliwice: Poland, 2003.

[182] Gogus Y A. Thermoeconomic optimization[J]. International Journal of Energy Research. 2005, 29(7): 559-580.

[183] Frangopoulos C A. Introduction to environomics[C]. American Society of Mechanical Engineers, Advanced Energy Systems Division, 1991: 49-54.

[184] Frangopoulos C A, Caralis Y C. A method for taking into account environmental impacts in the economic evaluation of energy systems[J]. Energy Conversion and Management, 1997, 38(15-17): 1751-1763.

[185] Agazzani A, Massardo A F, Frangopoulos C A. Environmental influence on the thermoeconomic optimization of a combined plant with NO_x abatement[J]. Journal of Engineering for Gas Turbines and Power-Transactions of the ASME, 1998, 120(3): 557-565.

[186] Curti V, Von Spakovsky M R, Favrat D. An environomic approach for the modeling and optimization of a district heating network based on centralized and decentralized heat pumps, cogeneration and/or gas furnace. Part I: Methodology[J]. International Journal of Thermal Sciences, 2000, 39(7): 721-730.

[187] Pelster S, Favrat D, von Spakovsky M R. The thermoeconomic and environomic modeling and optimization of the synthesis, design, and operation of combined cycles with advanced options[J]. Journal of Engineering for Gas Turbines and Power, 2001, 123(4): 717-726.

[188] Ahmadi P, Dincer I. Exergoenvironmental analysis and optimization of a cogeneration plant system using Multimodal Genetic Algorithm (MGA)[J]. Energy, 2010, 35(12): 5161-5172.

[189] Soderholm P, Sundqvist T. Pricing environmental externalities in the power sector: ethical limits and implications for social choice[J]. Ecological Economics, 2003, 46(3): 333-350.

[190] EU Commission. External Costs--Research results on socio-environmental damages due to electricity and transport[R]. Luxembourg: Office for Official Publications of the European Communities, 2003.

[191] EU Commission. ExternE—Externalities of Energy, Methodology 2005 Update[R]. Luxembourg: Office for Offcial Publications of the European Communities, 2005.

[192] 桑燕鸿, 周大杰, 杨静. 大气污染对人体健康影响的经济损失研究[J]. 生态环境, 2010, (1): 178-179.

[193] 杨丹辉, 李红莉. 基于损害和成本的环境污染损失核算_以山东省为例[J]. 中国工业经济, 2010, (7): 125-135.

[194] 汪鹏. 大气扩散模型与环境经济损失评价研究[D].大连: 大连理工大学, 2010.

[195] Rosen M A. Indicators for the environmental impact of waste emissions: comparison of exergy and other indicators[J]. Transactions Canadian Society for Mechanical Engineering, 2009, 33(1): 145-160.

[196] Dewulf J, Van Langenhove H, Muys B, et al. Exergy: its potential and limitations in environmental science and technology[J]. Environmental Science & Technology, 2008, 42(7): 2221-2232.

第 2 章　稳态过程模拟和仿真

对复杂能量系统(如燃煤火电厂)进行过程模拟(或仿真)可获取系统中主要物流、能流的重要参数和重要设备的运行参数，这将为系统的运行、优化、故障诊断、热力学分析、能源-经济-环境评价等提供重要的基础数据。对燃煤火电厂(包括锅炉、汽轮机、发电机等子系统)进行热力学仿真的关键是建立起内部互相关联的组件的输入变量和输出变量之间关系的数学模型，即需要建立起主要设备(可分为换热设备、传输设备、膨胀设备和压缩设备)的质量平衡方程、能量平衡方程和设备热力特性方程，并联立求解这些数学方程。然而，燃煤发电厂系统非常庞大，其设备组成非常复杂，有线性模型也有非线性模型。对于这样复杂系统的建模，通常采用理论模型与黑箱模型相结合的方法[1]。原则上，根据热力学、传热学、流体力学等方法建立的理论模型普适性较高、比较严谨，但是建模和求解过程比较复杂。当有些机理无法(或不易)用理论方法进行解释的时候，就不得不借助实验数据，用有限的变量来建立系统的黑箱模型。黑箱模型不仅能简化建模和计算的过程，也能保证一定的计算精度，因此广泛应用在燃煤发电厂的仿真中[1,2]。

本章主要分为两个部分：首先，针对某电厂 N300-16.7/537/537-1 型燃煤机组，自主开发一套稳态仿真系统，详细阐述模型建立的基本思路和方法，通过改变输入参数、负荷和环境条件，分析电厂在不同工况下的运行特性；然后，利用通用性更好的商业流程模拟软件 Aspen Plus 对常规燃煤电站、富氧燃烧电站及其他复杂能量系统进行稳态过程模拟，对详细过程、相关方法和模拟结果进行系统总结。

2.1　基于黑箱模型的常规燃煤电站稳态仿真

2.1.1　热力系统模型描述

图 2-1 为所研究的电厂热力系统示意图，该图代表电厂的热力系统仿真模型。该机组在设计工况和最大连续出力下，分别能够产生 300MW 和 330MW 的电力。文献[3]中对该燃煤电站的稳态仿真过程和结果进行了较简要的介绍，下面详细介绍对其进行稳态仿真所涉及的模型、方法和结果。

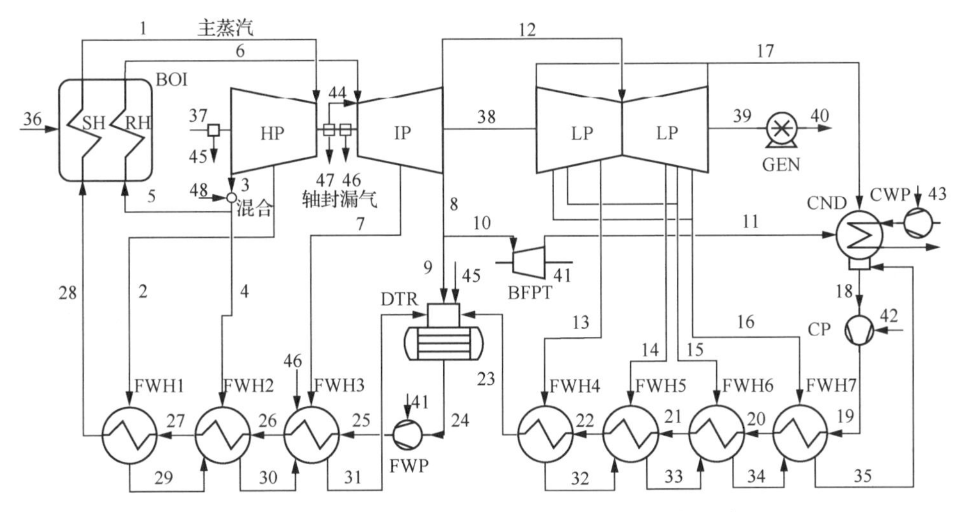

图 2-1　300MW 常规燃煤电站热力系统仿真结构示意图

整个汽水循环为具有过热、再热和给水加热的传统兰金循环。锅炉(BOI)包括过热器(SH)和再热器(RH)，其产生的过热(1 号)、再热(6 号)蒸汽分别在高压缸(HP)、中压缸(IP)和低压缸(LP)膨胀做功，三个汽轮机均为抽汽式汽轮机。三个汽轮机的膨胀功(37 号、38 号、39 号)通过转轴带动发电机(GEN)做功(40 号)。高压缸的 2 号抽汽和 3 号排汽中的部分蒸汽(4 号)用于 1 号和 2 号高压加热器(简称高加)(FWH1、FWH2)的给水加热，排汽中的部分蒸汽(5 号)用于再热循环。再热蒸汽经过中压缸膨胀做功后有两股蒸汽抽出(7 号和 8 号)，其中 7 号抽汽用于 3 号高加(FWH3)的给水加热，8 号抽汽中的部分蒸汽(9 号)用于除氧器(DTR)给水除氧，除氧后的给水通过给水泵(FWP)加压，加压后的给水经过三个高加后送往锅炉。8 号抽汽中的另外一部分蒸汽(10 号)用于带动给水泵小汽轮机(BFPT)运行。低压缸有四股抽汽(13 号、14 号、15 号和 16 号)，分别用于 4 个低压加热器(简称低加)(FWH4、FWH5、FWH6、FWH7)的给水加热。低压缸排汽(17 号)送往凝汽器(CND)后，由循环水泵(CWP)按照一定的运行特性(循环水泵的串并联运行)将循环水送入凝汽器进行蒸汽凝结，同时向环境排放一定的余热，使热力循环恢复到起始状态。凝汽器热井出口的凝结水(18 号)通过凝结水泵加压，经四个低加加热后送往除氧器除氧。由于低压缸轴封漏气量较少，本系统仅考虑高压缸(44 号、45 号、47 号)和中压缸(46 号)的轴封漏气。高压缸进汽侧的一部分漏气(44 号)与再热蒸汽混合后进入中压缸，另外一部分漏气(47 号)与高压缸排汽混合。高压缸排汽测漏气(45 号)和中压缸漏气(46 号)分别注入除氧器和 3 号高加。

2.1.2　水和水蒸气热力学模型

汽轮机以水蒸气作为工质，水蒸气这种特殊的工质无论是过热蒸汽还是湿蒸汽，都不能作为理想气体进行处理，只有在压力很低、密度很小，并且远离饱和线的过热情况下，才接近于理想气体。然而，汽轮机运行的所有工况都不能满足理想气体的状态方程。因此，为了获得水和水蒸气的热物理属性，必须建立一套完整的数学方程，用以描述水蒸气在汽水循环中的变化特性。

经过一百多年来的努力，很多学者和机构都提出了各种求解方法。其中最为重要的几种方法为：国际公式化委员会（International Formulation Committee，IFC）制定的水和水蒸气热力性质公式[4]；美国麻省理工学院的 Keenan 和 Keyes 出版的《水的气液固三态的热力学性质蒸汽表》[5]中导出的水和水蒸气的基本方程；另外，苏联全苏热工研究所也提出了两个经验方程式[6]。在这所有的公式中，IFC 制定的公式独树一帜，得到了国际的公认。国内外很多重要的水和水蒸气性质表都是利用 IFC 制定的公式计算得到的，如钟史明等编著的《具有烟参数的水和水蒸气性质参数手册》[7]，Schmidt 和 Grill 主编的《国际单位制的水和水蒸气性质》[8]等。本节中水与水蒸气参数根据水和水蒸气性质国际协会（International Association for Property of Water and Steam，IAPWS）于 1997 年重新制定的工业用公式（简称 IAPWS-IF97）[4]编制而成。

1. IAPWS-IF97 公式的特点

整个水和水蒸气的研究区域划分为 5 个区域，如图 2-2 所示。整个公式适用范围包括两个部分：当压力 p 在 0～100MPa 时，温度 T 为 273.15～1073.15K；当压力 p 在 0～10MPa 时，温度 T 为 1073.15～2273.15K。

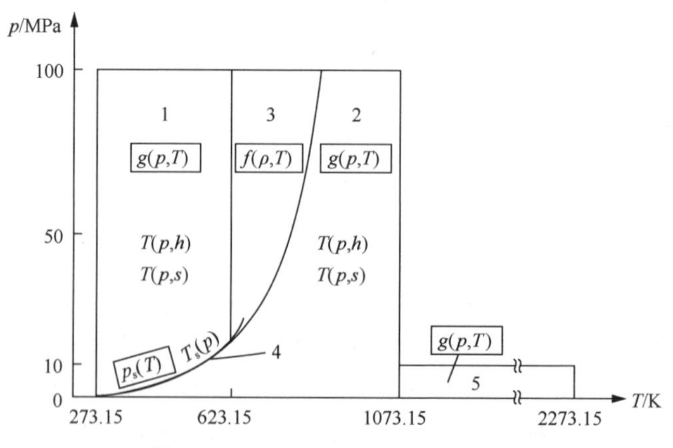

图 2-2　IAPWS-IF97 公式区域划分

除区域 2 和 3 之间的边界外，所有的边界都可以从图 2-2 直接获得。区域 1 和 2 由比吉布斯自由能的基本方程 $g(p,T)$ 得到。区域 3 由比亥姆霍兹自由能的基本方程 $f(\rho,T)$ 得到，其中 ρ 为密度。饱和曲线由饱和压力方程 $p_s(T)$ 得到。高温区域 5 同样由 $g(p,T)$ 得到。除了以上基本方程，对于区域 1、2 和 4 研究人员也提供了逆向方程。这些逆向方程使得根据压力、比焓或者压力、比熵计算其他热物理属性时具有较高收敛速度。

2. 各区域的水和水蒸气性质模型

由于燃煤电厂汽水循环的热力学参数达不到区域5所设定的范围，所以这里仅构建区域1～4的数学模型，仅列出了各区域的基本方程和逆向方程，其他的热物理属性的方程(如比容、比焓、比熵等)可以通过对基本方程求偏导得到[4]。

1)模型中使用的参考常数

水的比气体常数 R=0.461526kJ/(kg·K)，临界参数 T_c=647.096K，p_c=22.064MPa，ρ_c=322kg/m^3。

2)过冷水区域1的数学模型

区域1的基本方程为无量纲的折合比吉布斯自由能形式：

$$\frac{g(p,T)}{RT}=\gamma(\pi,\tau)=\sum_{i=1}^{34}n_i(7.1-\pi)^{I_i}(\tau-1.222)^{J_i} \tag{2-1}$$

其中，$\pi=p/p^*$，$\tau=T^*/T$，$p^*=16.53\text{MPa}$，$T^*=1386\text{K}$；系数(n_i)、指数(I_i和J_i)的值及其他热物理参数的求解请参见文献[4]。

由压力 p、比焓 h 求温度的逆向方程 $T(p,h)$：

$$\frac{T(p,h)}{T^*}=\theta(\pi,\eta)=\sum_{i=1}^{20}n_i\pi^{I_i}(\eta+1)^{J_i} \tag{2-2}$$

其中，$\theta=T^*/T$，$\eta=h/h^*$，$T^*=1\text{K}$，$p^*=1\text{MPa}$，$h^*=2500\text{kJ/kg}$。

由压力、比熵求温度的逆向方程 $T(p,s)$：

$$\frac{T(p,s)}{T^*}=\theta(\pi,\sigma)=\sum_{i=1}^{20}n_i\pi^{I_i}(\sigma+2)^{J_i} \tag{2-3}$$

其中，$\sigma=s/s^*$，$T^*=1\text{K}$，$p^*=1\text{MPa}$，$s^*=1\text{kJ/(kg}\cdot\text{K)}$。

3)过热蒸汽区域2的数学模型

区域2的基本方程为无量纲的折合比吉布斯自由能形式：

$$\frac{g(p,T)}{RT}=\gamma(\pi,\tau)=\ln\pi+\sum_{i=1}^{9}n_i^0\tau^{J_i^0}+\sum_{i=1}^{43}n_i\pi^{I_i}(\tau-0.5)^{J_i} \tag{2-4}$$

其中，$p^*=1\text{MPa}$，$T^*=540\text{K}$。

为建立以压力、比焓或者压力、比熵为函数的逆向方程，区域2被划分为3个子区域，如图2-3所示，每个子区域分别对应一组 $T(p,h)$ 和 $T(p,s)$ 方程。子区域2a和2b之间的分界线为等压线 $p=4\text{MPa}$，子区域2b和2c之间的分界线对应

于等熵线 $s = 5.85\text{kJ/(kg·K)}$，该等熵线由压力、比焓为自变量的方程所描述：

$$\pi = n_1 + n_2 + n_3\eta^2 \tag{2-5}$$

然而，式(2-5)并不能精确地求解等熵线 s=5.85kJ/(kg·K)，其求解对应的熵值范围在 5.81～5.85kJ/(kg·K)，需要使用式(2-6)确定准确的焓值：

$$\eta = n_4 + \left[(\pi - n_5)/n_3\right]^{1/2} \tag{2-6}$$

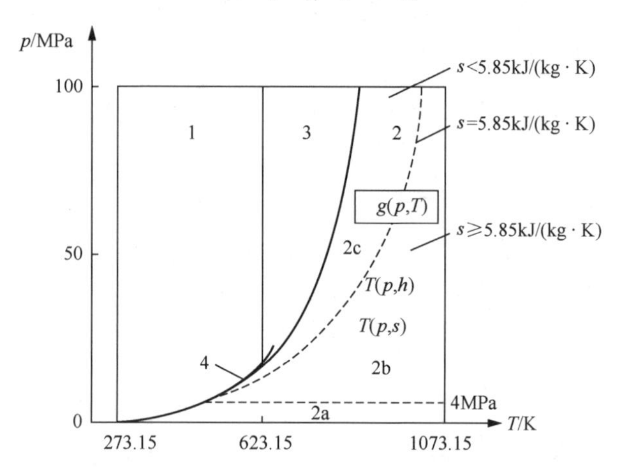

图 2-3　建立区域 2 逆向方程时 3 个子区域的划分

式(2-5)和式(2-6)给出了从饱和状态 T = 554.485K，p_s = 6.54670MPa 到 T = 1019.32K，p = 100MPa 在子区域 2b 和 2c 之间的边界线。根据式(2-5)和式(2-6)求得的边界线能够准确地判定某一压力、比焓对应的状态点所在的子区域，以及对应的逆向方程。

子区域 2a、2b 和 2c 对应的逆向方程 $T(p, h)$：

$$\frac{T_{2a}(p,h)}{T^*} = \theta_{2a}(\pi,\eta) = \sum_{i=1}^{34} n_i \pi^{I_i} (\eta - 2.1)^{J_i} \tag{2-7}$$

$$\frac{T_{2b}(p,h)}{T^*} = \theta_{2b}(\pi,\eta) = \sum_{i=1}^{38} n_i (\pi - 2)^{I_i} (\eta - 2.6)^{J_i} \tag{2-8}$$

$$\frac{T_{2c}(p,h)}{T^*} = \theta_{2c}(\pi,\eta) = \sum_{i=1}^{23} n_i (\pi + 25)^{I_i} (\eta - 1.8)^{J_i} \tag{2-9}$$

其中，$\theta = \dfrac{T^*}{T}$，$T^* = 1\text{K}$；$\pi = \dfrac{\rho}{\rho^*}$；$p^* = 1\text{MPa}$；$\theta = \dfrac{h}{h^*}$，$h^* = 2000\text{kJ/kg}$。

子区域 2a、2b 和 2c 对应的逆向方程 $T(p, s)$：

$$\frac{T_{2a}}{T^*}=\theta_{2a}(\pi,\sigma)=\sum_{i=1}^{46}n_i\pi^{I_i}(\sigma-2)^{J_i} \tag{2-10}$$

$$\frac{T_{2b}(p,s)}{T^*}=\theta_{2b}(\pi,\sigma)=\sum_{i=1}^{44}n_i\pi^{I_i}(10-\sigma)^{J_i} \tag{2-11}$$

$$\frac{T_{2c}(p,s)}{T^*}=\theta_{2c}(\pi,\sigma)=\sum_{i=1}^{30}n_i\pi^{I_i}(2-\sigma)^{J_i} \tag{2-12}$$

其中，$T^*=1\text{K}$；$\sigma=\dfrac{s}{s^*}$，$s^*=2.9251\text{kJ/(kg}\cdot\text{K)}$。

4) 湿蒸汽区域 3 的数学模型

区域 3 的基本方程为无量纲的折合比亥姆霍兹自由能形式：

$$\frac{f(\rho,T)}{RT}=\phi(\delta,\tau)=n_1\ln\delta+\sum_{i=2}^{40}n_i\delta^{I_i}\tau^{J_i} \tag{2-13}$$

其中，$\delta=\dfrac{\rho}{\rho^*}$；$\rho^*=\rho_c$；$\tau=T^*/T$，$T^*=T_c$。

5) 饱和区域 4 的数学模型

描述饱和线的方程为隐式二次方程，能够根据饱和压力 p_s 和饱和温度 T_s 直接求解：

$$\beta^2\vartheta^2+n_1\beta^2\vartheta+n_2\beta^2+n_3\beta\vartheta^2+n_4\beta\vartheta+n_5\beta+n_6\vartheta^2+n_7\vartheta+n_8=0 \tag{2-14}$$

其中，$\beta=(p_s/p^*)^{1/4}$；$\vartheta=\dfrac{T_s}{T^*}+\dfrac{n_9}{(T_s/T^*)-n_{10}}$；$p^*=1\text{MPa}$，$T^*=1\text{K}$。

饱和压力方程(基本方程)为

$$\frac{p_s}{p^*}=\left[\frac{2C}{-B+\left(B^2-4AC\right)^{1/2}}\right]^4 \tag{2-15}$$

其中，$A=\vartheta^2+n_1\vartheta+n_2$；$B=n_3\vartheta^2+n_4\vartheta+n_5$；$C=n_6\vartheta^2+n_7\vartheta+n_8$。

饱和温度方程(逆向方程)为

$$\frac{T_s}{T^*}=\frac{n_{10}+D-\left[\left(n_{10}+D\right)^2-4\left(n_9+n_{10}D\right)\right]^{1/2}}{2} \tag{2-16}$$

其中，$D=2G/-F-(F^2-4EG)^{1/2}$；$E=\beta^2+n_3\beta+n_6$；$F=n_1\beta^2+n_4\beta+n_7$；

$G = n_2\beta^2 + n_5\beta + n_8$。

以上只给出了各区域水和水蒸气的基本方程与逆向方程，方程中的系数(n_i)、指数(I_i，J_i)以及其他热物理参数的求解请参见文献[4]。利用 IAPWS-IF97 公式所得到的结果与标准值[5,8]相比误差不超过±0.3%，完全满足电厂热力计算的要求。

2.1.3 热力学稳态数学模型

电厂热力系统的设备根据其工作特性大致可以分为四类：换热设备、传输设备、膨胀设备和压缩设备。为确定各设备的出口和入口参数，每个设备需要建立三种数学方程：质量平衡方程、能量平衡方程及设备的热力特性方程。将所有设备的数学方程联立求解，即可得到系统所有物流、能量流的属性。由于质量平衡方程和能量平衡方程的建立较为简单，这里不做详细介绍。

1. 建模的基本原理与过程

根据物理模型推导数学模型主要分为以下几步。

1) 确定所有物流、能流变量以及其中的独立变量

根据杜安(Duhem)定理[9]，对于各组分初始质量一定的封闭系统，无论有多少相，多少化学反应，其平衡态都可用两个独立变量确定。也就是说，当每个组分的质量已知时，系统的自由度为2，即含有 C 个组分的物流的独立变量数为 C+2。所以，物流的独立变量为 C 个组分的质量流率(或摩尔流率)和两个状态变量。在本节中，两个状态变量取物流的压力 p 和比焓 h。根据 2.1.2 节所建立的水和水蒸气模型中，过冷水(区域 1)或者过热蒸汽(区域 2)可以以压力、温度，或者压力、比焓，或者压力、比熵为自变量求取其他物性参数。然而，对于湿蒸汽(区域 3)，则需要根据密度(或者干度)、温度(或者压力)求取其他物性参数。如果以压力、温度为自变量，则无法确定湿蒸汽的状态。但是通过分析发现，如果已知压力和比焓，则可以根据数值迭代求得湿蒸汽的干度，进而可以确定湿蒸汽的其他物性参数。考虑到建模的通用性，在本节中采用质量流率 m、压力 p、比焓 h 作为物流的自变量。

在确定上述的独立变量之后，物流、能流中的其他变量，如温度 T、比熵 s、干度 x、比定压热容 c_p、热量 q、功 w 等也就随之确定，这些非独立变量为系统的应变量。利用该方法可以确定系统自变量的数量和应变量的数量。

图 2-1 所表示的系统仿真模型中共有 7 股能流和 40 股物流。如果按照以上的独立变量确定方法，则系统模型中将包含 127 个独立变量。独立变量的数量与系统模型的维数应该尽量减少和降低。通过分析发现，这些变量中的很多变量之间具有某种热力学关系，只要确定了这些热力学关系，独立变量中的一部分变量就可以转变成系统的应变量，系统模型的维数也就因此而减少。例如，各级给水加热器的疏水压力是抽汽压力和抽汽压损的函数，各级高加的给水流量等于主蒸汽

流量，各级低加的给水流量等于凝结水流量，轴封漏气属性可以根据相应的热力学方程求得。根据这种方法，系统模型的维数可以大幅度减少，最终确定的模型独立变量共有 64 个，如表 2-1 所示。

表 2-1　模型独立变量列表

编号	变量	名称	编号	变量	名称
1	m_1	主蒸汽流量	33	h_{16}	低压缸第 4 级抽汽焓值
2	p_1	过热器出口压力	34	m_{17}	低压缸排汽流量
3	m_2	高加 1 抽汽量	35	h_{17}	低压缸排汽焓值
4	p_2	高压缸第 1 级抽汽压力	36	m_{18}	凝汽器凝结水流量
5	h_2	高压缸第 1 级抽汽焓值	37	h_{20}	低加 7 给水出口焓值
6	m_3	高压缸第 2 级抽汽流量	38	m_{35}	低加 7 疏水出口流量
7	p_3	高压缸第 2 级抽汽压力	39	h_{35}	低加 7 疏水出口焓值
8	h_3	高压缸第 2 级抽汽焓值	40	h_{21}	低加 6 给水出口焓值
9	m_4	高加 2 抽汽量	41	m_{34}	低加 6 疏水出口流量
10	m_5	再热蒸汽流量	42	h_{34}	低加 6 疏水出口焓值
11	p_6	再热蒸汽压力	43	h_{22}	低加 5 给水出口焓值
12	m_7	高加 3 抽汽量	44	m_{33}	低加 5 疏水出口流量
13	p_7	中压缸第 1 级抽汽压力	45	h_{33}	低加 5 疏水出口焓值
14	h_7	中压缸第 1 级抽汽焓值	46	h_{23}	低加 4 给水出口焓值
15	m_8	中压缸第 2 级抽汽流量	47	h_{32}	低加 4 疏水出口焓值
16	p_8	中压缸第 2 级抽汽压力	48	p_{25}	给水泵出口压力
17	h_8	中压缸第 2 级抽汽焓值	49	h_{25}	给水泵出口焓值
18	m_9	除氧器抽汽量	50	h_{26}	高加 3 给水出口焓值
19	m_{10}	给水泵汽轮机进汽量	51	m_{31}	高加 3 疏水出口流量
20	h_{11}	给水泵汽轮机排汽焓值	52	h_{31}	高加 3 疏水出口焓值
21	m_{12}	中压缸排汽流量	53	h_{27}	高加 2 给水出口焓值
22	m_{13}	低加 4 抽汽量	54	m_{30}	高加 2 疏水出口流量
23	p_{13}	低压缸第 1 级抽汽压力	55	h_{30}	高加 2 疏水出口焓值
24	h_{13}	低压缸第 1 级抽汽焓值	56	h_{28}	高加 1 给水出口焓值
25	m_{14}	低加 5 抽汽量	57	h_{29}	高加 1 疏水出口焓值
26	p_{14}	低压缸第 2 级抽汽压力	58	m_{28}	锅炉给水流量
27	h_{14}	低压缸第 2 级抽汽焓值	59	h_4	高加 2 抽汽焓值
28	m_{15}	低加 6 抽汽量	60	p_{19}	凝结水泵出口压力
29	p_{15}	低压缸第 3 级抽汽压力	61	T_1	主蒸汽温度*
30	h_{15}	低压缸第 3 级抽汽焓值	62	T_6	再热蒸汽温度*
31	m_{16}	低加 7 抽汽量	63	W_{40}	机组负荷*
32	p_{16}	低压缸第 4 级抽汽压力	64	p_{17}	凝汽器压力

* 采用主蒸汽温度、再热蒸汽温度以及机组负荷作为独立变量，是因为这三个量在电厂运行调整中发挥着重要作用。

2) 建立系统各股物流、能流之间约束关系的独立方程

热力过程各股物流、能流的有关变量受到守恒定律、热力学、动力学和化学等关系的约束，需要建立的方程包括：物质平衡方程、能量平衡方程、动量平衡方程、压力平衡方程、化学平衡方程、传热传质方程等。由于本节仅考虑稳态热力学过程，所以仅需要建立三类数学方程：质量平衡方程、能量平衡方程和热力过程的特性方程。其中，热力过程的特性方程为本节主要研究和介绍的重点。不同热力设备所需建立的特性方程都不尽相同，根据系统各设备所经历的热力过程，热力系统的设备大致可以分为四类：换热设备、传输设备、膨胀设备和压缩设备。换热设备又分为表面式和混合式两种。表面式换热设备的特性方程一般由压力方程和换热端差方程组成，混合式换热设备和传输设备的特性方程一般由压力方程组成，膨胀设备和压缩设备由压力方程与效率特性曲线组成。利用以上方法所得到的 n 个独立方程代表着系统的数学模型，这些方程限定了系统物流、能流变量的取值范围以及系统的变化行为，因此也称为约束方程。根据图 2-1 所描述的系统仿真模型，可以建立 60 个独立(约束)方程。

3) 确定系统的自由度

系统的自由度是系统中独立变量的数量。由步骤 1 所确定的各股物流、能流的独立变量的数量 m 一般大于等于由步骤 2 所建立的系统约束方程的数量 n。因此，为获得唯一解，在求解系统模型之前，需要通过自由度分析，正确地确定独立变量数量，可以避免由于变量数与方程数的不一致而引起的方程组无解或多解。

在建立各单元过程的数学模型之后，为了对模型方程组进行求解，必须事先规定一些变量的数值。只有 n 个不矛盾的独立方程才能求解 n 个未知数。变量数与独立方程数的差值即系统的自由度。若变量总数为 m，独立方程数为 n，则自由度 $F_r = m - n$。当系统自由度所对应的 F_r 个独立变量的数值确定以后，n 个变量也就由约束方程所确定，这 n 个变量称为系统的状态变量。

根据前面的分析，图 2-1 所描述的系统仿真模型共有 64 个独立变量和 60 个独立方程，系统的自由度为 4。为此，在进行系统模型求解之前，需要预先确定 4 个变量的数值。这 4 个变量主要选择那些在电厂实际运行中可以直接进行调整的量。例如，过热蒸汽和再热蒸汽温度可以通过喷水减温、调整锅炉分隔烟道挡板的开度等方式进行调节[10]，凝汽器的真空可以通过改变循环水流量进行调整，机组负荷根据发电机电功率的变化由汽轮机调速系统改变调节阀开度进行调整[11]。由此确定的 4 个自由度见表 2-1 中编号为 61～64 的变量。

4) 系统模型的求解

利用以上方法所建立的系统数学模型通常为一个大型的非线性方程组，化工

系统模拟[9,12]常用的算法大致可以分为三类：序贯模块法、联立方程法和联立模块法。

序贯模块法是通过模块依次序贯计算求解系统模型的一种方法。当采用该方法时，每一个单元设备都需要编制一个计算机子程序，该子程序包含了相应的模型方程和模型求解程序，称为单元模块。单元模块对同一类设备具有通用性，同一类设备只需要建立一个子程序就可以重复使用，大大降低了开发的周期和成本，是目前应用最广的计算方法。但当采用该方法时，大量时间都花费在迭代变量的选择、循环流的断裂、计算顺序的确定和修正循环流假定值等方面，这将严重影响计算效率和计算精度。联立方程法的提出正是为了克服序贯模块法的这些缺点。

联立方程法的基本思想是对系统模型方程联立求解，该方法在过程设计和优化方面很有潜力。一般来说，非线性方程组无法得到解析解，需要采用数值方法求解。求解该类问题的方法很多，如 Newton-Raphson 法、拟牛顿法等[9,13]。该方法的主要问题为众多变量的初值选择问题以及算法的收敛性。另外，随着方程组的维数 n 的增大，所需计算机内存量和运算时间将分别以 n^2 和 n^3 的比例增长。导致计算时间增长的主要原因之一是 Jacob 矩阵在每次迭代的过程中都需要不断更新。Powell 混合方法(Powell hybrid method) [14]采用一种松弛技术，解决了此问题，并且具有很好的收敛性，使得联立方程法同时具备了较高的计算效率和计算精度，将此方法与 Newton-Raphson 法做简单的数值计算对比实验，求解 60 个变量的非线性方程组，并且设定相同的收敛精度(10^{-5})。在求解速度方面，Powell 混合方法比 Newton-Raphson 法大约快 5 倍；在初值敏感性方面，Newton-Raphson 法对初值的要求较高，容易造成迭代不收敛，而 Powell 混合方法对初值的敏感性就要弱很多。

联立模块法的基本思想是结合序贯模块法和联立方程法的优点，采用近似的线性模型来代替各单元过程的严格模型，使系统模型转化为一个线性方程组。这种线性化的处理方式可以降低系统模型的维数，同时可以利用序贯模块法在单元模块方面的丰富积累。然而，该方法也存在很多问题，如何选择线性近似模型。线性近似模型如果选择不当，将导致计算不能收敛。另外，模型的线性化处理必定会影响最终的求解精度。综上，采用 Powell 混合方法的联立方程法更适合本研究对象的求解。

2. 汽轮机压力级组模型

如图 2-1 所示，高压缸和中压缸分别有 2 个压力级组，低压缸包括 5 个压力级组。压力级组的数学模型用于确定在设计工况以及变工况条件下，压力级组的出口参数。压力级组的计算方法很多[11,15]，包括详细的逐级算法和近似算法。详细的逐级算法又包括顺序、倒序和混合算法，该方法能够获得级的详细的热力学参数，包括级的前后压力、理想比焓降、喷嘴及动叶出口汽流速度、级内损失、级的内效率等。然而，该方法计算烦琐，需要反复迭代，一般的工程应用中很少采用该方法，该方法主要用在核算热力，校核汽轮机的轴向推力、转子静子间的相对膨胀以及零部件的应力等。近似算法一般采用弗留格尔公式[11]确定级的参数，该方法计算简单而且具有较高的计算精度，广泛应用在热力系统的仿真、经济性评价[16,17]等方面。这里所采用的近似算法为 Cooke[18]提出的基于 Stodola 椭圆模型的方法，该方法不仅简单而且易于编制计算机程序。

压力级组的特性方程包括级组出口压力方程和等熵效率方程，使用 Cooke 的方法进行压力级组的建模，其核心是确定质量流量系数 φ_c，然后将出口压力和等熵效率表示为 φ_c 的函数。质量流量系数 φ_c 被定义为

$$\varphi_c = \frac{m_1}{\sqrt{\frac{p_{in}}{v_{in}}}} \quad 或 \quad \varphi_c = \frac{m_1\sqrt{T_{in}}}{p_{in}} \tag{2-17}$$

其中，m_1 为质量流率(kg/s)；p_{in} 为级组入口压力(MPa)；v_{in} 为级组的入口比容(m^3/kg)；T_{in} 为级组的入口温度(K)。实际运行工况的质量流量系数 φ_c 可以表示为设计工况参数(下标为 D)的函数：

$$\varphi_c = \varphi_D \frac{\sqrt{1-\left(\frac{p_{out}}{p_{in}}\right)^2}}{\sqrt{1-\left(\frac{p_{outD}}{p_{inD}}\right)^2}} \tag{2-18}$$

其中，p_{out} 为级组出口压力(MPa)，通过对式(2-18)进行转换可以得到级组的出口压力方程：

$$p_{out} = \sqrt{p_{in}^2 - m_c^2 p_{in} v_{in} Y_D} \tag{2-19}$$

$$Y_D = \frac{p_{inD}^2 - p_{outD}^2}{p_{inD}^2 \varphi_D} \tag{2-20}$$

其中，Y_D 为 Stodola 常数。级组的等熵效率方程可以根据级组的性能试验数据，通过数值拟合建立一个由设计工况质量流量系数 φ_D 为自变量的多项式 $\eta = f(\varphi_D)$。由此根据等熵效率可以确定级组的出口比焓：

$$h_{out}=h_{in}-(h_{in}-h_s)\eta \tag{2-21}$$

其中，h 为比焓(kJ/kg)，下标 in 表示入口，out 表示出口，s 表示等熵。

3. 汽轮机调节级模型

这里所研究的汽轮机为喷嘴调节汽轮机，主蒸汽经过主汽阀及若干个依次开启的调节阀(GV)后进入汽轮机。如图 2-4 所示，调节级共有 2 个主汽阀和 6 个调节阀，每一个调节阀控制一个喷嘴组，机组运行时通过改变各调节阀的开度，进而改变调节级的流通面积和进入汽轮机的蒸汽量。随着负荷由零逐渐升高，调节阀依次开启，开启顺序为 1 号和 2 号首先同时开启，之后依次开启 4 号、5 号、6 号，最后开启 3 号。调节阀的这种开启顺序导致某些级组全周进汽，某些级组部分进汽。流过全开调节阀的汽流受到较小的节流作用，使喷嘴调节与节流调节相比具有较高的效率。

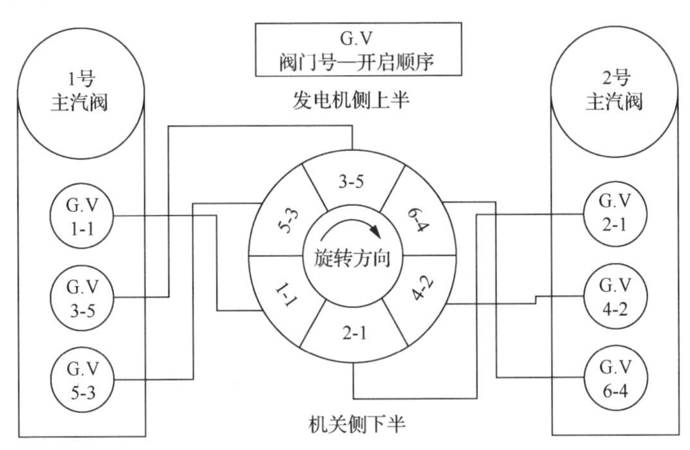

图 2-4　N300 机组调节级示意图

由以上分析可以看出，为确定调节级级后参数，必须分别确定经过全开调节阀的汽流和经过部分开启阀汽流的参数。这使得调节级的变工况计算要比压力级组复杂得多。与其他的近似算法一样，上一小节所提到的 Cooke 的方法只能用于压力级组的计算。调节级的计算通常都是根据厂家提供的调节级特性曲线确定调节级级后参数[11,15]，然而并不是所有的厂家都提供这种特性曲线。即使有这种曲线，研究者还要通过手工的方法在图上查取数据，显然会影响计算的准确性。本书采用 IAPWS-IF97 公式与调节级变工况计算相结合的方法，计算出调节级的特性曲线，然后根据特性曲线求解调节级级后参数。表 2-2 列出了所考虑的汽轮机调节级特性数据。

表 2-2　调节级特性数据

参数名称	数据
喷嘴有效汽道总数/个	48
动叶有效汽道总数/个	72
级平均直径 d_m/mm	1060
喷嘴有效出口面积 A_n/cm^2	224.3
喷嘴出口角 α_1/(°)	16.9
喷嘴速度系数 φ_v	0.96
动叶有效出口面积 A_b/cm^2	344.6
动叶进口角 β_1/(°)	30
动叶出口角 β_2/(°)	22.8

4. 调节级特性曲线的求解

1)喷嘴计算

在计算调节级特性时，通常假设调节阀是全开的，阀门后的压降主要是由绝热截流引起，阀门后压力 $p_0'=\zeta\times p_0$(其中，p_0 为新蒸汽压力，ζ 为截流引起的压损系数)。由绝热截流计算得到的 p_0' 和新蒸汽的比焓 h_0，根据 IAPWS-IF97 公式可计算得到阀门后的比容 v_0' 和比熵 s_0'。如果以单位喷嘴面积($1cm^2$)为基准，可以由式(2-22)计算得到喷嘴的临界流量：

$$G_{cn}=0.648\times\sqrt{p_0'/v_0'} \tag{2-22}$$

设定喷嘴后的压力为 p_1，由阀门后蒸汽比熵 s_0，运用 IAPWS-IF97 公式可以计算出喷嘴出口理想比焓 h_{1t}，也就可以得到喷嘴理想比焓降 $\Delta h_n=h_0-h_{1t}$。根据喷嘴出口速度方程可以求得喷嘴出口绝对速度 c_1 和喷嘴损失 $\Delta h_{n,\xi}$：

$$c_1=\varphi_v\sqrt{2\times\Delta h_n} \tag{2-23}$$

$$\Delta h_{n,\xi}=(1-\varphi_v{}^2)\times\Delta h_n \tag{2-24}$$

其中，φ_v 为喷嘴速度系数。由此可以求得喷嘴实际出口点的比焓 $h_1=h_{1t}+\Delta h_{n,\xi}$，再根据 IAPWS-IF97 公式计算求得的喷嘴实际出口点比定容热容 v_1，由此可以确定流过 $1cm^2$ 喷嘴的实际流量 G_n 和喷嘴的彭台门系数(喷嘴流量比)$\beta_n=G_n/G_{cn}$。当计算喷嘴实际流量时，还需要区分亚临界与超临界两种情况。

当喷嘴出口为亚临界流动时：

$$G_n=c_1/v_1 \tag{2-25}$$

当喷嘴出口为超临界流动时：

$$G_{\mathrm{n}}=\frac{\sin(\alpha_1+\delta_1)}{\sin\alpha_1}\times\frac{c_1}{v_1} \tag{2-26}$$

其中，α_1 为汽流出口角；δ_1 为汽流偏转角。由喷嘴出口绝对速度 c_1，根据出口速度三角形可以确定喷嘴出口相对速度：

$$w_1=\sqrt{{c_1}^2+u^2-2\times c_1\times u\times\cos\alpha_2} \tag{2-27}$$

其中，u 为级的圆周速度；α_2 为喷嘴出口角。为提高计算的准确性，在变工况下蒸汽进入动叶的过程中，动叶的实际进汽角 β_1' 与设计进汽角 β_1 不相等，因而产生撞击损失 $\Delta h_{\beta1}$ 为

$$\Delta h_{\beta1}=\frac{(w_1\sin\theta_2)^2}{2} \tag{2-28}$$

其中，冲角 $\theta_2=\beta_1-\beta_1'$，$\beta_1'=\arcsin(c_1\sin(\alpha_1/w_1))$。由此可以得到进入动叶的有效进口速度和有效进口动能：

$$w_1'=w_1\times\cos\theta_2 \tag{2-29}$$

$$\Delta h_{w1}=w_1'^2/2 \tag{2-30}$$

根据喷嘴出口理想比焓 h_{1t}、喷嘴损失 $\Delta h_{\mathrm{n}\zeta}$ 和动叶入口撞击损失 $\Delta h_{\beta1}$，可以确定动叶入口状态点比焓 $h_{11}=h_{1t}+\Delta h_{\mathrm{n}\zeta}+\Delta h_{\beta1}$。由喷嘴出口压力 p_1 和动叶入口状态点比焓 h_{11}，根据 IAPWS-IF97 公式可以确定动叶入口比熵 s_{11}。由动叶入口状态点比焓 h_{11} 和动叶有效进口动能 Δh_{w1} 可以求得动叶进口滞止比焓 $h_1^*=h_{11}+\Delta h_{w1}$。

2) 动叶计算

在计算动叶参数之前，先假设一个动叶出口压力 p_2，由前面计算得到的动叶入口比熵 s_{11}，根据 IAPWS-IF97 公式可以计算得到动叶出口理想比焓 h_{2t}，由此可以进一步得到动叶理想比焓降 $\Delta h_{\mathrm{b}}=h_{11}-h_{2t}$、动叶理想滞止比焓降 $\Delta h_{\mathrm{b}}^*=\Delta h_{\mathrm{b}}+\Delta h_{w1}$ 和动叶出口理想速度：

$$w_{2t}=\sqrt{2\times\Delta h_{\mathrm{b}}^*} \tag{2-31}$$

为了计算动叶出口速度 w_2，需要知道动叶的速度系数 ψ，但厂家很少给出各工况下动叶速度系数值。为此，将图 2-5 所示动叶的速度系数 ψ 与级反动度 Ω_{m} 和动叶出口理想速度 w_{2t} 的关系曲线[11,15]进行数值拟合，得到 $\psi=f(\Omega_{\mathrm{m}}, w_{2t})$ 的解析式，可以很方便地得到变工况下动叶的速度系数 ψ。由此可以得到动叶出口速度和动叶损失：

$$w_2 = \psi \times w_{2t} \tag{2-32}$$

$$\Delta h_{b\xi} = (1-\psi^2)\Delta h_b^* \tag{2-33}$$

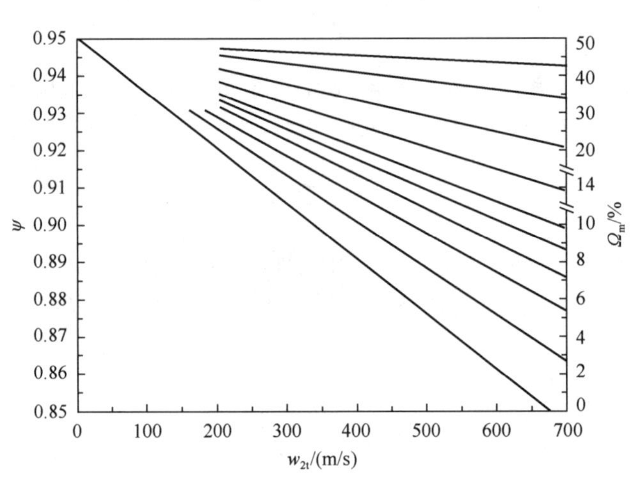

图 2-5 速度系数 ψ 与级反动度 Ω_m 和动叶出口理想速度 w_{2t} 的关系曲线

根据动叶出口理想比焓 h_{2t} 和动叶损失 $\Delta h_{b\zeta}$，可以计算动叶出口比焓 $h_2 = h_{2t} + \Delta h_{b\zeta}$。由动叶出口比焓 h_2 和假设的动叶出口压力 p_2 再根据 IAPWS-IF97 公式，可以计算得到动叶出口比定容热容 v_2 和动叶流量 G_b：

$$G_b = \frac{A_b}{A_n} \times \frac{w_2}{v_2} \tag{2-34}$$

其中，A_b/A_n 为动叶与喷嘴的出口面积比。

由于动叶出口压力 p_2 是假设值，需要进行精度检验，根据流量守恒(流过喷嘴的流量 G_n 与流过动叶的流量 G_b 相等)判断迭代是否完成。如果$|(G_b-G_n)/G_n| \leqslant 0.001$ 则停止迭代，否则不断改变动叶出口压力 p_2 重复进行动叶计算，直到满足上述条件。由于 IAPWS-IF97 公式的收敛性非常好，以上迭代在 3～5 次就可以完成。

3) 调节级特性曲线

迭代计算完成之后，就确定了动叶入口及出口状态，进而可以得到级的理想比焓降 $\Delta h_t = \Delta h_n + \Delta h_b$、余速损失$\Delta h_{c2} = c_2^2/2$($c_2$ 为动叶出口绝对速度)、级内总的损失 $\Sigma\Delta h = \Delta h_{n\xi} + \Delta h_{b\xi} + \Delta h_{\beta 1}$、轮周有效比焓降 $\Delta h_u = \Delta h_t - \Sigma\Delta h$、轮周效率 $\eta_u = \Delta h_u/\Delta h_t$、速度比 $x_a = u/(2\Delta h_t)^{1/2}$ 和级的彭台门系数：

$$\beta' = \sqrt{1-\left(\frac{\varepsilon-0.546}{1-0.546}\right)^2} \tag{2-35}$$

其中，$\varepsilon = p_2/p_0'$。根据前面计算得到的喷嘴的彭台门系数 β_n 和级的彭台门系数 β'，可以求得用于计算特性曲线的两个系数：

$$\lambda = \beta_n / \beta' \tag{2-36}$$

$$\mu = \beta' \lambda / \varepsilon \tag{2-37}$$

从前面的计算过程可以看出，只要在一定的压力间隔下设定一系列的喷嘴出口压力 p_1，通过动叶迭代计算可以得到一系列的 λ、μ、Ω_m，将这些值作为纵坐标，以级的压力比 ε 为横坐标，就可以绘制出调节级的 λ-ε 曲线、μ-ε 曲线、Ω_m-ε 曲线和 η_u-x_a 曲线。根据这些曲线就可以非常方便而且快速地计算出调节级变工况的各种数据。

根据厂商提供的调节级特性数据(表 2-2)，所研究的调节级特性曲线计算结果如图 2-6～图 2-9 所示。

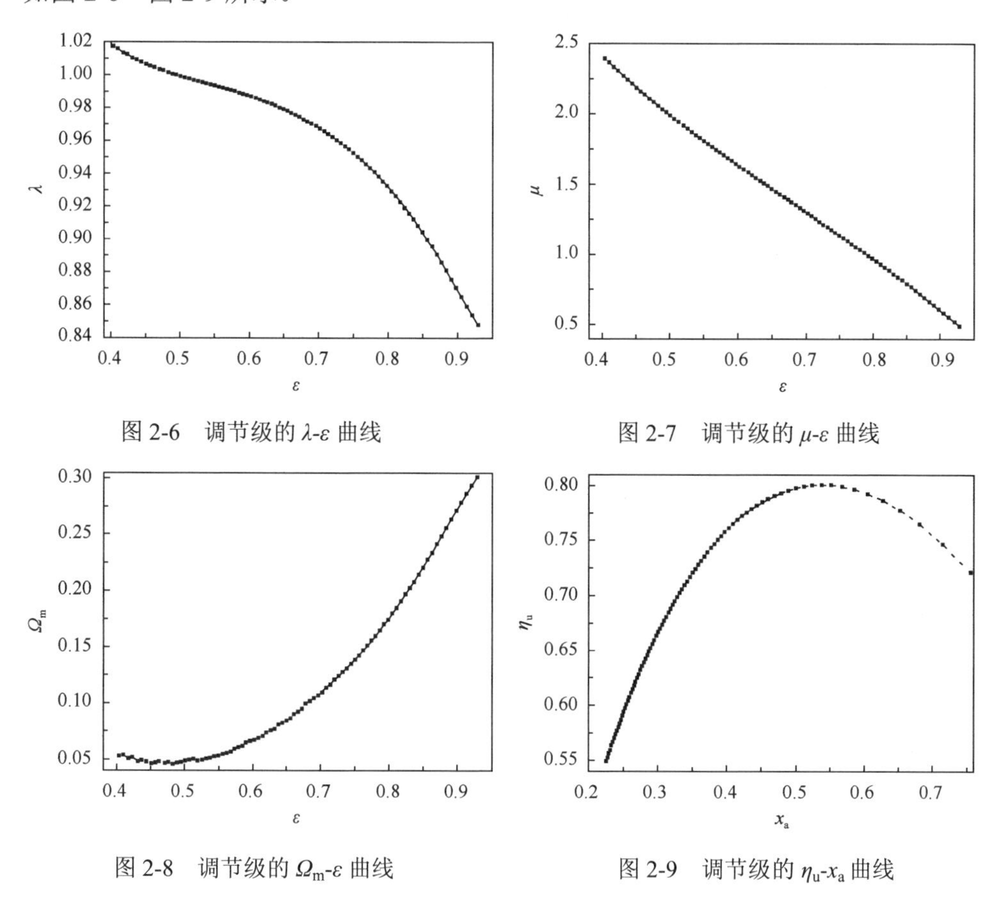

图 2-6　调节级的 λ-ε 曲线

图 2-7　调节级的 μ-ε 曲线

图 2-8　调节级的 Ω_m-ε 曲线

图 2-9　调节级的 η_u-x_a 曲线

5. 调节级变工况级后压力和比焓的确定

调节级特性曲线的建立，目的是为调节级变工况计算做准备。调节级特性曲线虽然是在调节阀全开的条件下得到的，对于部分开启的阀门也适用。这是由于对于一个给定的喷嘴组，级的参数(Δh_t、x_a、Ω_m、η_u等)都是级压力比ε的函数，与阀门是否全开无关[15]。因此，只要通过这些特性曲线确定全开和部分开启阀门后的级的参数，就可确定调节级后的蒸汽状态。

调节级级后压力 p_{21} 可以根据凝汽式机组压力与流量具有线性关系的弗留格尔公式[11,15]求得。为确定调节级级后的混合比焓，需要分别确定通过全开阀门、部分开启阀门蒸汽的流量和级的有效比焓降，然后根据能量守恒求得调节级级后比焓。

全周进汽级组和部分进汽级组的有效比焓降需要根据调节级特性曲线获得，为此将计算得到的调节级特性曲线通过数据拟合得到$\mu=f(\varepsilon)$、$\varepsilon=f^{-1}(\mu)$、$\Omega_m=f(\varepsilon)$的函数解析式，可以方便地在程序中调用。由变工况下全开阀后调节级压力比 ε 和$\mu=f(\varepsilon)$函数关系，计算得到全周进汽级组的系数μ'和该喷嘴组的蒸汽流量G_n'：

$$G_n' = \frac{0.648 A_n'}{\sqrt{p_0 v_0}} \times \frac{\beta_n'}{p_{21} / p_0'} p_{21} = A' \mu' p_{21} \tag{2-38}$$

式(2-38)加“′”，为了与前文相应变量对应，A'为系数。

按开启顺序将全开阀后各喷嘴组的蒸汽流量逐个相加，得到流经全开阀的流量G'，流经部分开启阀的蒸汽流量G''等于汽轮机进汽量G减去全开阀的流量G'。由$\varepsilon=f^{-1}(\mu)$得出部分开启阀对应的喷嘴组的压力比。然后，根据全开及部分开启阀后的压力比和级的反动度与压力比的关系$\Omega_m=f(\varepsilon)$，求出两部分汽流在级内的有效比焓降。最后，由式(2-39)求出调节级后的混合比焓：

$$h_2 = h_0 - \left(\frac{G'}{G} \Delta h_i' + \frac{G''}{G} \Delta h_i'' \right) \tag{2-39}$$

其中，$\Delta h_i'$为流经全开调节阀汽流在调节级的有效比焓降；$\Delta h_i''$为流经部分开启调节阀汽流在调节级的有效比焓降。

6. 锅炉模型

在本稳态仿真中，锅炉部分只考虑汽水系统的建模。锅炉汽水系统的特性方程包括过热器压损方程、再热器压损方程和锅炉效率方程。这些方程主要根据机组性能数据，通过曲线拟合得到。过热器、再热器的压损方程主要根据文献[19]提供的方法进行建立：

$$\Delta p=\Delta p_{\mathrm{d}}\left(\frac{m}{m_{\mathrm{d}}}\right)^{x}\left(\frac{T}{T_{\mathrm{d}}}\right)^{y}\left(\frac{p}{p_{\mathrm{d}}}\right)^{z} \tag{2-40}$$

其中，下标 d 表示设计工况；指数 x、y、z 由数据拟合得到。

7. 给水加热器模型

给水加热器的特性方程包括端差方程和抽汽压损方程。一般来说加热器端差 ΔT 随工况不同将发生很大的变化，由传热学理论可以推出：

$$\Delta T=(t_{\mathrm{p}}-t_{\mathrm{w}})\cdot \mathrm{e}^{-\frac{1000\cdot m_{\mathrm{w}}\cdot c_{p}}{K\cdot A}} \tag{2-41}$$

其中，t_{p} 为汽侧温度；t_{w} 为给水入口温度；m_{w} 为给水流量；A 为加热器换热面积；K 为总换热系数；c_p 为给水比定压热容。对于给定的加热器，A 和 c_p 可以认为近似不变，故端差主要受 t_{p}、t_{w}、m_{w} 和 K 的影响。从传热数值分析可以看出，K 主要与 t_{p}、t_{w}、m_{w} 有关。因此，加热器端差 ΔT 可以表示为 t_{p}、t_{w}、m_{w} 的函数[20]：

$$\Delta T=\Delta T_{\mathrm{d}}\left(\frac{t_{\mathrm{p}}-t_{\mathrm{w}}}{t_{\mathrm{pd}}-t_{\mathrm{wd}}}\right)^{x}\left(\frac{m_{\mathrm{w}}}{m_{\mathrm{wd}}}\right)^{y} \tag{2-42}$$

其中，下标 d 表示设计工况的参数；指数 x、y 根据机组性能测试数据通过数值拟合得到。

8. 除氧器模型

由于汽轮发电机组通常在高温、高压的条件下运行，一旦汽水循环中含氧量超过一定的标准，就将对汽轮机的叶片产生冲击和腐蚀，给水管和省煤器在短期内也会出现穿孔的点状腐蚀，严重影响电厂的安全生产运行。另外，在热交换设备中存在气体还会降低传热效果，为此需要对给水进行除氧。

除氧器的工作原理建立在亨利定律和道尔顿定律基础上。亨利定律反映了气体溶解和离析规律，道尔顿定律则指出混合气体全压等于各组成气(汽)体分压之和。只有不断减小水面上气体的分压，才能减少水中的氧含量。随着水的不断加热和蒸发，水面上水蒸汽的分压逐步增大，其他气体分压不断减小。当水加热至工作压力的饱和温度时，水蒸汽的分压几乎等于水面上气体混合物的全压，从而能够将水中溶解的气体全部除去。根据这个原理建立的除氧器特性方程为出口给水的饱和特性方程，即除氧器出口水温度为除氧器抽汽压力下的饱和水温度。

9. 管道模型

一般认为管道内蒸汽流动是绝热流动，管道的特性方程仅包括压损方程，这里只考虑抽汽管道和末级排汽管的压损建模。抽汽压损是指从汽轮机抽汽口至加热器抽汽管道的总压力损失，包括沿程阻力和局部阻力损失两部分：

$$\Delta p = (\xi + \lambda_1)\frac{c^2}{2g} \tag{2-43}$$

其中，ξ 为局部阻力系数；λ_1 为沿程阻力系数；c 为抽汽管内蒸汽的平均流速；g 为重力加速度。由于抽汽管道内蒸汽的雷诺数 $Re>10^5$，其沿程阻力损失处于平方区，而湍流的局部阻力系数也与雷诺数无关，故 $\Delta p=\Delta p_d \cdot c^2/{c_d}^2$。将抽汽量 $m_w = A \cdot c/v$ 代入可以得到抽汽压损方程：

$$\Delta p = \Delta p_d \cdot \frac{m_w^2}{m_{wd}^2} \cdot \frac{v_d^2}{v^2} \tag{2-44}$$

其中，v 为抽汽管道内蒸汽的比容；下标 d 表示设计工况的参数。

汽轮机排汽从最后一级动叶排出后，经排汽管送到凝汽器。为了克服蒸汽流动时在排汽部分的摩擦阻力和涡流，应使排汽管中存在压降 Δp_c。其大小主要取决于排汽管中的汽流速度和排汽管的结构形式：

$$\Delta p_c = \lambda_2 \left(\frac{c_{ex}}{100}\right)^2 p_c \tag{2-45}$$

其中，λ_2 为排汽管的阻力系数，一般取 0.05～0.1；c_{ex} 为排汽管中的汽流速度。

10. 水泵模型

在图 2-1 所示的热力系统中包括锅炉给水泵(FWP)、凝结水泵(CP)和循环水泵(CWP)。水泵是把机械能转变成流体势能和动能的一种动力设备，其特性方程包括质量流量-压头方程($p = f(m)$)和流量-效率($\eta = f(m)$)方程。这些方程主要根据厂商提供的在一定转速下的性能曲线，通过数据拟合得到[21]。当泵的转速由 n 变为 n_1 时，其质量流量 m_1、压头 p_1 和功率 W_1 由式(2-46)确定：

$$m_1 = m\frac{n_1}{n}, \quad p_1 = p\left(\frac{n_1}{n}\right)^2, \quad W_1 = W\left(\frac{n_1}{n}\right)^3 \tag{2-46}$$

式中，m、p、W 为转速为 n 时的质量流量、压头和功率。

11. 凝汽器

凝汽器建模的主要目的是确定冷却水流量和循环水泵的功耗。其中循环水泵的功耗根据循环水泵的数学模型求得。凝汽器的特性方程主要包括冷却水温升方程和传热端差方程。这里假设凝汽器汽室内只有蒸汽而没有其他气体，蒸汽在汽侧压力相应的饱和温度下凝结。由于凝汽器冷却面积和冷却水流量都是有限的，蒸汽凝结时放出的汽化潜热通过管壁传给冷却水必然存在一定的温差。在设定的凝汽器真空 p_c 下的凝汽器出口凝结水(饱和)温度 t_s 为

$$t_s = t_{w1} + \Delta T + \delta t \tag{2-47}$$

其中，t_{w1} 为循环水入口温度；ΔT 为冷却水温升；δt 为传热端差或简称端差。冷却水温升 ΔT 可根据凝汽器热平衡方程得到

$$\Delta t = \frac{h_c - h_c'}{4.187\left(D_w / D_c\right)} \tag{2-48}$$

其中，h_c、h_c' 为凝汽器入口蒸汽和出口凝结水比焓；D_c 为进入凝汽器的蒸汽量；D_w 为进入凝汽器的冷却水量。传热端差 δt 根据凝汽器传热方程得到

$$\delta t = \frac{\Delta T}{e^{\frac{kF_c}{4.187 D_w}} - 1} \tag{2-49}$$

其中，F_c 为冷却水管外表面总面积；k 为由蒸汽到冷却水的平均总传热系数。传热系数 k 受很多因素影响，如冷却水进口温度、冷却水流速、冷却面洁净程度等，一般根据经验公式进行估算[11]。将式(2-48)和式(2-49)代入式(2-47)得到由冷却水流量 D_w 所表示的隐函数关系，D_w 的数值解可以根据非线性方程的 Brent 方法[13]求得。

12. 轴封系统模型

汽轮机前后轴封加上与之相连的管道及附属设备，称为汽轮机的轴封系统。轴封漏汽仅考虑高压缸和中压缸漏汽，如图 2-1 所示。在计算轴封漏汽量之前需要判别轴封末齿中漏汽流动状态：

$$k_1 = \frac{0.85}{\sqrt{z_1 + 1.5}} \tag{2-50}$$

其中，z_1 为轴封段汽封齿数。当 $k_1 \geqslant p_z/p_0$ 时，轴封末齿中的汽流达到临界速度，

采用式(2-51)计算轴封漏汽量：

$$m_1 = 0.360\mu_1 A_1 \sqrt{\frac{p_0}{(z_1+1.5)v_0}} \tag{2-51}$$

当 $k_1 < p_z/p_0$ 时，汽流在汽封中为亚声速流动，轴封漏气量为

$$m_1 = 0.360\mu_1 A_1 \sqrt{\frac{p_0^2 - p_z^2}{z_1 p_0 v_0}} \tag{2-52}$$

其中，p_0、p_z 为轴封前后汽室压力(MPa)；v_0 为轴封段前蒸汽比容(m^3/kg)；A_1 为轴封段的间隙面积(cm^2)；μ_1 为轴封漏汽流量系数。

2.1.4 仿真模型求解方法

根据热力学稳态模型(包括质量平衡、能量平衡方程和热力特性方程)得到的电厂热力系统数学模型，是一个含有 60 个变量的非线性方程组。该方程组的解采用 Powell 混合方法[14]得到。Powell 混合方法是经典 Newton 法的导出方法，解决了 Newton 法收敛速度慢、迭代耗时的问题。该方法具备两个主要特性：①当迭代初始点远离模型真实解的时候，修正量的选择能够确保全局收敛；②使用一种松弛技术(Broyden 的 rank-1 方法)更新 Jacob 矩阵。Jacob 矩阵采用向前差分进行计算，在每次迭代的过程中，Jacob 矩阵不需要反复计算，只有当 rank-1 方法无法产生满意的改进时，才计算新的 Jacob 矩阵，这大大降低了计算量。全局收敛的公差 XTOL 设定为 10^{-5}：

$$\mathrm{XTOL} = \max\left(\frac{x_j^m - x_j^{m-1}}{x_j^m}\right) \leqslant 10^{-5} \tag{2-53}$$

其中，x_j^m 为第 j 个变量在第 m 次迭代的计算值。系统求解过程如图 2-10 所示。

2.1.5 仿真结果及模型验证

根据以上建模和求解方法构建的电厂热力系统仿真平台，能够快速、准确地模拟系统在不同工况下的运行特性。仿真结果与电厂性能测试数据相比(表 2-3)，误差不超过 2%，完全满足工程应用以及热经济学分析的要求。表 2-3 中第一部分为系统仿真模型计算得到的主要物流的质量流量 m、压力 p 和比焓 h，第二部分为电厂性能测试数据值(m_0、p_0、h_0)，第三部分为各股物流属性的计算值与实际值的相对误差(ε_m、ε_p、ε_h)。表 2-4 给出了在设计工况下(机组负荷为 300MW)机组主要热力性能指标。

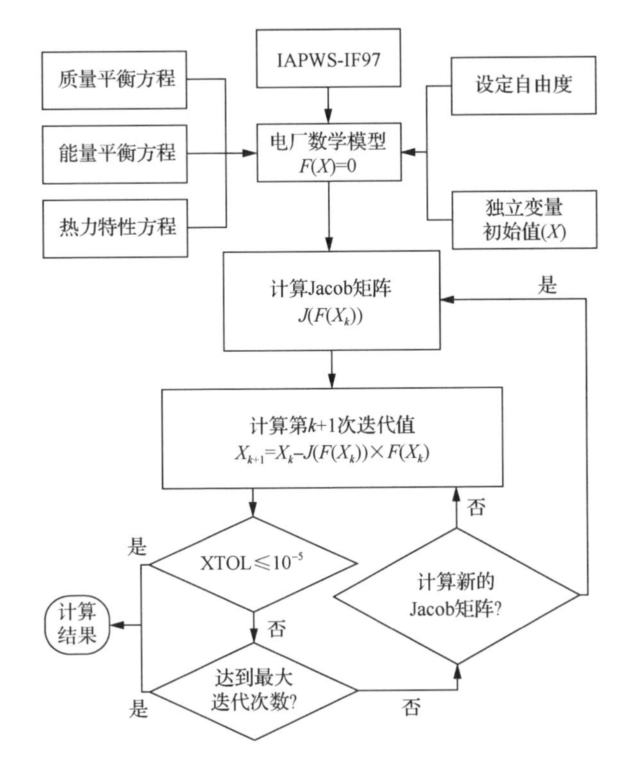

图 2-10　系统求解算法流程图

表 2-3　设计工况下系统模型验证结果

编号	m/(t/h)	p/MPa	h/(kJ/kg)	m_0/(t/h)	p_0/MPa	h_0/(kJ/kg)	ε_m/%	ε_p/%	ε_h/%
1	910.28	16.66	3396.26	909.78	16.67	3396.13	0.05	–0.07	0.00
2	64.09	5.85	3140.06	63.81	5.84	3138.10	0.44	0.10	0.06
3	816.73	3.65	3027.79	826.95	3.65	3023.80	–1.24	–0.03	0.13
4	73.97	3.65	3029.72	73.88	3.65	3025.80	0.12	–0.03	0.13
5	748.25	3.65	3029.72	747.08	3.65	3025.80	0.16	–0.03	0.13
6	748.25	3.29	3537.48	747.08	3.28	3537.53	0.16	0.12	0.00
7	30.22	1.69	3330.89	30.50	1.69	3331.10	–0.92	–0.35	–0.01
8	67.67	0.86	3144.39	66.54	0.87	3144.20	1.70	–0.23	0.01
9	32.23	0.86	3144.39	31.72	0.87	3144.20	1.61	–0.23	0.01
10	35.44	0.86	3144.39	34.82	0.87	3144.20	1.78	–0.23	0.01
11	35.44	0.01	2456.80	34.82	0.01	2461.40	1.78	0.00	–0.19
12	660.17	0.86	3144.39	660.01	0.87	3144.20	0.02	–0.23	0.01
13	37.39	0.36	2946.62	37.41	0.36	2942.60	–0.05	–0.28	0.14
14	23.13	0.13	2758.30	23.11	0.13	2754.60	0.09	–0.75	0.13
15	25.05	0.06	2635.89	25.16	0.07	2632.80	–0.44	–1.54	0.12

续表

编号	m/(t/h)	p/MPa	h/(kJ/kg)	m_0/(t/h)	p_0/MPa	h_0/(kJ/kg)	ε_m/%	ε_p/%	ε_h/%
16	29.00	0.03	2506.11	29.13	0.03	2502.80	–0.45	0.00	0.13
17	545.59	0.01	2339.02	545.58	0.01	2338.60	0.00	0.00	0.02
18	695.61	0.01	143.38	695.02	0.01	143.38	0.08	0.00	0.00
19	695.61	1.72	145.54	695.02	1.72	145.54	0.08	0.00	0.00
20	695.61	1.72	258.44	695.02	1.72	258.80	0.08	0.00	–0.14
21	695.61	1.72	351.34	695.02	1.72	352.10	0.08	0.00	–0.22
22	695.61	1.72	435.18	695.02	1.72	435.80	0.08	0.00	–0.14
23	695.61	1.72	568.98	695.02	1.72	569.50	0.08	0.00	–0.09
24	910.28	0.82	725.72	909.78	0.82	725.89	0.05	–0.12	–0.02
25	910.28	19.77	752.36	909.78	19.77	751.80	0.05	–0.02	0.07
26	910.28	19.77	866.66	909.78	19.77	857.28	0.05	–0.02	1.09
27	910.28	19.77	1054.68	909.78	19.77	1054.80	0.05	–0.02	–0.01
28	910.28	19.77	1199.78	909.78	19.77	1199.20	0.05	–0.02	0.05
29	64.09	5.67	1079.16	63.81	5.67	1079.50	0.44	0.11	–0.03
30	138.06	3.54	884.47	137.69	3.54	884.70	0.27	–0.03	–0.03
31	172.02	1.60	767.09	171.92	1.61	764.90	0.06	–0.37	0.29
32	37.39	0.34	457.39	37.41	0.34	458.10	–0.05	–0.29	–0.15
33	60.52	0.13	373.19	60.53	0.13	374.10	–0.02	0.00	–0.24
34	85.58	0.06	280.48	85.69	0.06	280.60	–0.13	0.00	–0.04
35	114.58	0.02	167.41	114.81	0.02	170.70	–0.20	0.00	–1.93

表 2-4 设计工况下机组主要热力性能指标

名称	数值
机组热耗/(kJ/h)	2379498222.546
机组热耗率/(kJ/(kW · h))	7931.502
机组汽耗率/(kg/(kW · h))	3.035
绝对电效率/%	45.389
全厂热效率/%	41.67
全厂热耗率/(kJ/(kW · h))	8638.317
发电标准煤耗率/(kg/(kW · h))	0.295

2.1.6 灵敏性分析

1) 主蒸汽参数影响

主蒸汽参数对煤耗的影响特性曲线如图 2-11～图 2-13 所示。在不同负荷或不同主蒸汽温度下，随着主蒸汽压力的不断增加，煤耗逐渐增大，主要原因为，主蒸汽压力增大导致高压缸进汽比容降低，使高压缸内部损失增大(如叶轮摩擦损失与蒸汽比容成反比)。另外，主蒸汽压力增加，导致低压缸排汽湿度增大，湿蒸汽损失增加，从而导致汽轮机效率下降，引起全厂煤耗增加。主蒸汽温度 T_{sh} 对煤耗率的影响(图 2-12)与主蒸汽压力的影响正好相反。主要原因为，在一定负荷下，当主蒸汽温度升高时，主蒸汽比焓增大，引起主蒸汽流量减小、蒸汽比容增大，从而导致汽轮机内部损失减小。另外，提高主蒸汽温度可以提高低压缸排汽干度，从而提升汽轮机的效率，使煤耗减少。从主蒸汽压力和温度的影响特性可以看出，在电厂实际运行调整中，只有将主蒸汽压力和温度做同相调整才能保证机组经济性基本不变。

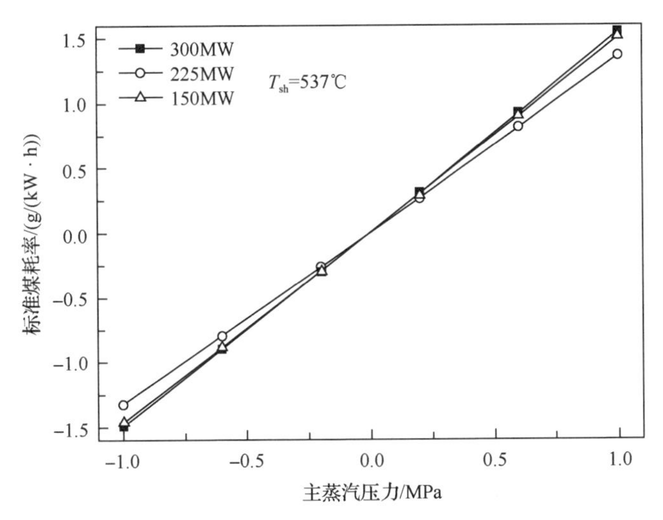

图 2-11　主蒸汽压力对标准煤耗影响的负荷特性曲线

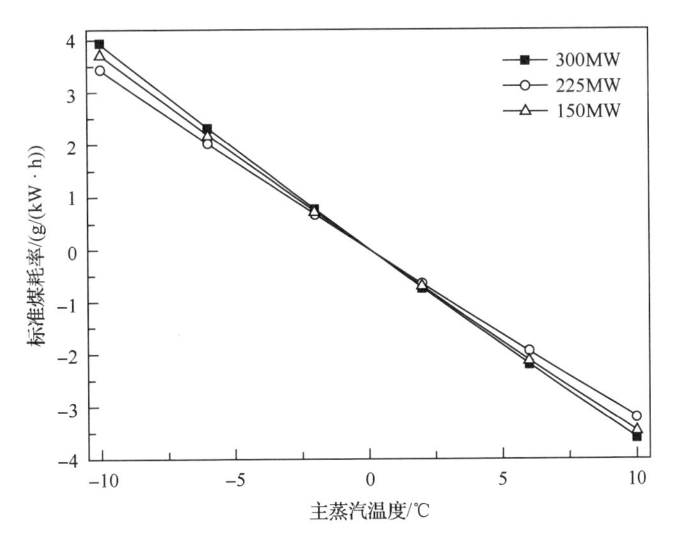

图 2-12　主蒸汽温度对标准煤耗影响的负荷特性曲线

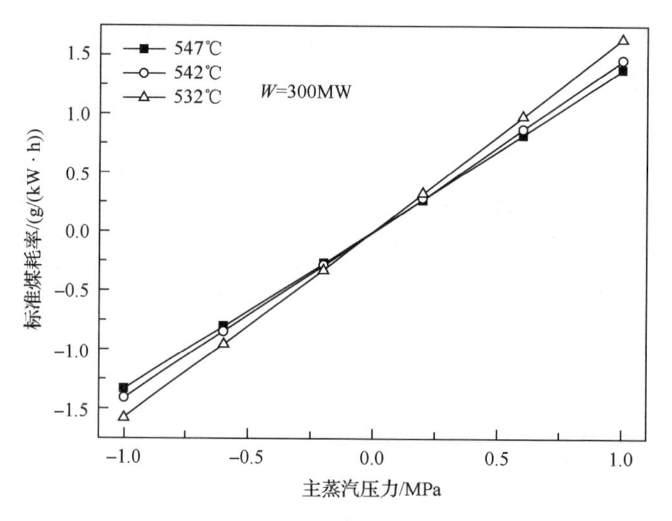

图 2-13 主蒸汽压力对标准煤耗影响的温度特性曲线

2) 再热蒸汽参数影响

再热蒸汽温度对煤耗影响特性如图 2-14 所示。在一定负荷下，随着再热蒸汽温度的增加，机组煤耗逐渐减小。主要原因为，再热蒸汽温度增加引起低压缸排汽干度增加，使汽轮机效率提升。从以上分析可以看出，提高主蒸汽和再热蒸汽温度，可以提高整个机组的经济性，但主蒸汽和再热蒸汽温度的提升受到机组安全性的限制。

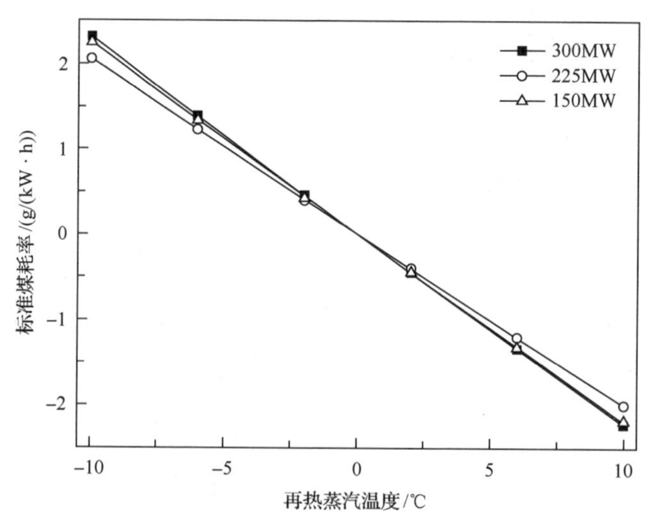

图 2-14 再热蒸汽温度对标准煤耗影响的负荷特性曲线

3) 主要设备运行参数影响

图 2-15 和图 2-16 给出了在设计工况下加热器端差、汽轮机级组和水泵等熵

效率对煤耗影响的特性曲线。从图 2-15 中可以看出，煤耗率随各级加热器端差的增大而增大，其中 1 号高加(FWH1)对机组经济性影响最大。提升汽轮机级组和水泵的等熵效率可以降低机组煤耗率，尤其是高压缸和低压缸末级等熵效率对煤耗影响较其他级组更为显著。从以上分析可以看出，降低加热器端差、提高汽轮机级组和水泵等熵效率可以提高机组的运行经济性。但是，降低加热器端差意味着增大换热面积，提高汽机效率意味着采用更高性能的叶片，这都将增大系统的改造和投资成本。如何站在一个更为合理的角度，权衡系统的运行经济性和投资经济性，达到一个技术和经济最优的生产过程，这将是第 9 章热经济学系统优化所要研究的内容。

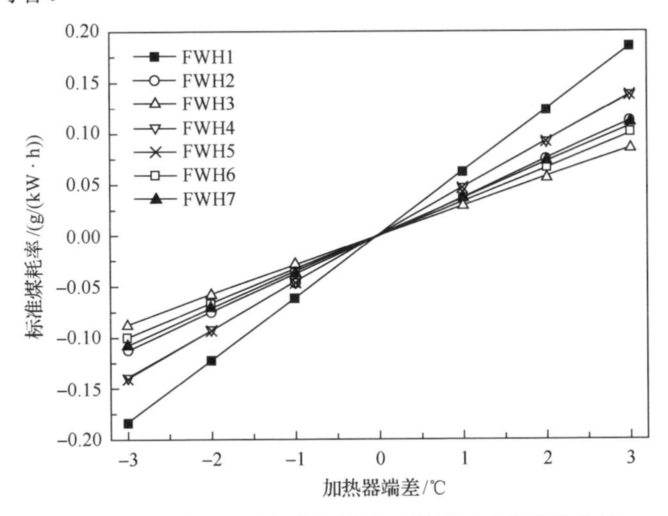

图 2-15　设计工况下加热器端差对煤耗影响的特性曲线

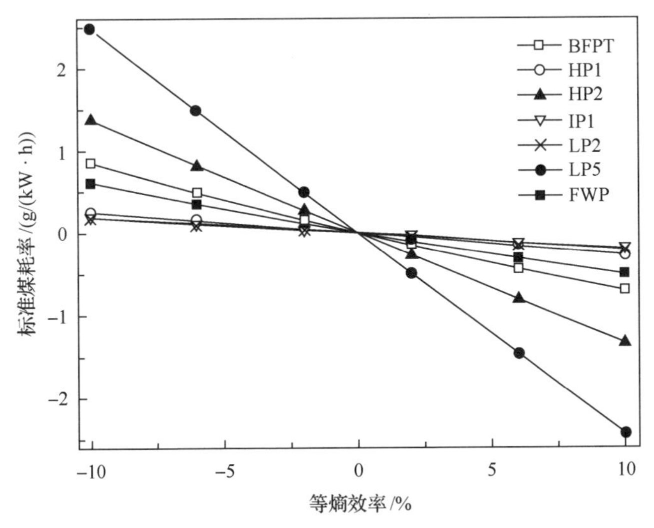

图 2-16　设计工况下汽轮机级组和水泵等熵效率对煤耗影响的特性曲线

4)机组负荷影响

这里仅研究系统在定压运行下的负荷特性，如图 2-17 和图 2-18 所示。机组最经济工况为设计工况(300MW 负荷)，煤耗率最低。当负荷低于 180MW 时，煤耗迅速增加，主要原因为在低负荷下，调节级进汽损失增大，如图 2-18 中 HP1 效率降低，同时低压缸末级 LP5 和给水泵 FWP 效率降低较快。在电厂的实际运行中，当负荷较低时，一般采用滑压调节的运行方式，在主蒸汽温度不变的情况下，将调节阀全开，通过调整锅炉燃料量和给水泵转速，改变主蒸汽压力，一方面能减少金属热应力和热变形，另一方面通过改变给水泵转速，使给水泵功耗大幅度减小，机组热效率提高。然而，滑压调节的运行方式已超出了本节研究的范围。

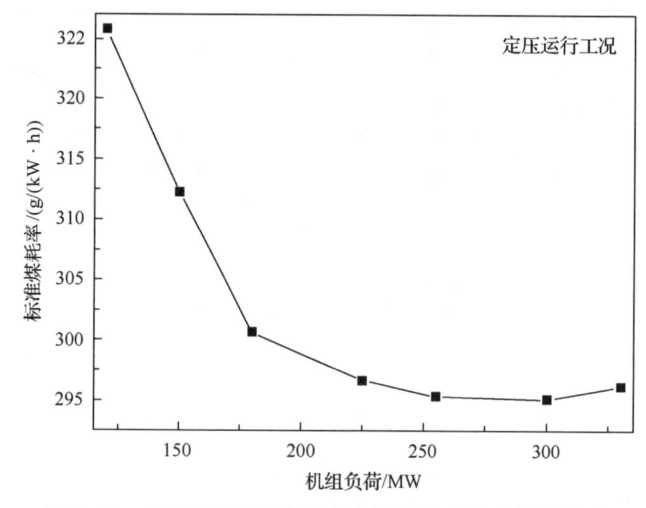

图 2-17　定压运行下标准煤耗率随负荷变化的特性曲线

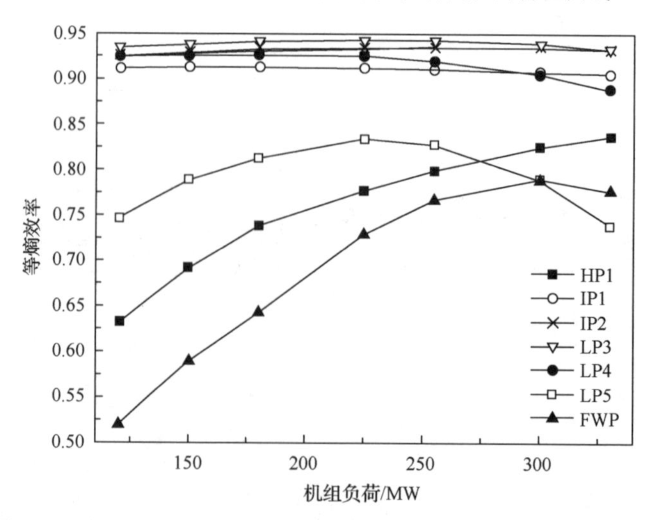

图 2-18　定压运行下汽机和给水泵等熵效率随负荷变化的特性曲线

2.2　基于 Aspen Plus 的常规燃煤电站稳态过程模拟

2.2.1　Aspen Plus 过程模拟软件介绍

对燃煤电站这种结构复杂、物流能流数量较多的能量系统进行自编程仿真(如 2.1 节所示)仍然是相对比较烦琐和复杂的，工作量很大，而商业流程模拟软件可提供另外一种较简单而通用的解决方案，Aspen Plus 是其中的佼佼者。Aspen Plus 是一个集生产装置设计、稳态模拟和系统优化为一体的大型通用流程模拟系统。它源于美国能源部 20 世纪 70 年代后期在麻省理工学院组织的会战所开发出的新型第三代流程模拟软件。该项目称为过程工程的先进系统(advanced system for process engineering，ASPEN)，并于 1981 年底完成。1982 年为了将其商品化，AspenTech 公司成立了。

Aspen Plus 主要是基于稳态化模拟、优化，灵敏度分析和经济评价的大型化工流程软件。它为用户提供了一套完整的单元操作模型，用来模拟从单个操作单元到整个工艺流程的各种操作过程，Aspen Plus 主要由物性数据库、单元操作模块和系统实现策略三部分组成。

1) 物性数据库

AspenPlus 自身具有两个通用的数据库：Aspen CD(AspenTech 公司自己开发的数据库)和 DIPPR(美国化工协会物性数据设计院设计的数据库)。此外它还有多个专用的数据库，如燃料产品、电解质和固体数据库等，这些数据库与一些专用状态方程和专用单元操作模块相结合，使得 Aspen Plus 软件可用于固体加工、电解质等特殊领域，拓宽了 Aspen Plus 软件的适用范围。

AspenPlus 拥有工业上最适用且完备的物性系统。其中包含 1773 种有机物、2450 种无机物、3314 种固体物质、900 种水溶电解质的基本物性参数。Aspen Plus 在进行模型计算时可自动从数据库中调用基础物性进行能流和物流性质的计算。

此外，Aspen Plus 中还含有物性常数估算系统(physical property constant estimation system，PCES)，它能够通过输入物质的分子结构和易测性质来估算缺少的物性参数。特别是在模拟流程中含有数据库中未包含的新化学物质时，PCES 作用很大。

2) 单元操作模块

Aspen Plus 拥有 50 多种单元操作模块，包括混合、分割、换热、闪蒸、精馏、和反应模块等，用户可以根据自身模拟流程的需要，选择合适的模块，并将它们组合起来，就能模拟相应的流程。此外，Aspen Plus 还提供了多种模型分析工具，如灵敏性分析、工况分析模块、设计规定模块等。利用灵敏性分析模块，用户可以将某一变量设定为灵敏性分析的自变量，通过改变此变量的取值，来模拟操作结果的变化情况，从而确定最佳的变量给定值。利用工况分析模块，用户可以对同一流程的几种不同操作工况进行运行分析，进而比较各工况的系统的运行状况。利用设计规定模块，用户可以通过设定某个输入变量所期望的目标值来达到设定目标结果的目的。

3) 系统实现策略

系统实现策略包括数据输入、解算策略和结果输出三个部分。软件的建模和运算过程如下。

(1) 模型建立：用户根据需要选择系统自带的模块，主要有气体分离、气体加工、化学工艺、固体、石油等。此外 flowsheet 类型是系统默认选择的运行类型，应用最广泛。用户还可以根据系统特点选择相应的运行类型。

(2) 流程定义：利用物流、热流、功流或虚拟物流将各个模块有序连接起来，创建一个流程，过程中可以对流程进行修改和查看。

(3) 全局信息：一般主要包括平衡状态、有效相态、运行类型、组分属性等。

(4) 组分规定：一般组分基本上能在软件数据库中找到，对于数据库中找不到的组分，用户可自行定义其属性。

(5) 选择物性方法：主要包括状态方程、活动系数物性方法和一些专用的系数物性方法。用户需根据具体情况选择不同的物性方法。

(6) 规定物流：物流是连接各模块的纽带，采用物流方式，可规定进料物流的性质，也可以对系统内部的物流进行初始估值。

(7) 定义单元操作模型：Aspen Plus 中根据用户的不同需求自带了十种左右的单元操作模块。用户需在所选的模型里输入温度、流率、压力、热负荷、摩尔或质量流率等参数。

(8) 运行模型：当确定模型的输入已完成后，就可以开始运行计算。系统的运行模式主要包括交互式、重新初始化和逐步运行等模式。

(9) 检查结果和生成报告：用户可以交互式查看计算结果，检查运行的收敛性，并根据需求设定报告文件格式，同时生成相应结果曲线等。

2.2.2 常规燃煤电站 Aspen Plus 建模

本节以 2.1 节中 300MW 燃煤机组为例，介绍运用 Aspen Plus 软件对其进行流程模拟建模的过程。

1. 燃煤系统

图 2-19 为煤燃烧系统模拟计算流程图。收率反应器 RYield 模块模拟煤的热解过程[22]，产物设定为 O_2、H_2、H_2O、C、HCN、NH_3、S 及灰。根据煤的工业分

析和元素分析数据，Fortran 子模块用于控制热解各产物的量。RGibbs 模块模拟煤燃烧过程，该模块基于吉布斯自由能最小化原理，在给定的压力、温度和系统组成条件下，当系统的吉布斯自由能最小时，化学反应处于热力平衡状态，此时系统由热力性质稳定的化学组分和相组成。煤燃烧过程中有着复杂的组分变化和相变，适合于用 RGibbs 模块进行模拟，使用该模块经典的内置计算模型，可以得出较为精确的结果。在该模块中，产物设定为 O_2、H_2、H_2O、C、CO、COS、CO_2、N_2、HCN、NH_3、NO、NO_2、N_2O、S、H_2S、SO_2、SO_3 及灰。Ssplit 模块模拟气固分离过程，脱除烟气中的飞灰。Heat 模块模拟换热过程，选择了设定热流出口温度的方法。

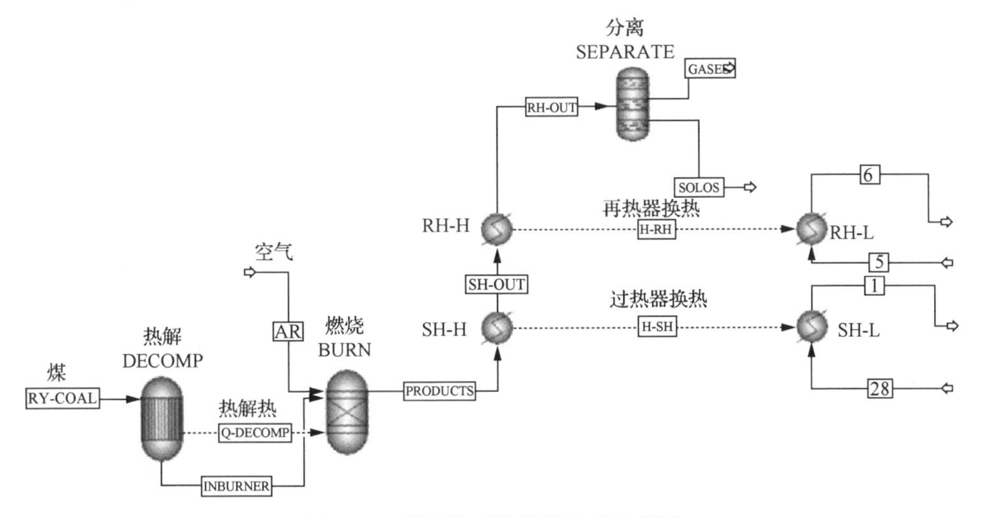

图 2-19　煤燃烧系统模拟计算流程图

模拟中的煤种采用神华煤，其工业分析和元素分析见表 2-5，其低位发热量为 22.768MJ/kg。表中数据均为收到基数据，C、H、O、N、S 分别表示煤中含有的碳、氢、氧、氮、硫。

表 2-5　神华煤种工业分析、元素分析及低位发热量值(收到基)

工业分析		元素分析	
水分/wt%	13.8	C/wt%	60.51
挥发分/wt%	26.2	H/wt%	3.62
灰分/wt%	11	O/wt%	9.94
固定碳/wt%	49	N/wt%	0.70
低位发热量/(kJ/kg)	22768	S/wt%	0.43

注：wt%表示质量分数。

煤燃烧系统模拟计算流程图中各模块的 Aspen Plus 类型及其所模拟的含义如表 2-6 所示。

表 2-6　燃煤系统模型中模块介绍

模块	模型	功能
热解反应器	RYield	模拟煤的热解过程
燃烧器	RGibbs	模拟煤燃烧过程
换热器	Heater	模拟过热器与再热器的换热
分离器	Ssplit	模拟气固分离过程

2. 汽水循环系统

汽水循环系统主要由高压缸、中压缸、低压缸、循环水泵、凝结水泵、低加)、水泵小汽轮机、除氧器、给水泵、高加、锅炉等组成。采用 Aspen Plus 进行模拟时，可以分别建立各自的流程图，最后将它们连接起来组合成一个整体，即可得到整个汽水循环系统的流程图。

1) 汽轮机系统

叶轮机械及其多变过程和等熵过程均可用 Aspen Plus 软件中的 Compr 模块来模拟[23]。Compr 模块根据给定的压比、等熵(或多变)效率、机械效率等计算功率，计算结果的准确度取决于所给定的效率。在汽轮机的模拟中，Compr 模块中所输入的物流参数包括温度、压力、流量、汽轮机背压、等熵膨胀效率、机械效率等，可计算出汽轮机的输出功率。Compr 模块用于模拟计算等熵膨胀过程的输出功率时，遵循式(2-54)：

$$W_s = \eta_s \eta_m m_f \Delta h \tag{2-54}$$

其中，W_s 为等熵膨胀输出功率(kW)；η_s 为等熵膨胀效率；η_m 为机械效率；m_f 为进入透平的工质流量(kg/s)；Δh 为等熵焓降(kJ/kg)。

汽轮机的高压缸、中压缸和低压缸的 1、2 级可以采用 Compr 模块来模拟。以高压缸为例，因为它有一级抽气，故将其分成两个级组，分别用 HP-1 和 HP-2 表示。第一级组的排气分成两个部分，即抽气部分和进入第二级组继续做功部分。在 Aspen Plus 流程图中用流体分离模块 Fsplit 将这两部分蒸汽分开，一部分进入高加，另一部分进入下一级组 HP-1 继续膨胀做功。中压缸与低压缸 1、2 级的模拟过程与此相同，这里不再一一赘述。

低压缸部分的 3、4、5 级因为有湿蒸汽存在，而 Compr 模块不能用于处理含水分的蒸汽计算，所以低压缸的模拟计算使用加热模块 Heater 来模拟，分别用 LP-3、LP-4、LP-5 表示。加热器出口温度为汽轮机低压缸蒸汽等熵膨胀到排汽背压下的温度，低压缸的输出功率可用式(2-55)表示：

$$W_{LP} = f_s f_m m_{LP} \Delta h \tag{2-55}$$

其中，W_{LP} 为低压缸的输出功率(kW)；f_s 为相当于低压缸内效率的系数值；f_m 为相当于低压缸机械效率的系数值；m_{LP} 为进入低压缸最后几级的蒸汽流量(kg/s)。

在对汽轮机各汽缸分别建模后，采用软件中设计的计算方法，对每一个汽缸的出力进行计算。整个汽轮机的出力就是每一个汽缸出力的总和，由软件中的功率加法器求得。高压锅、中压缸、低压缸的 Aspen Plus 模拟计算流程图分别如图 2-20～图 2-22 所示。

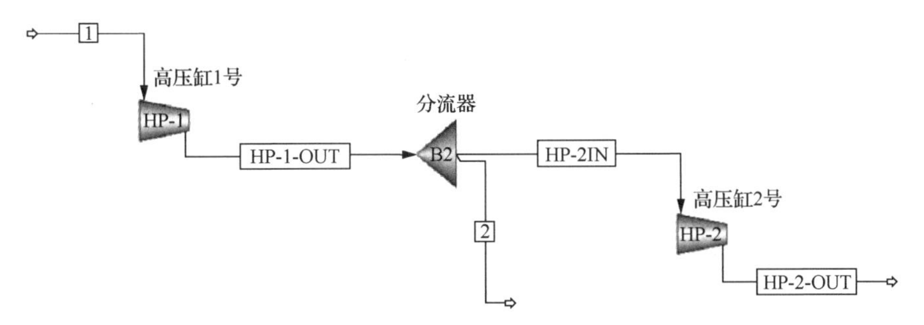

图 2-20　高压缸模拟计算流程图

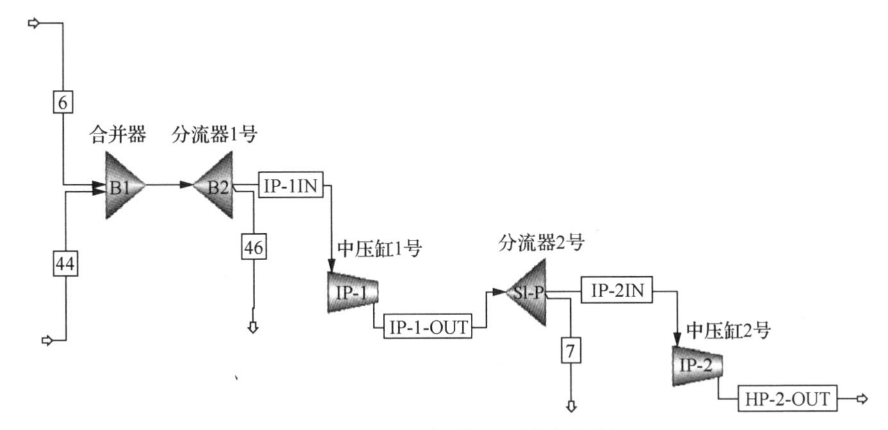

图 2-21　中压缸模拟计算流程图

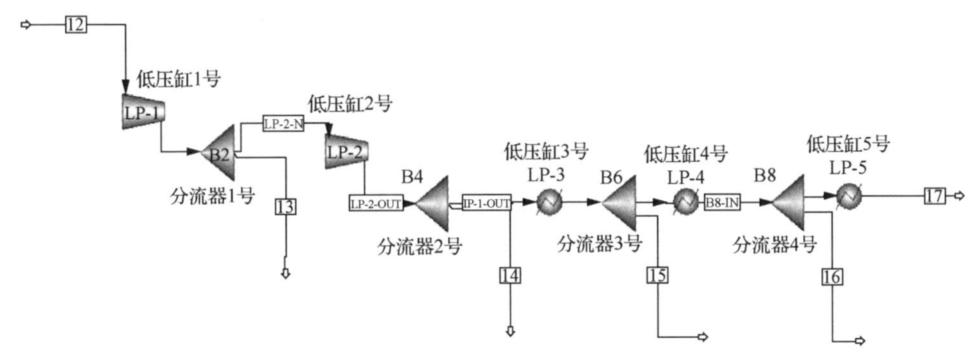

图 2-22　低压缸模拟计算流程图

2) 锅炉及给水系统

低加和高加的模拟是用 Heater 模块来完成的。因为 Heater 模块模拟计算的是一侧流体的放热或吸热过程，所以可以将一个给水加热器的模拟分为热侧和冷侧两部分，分别用两个 Heater 模块来模拟，热侧为汽轮机抽汽放热过程，冷侧为汽、水吸热过程。模拟计算是根据热平衡原理完成的。以 1 号高加(FWH1)为例，流程图中 FWH1-H 表示热侧，FWH1-L 表示冷侧。其他加热器与此类似。除氧器用 Mixer 模块模拟计算。

锅炉内的受热面用 Heater 模块模拟，同样因为 Heater 模块模拟计算的是一侧流体的放热或吸热过程，所以可以将过热器与再热器的模拟分为热侧和冷侧两部分，分别用 2 个 Heater 模块来模拟，热侧为烟气放热过程，冷侧为汽、水吸热过程。以过热器(SH)为例，流程图中 SH-H 表示热侧，SH-L 表示冷侧。锅炉热负荷的大小根据过热器、再热器出口蒸汽参数，再热器冷端蒸汽入口参数及锅炉给水参数来计算。计算方法如下：

$$Q_{gl}=m_{su}H_{su}+m_{zr}H_{zr}-\left(m_{zl}H_{zl}+m_{gs}H_{gs}\right) \tag{2-56}$$

其中，Q_{gl} 为锅炉热负荷(kJ/s)；m_{su}、m_{zr}、m_{zl}、m_{gs} 分别为过热蒸汽、再热蒸汽、再热冷端蒸汽及锅炉给水流量(kg/s)；H_{su}、H_{zr}、H_{zl}、H_{gs} 分别为过热蒸汽、再热蒸汽、再热冷端蒸汽及锅炉给水焓值(kJ/kg)。

锅炉、高加、低加的 Aspen Plus 模拟计算流程图分别如图 2-23～图 2-25 所示。

3)汽水循环中的其他系统

给水泵小汽轮机(BFPT)用加热模块 Heater 来模拟，道理与低压缸的 3、4、5 级相同。凝汽器(CND)用加热模块 Heater 来模拟。凝结水泵(CP)、给水泵(FWP)用压力变送模块 Pump 来模拟，在此不再做一一介绍。CND、CP、BFPT、除氧器(DTR)、FWP 的 Aspen Plus 模拟流程图分别如图 2-26～图 2-30 所示。

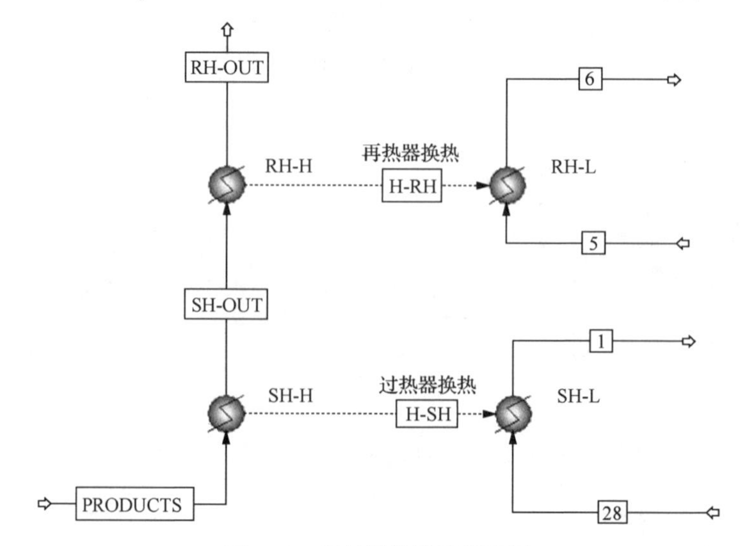

图 2-23　锅炉模拟计算流程图

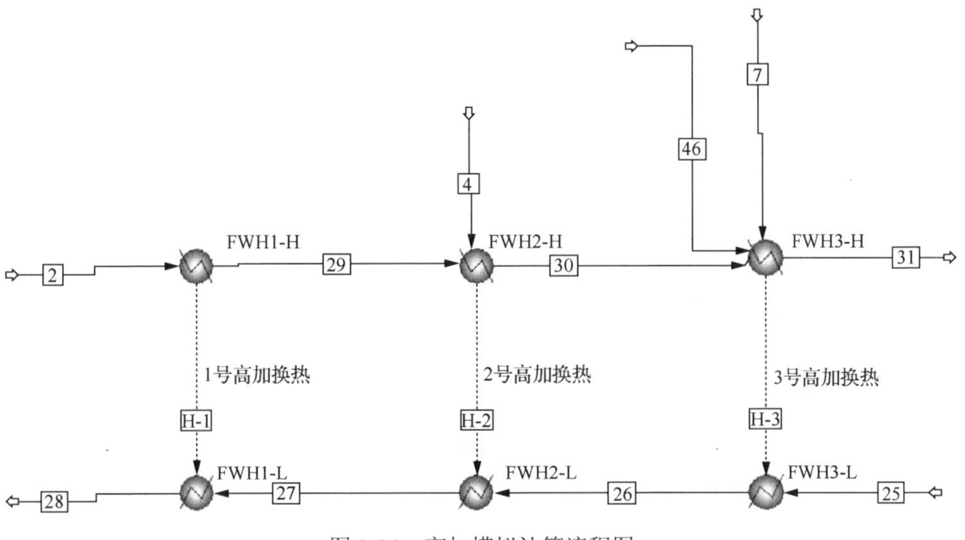

图 2-24　高加模拟计算流程图

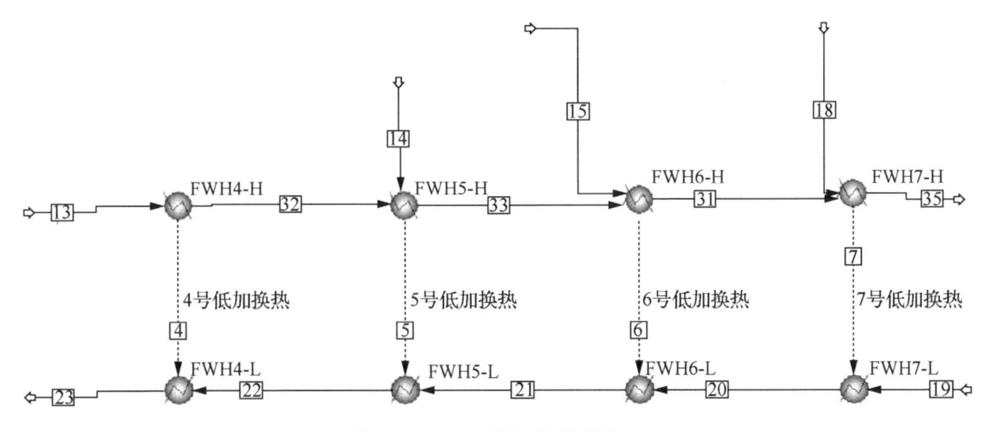

图 2-25　低加模拟计算流程图

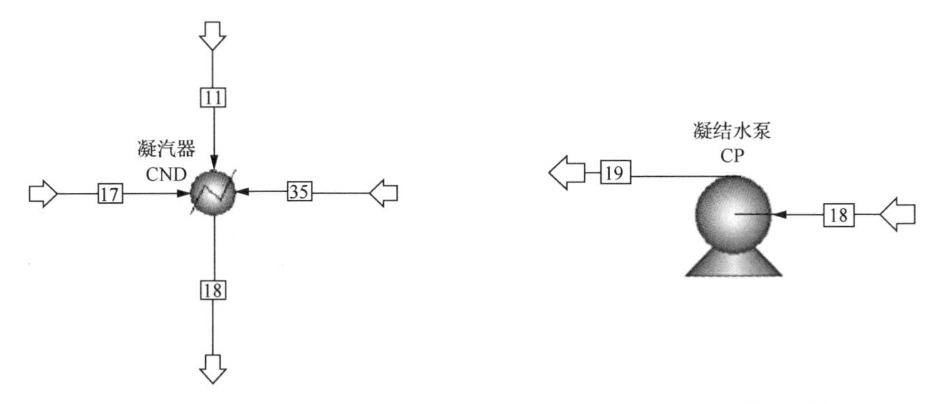

图 2-26　凝汽器模拟计算流程图

图 2-27　凝结水泵模拟计算流程图

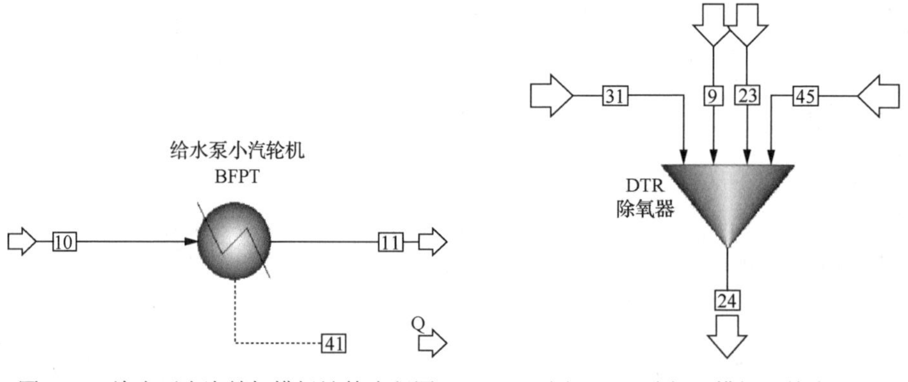

图 2-28　给水泵小汽轮机模拟计算流程图　　图 2-29　除氧器模拟计算流程图

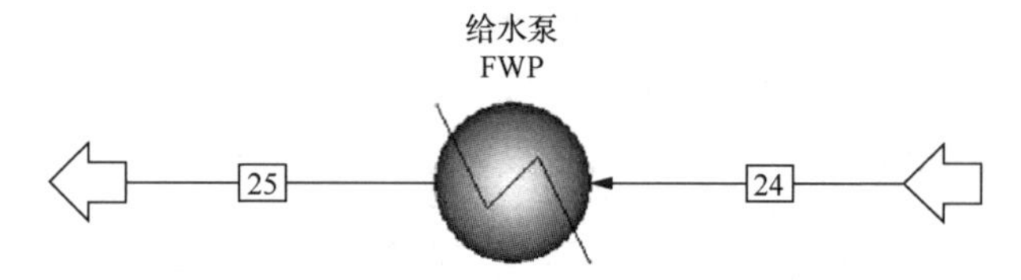

图 2-30　给水泵模拟计算流程图

3. 热力系统

如图 2-31 所示，将煤燃烧系统与汽水循环系统中的汽轮机模型、锅炉模型、给水系统模型等耦合起来，即可得到整个 300MW 燃煤电站的流程图。模拟计算时某些模块需要编制 Fortran 程序，如在求机组热力系统的效率时，模型库不存在直接计算输出模块，这就需要借助乘法器来实现。对乘法器进行定义时，首先需要编制求系统热效率的 Fortran 程序，定义变量，给变量赋初值，然后再进行计算，求出系统热效率。在建模过程中还有多处需要用到 Aspen Plus 软件中“设计规定”功能[23]。

4. 过程模拟结果

如表 2-7 所示，采用 Aspen Plus 对系统的模拟结果与该电厂的实际性能测试数据相比，最大误差为 1.13%，在 2%以内，完全可以满足工程应用以及相关热力学分析的要求。表 2-7 中第一部分为利用系统仿真模型计算得到的主要物流的质量流量 m、压力 p 和比焓 h，第二部分为实际电厂的性能测试数据值(m_0、p_0、h_0)，第三部分为各股物流属性的计算值与实际值的相对误差(ε_m、ε_p、ε_h)。在设计工况下(机组负荷为 300MW)机组的主要热力性能指标见表 2-8。

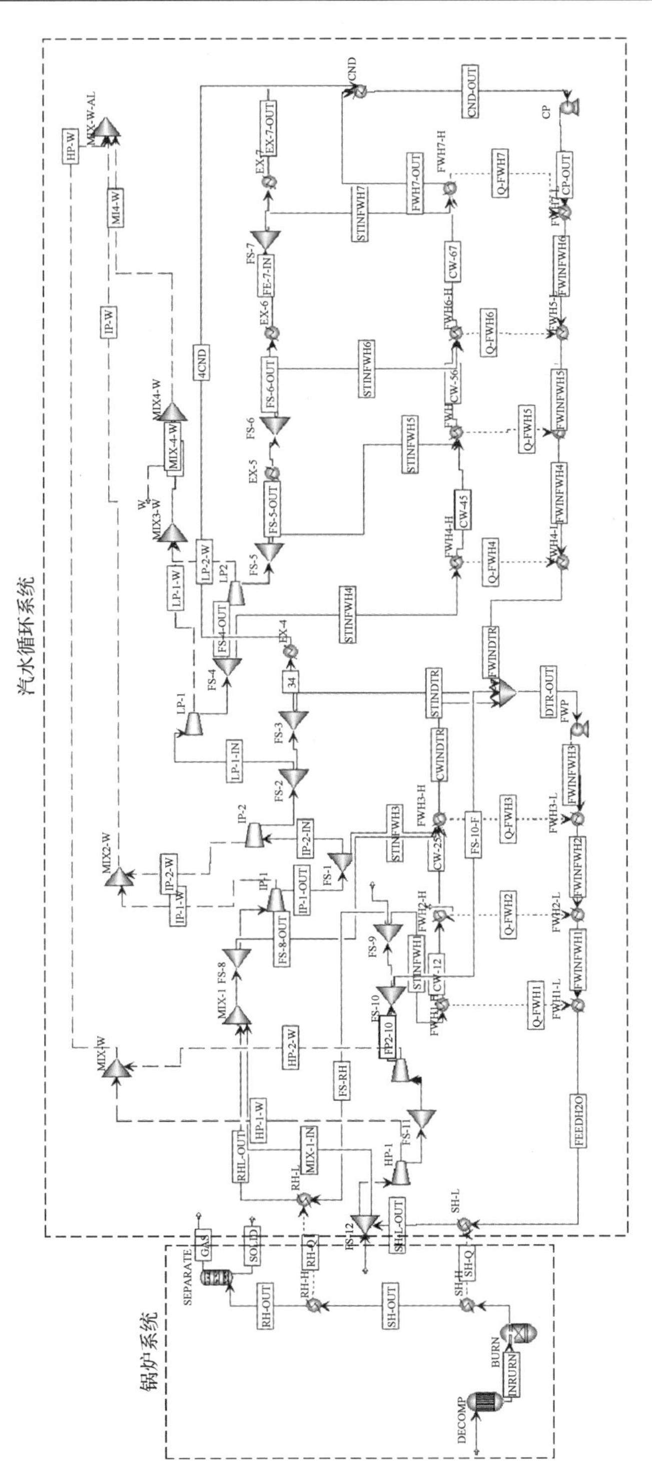

图2-31　传统300MW燃煤电站模拟计算流程图

表 2-7　设计工况下系统模型验证结果

编号	m/(t/h)	p/MPa	h/(kJ/kg)	m_0/(t/h)	p_0/MPa	h_0/(kJ/kg)	ε_m/%	ε_p/%	ε_h/%
1	909.78	16.67	3394.07	909.78	16.67	3396.13	0	0	–0.06
2	63.81	5.84	3137.77	63.81	5.84	3138.1	0	0	–0.01
3	827.14	3.65	3025.93	826.95	3.65	3023.8	0.02	0	0.07
4	73.88	3.65	3025.93	73.88	3.65	3025.8	0	0	0
5	747.27	3.65	3025.93	747.08	3.65	3025.8	0.03	0	0
6	747.27	3.28	3536.78	747.08	3.28	3537.53	0.03	0	–0.02
7	30.5	1.69	3329.3	30.5	1.69	3331.1	0	0	–0.05
8	66.54	0.87	3144.16	66.54	0.87	3144.2	0	0	0
9	31.72	0.87	3144.16	31.72	0.87	3144.2	0	0	0
10	34.82	0.87	3144.16	34.82	0.87	3144.2	0	0	0
11	34.82	0.01	2461.05	34.82	0.01	2461.4	0	0	–0.01
12	660.2	0.87	3144.16	660.01	0.87	3144.2	0.03	0	0
13	37.41	0.36	2945.68	37.41	0.36	2942.6	0	0	0.1
14	23.11	0.13	2757.2	23.11	0.13	2754.6	0	0	0.09
15	25.16	0.06	2633.12	25.16	0.07	2632.8	0	0	0.01
16	29.13	0.03	2500.83	29.13	0.03	2502.8	0	0	–0.08
17	545.39	0.01	2337.8	545.58	0.01	2338.6	–0.03	0	–0.03
18	695.02	0.01	143.18	695.02	0.01	143.38	0	0	–0.14
19	695.02	1.72	145.34	695.02	1.72	145.54	0	0	–0.14
20	695.02	1.72	256.56	695.02	1.72	258.8	0	0	–0.87
21	695.02	1.72	349.87	695.02	1.72	352.1	0	0	–0.63
22	695.02	1.72	433.64	695.02	1.72	435.8	0	0	–0.5
23	695.02	1.72	567.54	695.02	1.72	569.5	0	0	–0.34
24	909.78	0.82	724.71	909.78	0.82	725.89	0	0	–0.16
25	909.78	19.77	751.48	909.78	19.77	751.8	0	0	–0.04
26	909.78	19.77	866.93	909.78	19.77	857.28	0	0	1.13
27	909.78	19.77	1054.47	909.78	19.77	1054.8	0	0	–0.03
28	909.78	19.77	1198.87	909.78	19.77	1199.2	0	0	–0.03
29	63.81	5.67	1079.01	63.81	5.67	1079.5	0	0	–0.05
30	137.69	3.54	884.51	137.69	3.54	884.7	0	0	–0.02
31	171.92	1.61	764.82	171.92	1.61	764.9	0	0	–0.01
32	37.41	0.34	457.91	37.41	0.34	458.1	0	0	–0.04
33	60.52	0.13	373.94	60.53	0.13	374.1	–0.02	0	–0.04
34	85.68	0.06	280.46	85.69	0.06	280.6	–0.01	0	–0.05
35	114.81	0.02	170.51	114.81	0.02	170.7	0	0	–0.11

表 2-8　设计工况下机组主要热力性能指标

名称	数值
机组热耗/(kJ/h)	2379498222.546
机组热耗率/(kJ/(kW·h))	7931.502
机组汽耗率/(kg/(kW·h))	3.035
绝对电效率/%	45.389
全厂热效率/%	41.67
全厂热耗率/(kJ/(kW·h))	8638.317
发电标准煤耗率/(kg/(kW·h))	0.295

2.3　富氧燃煤电站稳态过程模拟

本节利用 Aspen Plus 过程模拟软件，对 600MW 超临界富氧燃烧燃煤发电系统进行详细的过程仿真，并对系统中重要参数进行分析。系统的燃用煤种为神华煤，基础热力学参数值(如主蒸汽参数、过热蒸汽参数、汽轮机级出口压力、给水加热器端差、凝汽器出口压力等)基于美国能源部的报告[24]。作者团队也对 800MW 超临界富氧燃煤电站进行了 Aspen Plus 稳态过程模拟，详细结果可参阅文献[25]。

2.3.1　富氧燃煤电站 Aspen Plus 建模

600MW 富氧燃煤电站系统的详细流程图如图 2-32 所示。整个富氧燃烧系统被分为四个子系统：锅炉系统、汽水循环、空分系统和尾气处理系统。系统中包含 38 个部件以及 73 条物流/能流。其中，在对空分系统和尾气处理系统进行设计时，在体现它们主要功能的前提下进行了一些简化，考虑的是较为理想的情况。在 Aspen Plus 中，富氧燃烧系统的仿真流程图如图 2-33 所示。汽水循环系统中包括两个高压汽轮机级、两个中压汽轮机级以及五个低压汽轮机级。除氧器用一个混合器模块(Mixer)进行表征。在 Aspen Plus 中，没有现成的模块对应给水加热器，因此，在仿真过程中使用一对加热器(Heater)模块来表征。另外，为了设定并控制给水加热器的端差(TTD，流入给水加热器蒸汽的饱和温度与流出给水温度之间的差值)，需要使用传输器(Transfer)配合分析器(Analyzer)来实现这一功能。

锅炉系统的仿真流程图如图 2-34 所示。由于煤成分的多变性，Aspen Plus 中没有一个组分对应煤，煤被定义为非常规组分。在 Aspen Plus 中需要输入使用煤种的工业分析和元素分析数据(干燥基)，根据这些基础数值，燃煤在分解器

(Decomp)中相应地分解为不同的组分(H_2O、ASH、C、H_2N_2、Cl_2、S、O_2 等)，然后再进入炉膛(BURN)中与循环回来的烟气以及高浓度氧气一起参与燃烧反应。燃烧产生的烟气依次通过过热器、再热器、省煤器、空气预热器、静电除尘器、脱硫装置以及干燥装置，然后，约 70%的烟气循环回至炉膛。对于过热器、再热器、省煤器、空气预热器这些换热装置，同样可以使用一对加热器来实现其功能。在基础工况下，烟气中的 SO_x 和水被认为在脱硫和干燥装置中直接全部脱除，同时，还假设有 2%的炉膛漏风(空气漏入)。至于其他的工况，将在后面内容讨论。

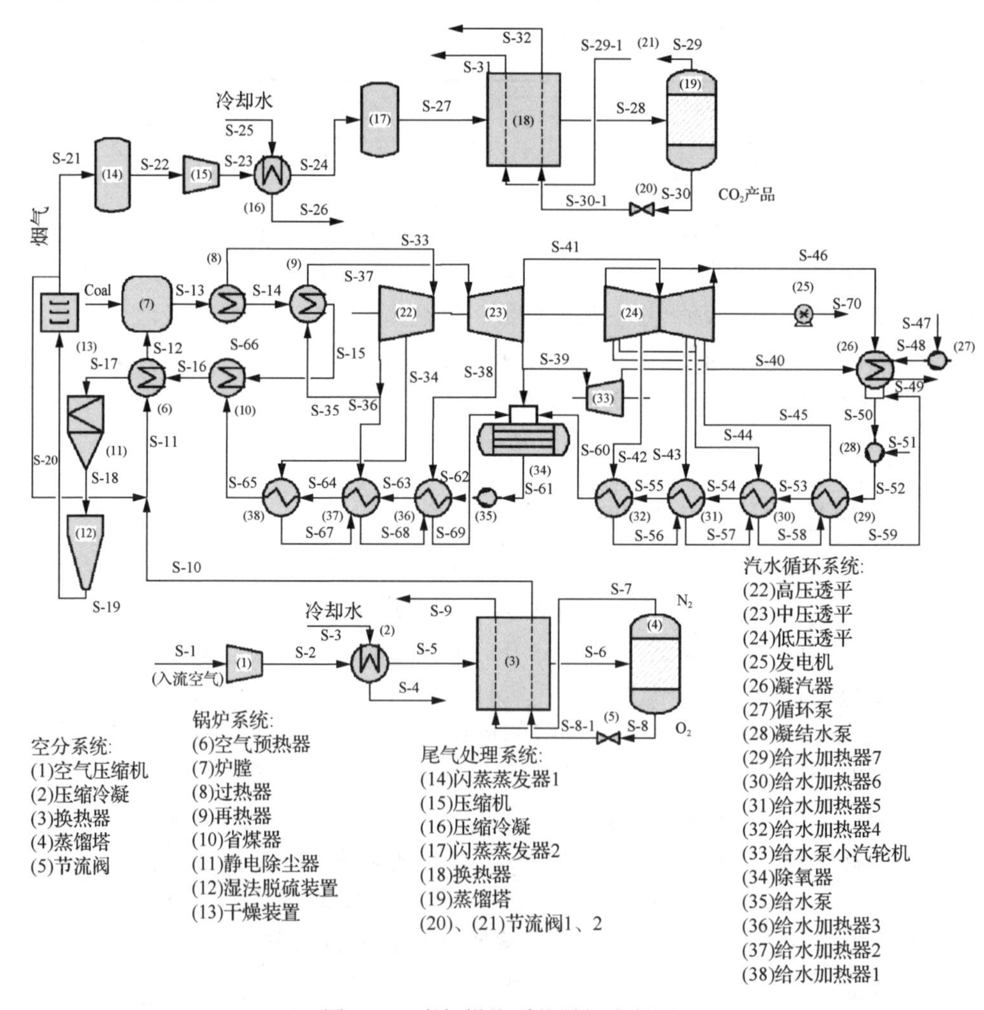

图 2-32 富氧燃烧系统详细流程图

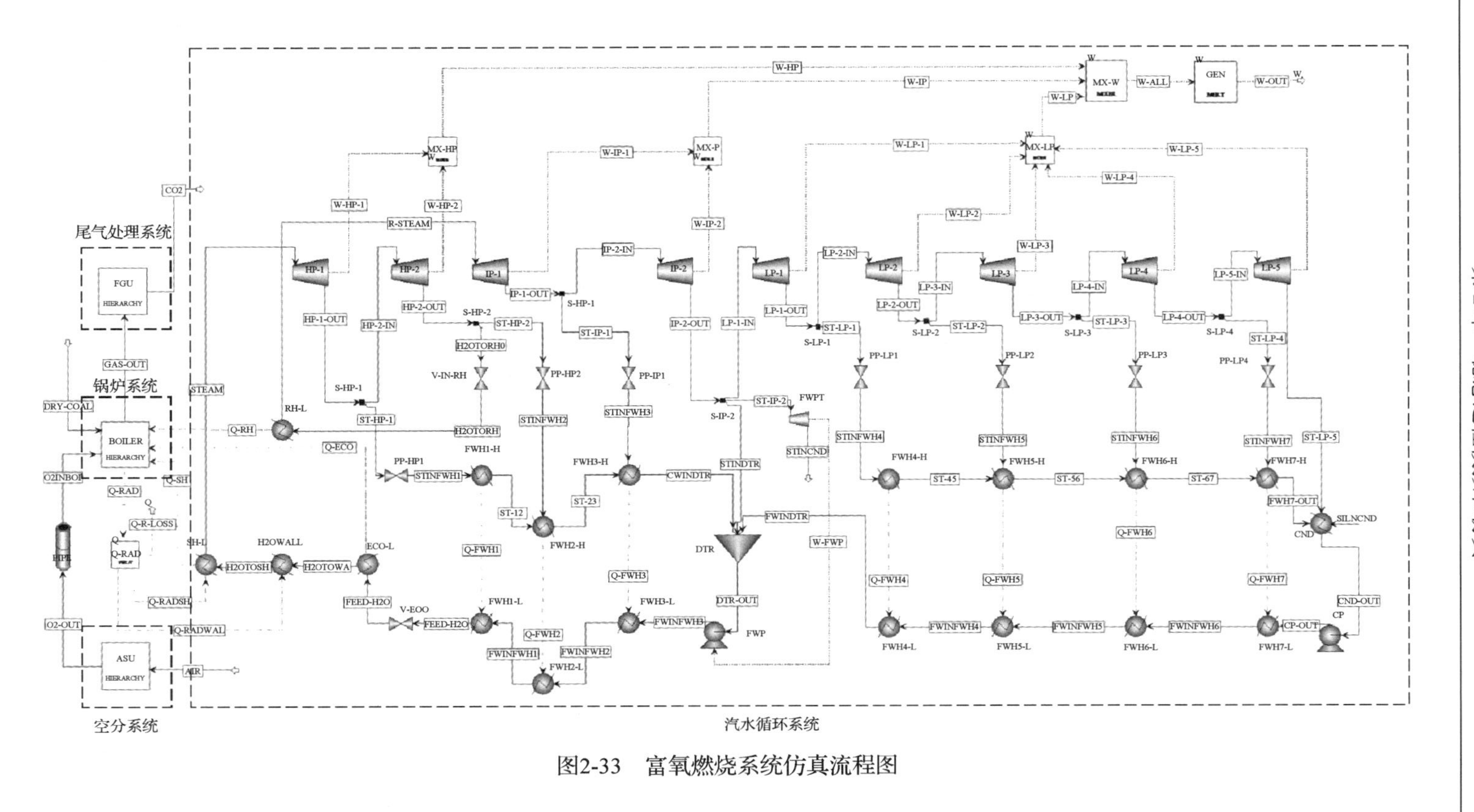

图2-33　富氧燃烧系统仿真流程图

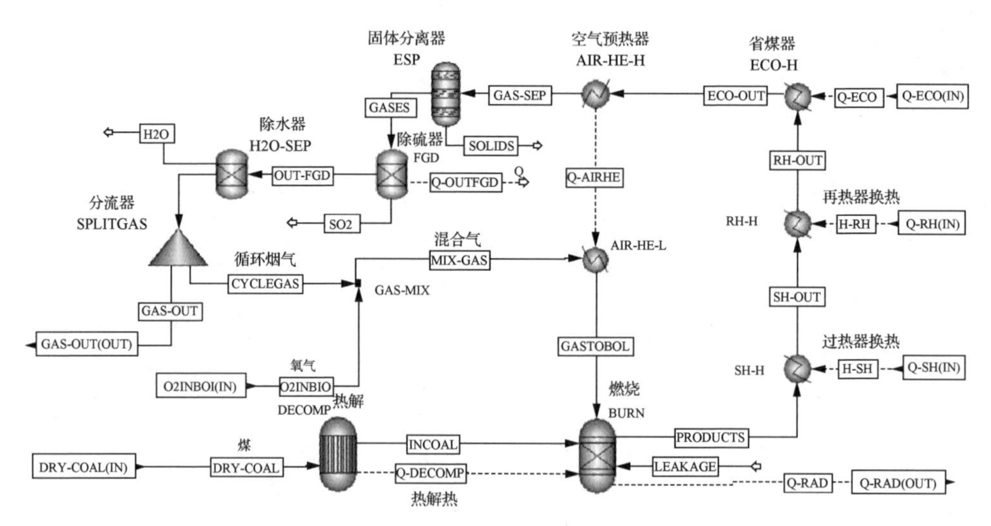

图 2-34　锅炉系统仿真流程图

空分系统的仿真流程图如图 2-35 所示。空分模型中包括四个模块：多级压缩机(MCOM)、换热器(HEX)、蒸馏塔(DC)及节流阀(VALVE)。多级压缩机包含四级压缩并伴有中间冷却，终极压缩出口压力设定为 6.3bar($1\text{bar}=10^5\text{Pa}$)，每一级压缩的等熵效率以及机械效率均设置为 0.8 和 0.97，而中间冷却温度设置为 20℃。换热器中，压缩空气的出口热力状态设定为饱和态，三股物流的压降均设置为 0.1bar，节流阀的出口压力设置为 1.5bar。在空分系统中，蒸馏塔是最重要的装置，根据氧气和氮气的物理性能可以知道，蒸馏塔上端出口产品是气态氮气，下端出口产品是液态氧气，显然，上下端产品中均含有一定量的杂质。在本节进行的过程模拟分析中，氧气的浓度设定为高于 95mol%①。基础工况下，氧气的物质的量浓度为 95%，而关于氧气浓度的讨论将在后面进行。蒸馏塔设置中，底部产品与入流之间的摩尔比例(B/F)设置为 0.215；同时，在蒸馏塔仿真中，有三个重要的参数：入流级、总级数以及回流率，这三个参数需要仔细设定以满足蒸馏需求。关于此蒸馏塔的优化工作参见文献[25]，此三个参数优化之后的数值分别为第 15 级、28 级和 1.04。

尾气处理系统的仿真流程图如图 2-36 所示。烟气进入尾气处理装置后，经过净化、干燥、压缩冷凝以及分离，可以得到高纯度的 CO_2。首先，烟气在闪蒸蒸发器(FLASH1)中与冷却水一起发生闪蒸进行净化;然后，烟气在一个三级压缩机(MCOM，带中间冷却)中被压缩到 3MPa，剩余的水分被另外一个闪蒸蒸发器(FLASH2)脱除，在换热器(HEX)中被冷却之后，烟气进入蒸馏塔(DC)中进行蒸馏提纯，CO_2 产品的浓度设置为 99mol%。从蒸馏塔流出的两股物流分别流经一个

① mol%表示摩尔分数。

节流阀进行膨胀降温。此蒸馏塔中同样有一些重要的设计参数，入流级、总级数、再沸率以及 B/F 分别为第 1 级、8 级、0.38 和 0.83。

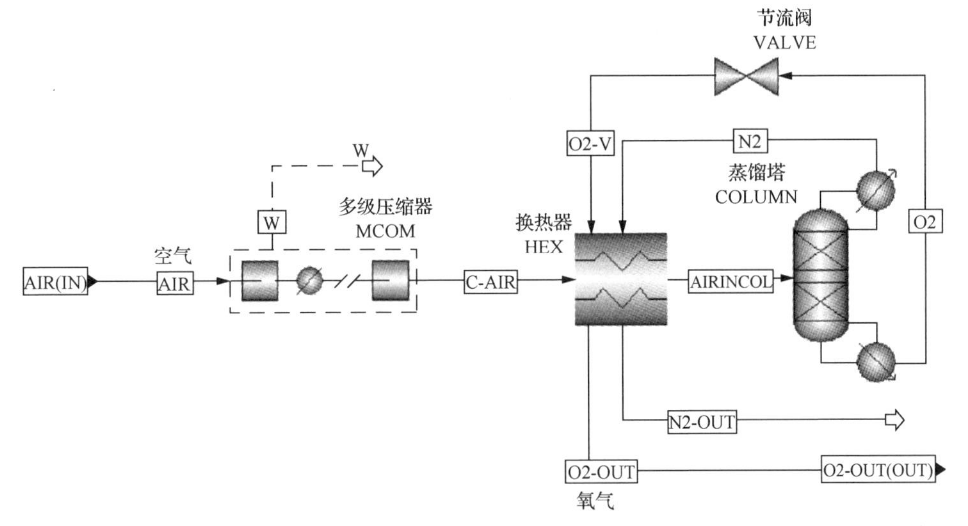

图 2-35　空分系统仿真流程图

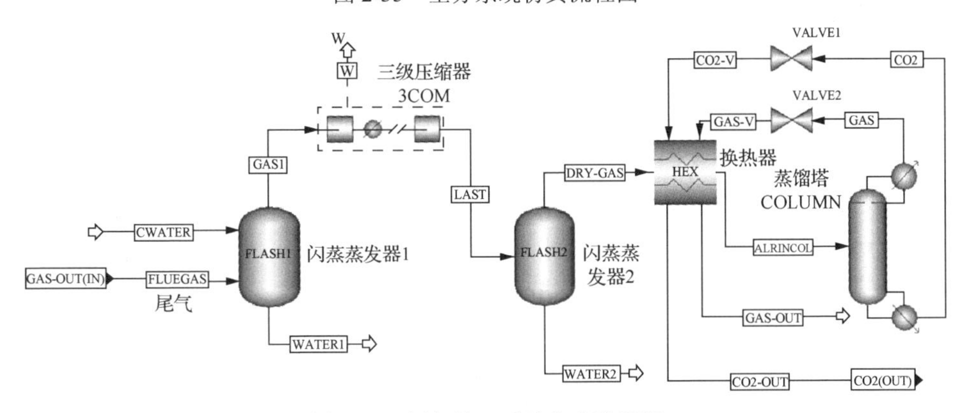

图 2-36　尾气处理系统仿真流程图

在本节的富氧燃烧系统过程模拟中，共采用了 3 种物性方法：锅炉系统采用 PR-BM，汽水循环系统采用 STEAMNBS，空分系统和尾气处理系统均采用 PENG-ROB。整个系统的仿真计算步骤为：首先，根据给水、主蒸汽以及再热蒸汽的热力参数计算出所需的热量；然后，根据燃煤的单位发热量值以及锅炉的效率可以计算得到煤耗量；接着，根据煤耗量可以算得氧气需求量；最后，使用一个“设计规划”功能得到进入空分装置的空气量。

2.3.2　过程模拟结果

本节稳态过程模拟的富氧燃烧系统中选用的煤种是神华煤，它的工业分析、元素分析以及低位发热量值如表 2-5 所示。仿真中需要输入的一些重要参数值如表 2-9 所示。

表 2-9　稳态过程模拟的重要输入参数值

项目	数值
过热蒸汽	598.89℃, 242.35bar, 625.99kg/s
再热蒸汽	621.11℃, 45.09bar
氧气过量系数	1.05[26]
炉膛出口	1100℃, 1atm
循环倍率	0.695
漏风	15℃, 1atm, 进入炉膛总气体量的 2%
凝汽器出口	38.74℃, 0.37 bar
汽轮机各级出口压力(HP1～LP5)/bar	77.07, 49.02, 21.36, 9.52, 5.01, 1.32, 0.58, 0.25, 0.07
TTD(FWH1～FWH7/℃	−1.11, 0, −1.11, 2.78, 2.78, 2.78, 2.78
发电机效率	98.58%

煤耗量是根据给水、蒸汽的热力参数以及锅炉热效率求得，具体的计算方程如下：

$$m_c = (m_{65} \times (h_{33} - h_{65}) + m_{35} \times (h_{37} - h_{35})) / (\eta_b \times \mathrm{LHV}) \tag{2-57}$$

其中，m_c 为质量流量(kg/s)；h 为单位焓(kJ/kg)；η_b 为锅炉的热效率(这里取 0.935)；LHW 为低位发热量值；下标 c 为燃煤；数字下标对应图 2-32 中的物流编号。而单位燃煤完全燃烧所需的理论氧气量(m^3/kg)计算公式为

$$v_O = (C_{ar} / 12 + H_{ar} / 4 + S_{ar} / 32 - O_{ar} / 32) \times 22.4 \tag{2-58}$$

其中，C_{ar}、H_{ar}、S_{ar}、O_{ar} 分别为煤中相应元素含量。

在基础工况下，煤燃烧过程中的氧气有三个来源：循环烟气、从空分装置中得到的氧气以及炉膛漏风。因为氧燃烧系统中涉及烟气循环，所以需要运用“设计规划”功能迭代收敛以求得从空分装置中得到的氧气量，进而求得进入空分装置的空气量。

在依次搭建完系统过程模拟流程、定义了区间和组分、选取了物性方法、输入了所需数值之后，运行程序即得到稳态过程模拟结果。表 2-10 和表 2-11 中给出了基准工况下的一些重要仿真结果。表 2-10 中仅考虑了压缩机和泵的能耗，计算结果显示：因为添加了空分装置和尾气处理装置，系统的净效率降低了 10.84%。表 2-11 中对应基准工况的数据是漏风项，而其他项目将在后面讨论中提到。

表 2-10　基准工况下的仿真结果

发电量/MW	结果
总系统	599.42
高压机组(22)	184.49
中压机组(23)	175.66
低压机组(24)	239.27
能耗(MW)	
空分装置(1)	102.24
尾气处理装置(15)	47.13
循环水泵(27)	4.26
凝结水泵(28)	0.75
总值	154.38
煤耗量/(kg/s)	60.52
理论氧气需求量/(kmol/s)	3.42
流入空分装置空气量/(kmol/s)	16.62
净燃料输入/MW	1377.92(LHV)
总热效率/%	43.50(LHV)
净热效率/%	32.30(LHV)
产氧单位能耗/(kW·h/kg-O_2)	0.25
CO_2 减排单位能耗/(kW·h/kg-CO_2)	0.32
CO_2 减排效率/%	96.12

表 2-11　烟气成分仿真结果

<table>
<tr><th rowspan="4">组分</th><th colspan="8">数值/mol%</th></tr>
<tr><th rowspan="3">空气燃烧</th><th colspan="7">氧燃烧(循环倍率 0.695)</th></tr>
<tr><th colspan="3">S-13</th><th colspan="2">S-21</th><th colspan="2">S-11</th></tr>
<tr><th>漏风(LIFAC)</th><th>漏风</th><th>不漏风</th><th>漏风</th><th>不漏风</th><th>漏风</th><th>不漏风</th></tr>
<tr><td>N_2</td><td>0.73</td><td>0.08</td><td>0.08</td><td>0.02</td><td>0.09</td><td>0.02</td><td>0.07</td><td>0.02</td></tr>
<tr><td>O_2</td><td>0.02</td><td>0.01</td><td>0.01</td><td>0.01</td><td>0.02</td><td>0.02</td><td>0.3</td><td>0.32</td></tr>
<tr><td>H_2O</td><td>0.08</td><td>0.12</td><td>0.12</td><td>0.12</td><td>—</td><td>—</td><td>—</td><td>—</td></tr>
<tr><td>NO</td><td>1.80×10^{-4}</td><td>5.49×10^{-5}</td><td>5.56×10^{-5}</td><td>2.69×10^{-5}</td><td>6.30×10^{-5}</td><td>3.07×10^{-5}</td><td>4.38×10^{-5}</td><td>2.07×10^{-5}</td></tr>
<tr><td>SO_2</td><td>4.20×10^{-4}</td><td>3.81×10^{-6}</td><td>6.08×10^{-4}</td><td>6.51×10^{-4}</td><td>0</td><td>0</td><td>0</td><td>0</td></tr>
<tr><td>CO_2</td><td>0.16</td><td>0.76</td><td>0.75</td><td>0.81</td><td>0.85</td><td>0.92</td><td>0.59</td><td>0.62</td></tr>
</table>

2.3.3 关键参数分析

1. 循环率

富氧燃烧系统中烟气循环率表示循环至炉膛的烟气质量流量与总烟气质量流量之比，即 $m_{20}/(m_{20}+m_{21})$。本小节对循环率进行灵敏性分析，变化区间选择为 0.68～0.73，步长为 0.005。针对循环率，主要观察三个数据：汇合烟气(S-11)中的 O_2 浓度及出口烟气(S-21)中的 O_2、CO_2 的浓度，仿真得到的结果如图 2-37 所示(漏风项)，图中，出口烟气中 O_2 漏风项和不漏风项重合。

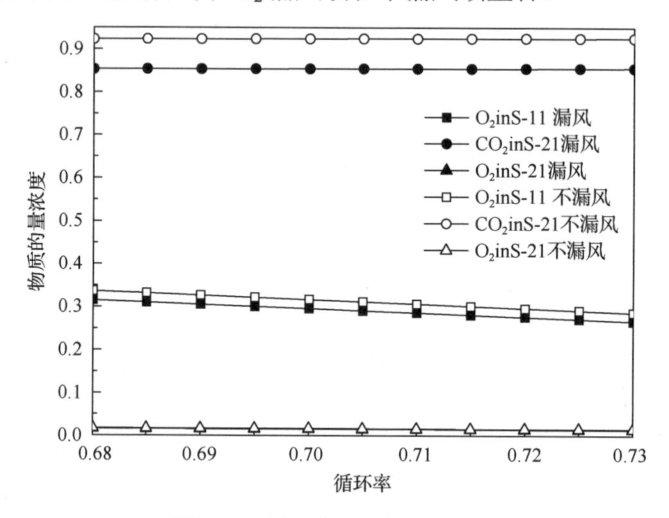

图 2-37　循环率灵敏性分析结果

为了使富氧燃烧工况下燃烧特性与传统燃烧时较为接近，汇合烟气中氧气浓度应该在 30mol%左右[27]，本小节中将这一数值对应的循环率定义为参考循环率。在实际工程中，针对不同的设计需求，此定义可能会发生变化。从图 2-37 中的结果可以看出，汇合烟气(S-11)物流中的氧气浓度受循环率的影响较大，而参考循环率为 0.695，在基准工况的仿真中，也是选取的这个数值。此时，出口烟气(S-21)中氧气的摩尔浓度为 1.52%。

氧气循环率影响炉膛内的燃烧特性和烟气的成分，因此它是富氧燃烧系统运行时的一个重要参数，需要进行很好的控制。另外，需要提到的是，参考循环率的选取与煤样有较大的关系，需要根据具体的煤样参数进行设计。

2. 氧气浓度

在富氧燃烧系统中是用高纯度的氧气代替空气进行燃烧，而此时氧气浓度就成了一个重要的考虑参数。一个达成共识的观点为氧气浓度需要达到 95mol%以上[28]，至于具体设定为什么数值最佳，还存在着争议。本小节对氧气浓度进行了灵敏性分析，浓度范围选定为 95mol%～98mol%，步长为 0.005。本节的工作一方面是考察氧气浓度的变化对烟气成分的影响，另一方面是考察模拟系统中空分模型的适用性。需要提到的是，由于富氧燃烧系统中对氧气浓度的需求并没有十分严格(如 99.5mol%以上)，本小节设计的空分系统模型中将传统意义上的高压塔、低压塔进行了合并，上下端分别包含了一个冷凝器和再热器，而不包括氩气精馏塔。

关于氧气浓度的灵敏性分析结果如图 2-38、图 2-39 所示，图 2-38 中的每一个点即此刻氧气浓度对应的系统参考循环率。从结果可以看出，随着氧气浓度的升高，参考循环率是升高的。针对 95mol%～98mol%的氧气浓度范围，参考循环率

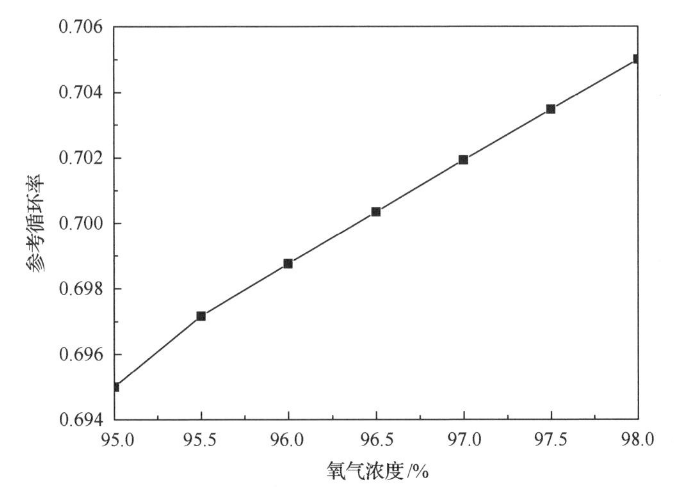

图 2-38　氧气浓度对参考循环率的影响

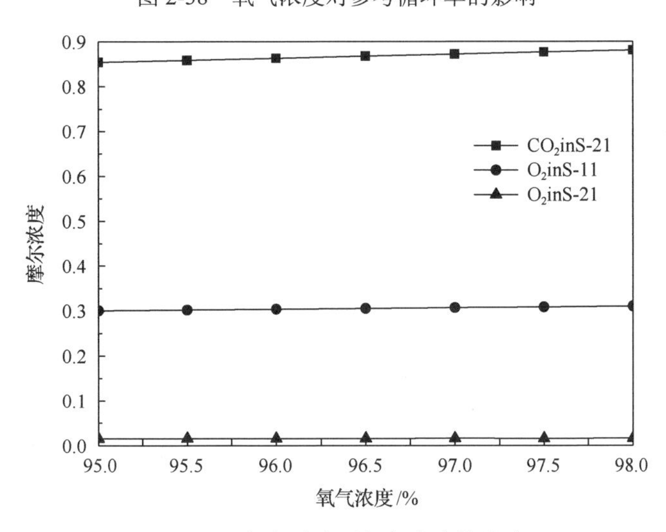

图 2-39　氧气浓度对烟气成分的影响

的范围为0.695～0.705，变化程度并不是很大。图2-39中的结果是当循环率取0.695时，不同氧气浓度下烟气中的成分情况。图2-39的结果显示，氧气浓度对烟气中的氧气含量的影响并不大，但是对出口烟气中的CO_2含量的影响较大。这主要是因为氧气浓度的改变不会影响进入炉膛的氧气量(这个数值是严格控制的)，但是对其他组分的量会有影响(如N_2、Ar)。

对于富氧燃烧系统而言，95mol%的氧气是能够满足要求的，实际上，氧气浓度的提高往往意味着空分系统投资、运行成本的提高，即降低了富氧燃烧系统的经济性能。同时，从本小节的模拟结果也可以看出，本小节设计的空分装置可以满足富氧燃烧系统对氧气浓度的需求。

3. 氧气过量系数

在基准工况下，氧气过量系数(实际通入炉膛里的氧气量与煤粉完全燃烧所需的理论氧气量之比)的取值为1.05，而空气燃烧方式选取的空气过量系数为1.1。此时，两个系统锅炉尾部烟气中的氧气浓度是接近的。本小节对氧气过量系数进行了灵敏性分析，变化范围为1.05～1.15，模拟结果如图2-40所示。图中，左边的纵坐标表示对应每一个氧气过量系数的参考循环率及烟气成分，而右边的纵坐标表示进入空分的空气量和单位空气量(空气量与氧气过量系数之比)。

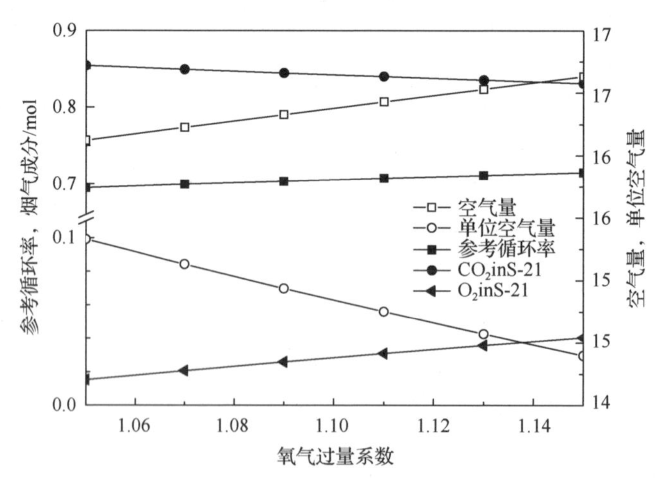

图2-40　氧气过量系数的灵敏性分析结果

图2-40中的结果显示，随着氧气过量系数从1.05增大到1.15，参考循环率相应地从0.695增大到0.715，即需要更多的烟气返回。而随着氧气过量系数的增大，烟气中O_2浓度增大明显，变化范围为1.5mol%～4.0mol%；相应地，烟气中CO_2的物质的量浓度有所降低。氧气过量系数的增大势必会造成进入空分装置中空气量的增大，然而，由于循环烟气提供O_2量的增多，单位空气量降低得较为明显。

不同于传统燃烧方式，在富氧燃烧方式下，有多股氧气来源，所以在氧气过量系数的设计和控制上要复杂很多，然而，它对燃烧情况、烟气成分、系统运行费用等都有较大的影响，必须依据实际情况合理地设计。

4. 漏风

在基准工况下，假设有 2%的空气漏风(负压运行)，在此种情况下，因为部分 N_2 的稀释，烟气中 CO_2 的浓度较低了一些，如果空气漏风比例进一步增大，则会失去富氧燃烧技术的优越性。在传统燃烧方式下，因为不必担心漏风问题，所以锅炉都采用负压运行，然而，针对富氧燃烧技术的特殊性，有必要考虑另一种运行方法——微正压运行，但是需要强调的是，在微正压运行方式下，必须对锅炉安装密封设备以避免有毒气体(如 CO、SO_2)向外泄露。

本小节对微正压(1.1bar)运行方式进行了仿真，此时，漏风物流被取消，烟气成分模拟结果如表 2-11 所示。表中结果显示，在微正压运行方式下，烟气中 O_2 和 CO_2 的浓度均较负压运行时高，锅炉出口烟气(S-21)中 CO_2 的浓度可高达 92.4mol%。类似的，本小节对微正压运行方式下的循环率也做了分析，结果如图 2-37 所示(不漏风项)。分析结果显示三条直线的变化规律与负压运行时一致，此时参考循环率为 0.716，略高于负压运行时的值，此时，S-21 中 O_2 摩尔浓度为 1.53mol%，与负压运行时的值类似。图 2-41 给出了负压与微正压两种运行方式下炉膛进出口物流/能流的热力学参数值。

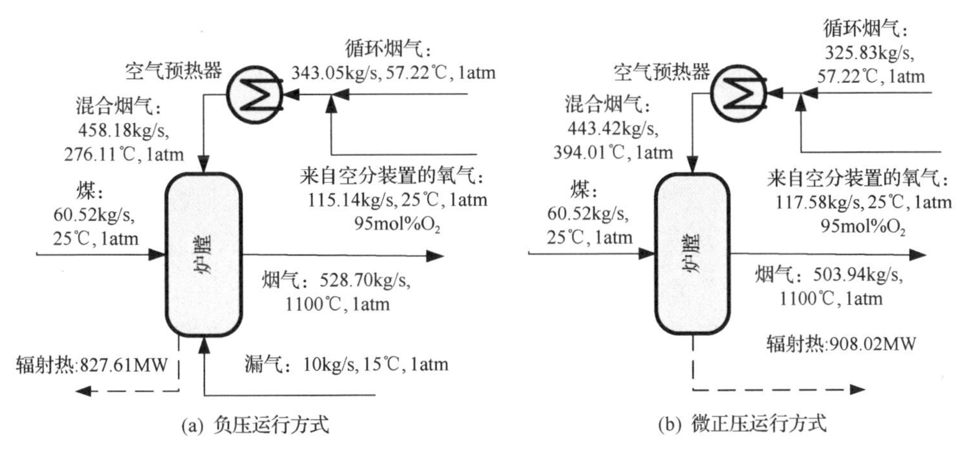

图 2-41　炉膛进出口物流/能流热力学参数

1atm=1.01325×10^5Pa

从仿真结果可以看出，微小的漏风就可以造成富氧燃烧系统烟气成分的大幅变化，因此，对于富氧燃烧技术而言，锅炉的密封措施将是一个新的需要考虑的问题。另外，对于富氧燃烧锅炉，有必要设计成可以在负压运行和微正压运行之间灵活转换，因为在对锅炉进行检测、实验时，需要在负压下进行以避免此时烟气的外泄。

5. SO_x和 NO_x

表 2-11 已经给出了不同工况下烟气中 SO_x和 NO_x的物质的量浓度，因为 SO_3和 NO_2的物质的量浓度均低于 10^{-5}，所以没有在表中列出。在基准工况下是采用的湿法脱硫方式，此时，烟气中 SO_2 的物质的量浓度有所增加(约传统燃烧时的 1.5 倍)，但是它们单位煤量产生的 SO_x 量是近似的，为 0.134mol/kg 煤。SO_2物质的量浓度的增加主要是因为富氧燃烧方式下烟气量减小。对于 NO，在富氧燃烧方式下，相对于传统燃烧其物质的量浓度明显较低，约为传统燃烧时的 1/6～1/3。富氧燃烧系统和传统燃烧系统中的 NO_x 单位生成量分别为 1.22×10^{-2}mol/kg 煤和 5.73×10^{-2}mol/kg 煤。还可以看出的是，对于 NO 而言，因为 N_2的漏入，所以不管是哪一股物流，漏风时的浓度均要高于不漏风时的浓度；而对于 SO_2，则是漏风时要略低一些。

通常，脱硫方式有两种：湿法脱硫和干法脱硫。湿法脱硫即石灰石-石膏法，此时的脱硫装置安装在静电除尘器之后，即烟道的尾部，燃烧产生的烟气进入脱硫装置与石灰石浆液发生反应，生成石膏(也可以看成一种产品收益)。此法脱硫效率高(90%以上)，但是投资、运行成本较大。而干法脱硫，即炉内喷钙及尾部增湿活化脱硫(limestone injection into the furnace and activation of calcium，LIFAC)。在此种方式下，直接将石灰石粉末喷入炉膛中进行脱硫，因为不需要另外添设多少装置，所以其投资、运行成本较低(仅为湿法脱硫的 1/3 左右)，但是其脱硫效率通常只有 50%左右。然而，在富氧燃烧方式下，烟气中 SO_x浓度增大且有烟气循环，可以考虑干法脱硫方式，此工况下的模拟结果也如表 2-11 中所示，Ca/S 比设定为 1.05。从表中结果可以看出，在富氧燃烧方式下，LIFAC 脱硫效果很好，基本可以将 SO_x 全部脱除。

对富氧燃烧系统而言，还存在一种脱硫方式：在锅炉系统不做处理，而是在尾气处理系统中进行脱除。本小节对这种脱硫方式也进行了仿真分析，结果显示，在此种方式下，因为神华煤种的含硫量较低，所以从尾气处理系统中得到的 CO_2产品的物质的量浓度依然可以达到 99%，而 SO_2 主要是聚集在 CO_2 产品中，这主要是因为 SO_2 和 CO_2 的热力学性质较接近。同时，由于尾部烟气中含有液态的 SO_2，所以需要对尾部处理系统进行防腐蚀处理。图 2-42 显示了此种工况下炉膛进出口物流/能流热力学参数值。

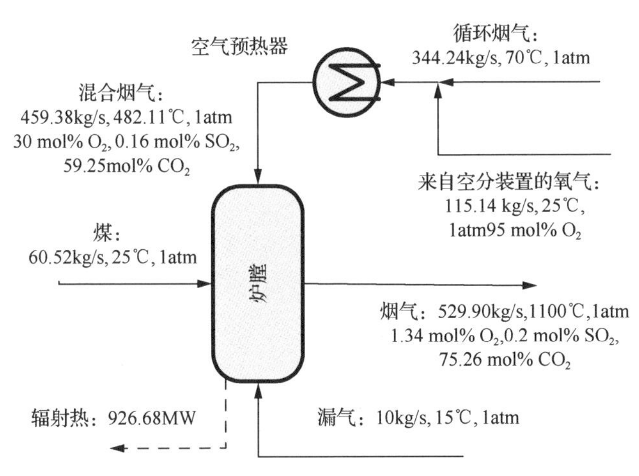

图 2-42　尾气处理系统脱硫工况下炉膛进出口物流/能流热力学参数

在基准工况下，假设 SO_x 在脱硫装置中被完全脱除。本小节对脱硫率(脱硫装置中脱除的 SO_x 量与进入脱硫装置的 SO_x 量之比)也进行了灵敏性分析，变化范围选取为 0.8～1.0，步长为 0.02。循环率为 0.695 时，炉膛出口烟气(S-13)中 SO_2 物质的量浓度与脱硫率之间的关系如图 2-43 所示。脱硫率增大，S-13 中 SO_2 物质的量浓度相应降低，但是幅度并不太大。图 2-44 给出了漏风与不漏风两种工况下，S-13 中 SO_2 摩尔浓度与循环率之间的关系。图中结果显示，循环率增大，S-13 中 SO_2 摩尔浓度降低，同时，不漏风时 SO_2 含量相比于漏风时要高一些。

以上的分析结果显示，富氧燃烧技术可以有效减少 NO_x 的生成，可以不必另设单独的脱硝装置；同时会提高烟气中 SO_x 的浓度，因此可以选取其他低成本的脱硫方式，如 LIFAC、尾气处理装置脱除等。

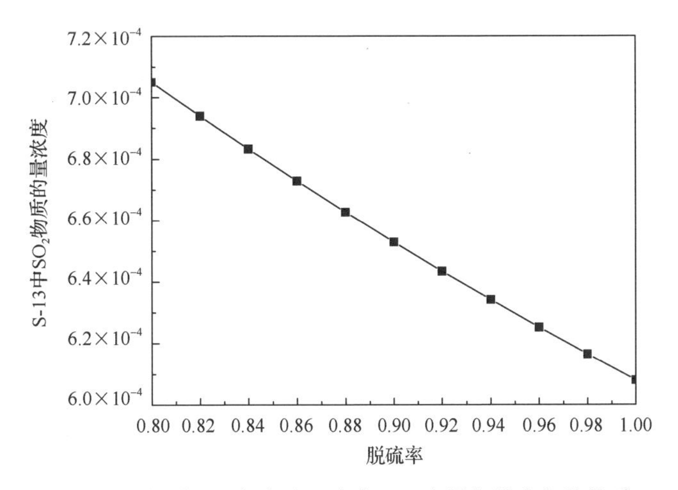

图 2-43　炉膛出口烟气(S-13)中 SO_2 含量与脱硫率的关系

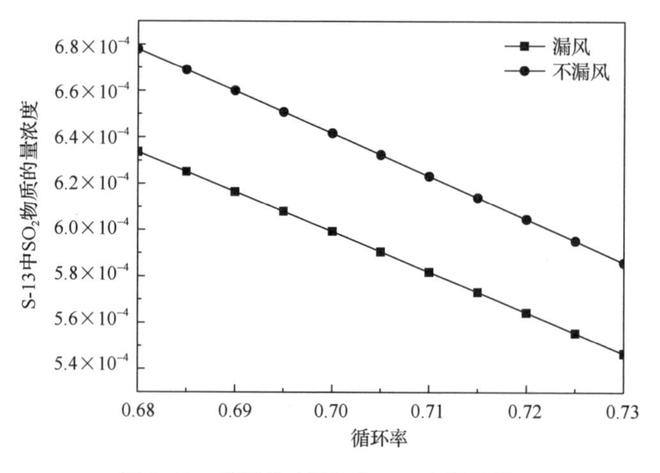

图 2-44　循环率对烟气中 SO_2 含量的影响

6. 循环方式

在基准工况下，烟气经过空气预热器、静电除尘器、脱硫装置以及干燥装置之后部分循环至锅炉，此种循环方式称为干循环，又因为此时烟气的温度较低，所以也称为冷循环。本节对另一种循环方式——热循环进行模拟。在热循环中，烟气通过省煤器后，经过除尘就将部分烟气循环至锅炉。因为此时烟气温度较高，所以可以省去空气预热器和干燥器。热循环方式下烟气成分与循环率的关系如图 2-45 所示。此时的锅炉模型结构以及相应的热力学参数如图 2-46 所示。图 2-46 分两种情况：循环率取基准工况时的值及参考值。在热循环方式下，因为烟气中含有大量水分(约 30mol%)，所以在尾气处理系统中，压缩装置需要布置在两个闪蒸蒸发器之后。

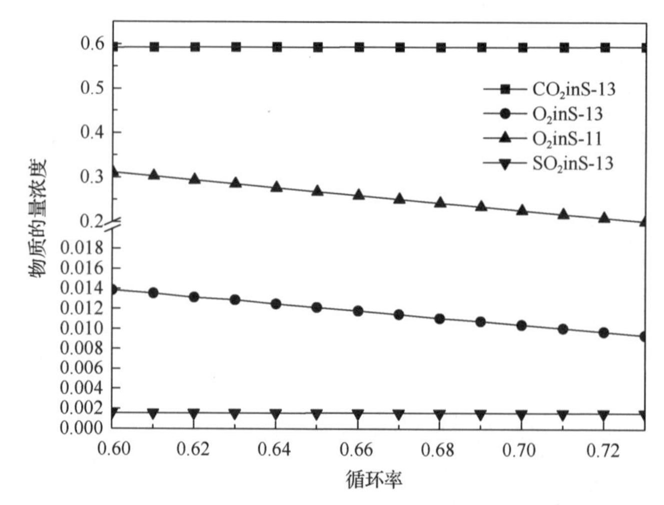

图 2-45　热循环方式下循环率灵敏性分析

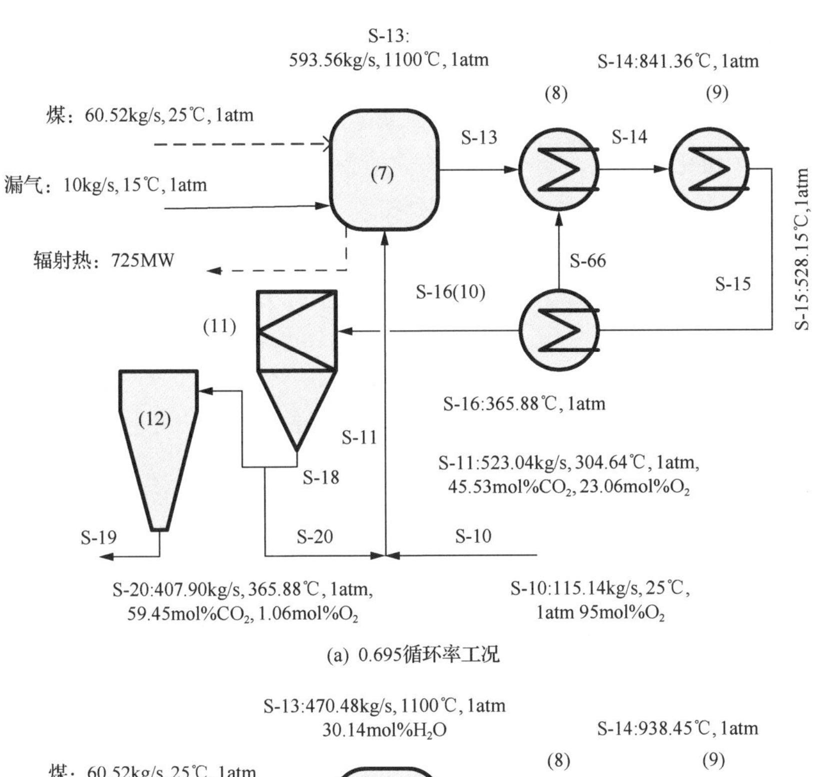

(a) 0.695循环率工况

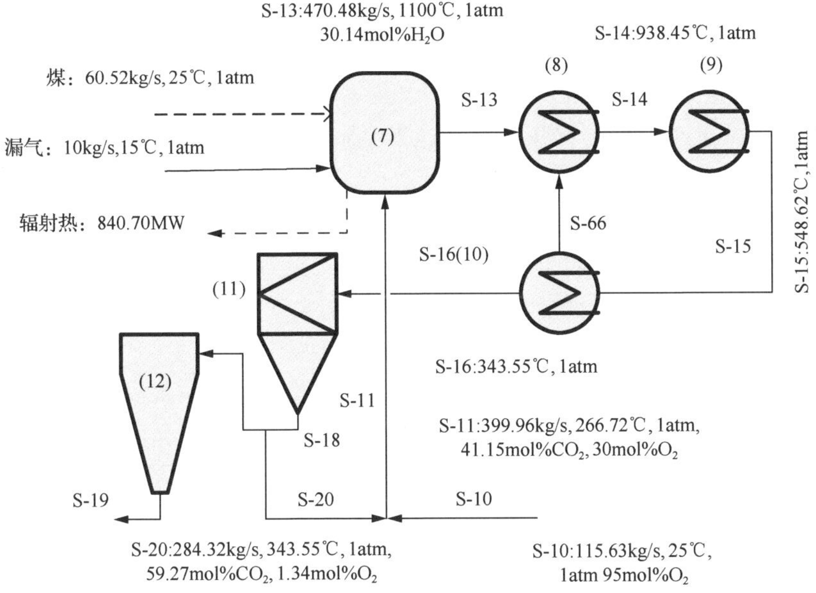

(b) 参考循环率(0.613)工况

图 2-46　热循环下炉膛进出口物流/能流热力学参数

图 2-45 的结果显示，热循环方式下，烟气中的 CO_2 含量较冷循环方式下降低了约 30mol%，这主要是因为烟气中含有大量水分，但经过尾气处理系统后得到

的 CO_2 浓度依然可以达到 99mol%。另外，热循环方式下的参考循环率为 0.613。需要指出的是，热循环方式下烟气中的 SO_2 浓度明显高于冷循环方式下的相应值(约 2.5 倍)，而且，循环率对 SO_2 浓度影响不大。

图 2-46 中的结果显示了不同循环方式对锅炉模型中物流量、烟气成分有着较大的影响。而且，因为循环烟气的温度较高，且高于此种工况下的硫酸的露点(290℃)，所以可以降低循环烟道中的腐蚀。而冷循环时，烟气温度低于硫酸的露点，会造成循环烟道腐蚀。所以，从多方面考虑，采用热循环方式应该是更佳的选择。

2.4 本章小结

本章首先基于过程系统工程的建模和仿真原则，针对某电厂 300MW 热力系统，建立了主要热力设备的数学模型(包括质量平衡、能量平衡和热力特性方程)。将各设备的数学模型联立得到整个系统的数学模型，系统的数学模型由一组非线性方程所表示。该方程组采用 Powell 混合方法进行数值解，通过一种松弛迭代技术，能够保证整体求解的全局收敛性和快速性。由以上数学模型和系统求解技术所组成的热力仿真系统，能够模拟燃煤电厂热力系统在不同工况下的运行特性。通过系统仿真所获得的结果与实际电厂的性能测试数据相比误差不超过 2%，完全满足工程应用和热经济学分析的要求。对该系统所自主开发的仿真平台是后面针对该 300MW 燃煤电站进行热经济学成本分析[30]、故障诊断[31]和系统优化[32]的基础。

为了利用商业软件 Aspen Plus 丰富的数据库、开放的模块化建模功能等，本章介绍了如何利用该软件对上述某电厂 300MW 热力系统进行建模与仿真，系统模拟结果与该电厂的实际性能测试数据相比，最大误差仅为 1.13%。在此基础上，本章利用 Aspen Plus 对 600MW 超临界富氧燃煤发电系统进行了详细的稳态过程模拟。富氧燃烧系统包括锅炉系统、汽水循环系统、空分系统以及尾气处理系统四个部分。在得到了基准工况的模拟结果的基础上，对烟气循环率、氧气浓度、氧气过量系数等热力学参数、运行方式(负压/微正压)、脱硫方式以及烟气循环方式(冷循环/热循环)等进行了分析讨论，这为富氧燃烧系统的原型设计和运行提供了基础。对该富氧燃煤电站进行稳态过程模拟为之后开展㶲分析[33]、技术经济评价[34]、热经济学成本分析[32,35]、环境热经济学成本分析，甚至动态过程模拟[36-39]和动态㶲分析[40-42]提供了基础。

总之，对复杂能量系统进行过程模拟或仿真，将获得系统内部主要物流的热物理属性(包括质量流率、温度、压力、比焓、比熵等)和主要设备的运行参数(包括汽轮机和泵的等熵效率、加热器端差、热传导系数等)，这是对能量系统进行热力学分析和评价、动态模拟，以及热经济学分析和评价等工作的基础，详细内容请参阅相关文献以及本书其余章节的介绍。

参考文献

[1] 张家琛. 火电厂仿真[M]. 北京: 水利电力出版社, 1994.

[2] 吕崇德, 任挺进, 姜学智, 等. 大型火电机组系统仿真与建模[M]. 北京: 清华大学出版社, 2002.

[3] 张超, 赵海波, 金波, 等. 300MW 燃煤电厂热力系统仿真研究[J]. 动力工程学报, 2012, 32(9): 705-711.

[4] International Association for the Properties of Water and Steam (IAPWS). IAPWS Industrial Formulation 1997 for the Thermodynamic Properties of Water and Steam[S]. Erlangen: Heidelberg, 1997.

[5] Keenan H, Keyes G. Thermodynamic Properties of Water Including Vaper, Liquid and Solid Phases[M]. New Jersey: John Wiley & Sons, 1969.

[6] 西安热工研究所. 水及水蒸汽的热力学性质表[M]. 北京: 水利电力出版社, 1959.

[7] 钟史明, 汪孟乐, 范仲元. 具有㶲参数的水和水蒸气性质参数手册[M]. 北京: 水利电力出版社, 1989.

[8] Schmidt E, Grill U. Properties of Water and Steam in SI-Units 0-800℃, 0-1000bar[S]. Berlin: Springer Verlag, 1981.

[9] 张瑞生, 王弘轼, 宋宏宇. 过程系统工程概论[M]. 北京: 科学出版社, 2001.

[10] 容銮恩. 燃煤锅炉机组[M]. 北京: 中国电力出版社, 1998.

[11] 翦天聪. 汽轮机原理[M]. 北京: 水利电力出版社, 1992.

[12] Luyben W L. Process Modeling, Simulation, and Control for Chical Engineers[M]. Oxford: McGraw-Hill, 1973: 19-24.

[13] Press W H, Teukolsky S A, Vetterling W T, et al. P. Numerical Recipes in C: The Art of Scientific Computing. (2nd ed) [M]. Cambridge: Cambridge University Press, 1992.

[14] Powell M J. A hybrid method for nonlinear equations[J]. Numerical Methods for Nonlinear Algebraic Equations, 1970, 7: 87-114.

[15] 李维特, 黄保海. 汽轮机变工况热力计算[M]. 北京: 中国电力出版社, 2001.

[16] 林万超. 火电厂热系统节能理论[M]. 西安: 西安交通大学出版社, 1994.

[17] 汪孟乐. 火电厂热力系统分析[M]. 北京: 水利电力出版社, 1992.

[18] Cooke D H. On prediction of off-design multistage turbine pressures by stodola's ellipse[J]. Journal of Engineering for Gas Turbines & Power, 1985, 107(3): 596-606.

[19] Uche J. Thermoeconomic analysis and simulation of a combined power and desalination plant[D]. Zaragoza: University of Zaragoza, 2000.

[20] 严俊杰. 汽轮发电机组经济性诊断理论研究及应用[D]. 西安: 西安交通大学, 1998.

[21] 吴季兰. 汽轮机设备及系统[M]. 北京: 中国电力出版社, 1998.

[22] 李英杰, 赵长遂, 段伦博. O_2/CO_2气氛下煤燃烧产物的热力学分析[J]. 热能动力工程, 2007, 22(3): 332-335.

[23] 白慧峰, 徐越, 陈德龙. 基于 Aspen Plus 平台的超超临界机组热力系统性能预测模型开发[J]. 热力发电, 2006, 4: 14-16.

[24] Ciferno J. Pulverized coal oxy-combustion Power Plants, Volume 1: bituminous coal to electricity, report DOE/NETL-2007/1291[R]. Washington: National Energy Technology Laboratory, 2007.

[25] 熊杰, 赵海波, 郑楚光. 深冷空分系统的过程模拟、优化及㶲分析[J]. 低温工程, 2011, (3): 39-43.

[26] Wall T F. Combustion processes for carbon capture[J]. Proceedings of the Combustion Institute, 2007, 31: 31-47.

[27] Andersson K, Johnsson F. Process evaluation of an 865 MWe lignite fired O_2/CO_2 power plant[J]. Energy Conversion and Management, 2006, 47 (18-19) : 3487-3498.

[28] Terry Wall Y L, Chris Spero, Liza Elliott. An overview on oxyfuel coal combustion—State of the art research and technology development[J]. Chemical Engineering Research and Design, 2009, 87 (8) : 1003-1016.

[29] Toftegaard M B, Brix J, Jensen P A, et al. Oxy-fuel combustion of solid fuels[J]. Progress in Energy and Combustion Science, 2010, 36 (5) : 581-625.

[30] Zhang C, Wang Y, Zheng C, et al. Exergy cost analysis of a coal fired power plant based on structural theory of thermoeconomics[J]. Energy Conversion and Management, 2006, 47 (7) : 817-843.

[31] Zhang C, Chen S, Zheng C, et al. Thermoeconomic diagnosis of a coal fired power plant[J]. Energy Conversion and Management, 2007, 48 (2) : 405-419.

[32] Xiong J, Zhao H, Zheng C. Thermoeconomic cost analysis of a 600 MWe oxy-combustion pulverized-coal-fired power plant[J]. International Journal of Greenhouse Gas Control, 2012, 9 (8) : 469-483.

[33] Xiong J, Zhao H, Zheng C. Exergy analysis of a 600 MWe oxy-combustion pulverized-coal-fired power plant[J]. Energy & Fuels, 2011, 25 (8) : 3854-3864.

[34] Xiong J, Zhao H, Zheng C. Techno-economic evaluation of oxy-combustion coal-fired power plants[J]. Science Bulletin, 2011, 56 (31) : 3333-3345.

[35] Jin B, Zhao H, Zheng C. Thermoeconomic cost analysis of CO_2 compression and purification unit in oxy-combustion power plants[J]. Energy Conversion and Management, 2015, 106 (2015) : 53-60.

[36] Jin B, Zhao H, Zheng C. Dynamic modeling and control for pulverized-coal-fired oxy-combustion boiler island[J]. International Journal of Greenhouse Gas Control, 2014, 30: 97-117.

[37] Jin B, Su M, Zhao H, et al. Plantwide control and operating strategy for air separation unit in oxy-combustion power plants[J]. Energy Conversion and Management, 2015, 106: 782-792.

[38] Jin B, Zhao H, Zheng C. Optimization and control for CO_2 compression and purification unit in oxy-combustion power plants[J]. Energy, 2015, 83: 416-430.

[39] Jin B, Zhao H, Zheng C. Dynamic simulation for mode switching strategy in a conceptual 600 MWe oxy-combustion pulverized-coal-fired boiler[J]. Fuel, 2014, 137 (6) : 135-144.

[40] Jin B, Zhao H, Zheng C. Dynamic exergy method and its application for CO_2 compression and purification unit in oxy-combustion power plants[J]. Chemical Engineering Science, 2016, 144 (1-2) : 336-345.

[41] Jin B, Zhao H, Zheng C, et al. A dynamic exergy method for evaluating the control and operation of oxy-combustion boiler island systems[J]. Environmental Science & Technology, 2017, 51 (1) : 725-732.

[42] Jin B, Zhao H, Zheng C, et al. Control optimization to achieve energy-efficient operation of the air separation unit in oxy-fuel combustion power plants[J]. Energy, 2018, 152: 313-321.

第 3 章 热力学分析和评价

能量系统的热力学分析方法主要基于热力学第一定律和热力学第二定律，在研究热功转换规律、提高能量利用经济性等方面起了非常积极的作用。热力学第一定律是能量守恒和转换定律在热现象中的应用，它确定了热力过程中热力系统与外界进行能量交换时，各种形态能量数量上的守恒关系。然而，热力学第一定律仅能反映能量转换过程中各股物流和能流的能量数量，而无法反映能量传递的方向或评价其能量品质，这就导致基于热力学第一定律的评价方法无法正确分析系统节能、优化的潜力。热力学第二定律的诞生作为热力学领域的一次重大飞跃，改变了人们对能量转换过程的认识。各种能量形式之间存在相互转换的不等价性、不可逆性成为制约热力性能提升的最大障碍，可用能(availability)以及㶲的概念应运而生。在能量转换过程中，能量的数量虽然保持不变，但是可用能(或者㶲)的数量却是逐步减少的，甚至最终消失。可用能的这种稀缺性和损耗性直接导致了各种能量形式之间存在不等价性，这种不等价性是能量本身的特性。

本章重点基于热力学第二定律的㶲分析方法对燃煤电站进行分析与评价，首先介绍与燃煤电站相关的物流和能流㶲(包括物理㶲和化学㶲)计算方法，然后以第 2 章中 600MW 燃煤电站稳态过程模拟为基础，针对常规燃煤电站、富氧燃煤电站进行㶲计算和分析，最后介绍其他复杂能量系统的热力学分析和评价。

3.1 㶲分析方法

㶲是热力学中的一个重要概念，与热力学第二定律直接相关。根据㶲的定义[1]，㶲是所考虑的系统和环境存在不平衡造成的，而根据不平衡的方式，㶲可以总体分为两类：热机械㶲和化学㶲。而热机械㶲又可以进一步细分为物理㶲、动能㶲以及势㶲[1]。对于热力系统而言，如本书考虑的燃煤发电系统，动能㶲和势㶲是可以不考虑的，因此仅考虑物理㶲和化学㶲。物理㶲是所考虑的系统和环境在热、力(温度、压力)上的不平衡所造成的，而此不平衡消失时即约束性死态；化学㶲是所考虑的系统及环境中的组成物的化学成分、浓度上的不平衡造成的，而当此不平衡也消失时，对应的状态称为非约束性死态[1 2]。本章在进行㶲计算时，综合考虑物理㶲和化学㶲，同时，对于系统中的物流，也根据它们包含的不同相态分别进行计算以得到更精确的结果。

3.1.1 物理㶲

根据㶲的定义可以知道，计算㶲数值的前提是对参考环境的定义，不仅是环境的温度、压力等，还包括环境的基准组成成分。参考环境应该尽量与自然环境相近。不过，需要提到的是，自然环境并不是严格热力学平衡的，因为它的温度、压力以及组成都随着空间和时间在变化。事实上，建立死态下的参考环境与真实的环境并不是很接近。在处理这个问题时，环境模型最好是能提供一个㶲值的经济指示器。对于环境中稀有的成分，它的㶲值要比环境中大量存在的成分的㶲值高。实际上，要满足全部的模型条件是很困难且不现实的，因此，有许多参考环境模型被提出。考虑到本书所研究的燃煤发电系统的特点，选取的环境参数[3]的定义为温度 T_0 取 298.15K，压力 P_0 取 1 atm，其组分包括液态水、石灰石($CaCO_3$)和石膏($CaSO_4 \cdot 2H_2O$)和气态组分，气态组分的摩尔浓度如表 3-1 所示。

表 3-1　气态组分及摩尔浓度

气态组分摩尔浓度	
N_2	0.7567
O_2	0.2035
H_2O	0.0303
Ar	0.0091
CO_2	0.0003

下面分别介绍各种㶲的计算方法。单位物理㶲(kJ/kmol)的定义式如式(3-1)所示：

$$e^{PH} = \Delta h - T_0 \Delta s = \left(h - h_0\right) - T_0\left(s - s_0\right) \tag{3-1}$$

其中，e、h、s 分别表示单位㶲、单位焓(kJ/kmol)、单位熵(kJ/(kmol·K))；PH 表示物理；下标 0 表示基准状态。

对热量流(q)而言，其物理㶲的定义式可以改写为

$$e^{PH} = \Delta q(1 - T_0 / T) \tag{3-2}$$

对于冷量流(q)而言，其物理㶲的定义式为

$$e^{PH} = \Delta q(T_0 / T - 1) \tag{3-3}$$

3.1.2 化学㶲

针对化学㶲的计算，众多研究者已经做了大量的工作并得到了大量的结果。

因为他们各自在计算过程中选取的模型存在着一定的差别，所以得到的化学物质的单位化学㶲数值也是不尽相等的，然而，化学㶲的计算方法、公式是一致的，下面将详细论述。需要说明的是，本章中的所有气态组分均按照理想气体来处理。在本书考虑的系统所涉及的组分范围内，计算化学㶲可以分为两大类：基准体系中的组分和非基准体系中的组分。基准体系中的非气态组分（液态水、石灰石、石膏）的化学㶲值为零。对于基准气态组分 k，其纯组分的单位化学㶲（kJ/kmol）计算公式[1]为

$$e_k^{\mathrm{CH}} = -RT_0 \ln x_k^0 \tag{3-4}$$

其中，R 表示气体常数（8.314J/(mol·K)）；CH 表示化学；x_k^0 表示此组分在环境模型中气态组分里的摩尔分率，如对氧气而言，x^0 为 0.2035。

对于非基准组分，也需要分情况来讨论：①此组分是单质；②此组分是化合物。如果此组分是单质，如元素 Y，则需要从含有 Y 元素的所有化合物中选出最稳定的化合物 $\mathrm{Y}_y\mathrm{A}_a\mathrm{B}_b\mathrm{C}_c$ 作为基准物，此时 $\mathrm{Y}_y\mathrm{A}_a\mathrm{B}_b\mathrm{C}_c$ 的化学㶲为零，则

$$e^{\mathrm{CH}}(\mathrm{Y}) = -\frac{1}{y}\left(g_0\left(\mathrm{Y}_y\mathrm{A}_a\mathrm{B}_b\mathrm{C}_c\right) + ae^{\mathrm{CH}}(\mathrm{A}) + be^{\mathrm{CH}}(\mathrm{B}) + ce^{\mathrm{CH}}(\mathrm{C})\right) \tag{3-5}$$

其中，g_0 为基准工况下的吉布斯自由能（kJ/kmol）。

如果此组分是化合物，则需要用此化合物包含的所有元素的化学㶲来计算它的化学㶲。具体而言，设某一纯物质 $\mathrm{A}_a\mathrm{B}_b\mathrm{C}_c\mathrm{D}_d$ 由单质或元素 A、B、C、D 经可逆生成反应生成：

$$a\mathrm{A} + b\mathrm{B} + c\mathrm{C} + d\mathrm{D} \leftrightarrow \mathrm{A}_a\mathrm{B}_b\mathrm{C}_c\mathrm{D}_d \tag{3-6}$$

如果已知 A、B、C、D 的化学㶲及 $\mathrm{A}_a\mathrm{B}_b\mathrm{C}_c\mathrm{D}_d$ 在基准工况下的吉布斯自由能（g_0, kJ/kmol），则该物质的单位化学㶲可以通过式（3-7）计算得到。以 NO 为例，根据式（3-7），可以得到 NO 的单位化学㶲（kJ/kmol）计算式为 $e^{\mathrm{CH}}(\mathrm{NO}) = g_0(\mathrm{NO}) + 0.5e^{\mathrm{CH}}(\mathrm{N_2}) + 0.5e^{\mathrm{CH}}(\mathrm{O_2})$。

$$e^{\mathrm{CH}}\left(\mathrm{A}_a\mathrm{B}_b\mathrm{C}_c\mathrm{D}_d\right) = g_0\left(\mathrm{A}_a\mathrm{B}_b\mathrm{C}_c\mathrm{D}_d\right) + ae^{\mathrm{CH}}(\mathrm{A}) + be^{\mathrm{CH}}(\mathrm{B}) + ce^{\mathrm{CH}}(\mathrm{C}) + de^{\mathrm{CH}}(\mathrm{D}) \tag{3-7}$$

如果元素 A、B、C、D 中并非所有元素的化学㶲均已知，则需要先利用式（3-5）求得此未知量。举例来说，若要计算化合物 FeO 的化学㶲，O 是基准组分，但是 Fe 的化学㶲未知，须先求得此量。对于 Fe 元素，$\mathrm{Fe_2O_3}$ 是最稳定状态，所以 $\mathrm{Fe_2O_3}$ 的化学㶲为零，因此 $e^{\mathrm{CH}}(\mathrm{Fe}) = -0.5g_0(\mathrm{Fe_2O_3}) - 0.75e^{\mathrm{CH}}(\mathrm{O_2})$，进一步可以得到 $e^{\mathrm{CH}}(\mathrm{FeO}) = g_0(\mathrm{FeO}) + e^{\mathrm{CH}}(\mathrm{Fe}) + 0.5e^{\mathrm{CH}}(\mathrm{O_2})$。不同元素对应的稳定化合物见文献[2]。

利用式(3-4)～式(3-7)，可以求得所有需要物质的单位化学㶲值，对各种相态是通用的。但对于混合物而言，化学㶲值对不同相态是有区别的。对于由 N 种气态组分组成的混合气体，如果此 N 种组分均是环境模型中所包含的，则根据式(3-4)和化学㶲的定义，可以推导出此混合气体的单位化学㶲(kJ/kmol)计算公式为

$$e^{\mathrm{CH}} = -RT_0 \sum x_k \ln \frac{x_k^0}{x_k} \tag{3-8}$$

其中，x_k 为组分 k 在此混合气体里的物质的量浓度。

如果在此 N 种组分中包含非基准气态组分 i，x_i^0 的数值为零，则将使得式(3-8)没有意义，此时此混合气体的单位化学㶲(kJ/kmol)计算公式变化为

$$e^{\mathrm{CH}} = \sum x_k e_k^{\mathrm{CH}} + RT_0 \sum x_k \ln x_k \tag{3-9}$$

而对于由 N 种固态、液态组分组成的混合物，单位化学㶲数值即各组分单位化学㶲数值的加权和，即式(3-9)中的第一项。

因为特殊的化学特性，煤的化学㶲计算是一个较为复杂的过程，然而，在对燃煤发电系统进行㶲分析时，了解燃用煤种的精确化学㶲数值是必须的。燃煤化学㶲的计算方法参考文献[1]和[4]，下面进行简略介绍。

煤燃烧过程可以用下面的反应方程来描述：

$$\left(c\mathrm{C} + h\mathrm{H} + o\mathrm{O} + n\mathrm{N} + s\mathrm{S}\right) + v_{\mathrm{O_2}}\mathrm{O_2} \rightarrow v_{\mathrm{CO_2}}\mathrm{CO_2} + v_{\mathrm{H_2O}}\mathrm{H_2O(l)} + v_{\mathrm{SO_2}}\mathrm{SO_2} + v_{\mathrm{N_2}}\mathrm{N_2} \tag{3-10}$$

其中，c、h、o、n、s 表示干燥无灰基(DAF)下，单位煤中包含的碳、氢、氧、氮、硫五组分的物质的量(kmol/kg)。

而根据方程平衡法则，可以得到

$$v_{\mathrm{CO_2}} = c,\quad v_{\mathrm{H_2O}} = \frac{1}{2}h,\quad v_{\mathrm{SO_2}} = s,\quad v_{\mathrm{N_2}} = \frac{1}{2}n,\quad v_{\mathrm{O_2}} = c + \frac{1}{4}h + s - \frac{1}{2}o \tag{3-11}$$

煤的单位化学㶲(kJ/kg(DAF))计算公式如下：

$$\begin{aligned} e_{\mathrm{DAF}}^{\mathrm{CH}} = {} & \mathrm{HHV_{DAF}} - T_0\left(s_{\mathrm{DAF}} + v_{\mathrm{O_2}} s_{\mathrm{O_2}} - v_{\mathrm{CO_2}} s_{\mathrm{CO_2}} - v_{\mathrm{H_2O}} s_{\mathrm{H_2O}} - v_{\mathrm{SO_2}} s_{\mathrm{SO_2}} - v_{\mathrm{N_2}} s_{\mathrm{N_2}}\right) \\ & + \left(v_{\mathrm{CO_2}} e_{\mathrm{CO_2}}^{\mathrm{CH}} + v_{\mathrm{H_2O}} e_{\mathrm{H_2O}}^{\mathrm{CH}} + v_{\mathrm{SO_2}} e_{\mathrm{SO_2}}^{\mathrm{CH}} + v_{\mathrm{N_2}} e_{\mathrm{N_2}}^{\mathrm{CH}} - v_{\mathrm{O_2}} e_{\mathrm{O_2}}^{\mathrm{CH}}\right) \end{aligned} \tag{3-12}$$

其中，$\mathrm{HHV_{DAF}}$ 为干燥无灰基下，燃煤的高位发热量(kJ/kg(DAF))；s 为单位标准熵(kJ/(kmol·K))；s_{DAF} 为燃煤在干燥无灰基下的单位标准熵，计算公式如下：

$$s_{\mathrm{DAF}} = c\left[37.1653 - 31.4767\exp\left(-0.564682\frac{h}{c+n}\right) + 20.1145\frac{o}{c+n} + 54.3111\frac{n}{c+n} + 44.6712\frac{s}{c+n}\right] \tag{3-13}$$

如果式(3-12)中的 $\mathrm{HHV_{DAF}}$ 没有直接给出，也可以根据经验公式求得

$$\mathrm{HHV_{DAF}} = (152.19H + 98.767)\left(C/3 + H - (O - S)/8\right) \tag{3-14}$$

其中，C、H、O、S 为干燥无灰基下燃煤中碳、氢、氧、硫的质量分数。

3.2 常规燃煤和富氧燃烧电站的㶲分析

本章㶲分析过程是建立在 2.3 节燃煤系统 Aspen Plus 稳态过程模拟结果的基础上，利用模拟得到的一些热力参数，计算各物流、能流的物理㶲和化学㶲，然后进行㶲损分析、㶲效率计算等工作。根据上面介绍的㶲计算方法，可依次求得所考虑的燃煤系统中涉及的组分的单位化学㶲数值，结果如表 3-2 所示。表 3-2 中还列出了 Aspen Plus 物性数据库中这些组分在标准工况下的单位焓、熵以及吉布斯自由能的数值。需要指出的是，在 Aspen Plus 的物性数据库中，气态和固态物质是以 25℃、1atm 为基准点，而水则是以 0℃、1atm 为基准点。

表 3-2 组分的单位焓、熵、吉布斯自由能以及化学㶲数值

组分	h_0/(kJ/kmol)	s_0/(kJ/(kmol·K))	g_0/(kJ/kmol)	e^{CH}/(kJ/kmol)
N_2	0	0	0	691.07
O_2	0	0	0	3946.50
Ar	0	0	0	11649.16
CO_2	–393510	2.88	–394370	20107.51
H_2O	–241810	–44.35	–228590	8667.46
H_2	0	0	0	235284.21
NO	90250	12.34	86570	88888.78
CO	–110530	89.28	–137150	275354.26
NO_2	33180	–60.87	51328	55620.03
SO_2	–296840	11	–300120	306269.34
SO_3	–395720	–83.08	–370950	237412.59
C(s)	0	0	0	410531.01
S(s)	0	0	0	602442.84

3.2.1 锅炉系统

富氧燃烧系统中用纯氧代替空气参与燃烧过程，并且有 70%左右的烟气进行

循环，因此富氧燃烧系统和传统燃烧系统的锅炉模型是有较大区别的。两个系统中的锅炉模型如图 3-1 所示。本节对两个系统中的锅炉模型进行烟分析并对它们的结果进行比较。

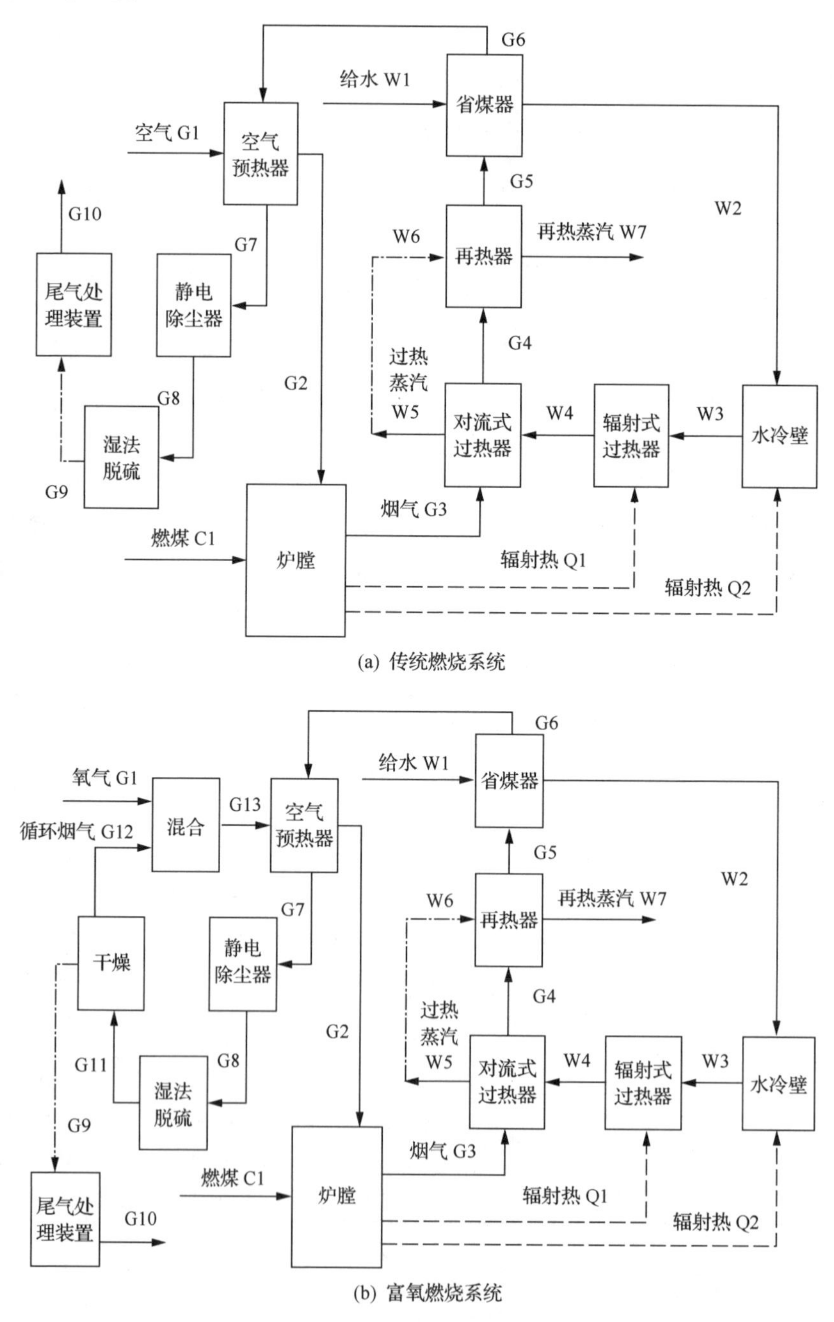

图 3-1　锅炉模型的流程示意图

锅炉模型主要分为炉膛和换热部件。换热部件包括：省煤器、水冷壁、辐射式过热器、对流式过热器、再热器以及空气预热器。燃煤在氧气的助燃下，在炉膛里面燃烧，产生大量的辐射热和烟气，烟气从炉膛里流出，依次经过对流式过热器、再热器和省煤器，提供热量；另外，从给水加热器出来的给水流经省煤器、水冷壁、辐射式过热器，然后进入对流式过热器形成高温高压的过热蒸汽，过热蒸汽流经高压汽轮机做功后(有部分抽气到给水加热器中加热给水)返回到再热器中被加热成再热蒸汽，然后流入中压汽轮机中继续做功。

利用 3.1 节中介绍的燃煤化学㶲的计算方法，可以计算得到燃煤(神华煤，元素分析、工业分析、低位发热量如表 2-5 所示)的单位化学㶲值为 24686.6kJ/kg(收到基)。结合图 3-1，根据以上介绍的㶲计算方法和模拟结果，富氧燃烧系统和传统燃烧系统锅炉模型的㶲分析计算结果如表 3-3 所示。

表 3-3　锅炉模型㶲分析结果　　(单位：kW)

项目	富氧燃烧系统			传统燃烧系统		
	物理㶲		化学㶲	物理㶲		化学㶲
	气态组分	固态组分		气态组分	固态组分	
燃煤 C1	—	—	1494033.03	—	—	1520126.77
G1	0	—	12861.07	0	—	1398.47
G2	30537.42	—	130749.82	28601.96	—	1398.47
G3	398002.71	6501.81	195669.38	431057.67	6532.55	51514.14
G4	304787.51	5141.59	195669.38	311405.84	4886.98	51514.14
G5	130424.25	2593.15	195669.38	139110.64	2543.46	51514.14
G6	60372.72	1484.79	195669.38	69318.79	1527.08	51514.14
G7	17288.39	630.79	195669.38	19054.15	641.96	51514.14
G8	17288.39	—	195669.38	19054.15	—	51514.14
G9	539.25	—	58490.19	3474.69	—	49174.34
G10	—	—	2305.99	—	—	—
G11	4817.03	—	193353.19	—	—	—
G12	1228.78	—	133280.94	—	—	—
G13	1433.95	—	130749.82	—	—	—
Q1	242083.71		—	231153.90		—
Q2	378643.76		—	361548.41		—
总辐射量	647940.99		—	618687.17		—
省煤器吸收	59707.84		—	59795.66		—
水冷壁吸收	263001.91		—	250951.20		—
辐射式过热器吸收	181736.96		—	171866.61		—
对流式过热器吸收	75083.94		—	97004.99		—
再热器吸收	149677.76		—	149676.27		—

续表

项目	富氧燃烧系统			传统燃烧系统		
	物理㶲		化学㶲	物理㶲		化学㶲
	气态组分	固态组分		气态组分	固态组分	
空气预热器吸收	29103.47		—	28601.96		—
省煤器供给	71159.89		—	70808.24		—
水冷壁供给	378643.76		—	361548.41		—
辐射式过热器供给	242083.71		—	231153.90		—
对流式过热器供给	94575.42		—	121297.40		—
再热器供给	176911.70		—	174638.72		—
空气预热器供给	43938.33		—	51149.75		—

基于表 3-3 中的数据，可以对两个系统中的锅炉模型分别进行详细的㶲损分析，得到的结果如表 3-4 所示。㶲损可以分为两类：㶲耗散(exergy destruction, E_D)和㶲损失(exergy loss，E_L)[1]。㶲耗散是部件或者系统中存在的不可逆所引起的，也是热力或经济上的局限性所造成的；而㶲损失通常针对整个系统而言，是排放到环境中的热㶲损失或者副产品中所包含的㶲。

表 3-4　锅炉模型㶲损分析结果

项目		氧燃烧系统			传统燃烧系统		
		$E_{D,i}(E_{L,i})$/kW	$^aE_{D,i}/E_{D,T}$	$^bE_{D,i}(E_{L,i})/E_F$	$E_{D,i}(E_{L,i})$/kW	$E_{D,i}/E_{D,T}$	$E_{D,i}(E_{L,i})/E_F$
各部件㶲耗散($E_{D,i}$)	炉膛	407205.38	58.89%	27.02%	442335.67	61.99%	29.07%
	水冷壁	115641.85	16.72%	7.67%	110597.21	15.50%	7.27%
	辐射式过热器	60346.76	8.73%	4.00%	59287.30	8.31%	3.90%
	对流式过热器	19491.48	2.82%	1.29%	24292.41	3.40%	1.60%
	再热器	27233.94	3.94%	1.81%	24962.45	3.50%	1.64%
	省煤器	11452.04	1.66%	0.76%	11012.58	1.54%	0.72%
	空气预热器	14834.86	2.15%	0.98%	22547.79	3.16%	1.48%
	静电除尘器	630.79	0.09%	0.04%	641.96	0.09%	0.04%
	脱硫装置	14787.55	2.14%	0.98%	17919.26	2.51%	1.18%
	干燥器	4631.06	0.67%	0.31%	—	—	—
	混合器	15187.02	2.20%	1.01%	—	—	—
总㶲耗散($E_{D,T}$)		691442.74	100.00%	45.89%	713596.63	100.00%	46.90%
换热器总㶲耗散		249000.94	36.01%	16.52%	252699.73	35.41%	16.61%
烟气㶲损失($E_{L,i}$)		59029.44	—	3.92%	52649.03	—	3.46%
辐射㶲损失($E_{L,i}$)		27213.52	—	1.81%	25984.86	—	1.71%
总㶲损		777685.71	—	51.61%	792230.51	—	52.07%
燃料总㶲(E_F)		1506894.10	—	—	1521525.24	—	—

a 部件㶲耗散与总㶲耗散的比率；

b 部件㶲耗散与燃料总㶲的比率。

从表 3-4 中的结果可以得到如下结论：用部件烟耗散与燃料总烟的比率进行比较，富氧燃烧系统相对传统燃烧系统而言，炉膛烟耗散比率减小 2.05%，换热器(省煤器、水冷壁、辐射式过热器、对流式过热器、再热器以及空气预热器)的总烟耗散比率减小 0.09%，总烟耗散比率减小 1.01%，总烟损比率减小 0.46%；在烟耗散的分配上，两个系统的规律是比较类似的，炉膛是主要烟耗散部件，占烟耗散的 60%左右，换热器占烟耗散的 36%左右，其余部件的烟耗散所占比率较小。值得指出的是，在富氧燃烧系统中烟气和氧气混合时，会造成一定的烟耗散(占燃料总烟的 1%左右)，应设法避免个这个问题，以提高整个系统的烟效率。下面对两锅炉模型分别进行烟效率计算和分析。

烟效率，又称为热力学第二定律效率、有效性、合理效率，通常定义为利用了的烟与使用(提供)的烟的比值[1,5]。因为实际过程都存在着烟耗散，所以烟效率数值为 0～1。由于对“利用的烟”和“使用(提供)的烟”存在着不同的定义方式，烟效率的定义也存在多种情况。甚至有的时候，烟效率被定义为利用了的烟与理论上应该被利用的烟的比值。下面介绍烟效率的四种定义方式[1,5]。

第一种简单的定义是将所有的入流烟看作“使用(提供)的烟”、所有出流的烟看作“利用的烟”，因此此时的烟效率定义为

$$\eta_{ex,1} = E_{out} / E_{in} = 1 - (E_{in} - E_{out}) / E_{in} \tag{3-15}$$

式(3-15)还同时给出了烟耗散($E_{in} - E_{out}$)的定义。

但是第一种定义在很多情况下并不能对热力过程的烟效率进行合理的定义，如换热器、分离器等。通常，有一部分烟是没有被利用的(E_{waste})，如燃煤过程中产生的烟气所包含的烟。因此第二种烟效率的定义可以表示为

$$\eta_{ex,2} = (E_{out} - E_{waste}) / E_{in} = \eta_{ex,1} - E_{waste} / E_{in} \tag{3-16}$$

然而，在许多热力过程中，还存在一类烟，它在某一过程中，只是起到了传输的作用，不涉及任何热力反应、变化，如锅炉烟气管道里面烟气所包含的化学烟。这类烟被定义为传输烟(E_{tr})，第三种烟效率的定义中，考虑传输烟，可以表示如下：

$$\eta_{ex,3} = (E_{out} - E_{waste} - E_{tr}) / (E_{in} - E_{tr}) \tag{3-17}$$

第四种定义方式则是一种系统的定义方式，它是对以上几种定义的一种归纳，可以简单地表示为

$$\eta_{ex,4} = E_P / E_F \tag{3-18}$$

其中，下标 P、F 为 product(产品)和 fuel(燃料)的简写。使用第四种定义方式进

行㶲分析的关键是对燃料和产品的合理定义。一些典型热力装置的燃料-产品定义如表 3-5 所示。在锅炉的燃料-产品定义中，通常将烟气、灰渣以及辐射损失看作㶲损失项，然而也会视具体情况做一些其他的处理。

表 3-5　热力装置燃料-产品定义[1,6]

装置	压缩机、泵、风机	汽轮机、膨胀机	换热器	燃烧器、气化器	锅炉
简图	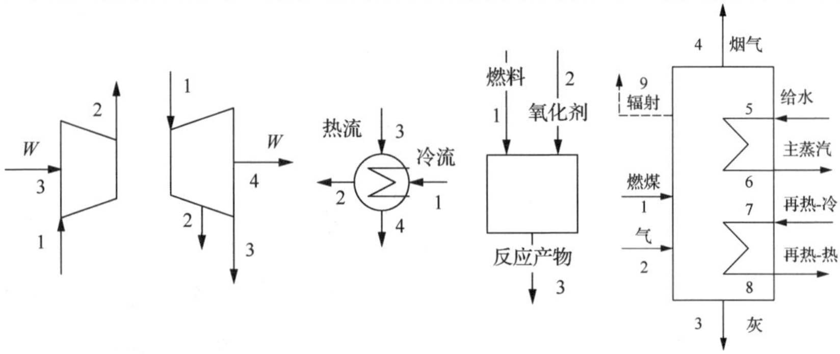 W 3 2 1	1 W 4 2 3	热流 3 冷流 2 1 4	燃料 1 2 氧化剂 反应产物 3	4 烟气 9 辐射 给水 5 主蒸汽 6 燃煤 1 7 再热-冷 气 2 再热-热 8 3 灰
产品㶲E_P	E_2-E_1	W	E_2-E_1	E_3	$(E_6-E_5)+(E_8-E_7)$
燃料㶲E_F	W	$E_1-E_2-E_3$	E_3-E_4	E_1+E_2	$(E_1+E_2)-(E_3+E_4+E_9)$

本章锅炉模型中各部件㶲效率的计算公式定义如下。

炉膛：

$$\eta_{\text{ex,炉膛}}=(E_{\text{Q}}^{\text{PH}}+E_{\text{G3}})/(E_{\text{G2}}+E_{\text{C1}}^{\text{CH}}) \tag{3-19}$$

省煤器、水冷壁、辐射式过热器、对流式过热器、再热器及空气预热器六个换热器部件：

$$\eta_{\text{ex,换热器}}=E_{\text{吸收}}^{\text{PH}}\Big/E_{\text{供给}}^{\text{PH}} \tag{3-20}$$

整个锅炉：

$$\eta_{\text{ex,锅炉}}=E_{\text{给水吸收}}^{\text{PH}}\ /\ \ E_{\text{C1}}^{\text{CH}}+E_{\text{G1}}-E_{\text{损失}} \tag{3-21}$$

其中，$E_{\text{损失}}$包括烟气、灰渣及辐射三项㶲损失。

基于表 3-3 中的数据和以上㶲效率计算公式，锅炉模型的㶲效率计算结果如图 3-2 所示。从图 3-2 中可以看出，富氧燃烧系统的锅炉㶲效率要略高于传统燃烧系统锅炉的㶲效率；炉膛燃烧过程是将煤的化学㶲转化为热焓㶲的过程，烟气与给水再进行换热过程，此换热过程包括省煤器、水冷壁、辐射式过热器对流式过热器以及再热器五个部件。而在空气预热器中，烟气将来流空气/烟气加热。富氧燃烧系统和传统燃烧系统的烟气-蒸汽换热㶲效率相当，但是富氧燃烧系统中的炉膛燃烧㶲效率要比传统燃烧系统的高 4%左右，这也是富氧燃烧系统锅炉比传统燃烧锅炉㶲效率提高的重要原因。锅炉模型中烟气-给水换热过程涉及的五个换热部件中，水冷壁的㶲效率最低。而空气预热器比水冷壁的㶲效率还低，而且富氧燃烧系统比传统燃烧系统中的空气预热器的㶲效率高 10.3%。为了进一步了解㶲效率高低的原因，有必要进行系统的能量品位计算。能量品位的定义如式(3-22)所示，㶲的变化与焓的变化的比值。而六个换热部件的能量品位计算结果见表 3-6。

$$\lambda_e = \Delta E / \Delta H \tag{3-22}$$

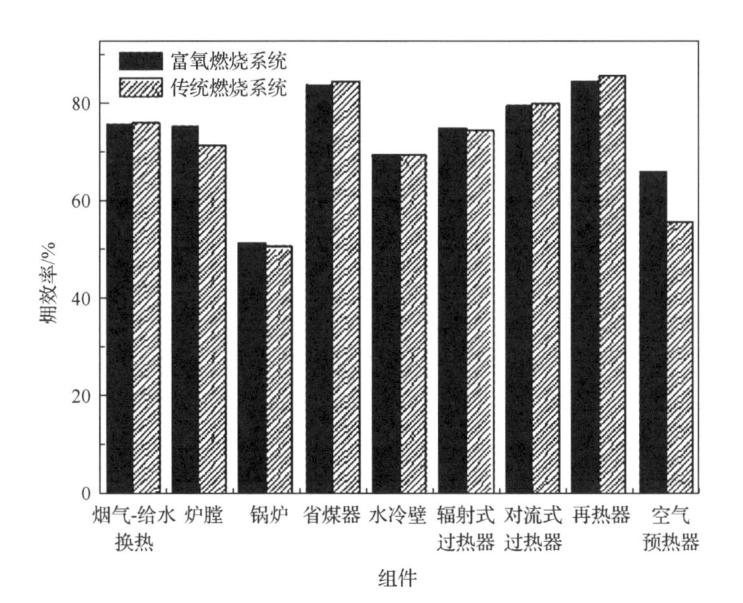

图 3-2　锅炉模型中各组件㶲效率计算结果

表 3-6　锅炉模型中换热部件的能量品位计算结果

换热部件	富氧燃烧系统		传统燃烧系统	
	热侧	冷侧	热侧	冷侧
省煤器	0.59	0.49	0.58	0.49
水冷壁	0.78	0.54	0.78	0.54
辐射式过热器	0.78	0.59	0.78	0.58
对流式过热器	0.77	0.61	0.76	0.61
再热器	0.70	0.60	0.70	0.60
空气预热器	0.44	0.29	0.45	0.25

分析表 3-6 可以看到，对于给水侧而言，因为给水最先进入省煤器，所以省煤器的能量品位最低，但是由于省煤器中热侧的能量品位同样较低，所以省煤器的㶲效率并不是最低的。两侧的能量品位差距越大，换热过程也就越不可逆(自发)，熵产率越大，相应的㶲耗散也就越大，㶲效率越低。因此，水冷壁在烟气-给水换热五部件中的㶲效率最低的原因也就是它冷热两侧的能量品位差距最大。这一规律对富氧燃烧系统和传统燃烧系统而言是类似的。

而对于空气预热器而言，两系统中热侧的能量品位是几乎相等的，差别在于冷侧的能量品位：富氧燃烧系统要较传统燃烧系统高，这是由富氧燃烧技术的特点决定的。在富氧燃烧系统中，烟气中富含 CO_2，这使得烟气的单位化学㶲含量升高很明显，同时，又对烟气进行了循环回收利用，一方面利用了高品位的化学能，另一方面回收了较低品位的物理能，提高了空气预热器冷侧以及炉膛入口气体的能量品位。从某种意义上来说，基于烟气循环的富氧燃烧系统达到了物理能、化学能的综合利用、梯级利用。

3.2.2　汽水循环系统

汽水循环系统的流程图如图 2-32 所示。因为汽水循环系统中涉及的物流(能流)数量太多，所以在进行㶲分析时不给出每一条物流(能流)的㶲计算结果，而是根据这些基本数据直接给出㶲损分析结果，如表 3-7 所示。同时还需要说明的是，因为在汽水循环系统中，水(蒸汽)在系统内循环，所以在㶲计算、分析时只考虑介质的热焓㶲而不考虑其化学㶲。而且，因为富氧燃烧系统和传统燃烧系统在汽水循环侧基本是一样的，所以本节中的分析不再对两个系统进行区别比较，分析结果对两个系统均适用。从表 3-7 中的结果可以看出，汽水循环系统的㶲效率可以高达 81.51%。同时，在汽水循环系统模型中，汽轮机是㶲耗散所占比率最大的部件，约为汽水循环系统总㶲耗散的一半；其次是凝汽器和给水加热器，其余部件中的㶲耗散比率较小。

表 3-7　汽水循环系统模型㶲损分析结果

部件	$E_{D,i}$/kW	$E_{D,i}/E_{D,T}$	$E_{D,i}/E_{F,\text{汽水循环}}$
汽轮机	64915.03	50.02%	8.90%
给水加热器	14897.79	11.48%	2.04%
凝汽器	29566.14	22.78%	4.64%
发电机	8634.48	6.65%	1.18%
除氧器	2009.83	1.55%	0.28%
给水泵小汽轮机	5435.60	4.19%	0.75%
其他	4322.32	3.33%	0.70%
汽水系统总㶲耗散	129781.19	100.00%	18.49%
汽水循环系统总㶲/kW		729208.80	

3.2.3　深冷空分制氧系统

本节要分析的深冷空分制氧系统(cryogenic air separation unit，CASU)模型和 3.2.4 节要分析的尾气处理模型是富氧燃烧系统中重要组成部分，在传统燃烧系统中不存在。本节对富氧燃烧系统中的空分模型(图 3-3)进行了详细的㶲分析。氧气产品的物质的量浓度设计为 95%。㶲计算结果和㶲损分析结果分别总结在表 3-8、表 3-9 中。

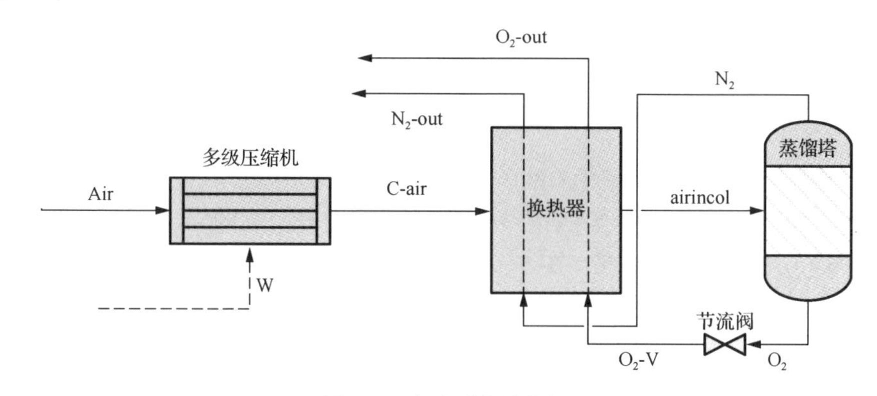

图 3-3　空分系统结构图

表 3-8　空分系统㶲计算结果　　(单位：kW)

物流/能流	物理㶲	化学㶲
Air	0	1284.91
C-air	75199.71	1284.91
airincol	188643.73	1284.91
N_2	79073.45	7784.69
O_2	63590.49	12861.07
N_2-out	12933.98	7784.76
O_2-out	3534.97	12861.07
O_2-V	62608.06	12861.07
W	102242.50	—

从表 3-9 的㶲损分析结果可以看出：空分系统中，多级压缩机和蒸馏塔是㶲耗散最大的两个部件，均占总㶲耗散的 40%左右，同时，总㶲耗散占燃料总㶲　比率为 64.15%。㶲损失比率为 20%左右，此数值与㶲损失的定义有关，在此㶲分析中将氮气所含的㶲值定义为㶲损失，认为氧气是空分系统的产品。按照这种定义，空分系统的㶲效率很低，只有 15%左右。

表 3-9　空分系统㶲损分析结果

部件	$E_{D,i}(E_{L,i})$	$E_{D,i}/E_{D,T}$	$E_{D,i}(E_{L,i})/E_F$
多级压缩机	27042.79	40.72%	26.12%
换热器	11768.54	17.72%	11.37%
蒸馏塔	26618.95	40.08%	25.71%
节流阀	982.43	1.48%	0.95%
总㶲耗散	66412.71	100.00%	64.15%
㶲损失	20718.74	—	20.01%
空分总㶲损/kW	87131.45		84.16%
燃料总㶲/kW	103527.41		

3.2.4　CO_2压缩纯化系统(CO_2 compression purification unit，CPU)

本节对富氧燃烧系统中的CPU(或尾气处理系统)(图3-4)进行详细的㶲分析。富氧燃烧系统中，烟气的CO_2含量较高，可以利用较容易的物理方法来得到较高浓度的CO_2，然后加以处理。在本节设计的尾气处理系统中，烟气经过除杂、压缩、干燥、分馏等过程，可以得到物质的量浓度为99%的CO_2产品。此系统详细的㶲计算结果和㶲损分析结果分别总结在表3-10和表3-11中。

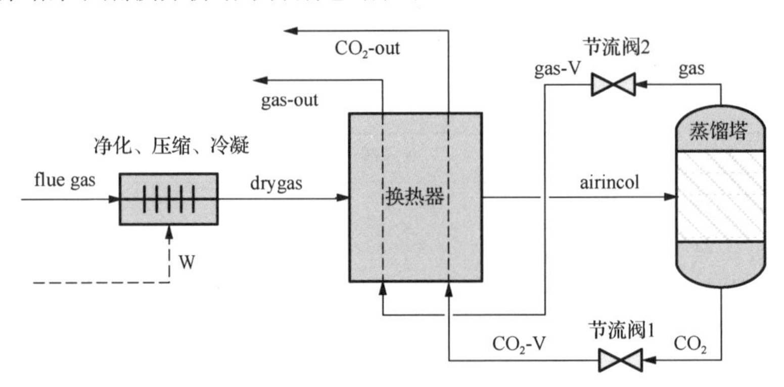

图 3-4　尾气处理系统结构图

表 3-10　尾气处理系统㶲计算结果

物流/能流	物理㶲/kW	化学㶲/kW
flue gas	539.25	58490.19
drygas	28783.25	58487.44
airincol	36464.94	58487.44
gas	4869.01	2305.99
gas-V	835.62	2305.99
gas-out	0.00	2305.99

续表

物流/能流	物理㶲/kW	化学㶲/kW
CO_2	28373.91	58789.93
CO_2-V	28222.03	58789.93
CO_2-out	19183.82	58789.93
W	47127.35	—

在㶲损中，将净化、压缩冷凝过程合并在一起进行分析。尾气处理系统和空分系统的㶲损分析结果稍有不同。尾气处理系统中，压缩、净化、冷凝过程造成的㶲耗散占绝大部分(73%左右)；而蒸馏塔造成的㶲耗散却很小。造成这一现象的原因是烟气中 CO_2 的浓度已经很高(80%以上)，且 CO_2 与其他组分的分馏过程较空气分离过程要容易得多。节流阀 2 中膨胀强烈，造成了较大的㶲耗散。在此㶲分析过程中，忽略了尾气处理系统中残余气体(gas-out)的物理㶲含量，同时认为 gas-out 的化学㶲含量为㶲损失。

因为进入尾气处理系统中的烟气单位化学㶲含量较高，这一点有别于空分系统中的入流空气，所以进入尾气处理系统的燃料总㶲的相对量较高，这也使得此系统的㶲效率(74%左右)远高于空分系统。同时，这一结果也可以反映出用此方法来进行富氧燃烧系统尾部烟气处理是合理并有价值的。

表 3-11　尾气处理系统㶲损分析结果

部件	$E_{D,i}(E_{L,i})$	$E_{D,i}/E_{D,T}$	$E_{D,i}(E_{L,i})/E_F$
净化、压缩、冷凝	18886.10	72.98%	17.79%
换热器	2192.15	8.47%	2.07%
蒸馏塔	613.55	2.37%	0.58%
节流阀 1	151.87	0.59%	0.14%
节流阀 2	4033.39	15.59%	3.80%
总㶲耗散	25877.06	100%	24.38%
㶲损失	2305.99		2.17%
总㶲损/kW	28183.05		26.55%
燃料总㶲/kW	106156.79		

3.2.5　富氧燃烧全流程系统

本节从整个系统的角度对富氧燃烧系统和传统燃烧系统进行㶲分析。首先，根据前面的计算数据和系统的㶲效率计算公式(式(3-24)和式(3-25))，可以得到富氧燃烧系统的㶲效率为 37.13%，比传统燃烧系统的㶲效率低 4.08%。其主要原因是添加了空分装置和尾气处理装置。值得指出的是，对于富氧燃烧系统，从尾气处理系统中得到的高浓度 CO_2 所包含的㶲也被认为是系统产品的一部分：

$$\eta_{\text{ex,oxy}} = \left(W_{\text{net,oxy}} + E_{\text{CO}_2\text{,out}}\right) \Big/ \left(E_{\text{C1,oxy}}^{\text{CH}} + E_{\text{air}} - E_{\text{L,oxy}}\right) \tag{3-23}$$

其中，$\eta_{\text{ex,oxy}}$ 为富氧燃烧电厂㶲效率；$W_{\text{net,oxy}}$ 为富氧燃烧净功；$E_{\text{CO}_2\text{,out}}$ 为排出二氧化碳的㶲；$E_{\text{C1,oxy}}^{\text{CH}}$ 为燃料化学㶲；E_{air} 为输入空气㶲；$E_{\text{L,oxy}}$ 为富氧燃烧电厂的废气㶲。

$$\eta_{\text{ex,con}} = W_{\text{net,con}} \Big/ \left(E_{\text{C1,con}}^{\text{CH}} + E_{\text{G1,con}} - E_{\text{L,con}}\right) \tag{3-24}$$

其中，$\eta_{\text{ex,con}}$ 为传统电厂㶲效率；下标 con 表示传统电厂，其余同式(3-23)。

图 3-5 描述了富氧燃烧系统与传统燃烧系统中㶲耗散和㶲损失的分布情况。图中的数值表示㶲耗散或㶲损失占系统总燃料㶲的比例，而产品则表示系统最终的产品。需要说明的是富氧燃烧系统中“锅炉中其他”项不再包含烟气损失项，因为烟气作为供给流入了尾气处理系统中，从整个系统的角度来看，它并不是损失项。因此，在这种情况下，富氧燃烧系统中的“锅炉中其他”项的比例较传统燃烧系统中更低。另外，汽水循环系统的㶲耗散并不高，仅占系统总燃料㶲的 9%左右。空分系统和尾气处理系统中造成的㶲耗散或㶲损失占富氧燃烧系统总燃料㶲的 7.71%。

值得提到的是，从热力学第一定律的角度来分析，凝汽器是燃煤电厂中耗能最大的部件，但是如果从热力学第二定律㶲的角度来分析，凝汽器造成的㶲损仅为系统总燃料㶲的 2%左右，比例很小。另外，基于热力学第一定律，富氧燃烧

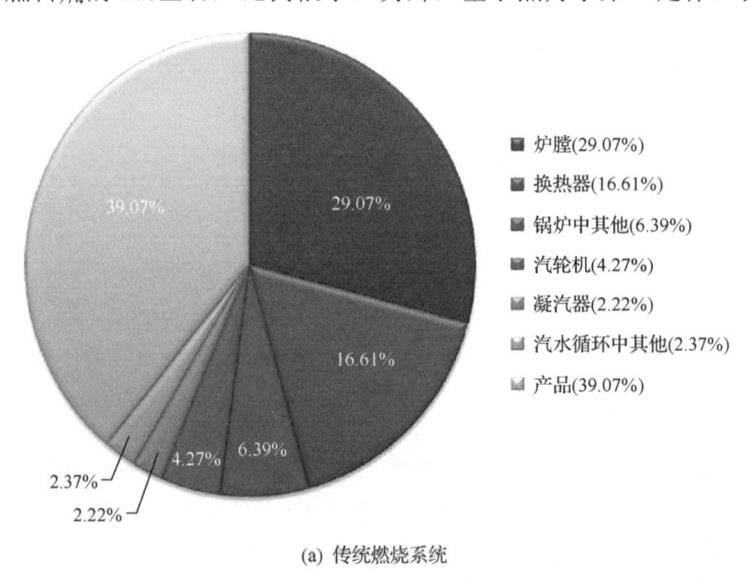

(a) 传统燃烧系统

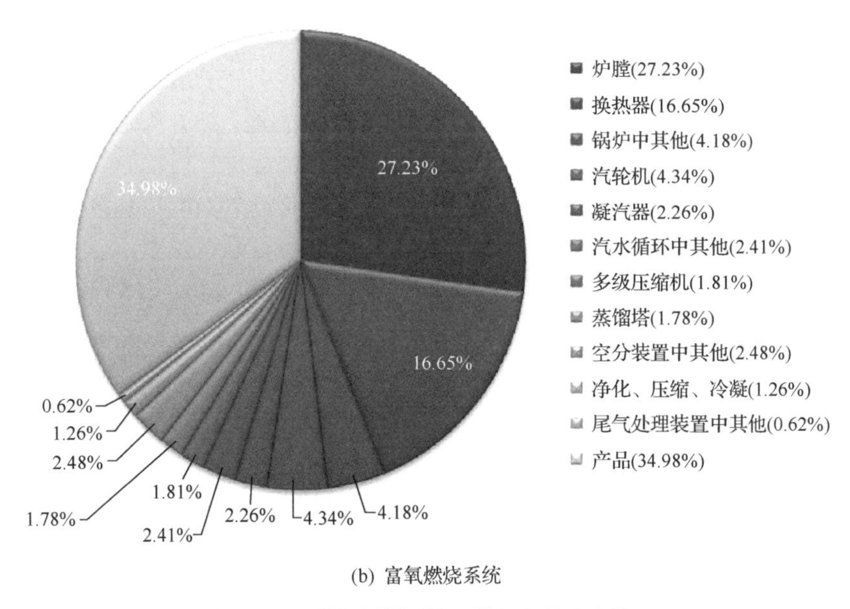

(b) 富氧燃烧系统

图 3-5　两系统中炯耗散、炯损失的分布情况

系统中，锅炉侧和汽水循环侧的热效率分别为 93.5%和 46.52%，这与炯分析得到的结果存在着很大的差别，主要是因为热力学第一定律没有能量品位的概念，因此会造成一些不合理的结果，也从侧面反映了炯分析的必要性和重要性。

3.3　其他能量系统的热力学分析

3.3.1　整体煤气化联合循环燃烧前碳捕集系统

整体煤气化联合循环(integrated gasification combined cycle，IGCC)是将含碳固体燃料进行气化，再将合成气净化后用于燃气-蒸汽联合循环的发电技术。该技术具有能量转换效率高、污染物近零排放等优点，在目前低碳经济和低碳社会得到广泛认可的形势下，其被认为是一种先进而有潜力的化石能源综合利用技术。对其进行过程模拟和优化分析是一项必要的工作，可以得到系统合适的运行条件及评价系统的热力学性能。

对于一个典型的 IGCC 电厂，其工艺过程如下：煤经过气化成为中低热值煤气，再经过净化除去煤气中的硫化物、氮化物和粉尘等污染物，变为清洁的气体燃料，然后送入燃气轮机的燃烧室燃烧，被加热的气体用于驱动蒸汽轮机做功，燃气轮机排气进入余热锅炉加热给水，产生过热蒸汽驱动燃气轮机做功[7]。当考虑碳捕捉时，净化后的煤气经过水汽转化(water gas shift，WGS)反应等成为富含 CO_2 和 H_2 的合成气，通过物理吸附方法在燃烧前把 CO_2 捕捉分离出来，剩余的高

浓度 H_2 气体可进入燃气轮机做功。在此，选择美国国家能源技术实验室(NTEL)报告中的案例 6[8]来进行模拟。该 IGCC 电厂分为以下 9 个子系统：空分装置、Shell 气化炉、气体处理装置、SELEXOL 装置、CLAUS 装置、CO_2 压缩装置、加湿再热装置、燃气轮机以及余热锅炉与蒸汽轮机系统。进行过程模拟时，先逐一对各个子系统进行单独建模，然后将各部分耦合起来形成整个 IGCC 系统。图 3-6 所示为耦合上述 9 个子系统模型后所形成的 IGCC 全流程系统模型。以下是电厂的关键性能指标：冷煤气效率 $\eta_{\text{cold-gas}}$[9]、整体(净)热效率 $\eta_{\text{gross(net)}}$、CO_2 捕集率 σ、CO_2 和 SO_2 的排放量(D_{CO_2} 和 D_{SO_2})[10]：

$$\eta_{\text{cold-gas}} = \frac{W_{\text{SYN}}}{W_{\text{F}}} \times 100\% \tag{3-25}$$

$$\eta_{\text{gross(net)}} = \frac{W_{\text{G}}(W_{\text{N}})}{W_{\text{F}}} \times 100\% \tag{3-26}$$

$$\sigma = \frac{M_{\text{(COMP)}}}{M_{\text{(WGS)}}} \times 100\% \tag{3-27}$$

$$D_{CO_2(SO_2)} = \frac{M_{CO_2(SO_2)}}{W_G} \tag{3-28}$$

其中，W_{SYN} 和 W_{F} 为原料合成气与燃料的热功率(MW_{th})；W_{G} 和 W_{N} 为总电力输出与净电力输出(MW_{e})；$M_{\text{(COMP)}}$ 和 $M_{\text{(WGS)}}$ 为捕获的 CO_2(压缩后)和经过 WGS 反应过程后 CO_2 的摩尔流量(kmol/h)；M_{CO_2} 和 M_{SO_2} 为排放的 CO_2 和 SO_2 摩尔流量，kmol/h。

整个 IGCC 系统的㶲效率为 42.59%，其中燃料㶲是煤、空气、蒸汽和聚乙二醇二甲醚 (dierucoyl phosphatidylglycerole，DEPG)等㶲的总和，而产品㶲则包括发电、副产物(如 S、CO_2 等)的㶲。图 3-7 所示为整个 IGCC 工厂中每个子系统的㶲耗散和㶲损失分布，其中百分比值对应于子系统的㶲耗散和㶲损失与总㶲耗损之比。燃气轮机、Shell 气化炉、气体处理装置、余热锅炉和蒸汽循环是热力学不可逆发生的主要子系统。四个子系统的㶲耗散和㶲损失之和占工厂损失的 91.95%。其中，燃气轮机占工厂损失的 48.60%，Shell 气化炉占工厂损失的 28.69%，气体处理装置占工厂损失的 9.19%，余热锅炉和蒸汽轮机占工厂损失的 5.47%。由于化学能转化为热能，煤的燃烧总会导致大量的㶲耗散。燃气轮机的㶲耗散取决于效率，这取决于两个相互关联的基本参数：压力比和燃烧温度，而气化炉的㶲耗散与燃烧效率、热损失、气化参数等有关。气体处理装置、余热锅炉和蒸汽循环是两个子系统，在㶲效率改进方面具有相当大的潜力[11]。

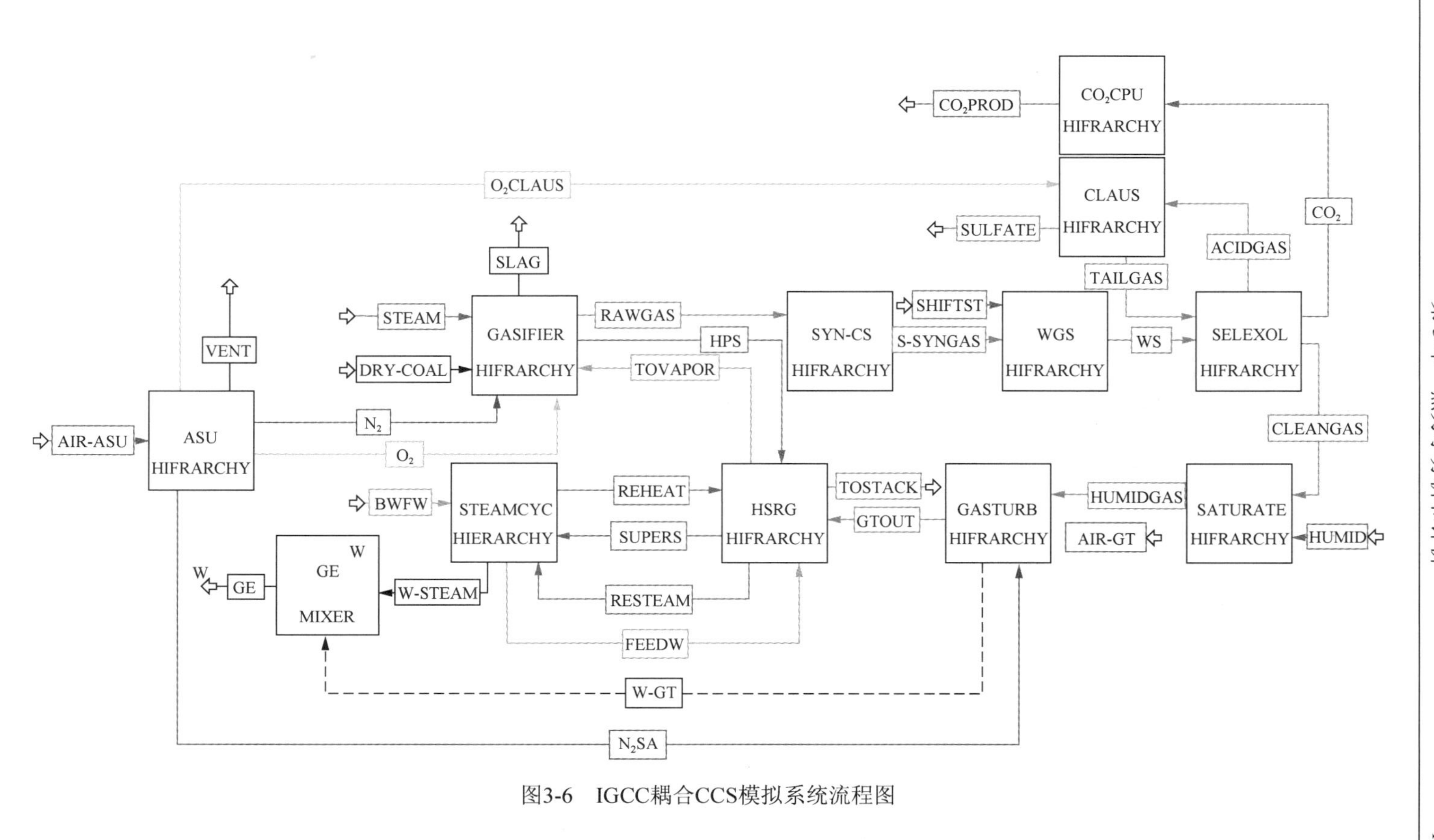

图3-6　IGCC耦合CCS模拟系统流程图

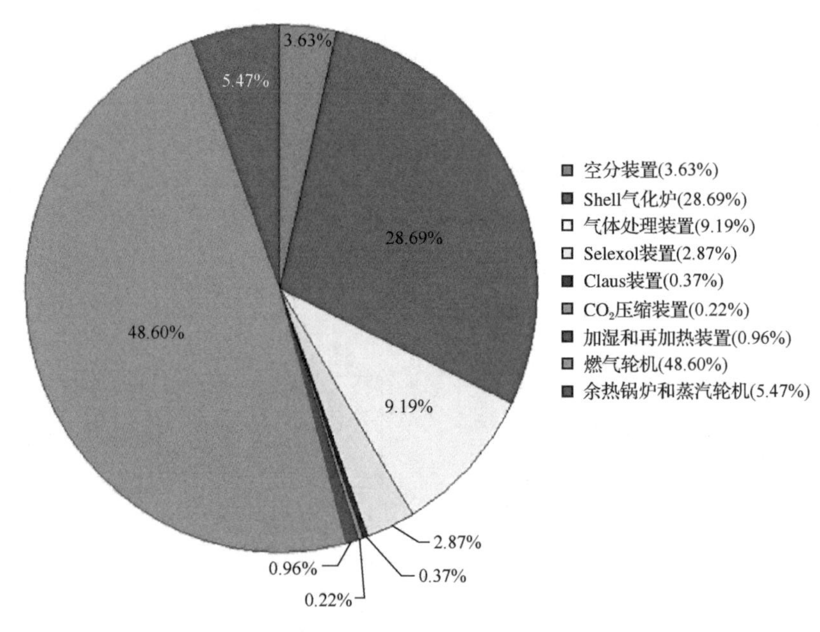

图 3-7　IGCC 系统的㶲耗散和㶲损失的分布

图 3-8 所示为系统中各个组件的㶲损分布。在设备层面，气化炉内的燃气轮机，Shell 气化炉和蒸汽发生器中的压缩机和涡轮以及 WGS 反应器中的第一个变换反应堆占总㶲耗散的 77.83%，最大的㶲损由压缩机产生。图中的“其他”表示百分比低于 1%的器件的㶲耗散总和。

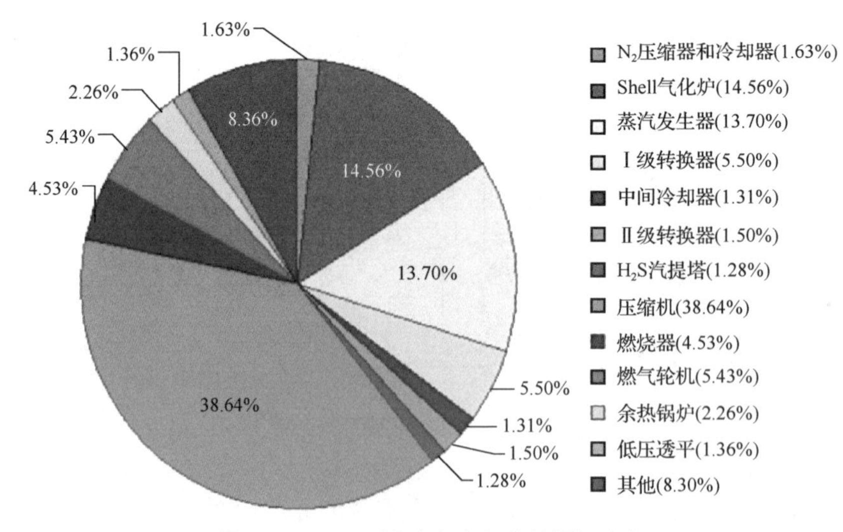

图 3-8　IGCC 系统中各个组件的㶲损分布

3.3.2 煤化学链燃烧发电系统

煤化学链燃烧(chemical looping combustion，CLC)发电系统主要是通过化学链燃烧系统与蒸汽循环发电系统相耦合来实现能量梯级综合利用的过程。根据化学链燃烧系统的特点，空气反应器发生放热反应，可在反应器内部设置水冷壁等换热装置，加热锅炉给水，产生高温高压蒸汽，进入蒸汽循环系统，进而发电。目前，煤化学链燃烧技术处于研发阶段，难以获得工业运行数据，系统建模分析时基于一定的假设，计算结果具有一定的误差。但是，通过 Aspen Plus 软件对化学链燃烧蒸汽循环发电系统进行过程模拟，有助于了解系统效率以及一些参数对效率的影响，对化学链燃烧技术的推广应用具有指导意义。

图 3-9 为化学链燃烧-蒸汽循环发电系统流程图，CLC 燃煤机组主要包括三个部分：化学链燃烧系统、蒸汽循环系统和尾气处理系统。化学链燃烧系统主要包括燃料反应器、空气反应器、旋风分离器以及换热器。尾气处理系统中主要包括压缩器、换热器和闪蒸器。烟气经过四级压缩、换热、闪蒸纯化后可获得高纯度

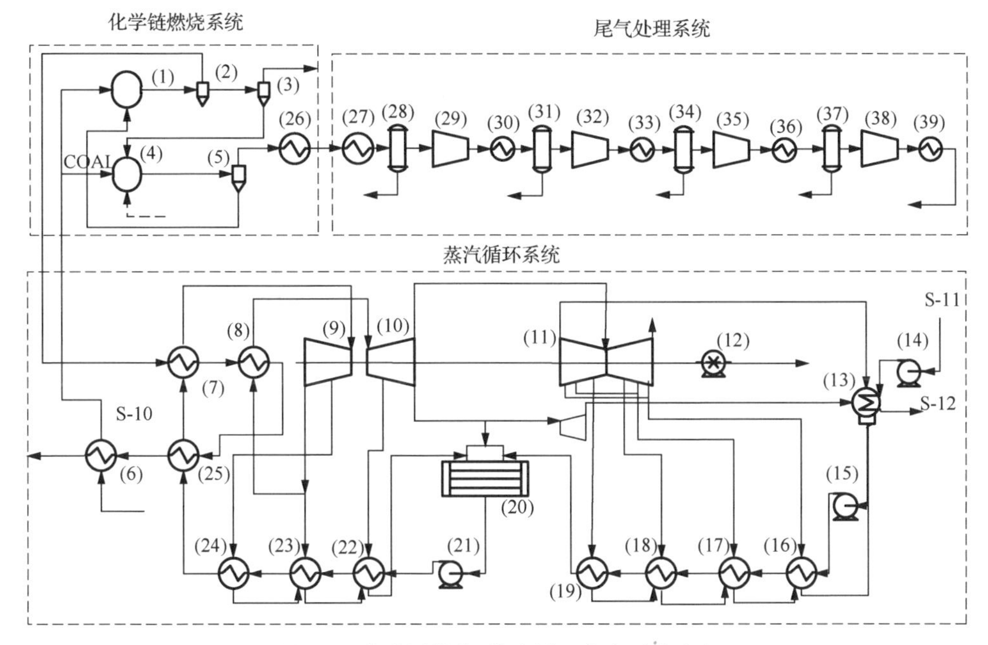

图 3-9 化学链燃烧-蒸汽循环发电系统流程

(1)空气反应器；(2)旋风分离器 1；(3)旋风分离器 2；(4)燃料反应器；(5)旋风分离器 3；(6)空气预热器；(7)过热器；(8)再热器；(9)高压透平；(10)中压透平；(11)低压透平；(12)发电机；(13)凝汽器；(14)循环泵；(15)凝结水泵；(16)给水加热器 7；(17)给水加热器 6；(18)给水加热器 5；(19)给水加热器 4；(20)除氧器；(21)给水泵；(22)给水加热器 3；(23)给水加热器 2；(24)给水加热器 1；(25)省煤器；(26)换热器 1；(27)换热器 2；(28)闪蒸蒸发器 1；(29)压缩机 1；(30)换热器 3；(31)闪蒸蒸发器 2；(32)压缩机 2；(33)换热器 4；(34)闪蒸蒸发器 3；(35)压缩机 3；(36)换热器 5；(37)闪蒸蒸发器 4；(38)压缩机 4；(39)换热器 6

的 CO_2。氧载体对于化学链燃烧技术极为重要，由于铁基氧载体具有较高的反应活性、良好的循环能力、抗烧结和团聚能力、合适的机械强度、廉价、无二次污染等优点[12]，这里选用 Fe_2O_3/Al_2O_3-Fe_3O_4/Al_2O_3 作为氧载体。

本节基于系统过程模拟及 3.1 节㶲计算方法，对化学链燃烧-蒸汽循环发电系统进行了详细的㶲计算。主要的评价指标为系统的㶲效率，这里分别对化学链燃烧系统、尾气处理系统和整个化学链燃烧发电系统进行了㶲效率的分析。

根据式(3-15)㶲效率的定义，化学链燃烧发电系统的㶲效率计算方法如下：

$$\eta_{ex}=E_P / E_F=(W_{net}+E_{CO_2})/(E_{coal}+E_{air}) \tag{3-29}$$

其中，W_{net} 为系统的净发电功率；E_{CO_2} 为所捕集 CO_2 的㶲；E_{coal}、E_{air} 分别为进入系统的煤以及空气的㶲。

对于化学链燃烧系统，㶲效率的计算方法为

$$\eta_{ex,CLC}=(E_{Q\_SH}+E_{Q\_RH}+E_{Q\_ECO}+E_{Q\_RAD}+E_{Fluegas}+E_{airout}+E_{ASH})/(E_{coal}+E_{air}) \tag{3-30}$$

其中，E_{Q_SH}、E_{Q_RH}、E_{Q_ECO} 与 E_{Q_RAD} 分别为过热器、再热器、省煤器以及化学链燃烧系统辐射换热量；E_{ASH}、$E_{Fluegas}$ 和 E_{air} 为反应器出口飞灰、烟气和空气的㶲。

蒸汽循环发电系统的㶲效率为

$$\eta_{ex,steam}=E_P / E_F=W_{net}/(E_{Q\_SH}+E_{Q\_RH}+E_{Q\_ECO}+E_{Q\_RAD}) \tag{3-31}$$

对于尾气处理系统，㶲效率计算方法为

$$\eta_{ex,CO_2}=E_P / E_F=E_{CO_2}/(E_{GAS\text{-}IN}+W_{CO_2}) \tag{3-32}$$

式中，$E_{GAS\text{-}IN}$ 为进入尾气处理系统中的烟气的㶲；W_{CO_2} 为尾气处理系统的能耗。

本节根据式(3-29)～式(3-32)的计算方法，对该系统进行了详细的㶲分析，分析结果如表 3-12 所示。可以得出以下结论。

表 3-12　化学链燃烧发电系统㶲分析结果

系统	入口㶲	出口㶲	㶲损	㶲效率/%
蒸汽循环系统	802507.71	600030.00	202477.71	74.77
CLC 系统	1496139.36	1054283.61	441855.74	70.47
尾气处理系统	167597.80	106210.37	61387.43	63.37
CLC 蒸汽循环系统	1496139.36	677084.31	819055.05	45.26

CLC 系统效率较高(70.47%)，这是因为蒸汽发电系统通过过热、再热、省煤

器换热以及热辐射的方式充分利用了燃料燃烧所产生的热量。然后，由于烟气量较大，用于 CO_2 捕集的系统压缩机能耗高、㶲损大，其尾气处理系统㶲效率相对较低。从系统整体㶲效率来看，CLC 蒸汽循环发电系统㶲效率还是比较高的(45.26%)。这表明将蒸汽循环发电方式与化学链燃烧技术相结合是非常有前景的。

3.3.3　氧-水蒸汽燃烧中碳捕集系统

图 3-10 所示为 600MW 传统富氧燃烧(oxy-CO_2)与氧-水蒸气(oxy-steam)燃烧

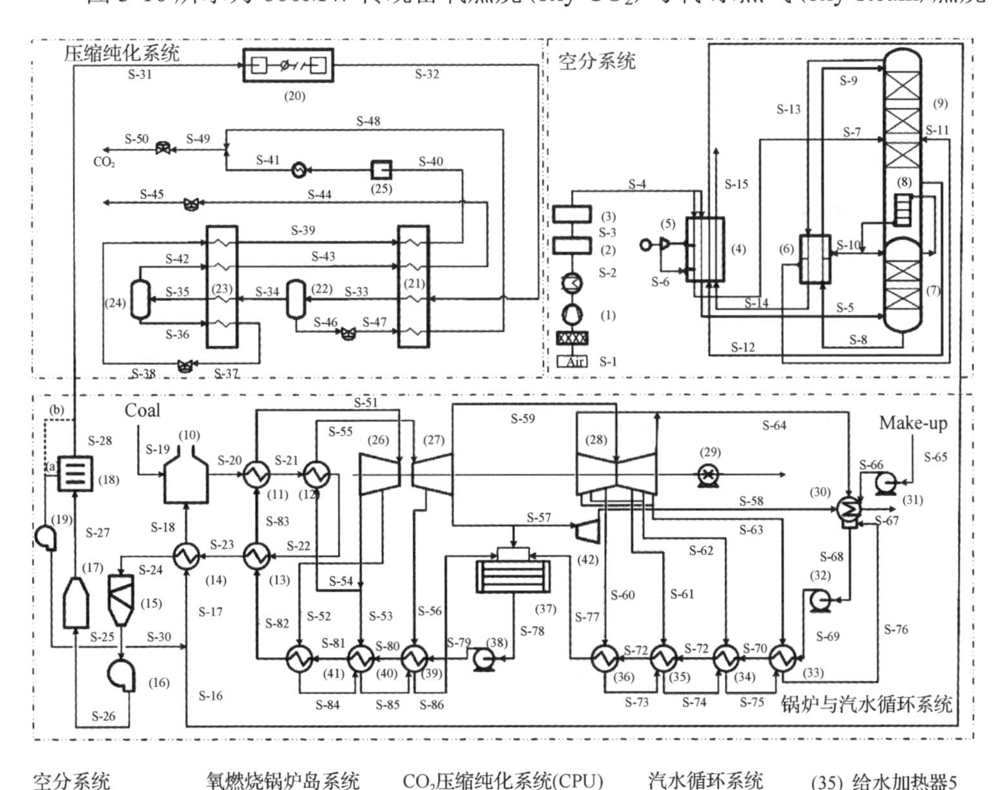

空分系统
(1) 主空气压缩机
(2) 空气预冷系统
(3) 分子筛吸附纯化
(4) 主换热器
(5) 膨胀机系统
(6) 过冷器
(7) 高压精馏塔
(8) 冷凝再沸器
(9) 低压精馏塔

氧燃烧锅炉岛系统
(10) 炉膛
(11) 过热器(SH)
(12) 再热器(RH)
(13) 省煤器(ECO)
(14) 空预器(AH)
(15) 静电除尘器(ESP)
(16) 引风机(ID)
(17) 烟气脱硫装置(FGD)
(18) 烟冷器(FGC)
(19) 循环风机(RF)

CO_2压缩纯化系统(CPU)
(20) 主CO_2压缩机
(21) 第一级换热器
(22) 第一级低温闪蒸换热器
(23) 第二级换热器
(24) 第二级低温闪蒸换热器
(25) 压缩机

汽水循环系统
(26) 高压透平(HP)
(27) 中压透平(IP)
(28) 低压透平(LP)
(29) 发电机
(30) 冷凝器
(31) 循环泵
(32) 凝结水泵
(33) 给水加热器7
(34) 给水加热器6
(35) 给水加热器5
(36) 给水加热器4
(37) 除氧器
(38) 给水泵
(39) 给水加热器3
(40) 给水加热器2
(41) 给水加热器1
(42) 给水泵小汽轮机

图 3-10　600MW 富氧燃烧煤电站概念系统流程结构图

(a)实线标示氧-水蒸气系统中循环水，(b)虚线标示传统富氧燃烧系统中循环烟气中捕集系统(oxy-steam)流程结构示意图。两个系统之间的主要差异在于，前者以干烟气(以虚线和(b)为标识)作为循环物流进入燃烧器，而后者以烟气冷凝器(fuel gas cooler，FGC)出口处的冷凝水(以实线和(a)为标识)作为循环物流进入燃烧器。该系统主要包括空分系统、锅炉系统、汽水循环系统及CPU四个部分。

为建立该系统过程模型，考虑如下模型假设。

(1)炉膛温度分布及湿烟气中CO浓度作为对比指标。为与空气燃烧锅炉中温度分布一致，根据Chemkin软件计算，oxy-CO_2与oxy-steam中入炉膛总氧浓度分别为36 mol% [13]和27.5 mol% [14]。因为CO通常作为燃烧水平的指标，所以用湿烟气中CO浓度作评价指标。

(2)由于oxy-steam燃烧系统结构更为简单与紧凑，其漏风率设定为入炉膛总气体量的1%[15]，而在oxy-CO_2燃烧系统中设置为2%。

(3)oxy-steam中过氧系数根据湿烟气中CO浓度计算，而oxy-CO_2中过氧系数设定为1.05[16,17]。

(4)循环率和循环流量由入炉膛总氧浓度需求所决定。

(5)煤质量流量和理论氧气量根据式(2-57)和式(2-58)计算得到，选用的燃煤仍是神华煤，它的工业分析、元素分析以及低位发热量值如表2-5所示。如表3-13所示，稳态模拟的边界条件可由设计规划和计算器功能来获取。为实现一致的温度分布，调节循环率以实现上述入炉膛总氧浓度。由于燃烧气氛中介质不同，循环烟气流量分别为315.76 kg/s 和161.43 kg/s，且循环率分别为66.95% 和85.25%。在oxy-steam系统中，过氧系数为1.014，以达到与传统富氧中一样的CO浓度，这将降低约3.43%理论氧气需求量。

表3-13　两种富氧燃烧系统稳态模型边界条件

边界条件	oxy-CO_2	oxy-steam
入炉膛总氧浓度/mol%	36	27.5
过氧系数	1.05	1.014
烟气循环率/%	66.95	85.25
循环烟气流量/(kg/s)	315.76	161.43
煤流量/(kg/s)	60.52	60.52
氧气流量/(kg/s)	121.72	117.55

为简单起见，这里仅引入了㶲效率(η)，用于从热力学角度比较两个富氧燃烧系统的整体性能，在最近的参考文献[1,16,18-20]中可以找到详细的oxy-steam燃烧发电厂的㶲分析过程。如式(3-33) [16]中所示，㶲效率定义为产品㶲(E_P)与燃料㶲(E_F)之比，从热力学角度提供系统性能的真实度量：

$$\eta = \frac{E_P}{E_F} = \frac{W_{net} + E_{CO_2}}{E_{Coal} + E_{Air}} \tag{3-33}$$

其中，E_P包括净功率输出(W_{net})和CO_2产品㶲(E_{CO_2})，而E_F包括煤和空气的㶲(E_{Coal}和 E_{Air})。表 3-14 总结了这两个氧燃料燃烧发电厂的这些参数。如表 3-14 所示，oxy-steam 燃烧的㶲效率比 oxy-CO_2燃烧高出了 1.01 个百分点，这是因为前者有更多的净功率输出和更高的 CO_2 回收率并产生更多的热焓。

表 3-14　两种状况下的燃料㶲、产品㶲和㶲效率

㶲、功率/MW	Oxy-steam	Oxy-CO_2
W_{net}	440.28	427.86
E_{CO_2}	78.97	76.24
E_{Coal}	1494.03	1494.03
E_{Air}	1.39	1.44
㶲效率(η)/%	34.72	33.71

如图 3-11 所示，系统运行性能受到入炉膛总氧浓度与过氧系数的影响，这些参数变化也将引起系统㶲效率的变化。如图 3-11(a)所示，随着入炉膛总氧浓度的升高，系统的㶲效率是不断提高的。当入炉膛总氧气浓度从 20mol%升高到45mol%，系统的㶲效率提高了 0.30 个百分点，原因是引风机(induced draft，ID)、循环泵和主 CO_2 压缩机的能量损失较少。如图 3-11(b)所示，当过氧系数从 1.01 增加到 1.09 时，系统的㶲效率明显降低，原因是随着过氧系数的增大，子系统中的电耗明显增加。

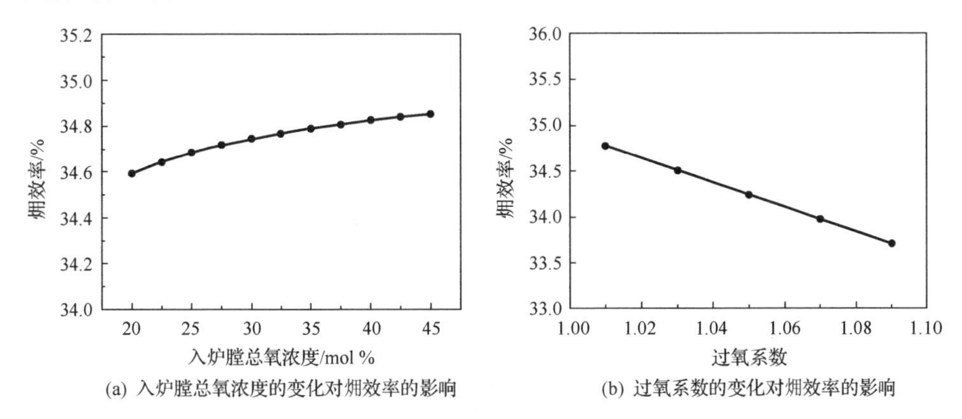

(a) 入炉膛总氧浓度的变化对㶲效率的影响　(b) 过氧系数的变化对㶲效率的影响

图 3-11　运行参数对㶲效率的影响

3.3.4　煤分级利用–化学链氧解耦燃烧系统

煤分级利用技术是指以煤为原料，集成煤热解焦化、燃烧发电、气化与化工合成、废弃物处理与污染控制等单元工艺，以生产洁净燃料、化学品、电力、热力、制冷等多种产品为目标，通过多种工艺的耦合与联产，实现保护生态环境、合理利用资源、减少工程投资、降低单位生产成本、提高过程效率与经济效益的单元工艺优化组合与产品方案灵活可调的“资源-化工-能源-环境”一体化的煤转化技术集成系统，故有时也称为煤多联产系统。由于化学链氧解耦燃烧(chemical looping oxygen uncoupling，CLOU)在燃料反应器中，利用氧载体释放的氧气与燃料反应燃烧，避免了慢速的煤气化步骤，可达到较高的煤转化速率、燃烧效率和 CO_2 捕集效率。因此，煤分级利用技术与化学链氧解耦技术具有良好的互补特点，利用煤的热解与煤焦化学链氧解耦燃烧的耦合，有望实现煤的分级转化和高效利用，并低成本捕集 CO_2。

1. 耦合 CLOU 的煤分级利用系统

耦合 CLOU 的煤分级利用系统的模型如图 3-12 所示。煤首先进入热解反应器发生煤的热解反应，生成煤气、焦油和半焦；生成物通入旋风分离器中，分离出含煤气和焦油的混合气以及固体产物半焦，混合气经冷凝器冷凝后即可分离出煤焦油；固体产物半焦作为 CLOU 系统的燃料，进入燃料反应器与高势氧载体释放出的氧气反应；燃料反应器出口产物含有气固两相，经旋风分离器分离，气体产物协同较轻的飞灰从上部排除，再经第二旋风分离器分离灰分和烟气(主要为 CO_2)；燃料反应器出口的固体组分主要为低势氧载体(ME)，进入空气反应器后与空气中的氧气发生反应生成高势氧载体(MEO)，产物经过旋风分离器分离，高势氧载体进入燃料反应器中完成氧载体在空气反应器和燃料反应器之间的循环，气体组分排空。

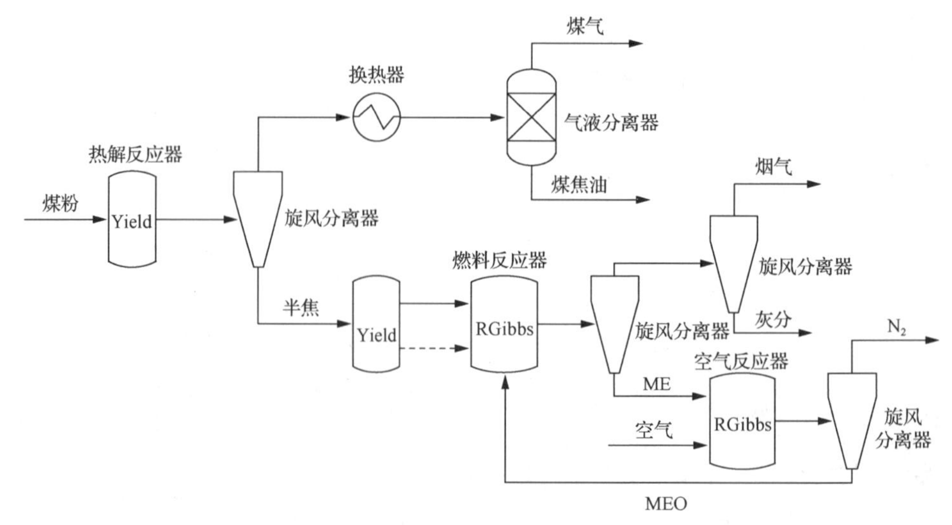

图 3-12　耦合 CLOU 的煤分级利用系统模型

耦合 CLOU 的煤分级利用系统的 Aspen plus 热力学建模和过程模拟基于以下假设[21,22]：①煤热解、燃烧反应完全；②整个模拟过程中没有压力损失；③煤焦中的 H、O、N、S、Cl 全部转为气相，C 随条件的变化而不完全转化；④原煤中的灰分为惰性物质，在热解、燃烧过程中不参与反应；⑤煤粉颗粒温度均匀，无梯度；⑥所有气相反应速度都很快，而且达到平衡；⑦不考虑煤灰自身固硫；⑧由于焦油的组分非常复杂，本书以 C_6H_6 代替焦油进行模拟[23,24]。

2. 常规煤分级利用系统

为了更好地研究耦合 CLOU 的煤分级利用系统的特点，这里还对常规煤分级利用系统进行了建模模拟，如图 3-13 所示。与耦合 CLOU 的煤分级利用系统相比，其最大的不同在于半焦的利用方式，常规煤分级利用系统的半焦直接与空气反应燃烧。

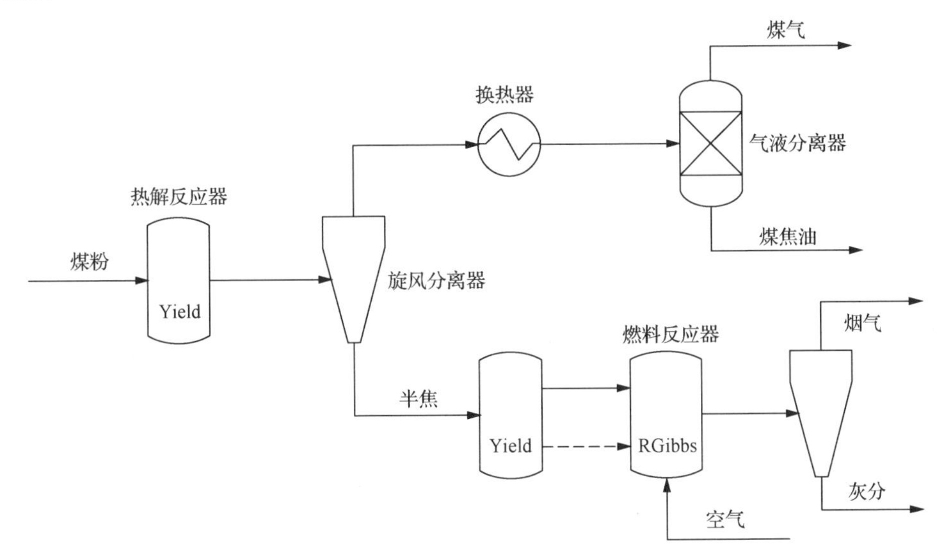

图 3-13　常规煤分级利用系统模型

这里对两种煤分级利用系统分别进行了㶲分析，主要结果如表 3-15 所示。从主要设备层面来看，由于热解过程在两个煤分级利用系统中相同，各个参数均相同。而对于半焦燃烧过程，两者采用的燃烧方式不同，㶲分析结果存在明显差异。尽管燃料反应器的㶲效率略低于燃烧反应器的㶲效率，但空气反应器的㶲效率明显高于燃烧反应器的㶲效率。平均起来，CLOU 处理半焦的系统㶲效率要高于常规处理方法，这在全系统㶲分析结果中也得到了体现。对比两者全系统的㶲效率可发现，耦合 CLOU 的煤分级利用系统的㶲效率高于常规煤分级利用系统的㶲效率 10.67 个百分点，这主要归因于常规煤分级利用系统的全局㶲损要比耦合 CLOU

的煤分级利用系统的全局㶲损高 327.33MW。综上所述，耦合 CLOU 系统后煤分级利用系统的能量利用效率得到了有效的提高。

表 3-15　系统㶲分析结果

项目	燃料㶲/kW	产品㶲/kW	㶲损/kW	㶲效率/%
耦合 CLOU 的煤分级利用系统				
热解反应器	3110.90	3072.55	38.35	98.77
燃料反应器	2426.96	2182.73	244.23	89.94
空气反应器	2007.07	1884.89	122.18	93.91
全系统	3067.62	1910.03	1157.59	62.26
常规煤分级利用系统				
热解反应器	3110.90	3072.55	38.35	98.77
燃烧反应器	2212.05	1999.90	212.15	90.41
全系统	3067.62	1582.69	1484.92	51.59

3.4　本 章 小 结

基于热力学第一、二定律，本章详细介绍了㶲分析方法基本理论，描述了如何将该方法应用到燃煤电站中。对于某一复杂能量系统，需确认哪些㶲参数形式可以用来计算系统中物流和能流㶲值大小，定义合适的参考环境状态，明确每一股物流㶲中物理㶲和化学㶲的计算以及考虑哪些㶲参数是必要的以用于评价系统的热力学特性等。

对比分析传统燃煤电站与富氧燃煤电站，后者中的锅炉㶲效率要比前者高 0.8%，这主要是因为富氧燃烧的特殊方式使燃烧过程㶲效率提高 4%左右。对锅炉模型而言，均是炉膛(即燃烧过程)中造成的㶲损最大(约 60%)，其次是水冷壁(约 16%)。两个锅炉模型中换热器总㶲损量基本相等。对汽水循环系统的分析结果表明它造成的㶲损并不高，仅占系统总燃料㶲的 9%左右，空分系统和尾气处理系统的㶲效率分别为 15.84%和 73.45%。空分系统和尾气处理系统造成的㶲损占富氧燃烧系统总燃料㶲的 7.71%。富氧燃烧系统的㶲效率为 37.13%，比传统燃烧系统的㶲效率低 4.08%。

在 IGCC 系统㶲分析结果中，系统㶲效率为 42.59%，其中㶲损分布为：燃气轮机占 48.60%，Shell 气化炉占 28.69%，气体处理装置占 9.19%，余热锅炉和蒸汽轮机占 5.47%。煤化学链燃烧系统耦合蒸汽轮机发电的㶲效率较高，这是由于蒸汽发电系统通过过热、再热、省煤器换热以及热辐射的方式充分利用了燃料燃烧所产生的热量。与常规富氧燃烧系统相比，氧-水蒸气燃烧系统的能量利用效率要高，其㶲效率提高约 1.01 个百分点。耦合 CLOU 的煤分级利用系统的㶲效率高于常规煤分级利用系统的㶲效率约 10.67 个百分点，这主要归因于常规煤分级利用系统的全局㶲损要比耦合 CLOU 的煤分级利用系统的全局㶲损高 327.33MW。作者团队不仅对新型燃煤电站系统及其耦合 CO_2 捕集系统进行了详细的稳态过程模拟，解析了这些系统的过程特性，还对燃烧后 MEA 捕集系统、化学链重整系统[25]、化学链制氢系统[26]、生物质化学链气化系统[27]、煤化学链气化系统[28]、钙铜循环和钙循环燃烧后 CO_2 捕集系统[29]等进行了过程模拟，限于篇幅不在此展示，感兴趣的读者可查阅相应的文献。

本章的㶲分析研究可以帮助读者提升对常规燃煤电站、富氧燃烧及其他能量系统的热力学性能的理解，了解它们技术上的优势以及系统热力性能上仍需改进、优化的地方，也为第 5 章的动态㶲分析和第 7 章的热经济学成本分析提供了基础。

参 考 文 献

[1] Bejan A, Tsatsaronis G, Moran M J. Thermal Design and Optimization[M]. New York: Wiley, 1996.

[2] 朱明善. 能量系统㶲分析[M]. 北京: 清华大学出版社, 1989.

[3] Daniel J J, Rosen M A. Exergetic environmental assessment of life cycle emissions for various automobiles and fuels[J]. Exergy An International Journal, 2002, 2(4): 283-294.

[4] Bilgen S, Kaygusuz K. The calculation of the chemical exergies of coal-based fuels by using the higher heating values[J]. Applied Energy, 2008, 85(8): 776-785.

[5] Wall G. Exergy tools[J]. Proceedings of the Institution of Mechanical Engineers, Part A: Journal of Power and Energy, 2003, 217(2): 125-136.

[6] Uche J. Thermoeconomic analysis and simulation of a combined power and desalination plant[D]. Zaragoza: University of Zaragoza, 2000.

[7] 屈伟平. 清洁煤发电的 CCS 和 IGCC 联产技术[J]. 国内外机电一体化技术, 2010, 31(1): 5-10.

[8] Klara J. Cost and Performance Baseline for Fossil Energy Plants Volume 1: Bituminous Coal and Natural Gas to Electricity[R]. National Energy Technology Laboratory: DOE/NETL-2007/1281, 2010.

[9] Emun F, Gadalla M, Majozi T, et al. Integrated gasification combined cycle (IGCC) process simulation and optimization[J]. Computers & Chemical Engineering, 2010, 34(3): 331-338.

[10] Cormos C C. Integrated assessment of IGCC power generation technology with carbon capture and storage (CCS)[J]. Energy, 2012, 42: 434-445.

[11] Kunze C, Riedl K, Spliethoff H. Structured exergy analysis of an integrated gasification combined cycle (IGCC) plant with carbon capture[J]. Energy, 2011, 36(3): 1480-1487.

[12] 蒋林林, 赵海波, 张少华, 等. 煤基化学链燃烧技术的 Fe_2O_3/Al_2O_3 氧载体研究[J]. 工程热物理学报, 2010, 31(6): 1053-1056.

[13] Song Y, Zou C, He Y, et al. The chemical mechanism of the effect of CO_2 on the temperature in methane oxy-fuel combustion[J]. International Journal of Heat and Mass Transfer, 2015, 86: 622-628.

[14] Zou C, Song Y, Li G, et al. The chemical mechanism of steam's effect on the temperature in methane oxy-steam combustion[J]. International Journal of Heat and Mass Transfer, 2014, 75: 12-18.

[15] Seepana S, Jayanti S. Steam-moderated oxy-fuel combustion[J]. Energy Conversion and Management, 2010, 51(10): 1981-1988.

[16] Xiong J, Zhao H, Zheng C. Exergy analysis of a 600 MWe oxy-combustion pulverized-coal-fired power plant[J]. Energy & Fuels, 2011, 25(8): 3854-3864.

[17] Wall T F. Combustion processes for carbon capture[J]. Proceedings of the combustion institute, 2007, 31(1): 31-47.

[18] Xiong J, Zhao H, Chen M, et al. Simulation Study of an 800 MWe Oxy-combustion Pulverized-Coal-Fired Power Plant[J]. Energy & Fuels, 2011, 25(5): 2405-2415.

[19] Jin B, Zhao H, Zheng C. Optimization and control for CO_2 compression and purification unit in oxy-combustion power plants[J]. Energy, 2015, 83: 416-430.

[20] Simpson A P, Simon A J. Second law comparison of oxy-fuel combustion and post-combustion carbon dioxide separation[J]. Energy Conversion and Management, 2007, 48(11): 3034-3045.

[21] Richter H J, Knoche K F. Efficiency and Costing[M]. Washington: American Chemical Society, 1983.

[22] Naqvi R. Analysis of Natural Gas-Fired Power Cycles with Chemical Looping Combustion for CO_2 Capture[D]. Trondheim: Norwegian University of Science and Technology, 2006.

[23] Wang B, Dong L, Wang Y, et al. Process analysis of lignite circulating fluidized bed boiler coupled with pyrolysis topping[J]. Proceeding of the 20th International Conference on Fluidized Bed Combustion, 2009: 706-711.

[24] Nikoo M B, Mahinpey N. Simulation of biomass gasification in fluidized bed reactor using ASPEN PLUS[J]. Biomass & Bioenergy, 2008, 32(12): 1245-1254.

[25] 赵海波, 陈猛, 熊杰, 等. 化学链重整制氢系统的过程模拟[J]. 中国电机工程学报, 2012, 32(11): 87-94.

[26] 陈猛. 基于化学链的能量转换系统的过程模拟[D]. 武汉: 华中科技大学, 2009.

[27] Zhao H, Guo L, Zou X. Chemical-looping auto-thermal reforming of biomass using Cu-based oxygen carrier[J]. Applied Energy, 2015, 157: 408-415.

[28] 牛鹏杰. 基于钙铁复合氧载体的化学链气化研究[D]. 武汉: 华中科技大学, 2018.

[29] 王小雨, 赵海波. 基于 Ca-Cu 循环的燃烧后碳捕集系统的过程模拟和㶲分析[J]. 燃烧科学与技术, 2018, 25: 1-10.

第4章　动态过程模拟

第2章介绍的稳态过程模拟可以获取系统与设备的热力学信息，从而可进一步进行㶲分析等，这些稳态过程模拟与热力学分析可以用于设计和验证新流程或设备(如富氧燃烧系统)、改进旧设备或流程的性能、优化与诊断运行情况和系统性能等，但是稳态过程模拟无法获取系统的动态特性。动态过程模拟可辨识系统在运行指令或干扰产生的情况下各个参数的动态响应过程，常用于动态运行特性分析、控制系统设计、安全性分析、开停车方案的优化以及仿真虚拟机的开发等。稳态过程模拟中的过程优化与动态过程模拟中的可操作性两者之间存在需权衡的关系。对于多数的系统设计工程师，他们倾向于使用稳态优化技术以实现投资和运行成本最小化，然而由于系统之间的高度集成和交互性，可能会出现动态运行中具有不可操作性等问题。根据研究目的以及所具有的信息，当获取足够多的实际信息后，可建立某个系统的高可靠度过程模型，并用实际运行结果对模型以及模拟结果的正确性进行验证后，将其用于过程、设计以及控制策略等的优化。尽管这种模型具有精确度高的特点，但所需信息量巨大，计算代价很高，所需成本较大，所以需要根据实际情况进行取舍，尽量让模型接近实际系统的特性，在保证一定可靠的同时又不会造成太大的负担。

Aspen Plus Dynamics 是对复杂系统进行动态过程模拟的强有力工具，可模拟实际装置运行的动态特性，支持并行过程和控制设计，帮助工程师和运行人员理解、解决一些实际运行问题，以减少投资和运行成本，提高运行安全性，在装置设计和生产操作的全部过程均可发挥其强大效力。对于燃煤电站这种复杂的能量转换系统，作者团队在开展本项工作之前尚未查阅到动态过程模拟方面的公开文献。作者团队在利用 Aspen Plus 对燃煤电站进行稳态过程模拟的基础上，实现了基于 Aspen Plus Dynamics 的动态过程模拟[1-3]。

本章主要以富氧燃烧系统为研究对象，借助动态模拟的强大功能，搭建动态过程模型，设计闭环控制结构，以搭载控制系统的动态模型作为“实验装置”来开展富氧燃烧系统的动态特性研究，主要包括不同运行工况测试、控制方案比较以及运行策略分析等内容，为第5章动态㶲分析奠定一定的基础。

4.1 动 态 建 模

4.1.1 动态建模的方法

动态过程模拟(或称为动态仿真)实际上是求解以时间为独立变量的一系列微分方程，这些方程主要是不同形式的质量守恒方程、能量守恒方程与动量守恒方程[4]。与稳态仿真不同，动态仿真需要考虑流程的结构配置和设备的具体几何参数等详细信息，从而预测设备与系统的动态特性。在 Aspen Plus Dynamics 中，假设流体为均相且完美混合，其质量守恒方程、能量守恒方程与动量守恒方程可简化如下[4]。

(1)质量守恒：

$$\frac{\mathrm{d}m}{\mathrm{d}t}=\sum w_{\mathrm{in}}-\sum w_{\mathrm{out}}+J_{\mathrm{in}}-J_{\mathrm{out}} \tag{4-1}$$

(2)能量守恒：

$$\frac{\mathrm{d}(mu_{\mathrm{en}})}{\mathrm{d}t}=\sum w_{\mathrm{in}}h_{\mathrm{in}}-\sum w_{\mathrm{out}}h_{\mathrm{out}}+Q-W+v\sum\Delta H_i^{\mathrm{o}} \tag{4-2}$$

(3)动量守恒：

$$\frac{\mathrm{d}V_1}{\mathrm{d}t}=\frac{1}{L}(V_{\mathrm{in}}^2-V_{\mathrm{out}}^2)-g\cos\theta_3+\frac{1}{\rho L}(p_{\mathrm{in}}-p_{\mathrm{out}})-\frac{f}{2D}V_1^2 \tag{4-3}$$

其中，u_{en} 为单位内能(J/kg)；h 为单位焓值(J/kg)；w 为对流质量流量(kg/s)；m 为质量(kg)；Q 为传热(J/s)；W 为功(J/s)；v 为控制体积(m^3)；t 为时间；ΔH_i^{o} 为反应热($\mathrm{J/(m^3/s)}$)；θ_3 为重力加速度与速度之间的夹角；D 为管道直径(m)；L 为管道长度(m)；g 为重力加速度($\mathrm{m^2/s}$)；f 为穆迪摩擦系数；V_1 为流体体积(m^3)。

解决此类偏微分方程[5]通常采用有限差分方法。对于速度与焓值的求解，存在三种方式：一阶向后有限差分(first order backward finite differencing)、二阶向后有限差分(second order backward finite differencing)及四阶迎风偏斜有限差分(fourth order upward biased finite differencing)。而对时间项(temporal discretization)变量，则一般采用隐式方法进行求解。模型中各个部件物理量的计算由离散守恒方程、进出口物流的参数、每个模块的设定以及热力学特性所决定。

根据所研究系统的流程图，先建立稳态过程模型，将稳态模拟结果与所研究系统的设计数据进行比较验证。在转换成动态模型之前，所做的准备工作包括确定驱动方式、估计设备尺寸和增减连接件(阀门、压缩机及泵等)[6]。首先，根据研究目的确定驱动方式。在该软件中存在流量驱动(flow-driven)和压力驱动(pressure-driven)两种形式。流量驱动动态模型中，假设流体的流动条件为理想状况，不受上下游物流的压力影响，而压力驱动动态模型考虑压力变化的影响，流体的流动由上下游压力差决定。可以明显看出，压力驱动动态模型更接近于实际过程，由压力模型计算得到的结果精确度更高。由于需要表征严格的动态行为，通常选择压力驱动方式作为动态仿真的手段。为了表现设备的动态特性和控制性能，可采用一些近似计算方法[6,7]来估计设备的几何尺寸，增减一些连接件以满足动态仿真要求。换热器进出口端的近似体积可按式(4-4)计算[6]。

$$V = t_R * v_{SS} \tag{4-4}$$

其中，V为体积(m^3)；t_R为停滞时间(s)；v_{SS}为体积流量(m^3/s)。需要指出的是，这些计算结果均来源于稳态模拟结果的估计值，当实际设备存在时，应该将这些数据改为实际数据，以进一步优化模型，进而接近实际流程。

4.1.2　富氧燃烧锅炉岛动态建模

建立富氧燃烧锅炉岛系统的动态模型，可以为后续控制结构设计与动态特性表征奠定基础。完成动态模型的构建首先需要熟悉系统流程结构，设定合理的假设，从而建立稳态模型，完成模型验证，最后对设备所需动态输入数据进行预估。依据作者团队的前期研究[8]以及常规燃煤电站配置[9,10]，可形成如图4-1所示的富氧燃烧锅炉岛概念系统的流程结构图。在锅炉岛系统中，燃烧区域和传热区域分别用于表征燃烧过程与传热布置。主燃烧区(MBZ)与燃烬区(OFZ)用于表示炉膛中复杂的燃烧过程，而传热区域主要包括水冷壁(WW-1和WW-2)、过热器(高温过热器(SHPA)、中温过热器(SHPL)及低温过热器(FSH)、再热器(高温再热器(RH)、低温再热器(FRH))和省煤器(ECO)。在锅炉水侧，两级喷水减温器(AT1与AT2)用于满足对主蒸汽温度的调控要求，即第一级喷水减温器(AT1)用于调节中温过热器进口温度，第二级喷水减温器(AT2)用于调节低温过热器进口温度。而采用一级喷水减温器(AT3)来实现再热蒸汽温度的调节目标。在锅炉烟气侧，从省煤器出口处的烟气经引风机(ID)驱动，依次经过选择催化还原装置(SCR)、静电除尘器(ESP)、烟气脱硫装置(FGD)以及烟气冷却器(FGC)，获取含高浓度CO_2的烟气。接着，烟气分为三股：一股进入CPU中经过压缩、纯化与分离等过程，以实现高品质CO_2产品的生产；一股经烟囱排向大气；一股烟气循环至炉膛用于调节绝热火焰温度，其中一部分烟气与一部分来自ASU的氧气产品混合后成形成一次含氧风，经由一次风机(PA)驱动，并采用旁路来调节一次风温度，进而用于干燥与驱送原煤至炉膛中，另一部分烟气与来自深冷空分系统(air separation unit，ASU)的氧气产品混合形成二次含氧风，经由二次风机(FD)驱动，再分成两股风，一股作为二次风进入主燃烧区，另一股作为燃烬风进入燃烬区。一、二次含氧风经过空气预热器(AH)与高温烟气换热，进入炉膛中。

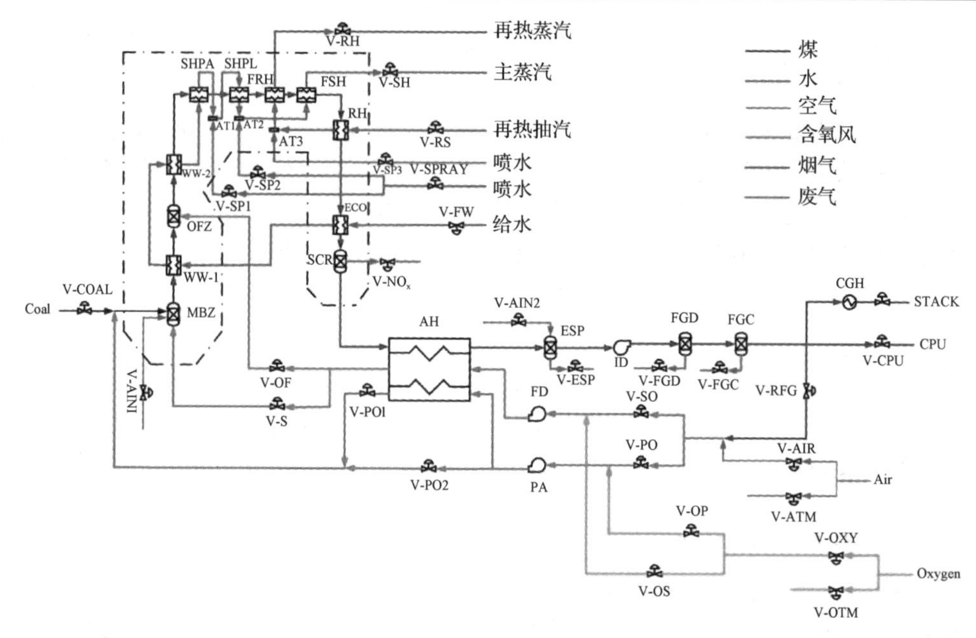

图 4-1　富氧燃烧锅炉岛概念系统的流程结构图[1,2]

为建立可靠的富氧燃烧锅炉岛系统稳态过程模型，需详细设定设备对应的模型选择与必要假设(对于假设中所出现的模型，包括吉布斯反应器、多流股换热器、混合器、分离器以及压缩机等，其具体含义与模型描述可参见相应的用户指南[11]，此处不再赘述)。

(1)选择吉布斯反应器来表征主燃烧区域与燃烬区中宏观的燃烧过程，只考虑气相之间的反应，且原煤处理过程在此处不予考虑。

(2)水、蒸汽、烟气以及含氧风之间的传热可通过多股流换热器模型实现，主要包括水冷壁、过热器、再热器、省煤器与空气预热器。根据喷水减温器的工作原理，可使用混合器来描述其物理过程。为防止低温烟气腐蚀问题，用加热器模型表征气气换热以加热流向烟囱的烟气温度。

(3)在空气排放品质控制系统(ACQS)中，分离器模型用于表征选择性催化还原、静电除尘器、烟气脱硫与烟冷器过程。在选择性催化还原中，燃烧过程中产生的90%的 NO_x 将脱除。由于 SiO_2 为飞灰中主要组分，假设其为飞灰，通过静电除尘器脱除，且不影响燃烧与传热过程。烟气脱硫过程用于脱除 98%的 SO_x，而烟冷器过程用于脱除烟气中的水分，以形成干循环形式。

(4)引风机、二次风机和一次风机由压缩机与冷却器构成，以构成烟风驱动装置。

(5)在富氧燃烧锅炉岛系统中未对 ASU 与 CPU 进行详细考虑，考虑了作为锅炉岛输入的来自 ASU 的氧气产品，纯度为 95mol%，同时考虑作为锅炉岛输出的流向 CPU 的烟气。

(6)假设漏风量为烟气量的 2%，其中 1/3 来源于炉膛，2/3 来源于烟风系统[12]。

表 4-1 列出了该模型中所需的关键输入参数，包括水侧蒸汽温度与压力要求，燃烧不同区域的温度与压力，循环倍率、漏风率以及烟气侧不同流股的温度。

表 4-1　富氧燃烧锅炉岛稳态模型中所需的单元设备运行参数

参数	数值
主蒸汽	598.89℃，24235kPa
再热蒸汽	621.11℃，4509kPa
主燃烧区	1830.5℃，101.30kPa
燃尽区	1304℃，101.29kPa
循环倍率、漏风率	69.5%、2%
省煤器烟气出口温度	350℃
烟气冷凝器出口温度	50℃
二次风入空预器进口温度	174℃
一、二次风出空预器出口温度	330℃
一次风与煤粉混合后温度	119℃

尽管煤作为非常规组分可在 Aspen Plus 中用于稳态过程模拟，但煤仍不能在 Aspen Plus Dynamics 中得到支持[6,13]，使得煤从稳态过程模拟转化成动态过程模拟难以实现。目前，已有两种办法用于解决此问题。第一种方法是运用高摩尔质量的芳香烃代替煤[13]，因为煤与芳香烃的化学本质，即其氢与碳的比例相近。另一种方法[14]是将非常规固体物质处理成为电解盐，并采用非随机(局部)双液体模型方程(non-random two liquid，NRTL)物性方法来进行相应的热力学计算。此处采用第一种方法来实现富氧燃烧锅炉岛系统的动态过程模拟，设定 $C_{18}H_{20}$ 为虚拟煤，其流量可根据真实煤的流量与元素分析计算获得。然而，并没有详细信息来确认煤中其他物质的流量。因此，采用芳香烃、硫、氮与氧等在软件组分库中可获得的物质进行混合配比来代替真实煤。其中，虚拟煤中每个组成的流量根据质量与组分平衡以及真实煤的工业分析与元素分析来进行匹配。选择神华煤作为燃料，其工业分析与元素分析如表 4-2 所示。

表 4-2　神华煤种工业分析、元素分析以及低位发热量(收到基)

工业分析/wt%		元素分析/wt%	
水分	13.80	C	60.51
灰分	11.00	H	3.62
挥发分	26.20	N	0.70
固定碳	49.00	S	0.43
低位发热量/(MJ/kg)	22.77	O	9.94

表 4-3 比较了采用真实煤与虚拟煤情形下，富氧燃烧锅炉岛系统在空气燃烧工况与富氧燃烧工况下，其烟气组分的组成结果。可发现，虚拟煤中的烟气组分与真实煤的烟气组分具有一定的吻合性。为了比较两者之间某组分 X 的差异大小，可设定 X_{pc} 为虚拟煤中的某烟气组分，而 X_{rc} 为真实煤中所对应的某烟气组分，从而两者的相对误差为$|X_{rc}-X_{pc}|/X_{rc}$(%)。从表中可观察到，除富氧燃烧工况下的 N_2 组分外，其他所有组分的相对误差均小于 9.39%。良好的吻合性表明采用虚拟煤可以合理地表征能流与物流信息，所建立的稳态模型可用于动态模拟与控制系统设计。

表 4-3　真实煤与虚拟煤燃烧的烟气组分对比

组分	空气燃烧工况			富氧燃烧工况		
	真实煤	虚拟煤	相对误差	真实煤	虚拟煤	相对误差
CO_2/%	14.56	13.58	6.67	73.41	73.50	0.13
O_2/%	3.42	3.41	0.47	3.38	3.36	0.36
N_2/%	73.66	74.49	1.13	8.59	7.17	16.55
Ar/%	0.91	0.93	1.14	3.17	3.43	8.33
H_2O/%	7.40	7.55	1.96	11.39	12.46	0.31
SO_2/ppm	387	371	4.03	603	621	2.97
SO_3/ppm	1.79	1.72	4.26	2.78	2.86	2.78
NO/ppm	74.40	74.60	0.32	25.20	23.00	8.81
NO_2/ppm	0.12	0.12	0	0.4	0.37	8.97
CO/ppm	11.70	11.00	6.46	59.50	59.70	9.39

4.1.3　深冷空分系统动态建模

鉴于双精馏塔空分制氧系统仍具有效率与成本的最优平衡关系[15]，选择这种空分制氧系统为富氧燃烧电站提供所需氧气，与此同时，采用液氧泵来增加氧气产品压力与液氧储罐[16](liquid oxygen storage drum，LOX)来储存液氧产品，以满足空分制氧系统高效、灵活、经济的运行要求。图 4-2 为配置液氧储罐的空分制氧流程结构。空气经过滤器去除颗粒杂质后，由带有中间冷却器的三级空气压缩机(MAC)从大气压力增加至 5～6bar。由于加压后空气温度升高，需采用预冷系统(PU)将其冷却，进而进入分子筛系统(MS)中吸附空气中的水分、CO_2 以及碳水化合物，以防止其在管道堵塞。接着，加工空气进入空分冷箱，分为两股以作不同用途。一股空气在主换热器(MHX)中与返流气体(纯氧、污氮等)换热达到接近空气液化温度进入高压精馏塔(HP)；另一股空气在主换热器内被返流气体冷却后抽出进入膨胀机中膨胀制冷，膨胀后空气送入低压精馏塔(LP)。在高压精馏塔中，空气被初步分离成氮气和富氧液空，上升的氮气在冷凝蒸发器中液化，同时冷凝蒸发器低压侧液氧被气化。部分液氮成为高压精馏塔回流液，另一部分液氮从高压精馏塔顶部引出，经过冷器(SUB)过冷及节流送入低压精馏塔(LP)顶部。液空在过冷器中过冷后经节流送入低压精馏塔中部作为回流液。液氧从低压精馏塔下部引出，经液氧泵加压，在主换热器复热后送往塔外。污气氮从低压精馏塔顶部引出，在过冷器及主换热器中复热后送往塔外，部分作为分子筛纯化器的再生气体，其余的放空。

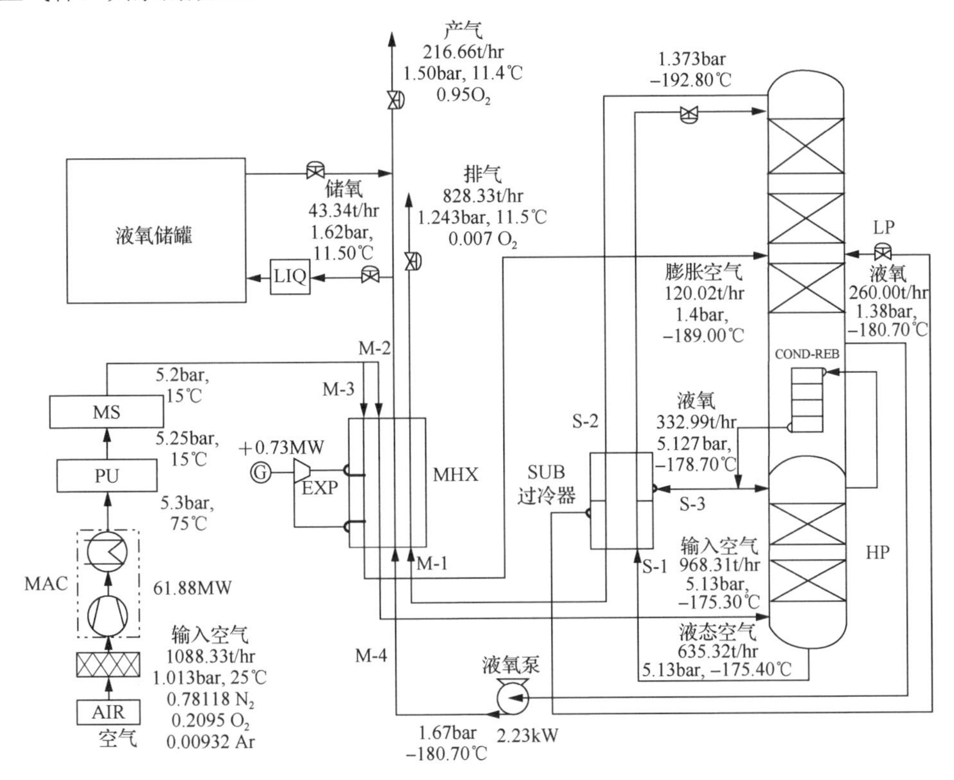

图 4-2　配置液氧储罐的深冷空分制氧流程图[17]

根据空分与制冷基本原理，基于富氧燃烧供氧基本要求，可按以下步骤完成空分制氧系统的过程设计。

(1) 氧气产品的供应要求，即包括压力(P_{O_2})、纯度(A_{O_2})及流量(M_{O_2})，根据富氧燃烧锅炉岛系统中过氧系数、燃料量及漏风率等燃烧指标所确定。

(2) 由氧气产品纯度以及流量数据，假设理论氧提取率为 γ，根据氧提取率计算公式可计算得到加工空气量(M_{air})，即

$$\gamma = \frac{M_{O_2} \times A_{O_2}}{M_{air} \times A_{air}} \tag{4-5}$$

其中，A_{air} 为空气中氧气浓度。

(3) 根据氧气产品压力，设定管道中压降与液氧泵出口压力，获得低压精馏塔底部压力 ($P_{LP,b}$)，进而结合氧气物流的泡点以及 Peng-Robinson 状态方程进行热物性计算，以获得低压精馏塔底部的工作温度 ($T_{LP,b}$)。

(4) 设定冷凝蒸发器的温差 (2℃[18])，根据高压精馏塔顶部液氮物流的露点，结合 Peng-Robinson 状态方程，计算得到高压精馏塔顶部的工作压力 ($P_{HP,t}$)。

(5) 设定填料塔内的压降，计算得到高压精馏塔底部的工作压力 ($P_{HP,b}$)，进而可近似将其认为是进入高压精馏塔底部的加工空气压力。

(6) 设定预冷单元、分子筛以及管道中的压降，基于进高压精馏塔底部的空气压力确定三级空气压缩机 (MAC) 的出口压力 P_{MAC}。

(7) 高压精馏塔与低压精馏塔之间的完全热集成 (neat operation)，即高压精馏塔中冷凝器冷量与低压精馏塔中再沸器热量之间相匹配，是通过调节进入低压精馏塔的增压膨胀空气的比例来实现的。

(8) 液氧储存罐的尺寸大小可根据用户需求以及空分制氧系统设计规模进行灵活调整。

新能源并网以及空分制氧系统的引入，增加了富氧燃煤电站运行的灵活性，可设计满足不同运行要求的空分制氧系统。本章中考虑到三种运行模式 (后续章节中有详细阐述)，可相应设计三种不同规模的空分制氧系统，即常规 (100%)、超额 (120%) 及减额 (75%)。完成上述步骤后，如表 4-4 所示，得到空分制氧系统的设计理论数据与计算结果。氧气产品设计目标来源于富氧燃烧锅炉岛系统的运行供氧要求，其他参数则根据上述方法与计算公式所确定。

表 4-4　空分制氧系统的过程设计中一些关键数据 (以超额 ASU 为例)

设计目标	参数	P_{O_2} /bar	A_{O_2} /mol%	M_{O_2} / (kmol/s)			
	值	1.5	95	2.24			
重要过程参数	参数	$P_{LP,b}$ / bar	$P_{HP,t}$ / bar	P_{MAC} / bar	M_{air}/ (kmol/s)	$T_{LP,b}$/℃	γ/%
	值	1.38	5.13	5.3	10.44	−180.69	97.43

除常规空分制氧系统中不配备液氧储存罐以外，三种空分制氧系统的建模过程中各单元设备的假设如下。

(1) 选择多级压缩机模型来表征空气压缩过程，以增加加工空气的压力至所需设计压力值。

(2) 假设空气只由氮气、氧气与氩气组成，即摩尔分数分别为 78.118%、20.95% 与 0.932%，故用于冷却压缩空气的预冷系统和去除 CO_2、水以及一些碳水化合物的分子筛纯化系统将不在模拟中加以考虑。

(3) 主换热器由多流股换热器模型所表征，以确保氧气产品温度接近于加工空气进入冷箱时的温度。

(4) 一股空气的膨胀制冷过程由膨胀机模型所表征，以确保为精馏过程提供足够的制冷量。

(5) 高压精馏塔、低压精馏塔以及冷凝蒸发器通过两个 RadFrac 精馏塔模型模拟，即高压精馏塔配备冷凝器且低压精馏塔配备再沸器，以获得纯度为 95mol% 的氧气产品。

(6) 过冷器由多流股换热器所表征，用于最小化进入低压精馏塔的回流的闪蒸损失，并传递热量以加热污氮物流。

(7) 设定主换热器、阀门以及管道中的压降，可结合氧气产品压力计算得到液氧产品加压后的压力，即通过液氧泵(PUMP)来实现加压。

(8) 在空分制氧系统的灵活运行中，经过主换热器换热后的氧气产品需通过氧气液化器[16](LIQ)进行液化后以液氧形式储存在液氧储罐中，而需通过蒸发器加热液氧，气化后以氧气产品形式来提供后备的氧气量。

(9) 为提高空分制氧系统稳态过程模型的可靠度，采用设计规划与计算器模块用于满足完全热集成与氧气产品品质要求。

(10) 对于不同的用途，在模拟计算中采用不同的方法来实现收敛，即撕裂采用 Wengtein 方法进行收敛计算，而设计规划则采用 Broyden 方法进行收敛计算。

基于上述模型假设以及理论计算值，通过稳态过程模拟可获得三种 ASU 的物流与能流结果，如表 4-5 所示。比较三种 ASU 可发现，由于富氧燃烧锅炉岛系统在三种不同运行模式下的氧气供应要求有所不同，三者的物流与能流结果也有所不同，但其他运行参数差距不大。表中各物流的标示与图 4-2 中一致。

表 4-5　空分制氧系统的稳态模拟结果中物流与能流值

项目	常规(100%)	超额(120%)	减额(75%)
输入空气/(t/h)	907.26	1088.33	682.64
高压精馏塔输入空气/(t/h)	806.16	968.31	607.07
膨胀空气/(t/h)	101.11	120.02	75.57
液态空气/(t/h)	528.93	635.32	401.23
液氮/(t/h)	277.23	332.99	205.84
液氧/(t/h)	216.66	260.00	162.50
排气/(t/h)	690.60	828.33	520.14
储氧/(t/h)	0	43.34	54.17
产气/(t/h)	216.66	216.66	108.33
三级空气压缩机	51.58MW, 5.3bar	61.88MW, 5.3bar	38.81MW, 5.3bar
EXP	+0.62MW, 1.4bar	+0.73MW, 1.4bar	+0.53MW, 1.4bar
液氧泵	1.82kW, 1.67bar	2.23kW, 1.67bar	1.36kW, 1.67bar

对于精馏塔，选择装有规整填料塔的形式，根据软件数据库中 Sulzer Chemtech 所提供的参数，可进行严格的水力学计算以及计算规划。表 4-6 展示了为构建 ASU 动态模型所需输入的动态参数，这些参数来源于稳态计算结果，需根据实际 ASU 的设备参数进行相应的修正。在初始动态模型中设定必要的约束方程，与稳态模拟相对应，从而，接近实际情况。热中性运行可通过式(4-6)与式(4-7)实现，在动态模型中表示为再沸器中热量与冷凝器中冷量相等，而冷凝器中的介质温度等于再沸器的工作温度，表达式为

$$Q_{\mathrm{Reb}} = -Q_{\mathrm{Cond}} \tag{4-6}$$

$$T_{\mathrm{Cond\text{-}med,HP}} = T_{\mathrm{Reb,LP}} \tag{4-7}$$

其中，Q_{Reb}、Q_{Cond} 分别为再沸器与冷凝器的热量；$T_{\mathrm{Cond\text{-}med,HP}}$、$T_{\mathrm{Reb,LP}}$ 分别为冷凝器中冷却介质的温度与再沸器的工作温度。

表 4-6 三种 ASU 中主要设备的几何尺寸估算结果

设备		常规(100%)	超额(120%)	减额(75%)
MHX (M-1/M-2/M-3/M-4)/m^3		40/36/5/16	47/43/6/20	30/27/4/12
SC (S-1/S-2/S-3)/m^3		54/95/33	65/114/39	41/72/24
高压精馏塔	截面直径/m	7	8	6
	最大负荷分率	0.354	0.325	0.360
	塔段压降/bar	0.004	0.003	0.004
	最大塔级持液量/m^3	0.361	0.456	0.269
低压精馏塔	截面直径/m	7	8	6
	最大负荷分率	0.575	0.529	0.590
	塔段压降/bar	0.008	0.007	0.008
	最大塔级持液量/m^3	0.468	0.589	0.348
阀门		等百分比	等百分比	等百分比
泵		瞬态	瞬态	瞬态
压缩机		瞬态	瞬态	瞬态

4.1.4 CO_2 压缩纯化系统动态建模

基于国际能源署温室气体研究计划研究所提出的 CO_2 压缩纯化系统流程图原型[16]，选择如图 4-3 所示的 CO_2 压缩纯化系统流程结构。富氧燃烧锅炉岛系统中产生的烟气经由带中间冷却器的三级压缩机(MCC)加压至 30bar，接着进入冷箱中，以获取 96mol%或更高纯度的 CO_2 产品。在冷箱之中，包含两个多流股换热

器(HE1 与 HE2)与两个低温闪蒸分离器(FS1 与 FS2)。预处理后的烟气经由第一级多流股换热器后冷却至–24.51℃，进而进入第一节低温闪蒸分离器中进行 CO_2 与不纯物质的第一次分离过程。分离器顶部物流为第一股 CO_2 产品，纯度在 96mol%或以上，而分离器底部物流则通过第二级多流股换热器继续冷却至–54.69℃，并进入第二级低温闪蒸分离器，以在第二次分离过程中获得第二股 CO_2 产品。从第二级分离器顶部出来的废气与两股 CO_2 产品经由换热器加热至 40℃左右，其中废气排出或用于回收一定的能量，而两股 CO_2 产品混合并加压，以便于封存或用于其他用途。

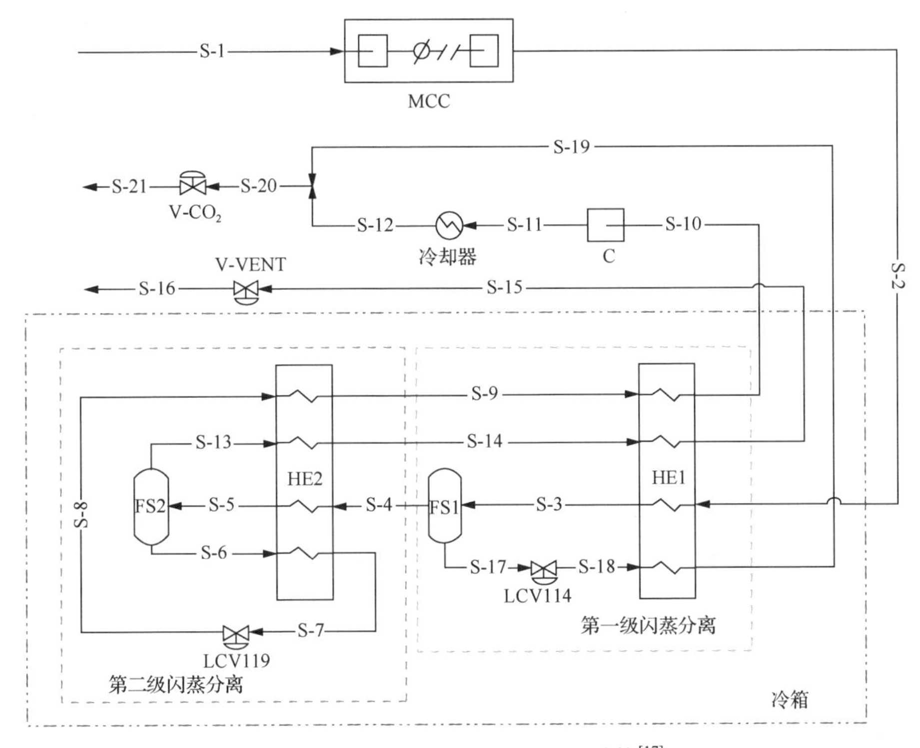

图 4-3　CO_2 压缩纯化系统流程结构[17]

为建立 CO_2 压缩纯化系统的稳态过程模型，需确定烟气组分、单元设备模型以及物性方法。作为 CO_2 压缩纯化系统的输入数据，富氧燃烧锅炉岛系统中产生的烟气组分罗列在表格 4-7 之中，其中不纯组分包含空气组分(Ar、O_2 与 N_2)、SO_x(SO_2 与 SO_3)、NO_x(NO 与 NO_2)以及 CO。对于单元模块选择，MCC 由多级压缩机模型所表征，以驱使烟气流动。由 MheatX 模块来表征冷箱中换热情况，而两级低温闪蒸分离器则通过闪蒸分离器模块来反映 CO_2 分离过程。物性方法与数据的选择对于稳态仿真结果的准确度具有巨大影响，这里选择 Peng-Robinson 状态方程作为稳态模拟的物性方法，它可以较为精确地表征 CO_2 压缩纯化过程中不同组分之间的相互作用[19]，且物性方法中对 CO_2 产品纯度具有一定影响的交互系数 k_{ij}[19]均罗列至表 4-8 之中。

表 4-7 烟气组分情况

	参数	数值
组分	CO_2/mol%	82.40
	O_2/mol%	4.19
	N_2/mol%	9.50
	Ar/mol%	3.90
	CO/ppm	31
	SO_2/ppm	14
	SO_3/ppb	83
	NO/ppm	20
	NO_2/ppb	38
质量流量/(t/h)		717.19
温度/℃		50
压力/ bar		1.1

表 4-8 交互系数 k_{ij}[19]

组分 1	组分 2	k_{ij}
CO_2	Ar	0.123
CO_2	O_2	0.116
CO_2	N_2	−0.0115
CO_2	SO_2	0.0559

经过上述烟气组分、模型选择及物性数据与方法的确立，可获得系统在初始运行工况下的稳态流程仿真结果。经过 CO_2 压缩纯化系统后，CO_2 产品纯度可达到 96.91mol%，其中，第一股来源于第一级低温闪蒸分离器的 CO_2 产品纯度高于第二股来源于第二级低温闪蒸分离器的 CO_2 产品纯度，这主要与分离器的运行压力和温度相关。在系统排出的废气当中，仍然有 24.29mol%左右的 CO_2 含量，可增加闪蒸分离器以进一步回收，但这会增加系统复杂性与经济成本。

选择单位能耗为目标函数，在一定范围内变化目标变量，以使得 CO_2 压缩纯化系统的单位能耗最小化，即最大化烟气中 CO_2 的回收量，且最小化压缩功耗。根据上述单变量分析，可确定如表 4-9 所示的四个目标变量与三个运行约束。四个目标变量分别为 MCC 出口压力、MCC 出口温度、F1 运行温度及 F2 运行温度，它们分别运行在其对应的变化范围内。CO_2 产品纯度与 CO_2 回收率必须大于它们相应的最小值，即分别大于 96mol%与 90%。物流 S-18 温度必须大于 CO_2 的三相临界温度，以避免 CO_2 在管道内固化，进而堵塞管道，使系统无法正常运行。多变量优化过程可借助软件中优化与约束功能，并运用内置的序贯二次规划算法(sequential quadratic programming，SQP)求解[20]。按照上述步骤，可获得优化后的运行参数，包括 MCC 出口压力、MCC 出口温度、F1 运行温度及 F2 运行温度，如表 4-9 所示。经过 3 次迭代后得到收敛，获得优化后的运行约束，即 CO_2 产品纯度、CO_2 回收率及 S-8 温度分别为 96.91mol%、94.20%与–55.60℃。

表 4-9　目标变量、运行约束及优化运行工况

变量		变化范围	优化运行工况
目标变量	MCC 出口压力/bar	28～33	30
	MCC 出口温度/℃	25～50	30.42
	F1 运行温度/℃	–30～–20	–24.64
	F2 运行温度/℃	–55～–40	–55
运行约束	CO_2 产品纯度/mol%	≥96	96.91
	CO_2 回收率/%	≥90	94.20
	S-8 温度/℃	>–56.57	–55.60

选择优化运行参数为动态模拟初始条件，将稳态模型转换成动态模型。动态模拟中需反映设备的动态特性与可控性，根据系统所需，适当地增减阀门、泵以及压缩机等。其中，压缩机(C)用于提升物流 S-10 的压力，以使其与物流 S-19 的压力相等，而冷却器(Cooler)则用于降低加压后物流 S-11 的温度。在 CO_2 压缩纯化系统中，换热器与闪蒸分离器需要输入几何尺寸。对于换热器，可按照式(4-4)估算换热器进出口端的体积，而闪蒸分离器的几何尺寸则可按照“F-Factor”方法[7]进行计算。需要指出的是，这些动态输入是根据稳态模拟结果进行的估算，需根据实际系统的数据进行调整，以使模型与实际系统相匹配。表 4-10 展示了 CO_2 压缩纯化系统中的动态输入，从而完成了系统动态模型的构建。

表 4-10　CO_2 压缩纯化系统中主要设备的动态输入

设备	模式	参数	数值
MCC	瞬态		
E1	动态	体积	$76m^3$/ $0.6m^3$/ $2.4m^3$/ $11m^3$ (S-18 / S-14 / S-9 / S-2)
F1	动态	直径/高度	6m / 10m
E2	动态	体积	$3.7m^3$ / $0.6m^3$ / $14m^3$ / $86m^3$ (S-4 / S-13 / S-6 / S-8)
F2	动态	直径/高度	6m / 10m

4.1.5　富氧燃烧锅炉岛–制氧–压缩纯化全流程系统动态建模

将循环烟气用于调节富氧燃烧炉膛的传热分布，以期与常规空气燃烧炉膛接近，可起到减少改造成本、不影响汽轮机系统的效果，同时，常规空气燃烧电站中汽轮机系统的技术成熟，工作人员具备丰富的运行操作经验，因此富氧燃烧系统的动态建模仅仅考虑锅炉岛、CPU 以及 ASU 三者的耦合，而未考虑汽轮机系统的动态模型。按照动态建模方法，可先将锅炉岛、CPU 及 ASU 的稳态模型进行相互耦合，形成由三者组成的富氧燃烧系统的过程模型。输入三个子系统中对设备所估计的几何数据，对连接件进行必要的增添或删减，选择压力驱动模式，将稳态模型转变成动态过程模型。

4.2　富氧燃烧锅炉岛动态模拟

图 4-4 为未配置控制系统的富氧燃烧锅炉岛系统在进煤量给予 2%阶跃增加运行指令下锅炉水侧与烟气侧的动态响应，所有的参数均在阶跃变化后达到新的平衡状态。在锅炉水侧，由于进煤量增加(图 4-4(a))，炉膛内燃烧过程更为剧烈，

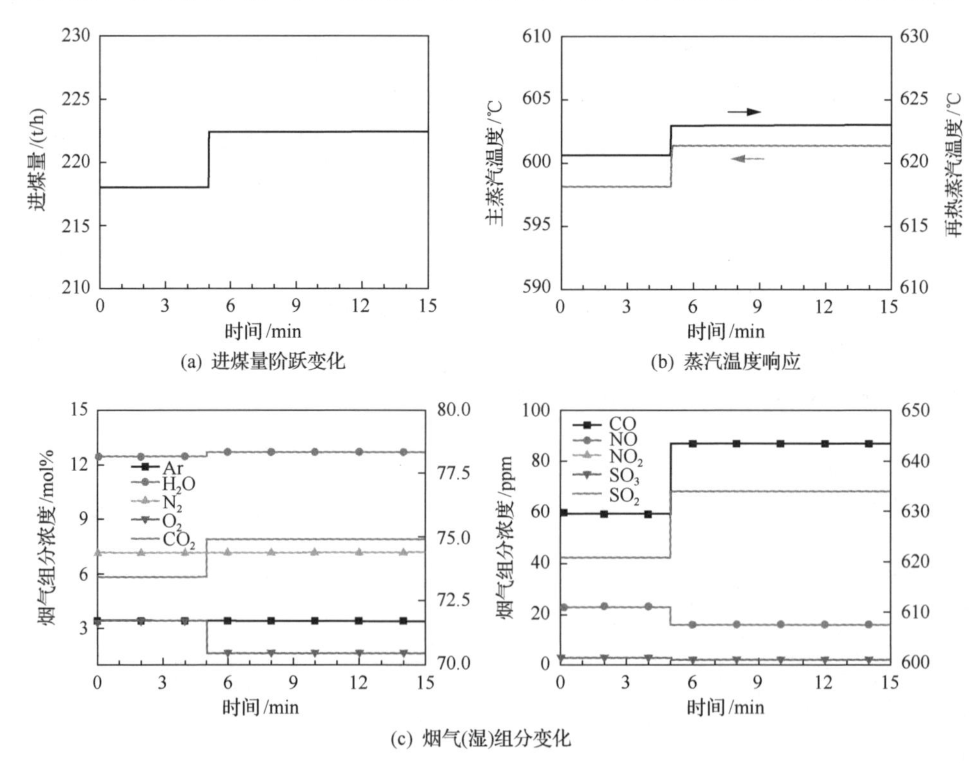

(a) 进煤量阶跃变化

(b) 蒸汽温度响应

(c) 烟气(湿)组分变化

图 4-4　开环测试下各个参数响应情况

更多的热量得以释放，进而导致蒸汽温度出现阶跃增加(图4-4(b))，主蒸汽温度与再热蒸汽温度分别增加2.35℃与3.18℃。在锅炉烟气侧，如图4-4(c)左侧所示，CO_2 组分浓度从 73.45mol%增加为 74.95mol%，O_2 组分浓度从 3.42mol%减少为1.65mol%，两者的变化幅度分别为2.04%与51.75%。在图4-4(c)右侧，CO浓度与 SO_2 浓度跟随 CO_2 浓度的变化而变化，NO浓度跟随 N_2 浓度的变化而变化，三者分别获得+46.77%、+2.09%与–30.36%的变化幅度。

上述开环测试结果表明，在运行干扰出现的情形下，富氧燃烧锅炉岛系统可实现自我调整，并达到新的平衡。然而，从动态响应结果看，这侧面揭示出一些运行潜在的风险。在烟气侧，可发现 O_2 与CO浓度的变化率分别为进煤量变化率的25.88倍与23.39倍。这就意味着，如果进煤量的变化幅度更大时，炉膛中的燃烧将在欠氧状态下进行，这将给锅炉运行带来极坏的影响，极大地降低了系统的热力学性能。与此同时，可在锅炉水侧观测到更大的蒸汽温度变化，这将导致蒸汽温度超过材料所能承受的温度上限，因为理论蒸汽温度是依据材料温度上限值设计的，且非常接近上限值。这些现象均说明，开环控制不具备任何对执行设备的反馈信号与操作，因此它不适合于商业化的富氧燃烧锅炉岛系统的自动化运行，需设计合适的闭环控制系统来满足安全可靠运行的要求。

4.2.1 控制系统设计

从开环测试结果可发现，为避免干扰所引入的危险，应该设计闭环控制系统，并在该锅炉岛模型中进行配置。基于“自上而下分析，自下而上设计”控制系统设计方法[21,22]以及相关空气燃烧锅炉控制方法[9,23]，富氧燃烧锅炉岛系统的闭环控制结构得以设计。设计闭环控制系统之初，需确定所研究系统的控制目标：第一，需完成空气燃烧工况与富氧燃烧工况之间的切换、负荷变化和运行干扰等工程任务；第二，为保证锅炉中燃烧的合理性，烟气中 O_2 浓度通常选为控制目标；第三，作为汽轮机系统的重要输入参数，蒸汽温度须控制在合理变化范围内。输入与输出变量可由自由度分析所决定，即动态或控制自由度与无稳态效应的输入和输出的差值，进而辨识出操作变量自由度大小和控制变量，如表4-11所示。

表4-11 主要输入/输出变量

输入			输出		
变量	名义值	单位	变量	名义值	单位
煤	218	t/h	湿烟气中 O_2 浓度	3.36	%
给水	164	t/h	炉膛出口压力	101.20	kPa
再热蒸汽	137	t/h	主蒸汽温度	598.89	℃
氧气	598	t/h	再热蒸汽温度	621.11	℃
空气	0	t/h	第二级喷水减温器出口温度	509.5	℃
循环烟气	1640	t/h			

由于生产率对控制结构的确定存在巨大影响，需慎重做决定[24]。通常，存在两种抉择生产率的准则：第一，设定为输出系统的产品流量；第二，设定为输入系统的产品流量。为满足汽轮机系统的运行负荷要求，选择给水流量作为生产率。

常规控制层(regulatory control layer)应完成两个任务[21,22]：第一，维持运行稳定，以防止系统运行偏离于名义运行工况点；第二，杜绝局部干扰以帮助高级控制层(supervisory control layer)控制干扰对主输出的影响。在富氧燃烧锅炉岛系统的常规控制层中，主要包括一些基本和简单的控制环节，即流量控制和压力控制。流量控制结构中包括蒸汽流量控制、燃烧率控制和配风控制。蒸汽流量控制用于决定发电输出量，给水和再热蒸汽通过给水进口阀(V-FW)和再热抽气进口阀(V-RS)控制。喷水流量控制可用于调节主蒸汽和再热蒸汽的温度。煤、空气、氧气和循环烟气的流量控制可在燃烧率控制结构中得以实现，进而实现炉膛内的合理燃烧。配风控制结构在于分配烟气和氧气为不同烟风在燃烧系统的应用。进入CPU 的烟气流量可通过进口阀 V-CPU 控制，氧气注入二次含氧风可通过进口阀(V-OS)控制，一次烟风和二次烟风的流量可分别通过一次风机(PA)和二次风机(PD)调节，燃烬风可通过阀门(V-OF)控制，一次风旁路可通过阀门(V-PO2)控制。压力控制确保炉膛负压运行，通过引风机(ID)的调节实现。

在高级控制层中，应建立组分、温度和比例控制结构以实现控制目标。烟气O_2浓度控制(CC_O_2)用于调节炉膛中的燃烧，即省煤器出口处湿烟气中O_2浓度可通过控制空分制氧系统所供应的总氧流量，将其控制在 2mol%～7mol%范围内。串级控制结构用于实现此控制策略，即烟气O_2组分控制为主控制，氧气总流量控制为从控制。蒸汽温度是锅炉控制系统中难以控制的运行参数之一。如图 4-5 所示，喷水减温器用于调节主蒸汽温度和再热蒸汽温度。在主蒸汽温度控制结构中，采用两级喷水减温器(AT1 与 AT2)实现温度控制过程，即第一级喷水减温器设置在高温过热器和中温过热器之间，第二级喷水减温器设置在中温过热器与低温过热器之间。第一级喷水减温器出口温度控制通过调节第一级喷水减温水流量实现，而主蒸汽温度控制通过调节第二级喷水减温水流量实现。在再热蒸汽温度控制结构中，喷水减温水流量调节过程将再热蒸汽温度控制在合理的范围之内。比例控制结构在于执行负荷变化过程，即所有流量控制器的设定点通过含有特定比例的乘法模块实现。在蒸汽控制中，需要考虑的是再热蒸汽流量与给水流量的比例。对于燃烧率控制，需确定氧气流量、循环烟气流量、CPU 进口烟气流量与煤流量之间的比例，从而维持一个合适的风量与燃料比例。在配风控制中，循环烟气流量与氧气流量应在一次风和二次风中分配合适的比例。

完成上述控制系统设计步骤后，可得到如图 4-5 所示的富氧燃烧锅炉岛系统的详细控制结构。在所建立的控制系统中，包含 15 个流量控制、1 个压力控制、1 个组分控制、3 个温度控制及 10 个比例控制。至此，可将该富氧燃烧锅炉岛系统动态模型及其闭环控制系统用于不同运行工况和策略下的动态特性研究。

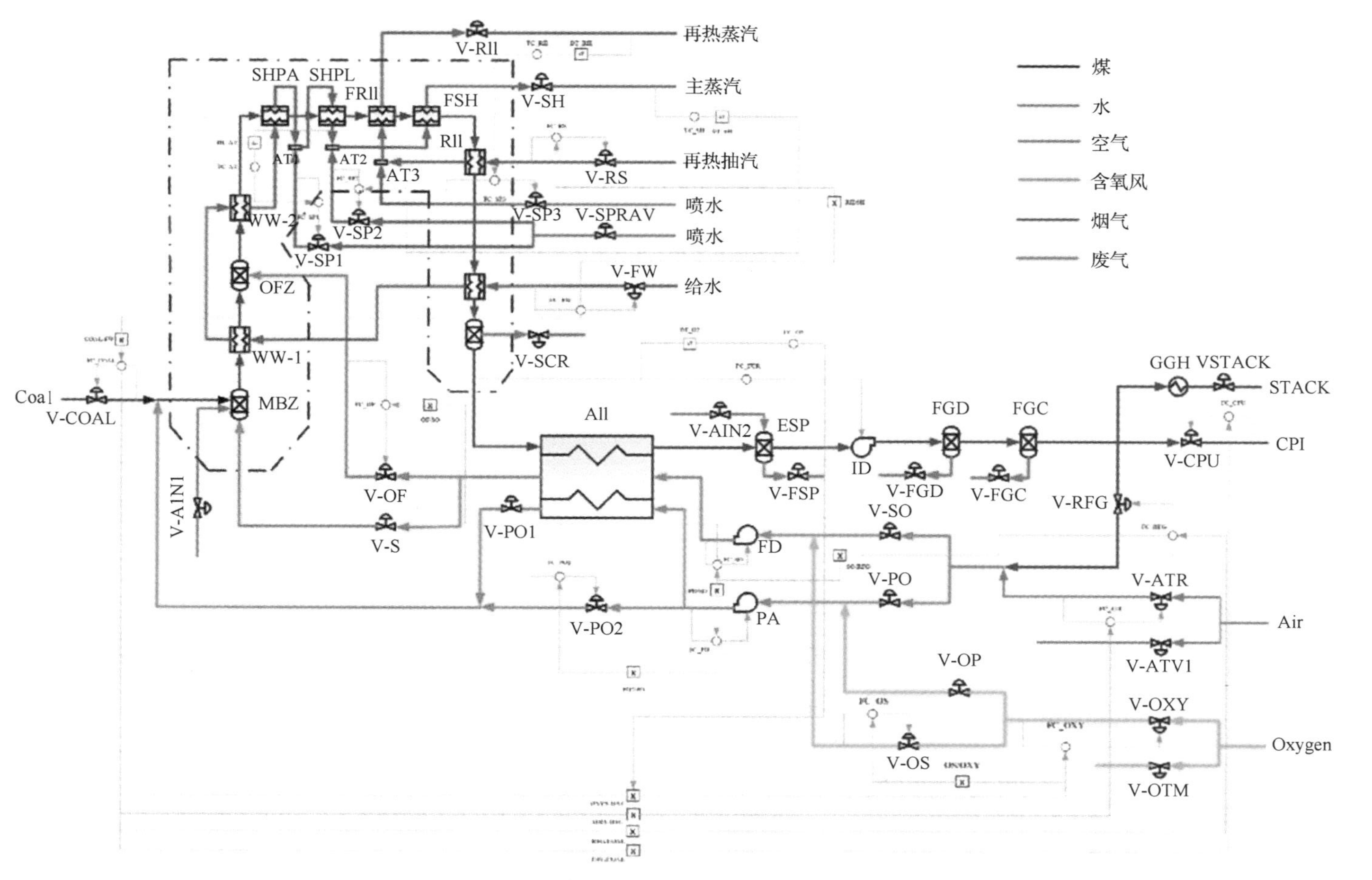

图4-5　基于烟气氧浓度(CC_O$_2$)的富氧燃烧锅炉岛控制

4.2.2 富氧燃烧锅炉岛动态特性

为分析富氧燃烧锅炉岛系统的动态特性，将负荷变化与运行干扰工况(包括ASU 的氧气产品纯度和炉膛漏风变化)的运行指令作为动态模型的输入，对关键运行参数，如蒸汽温度、烟气组分、烟风中氧气浓度及炉膛出口压力作为输出指标进行跟踪。

1)负荷变化

由于 ASU 的最大负荷变化率和负荷变化范围有所约束，在 100%与 80%的负荷变化过程中，采用 2%/min 的升降负荷率，通过同时操纵锅炉给水流量控制和燃烧率控制结构得以实现。如图 4-6 所示，锅炉给水流量和煤流量在第 10min 开始从 100%负荷降负荷，经过 10min 降负荷过程和 10min 稳定过程，在第 30min 时开始从 80%负荷升负荷，从而表征锅炉岛负荷变化过程。在此过程中，其他烟风物流，包括氧气、循环烟气和进入 CPU 的烟气，也在比例控制结构下发生相应的变化。在 ASU 和 CPU 中，相应的负荷变化率分别为 2.03%/min 和 2.00%/min。图 4-7 与图 4-8 展示了负荷变化下水侧和烟气侧的动态变化，主要包括蒸汽温度、烟气组分、氧气浓度及炉膛出口压力的动态响应过程。

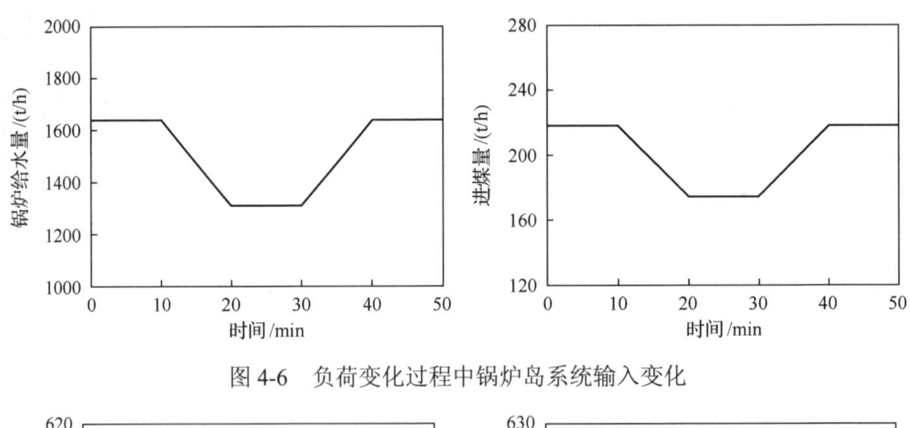

图 4-6　负荷变化过程中锅炉岛系统输入变化

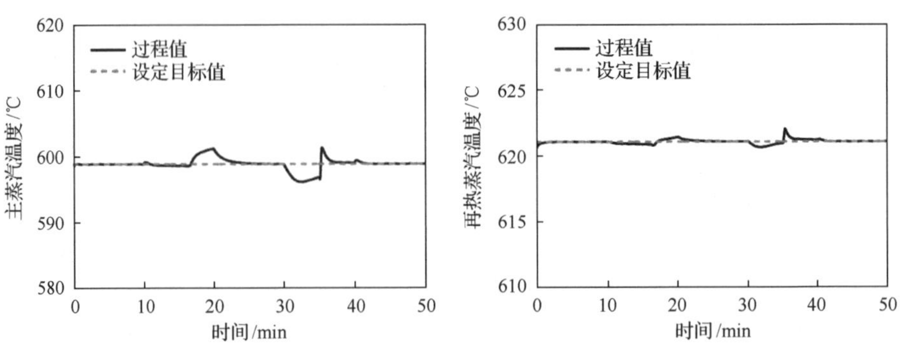

图 4-7　负荷变化工况中锅炉岛水侧蒸汽温度的动态响应

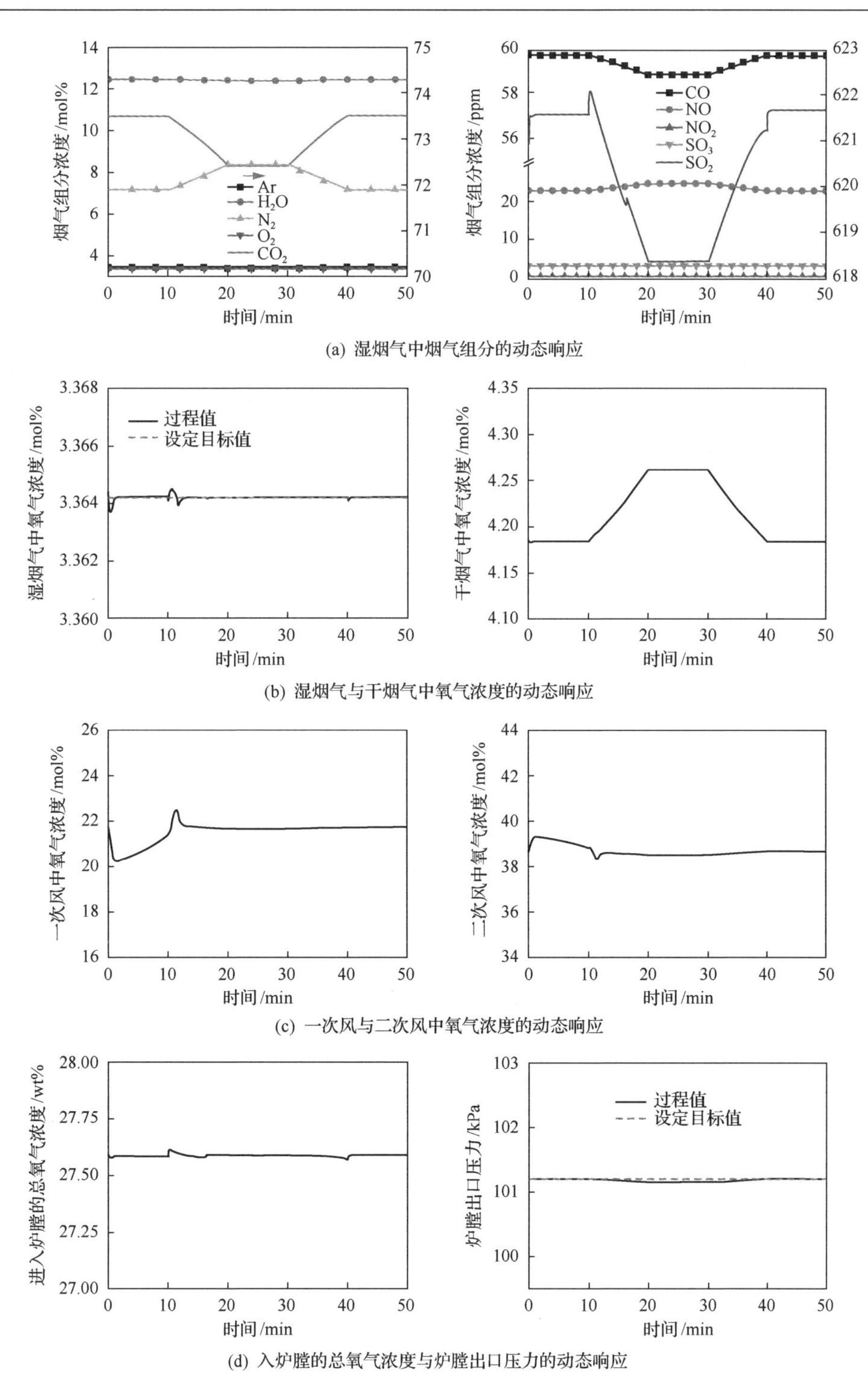

图 4-8　负荷变化工况中锅炉岛烟气侧各运行参数的动态响应

蒸汽温度在主喷水减温控制阀(V-SP1)和从喷水减温控制阀(V-SP2)的反馈控制作用下出现相应的波动，且蒸汽温度重新恢复至其设定值的时间均小于10min。当比较两蒸汽温度的动态响应时，可发现再热蒸汽温度偏差(即变量实时值与设定值之间的差值)的变化幅度要小于主蒸汽温度偏差的变化幅度。主蒸汽温度偏差的变化范围在–3～+3℃，而再热蒸汽温度偏差的变化范围在–0.5～+1℃。另外，两蒸汽温度在第30～40min的升负荷过程的变化较其在第10～20min的降负荷过程的变化更为剧烈。

烟气侧在负荷变化工况下各运行参数的动态响应如图4-8所示。烟气氧气浓度、配风中氧气浓度及炉膛出口压力表现出不同的动态特性。针对图4-8(a)中烟气组分的变化而言，CO_2浓度与N_2浓度变化呈现出相反的趋势，与此同时，SO与CO跟随CO_2浓度的变化而变化，而NO跟随N_2的变化而变化。在图4-8(b)中的左图中，湿烟气中氧气浓度尽管在第10～15min存在波动，但其值控制在3.36mol%左右，而干烟气中氧气浓度(图4-8(b)中的右图)与负荷变化呈现相反的趋势。在降负荷过程中，干烟气中氧气浓度的增加将对CPU的运行产生不利影响。如图4-8(c)所示，针对烟风物流中氧气浓度而言，一次风中氧气浓度与二次风中氧气浓度呈现出类似的动态响应，即两者在第0～15min均表现出波动，均跟随负荷的变化。由于一次风和二次风中氧气均来源于ASU中的氧气产品，一次风中氧气浓度在波动中表现出与二次风中氧气浓度相反的趋势。图4-8(d)中左图展示了入炉膛总氧气浓度的动态响应，其理论计算公式如下：

$$\lambda_{O_2,\text{Total}} = \frac{M_{PO} \cdot \lambda_{O_2,PO} + M_{SO} \cdot \lambda_{O_2,SO}}{M_{PO} + M_{SO}} \tag{4-8}$$

其中，λ为氧气质量浓度；M为质量流量；PO和SO分别表示一次风和二次风物流，这些数据可通过跟踪一次风和二次风的氧气浓度与质量流量获得。入炉膛总氧气浓度在升负荷和降负荷过程中表现出一定的波动，且在27.57mol%～27.61mol%范围内。另外，炉膛出口压力表现出跟随负荷变化的特性，且与引风机的运行特性相关。

2) 氧气纯度变化工况

为保持富氧燃烧与空气燃烧之间炉膛内相似的热量分布，必须确保ASU的氧气产品和循环烟气形成的混合物中的总氧气浓度达到30%及以上的体积分数[25]。由于混合物中氧气来源于ASU，其浓度受到ASU中氧气产品纯度的影响。为研究ASU中氧气产品纯度对锅炉岛系统运行的影响，选定95mol%～99mol%的宽范围作为运行区域。为耦合锅炉岛系统与ASU之间的运行，选择与锅炉岛系统一致的负荷变化速率，并运用至ASU中氧气产品纯度控制器的设定点。如图4-9所示，氧气产品纯度在第 10min 开始以 0.2%/min 的速率变化，而在第 30min 结束。与氧气纯度变化趋势相反，氧气流量减少了 4.62%，变化速率为 0.23%/min。这表明，ASU 在此过程中受氧气纯度斜率增加及氧气流量减少的干扰。

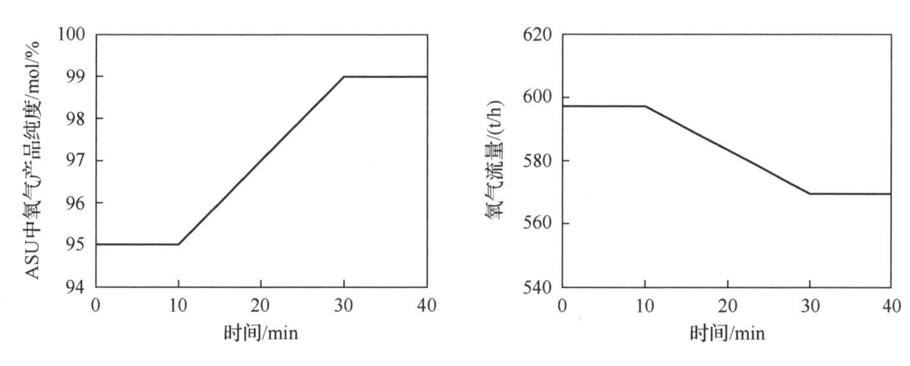

图 4-9　氧气纯度斜率变化和氧气流量的动态响应

与负荷变化类似，烟气组分、氧气浓度、炉膛出口压力与蒸汽温度随氧气浓度变化的详细动态响应如图 4-10 与图 4-11 所示。高氧气浓度导致高 CO_2 浓度和低 N_2 与 Ar 浓度，SO_x 与 CO 跟随 CO_2 的变化而变化，NO_x 跟随 N_2 的变化而变化。CO 浓度跟随 CO_2 浓度变化逐渐增加，这归因于在富氧燃烧煤粉炉中煤焦在富集 CO_2 气氛下气化反应的加强。湿烟气与干烟气中氧气浓度表现出不一样的动态响应，湿烟气中氧气浓度在第 10～15min 出现一定的波动，干烟气中氧气浓度则呈现出近似线性增加趋势。一次风与二次风中氧气浓度在初始状态下和第 0～15min 过程中表现出波动，进而跟随氧气纯度的变化而变化。对于入炉膛总氧气浓度，按照式(4-8)进行计算，发现其动态响应呈现出近似的斜率增加趋势，从 27.58mol% 增加至 27.88mol%。尽管炉膛出口压力出现略微减少，但一直保持炉膛处于负压运行状态。

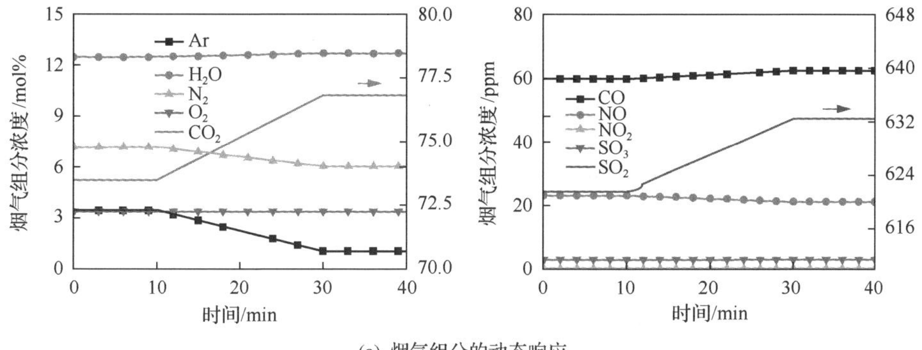

(a) 烟气组分的动态响应

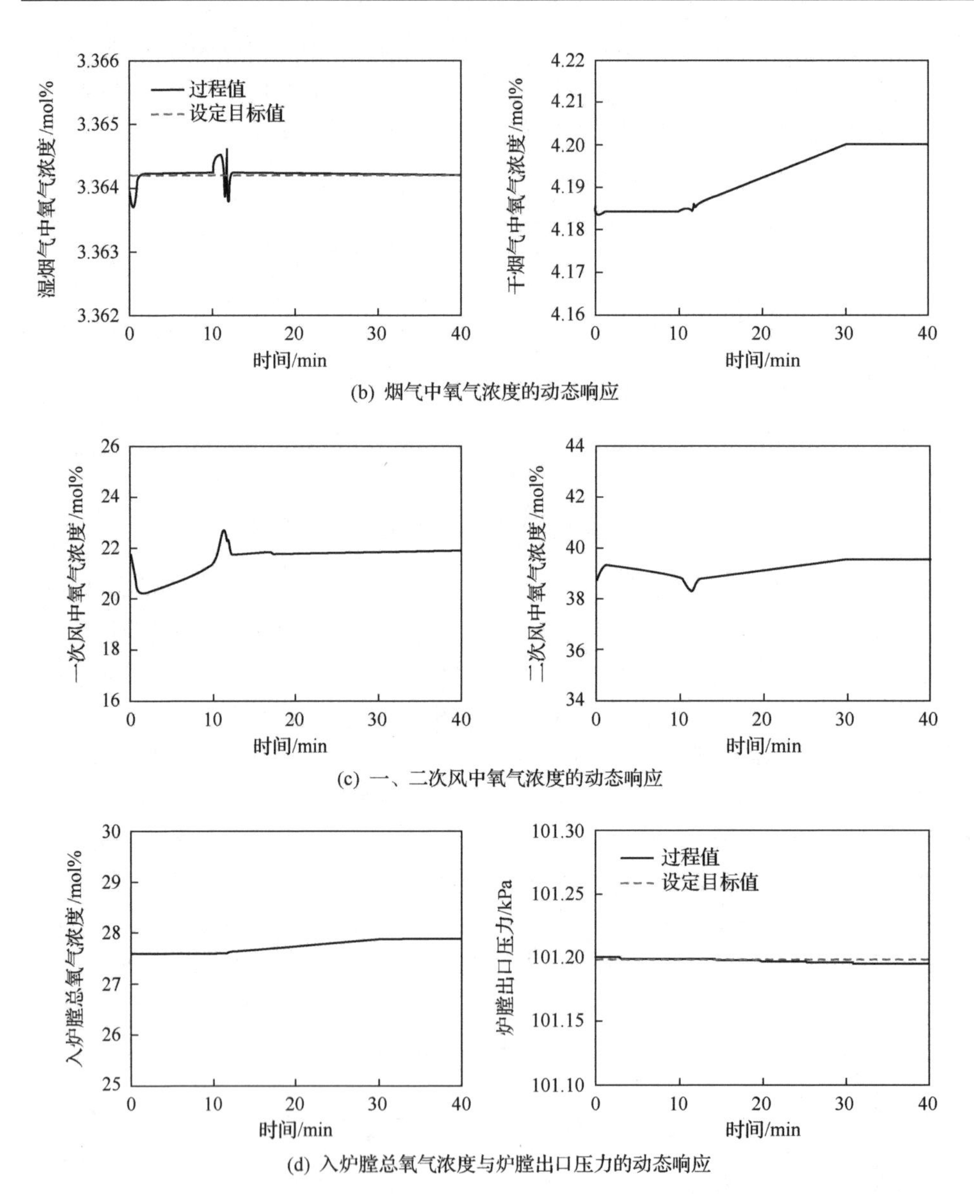

(b) 烟气中氧气浓度的动态响应

(c) 一、二次风中氧气浓度的动态响应

(d) 入炉膛总氧气浓度与炉膛出口压力的动态响应

图 4-10　氧气纯度(ASU)变化工况下锅炉岛烟气侧各运行参数的动态响应

与氧气浓度变化相反，锅炉水侧的蒸汽温度变化则表现出较为温和的动态响应。主蒸汽温度与再热蒸汽温度均在初始状态和第 10～15min 出现一定的波动，主蒸汽温度的变化较再热蒸汽的变化而言，更快达到设定值。

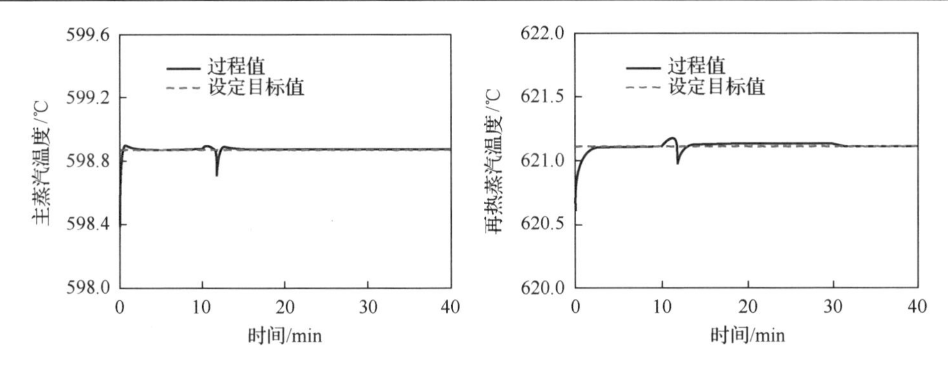

图 4-11　氧气纯度(ASU)变化工况下锅炉水侧蒸汽温度的动态响应

3) 漏风阶跃变化工况

当锅炉在负压下运行时，系统中漏风时常发生，难以避免。如 2.3 节所讨论，漏风量为烟气量的 2%，其中 1/3 来源于炉膛，而 2/3 来源于烟风系统。在此，炉膛漏风阶跃变化用于研究锅炉运行在漏风下的动态特性。如图 4-12 所示，在第 10min 给予炉膛漏风 50%阶跃指令。来源于 ASU 的氧气流量减少约 0.29%，从 597.15t/h 变化至 595.42t/h，这主要在于漏风给锅炉岛系统带来了更多的氧量。这表明 ASU 需要满足氧气流量的阶跃变化，同时需维持氧气纯度。

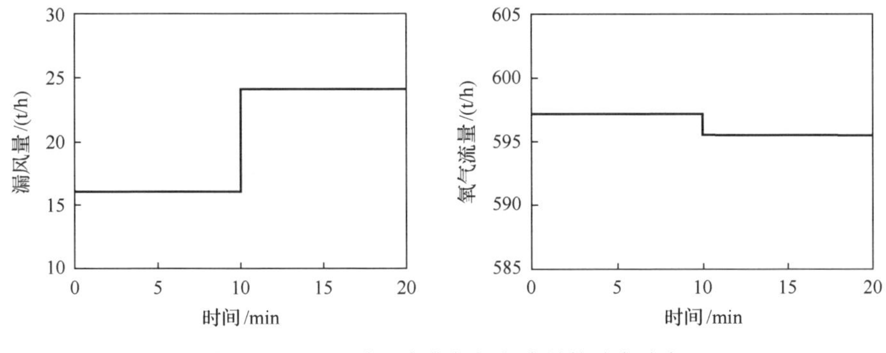

图 4-12　漏风阶跃变化与氧气流量的动态响应

图 4-13 呈现出锅炉水侧主蒸汽温度与再热蒸汽温度的动态响应。蒸汽温度在第 10～15min 呈现些许波动，且时间常数(即过程值回归至其设定值所需的时间)约为 3min。图中蒸汽温度的变化峰值主要归因于炉膛中燃烧加强，从而释放出更多的热量。

在锅炉烟气侧，漏风阶跃变化工况下的动态响应如图 4-14 所示。在图 4-14(a)中，CO_2 浓度从 73.50mol%减少至 72.60mol%，N_2 浓度从 7.16mol%增加到 8.17mol%，且 SO_2 浓度从 621.54ppm 减少到 617.81ppm。另外，NO_x 浓度跟随 N_2 浓度的变化而变化，而 SO 与 NO 的浓度跟随 SO_2 浓度的变化而变化。对于湿烟

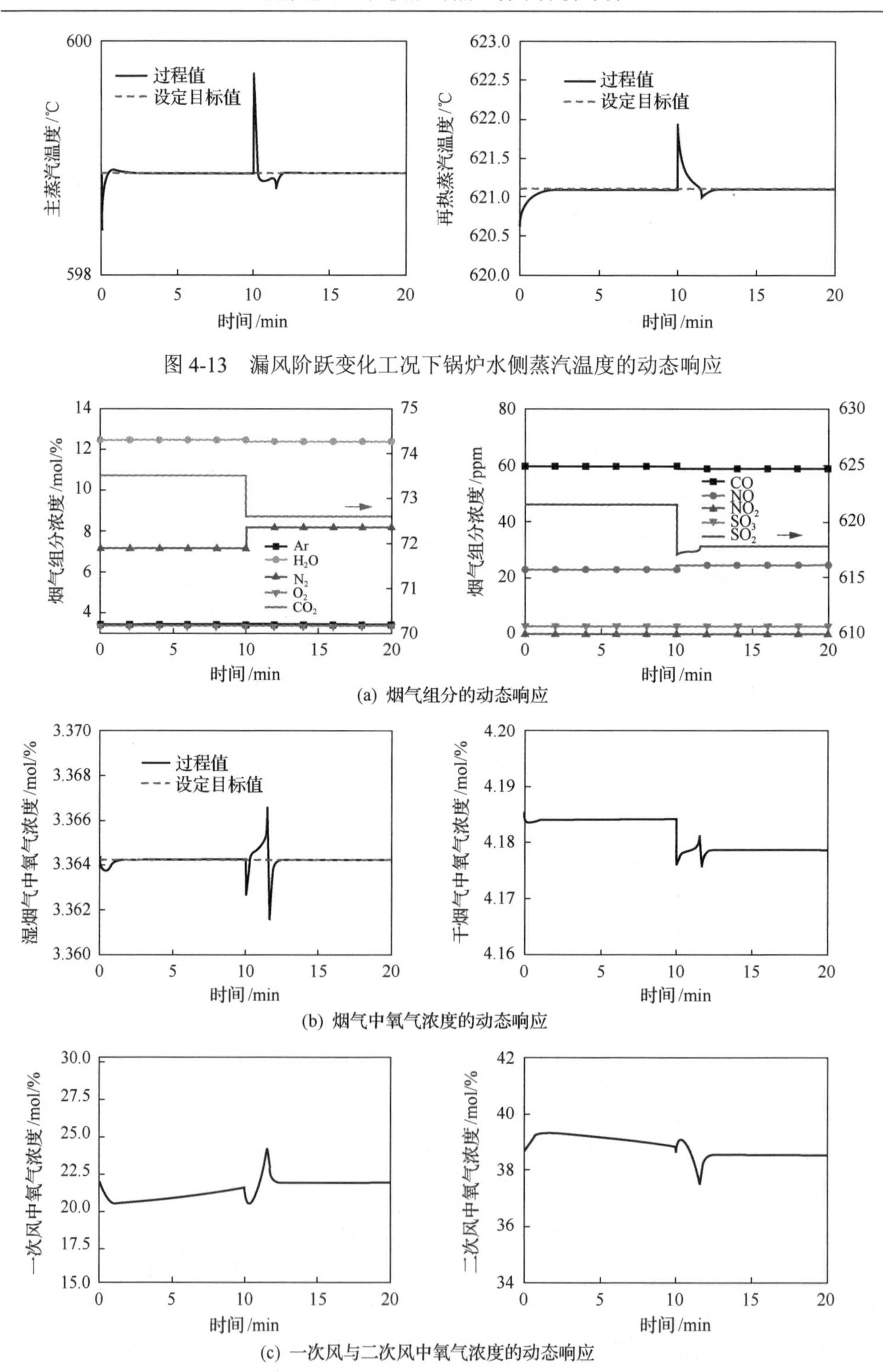

图 4-13　漏风阶跃变化工况下锅炉水侧蒸汽温度的动态响应

(a) 烟气组分的动态响应

(b) 烟气中氧气浓度的动态响应

(c) 一次风与二次风中氧气浓度的动态响应

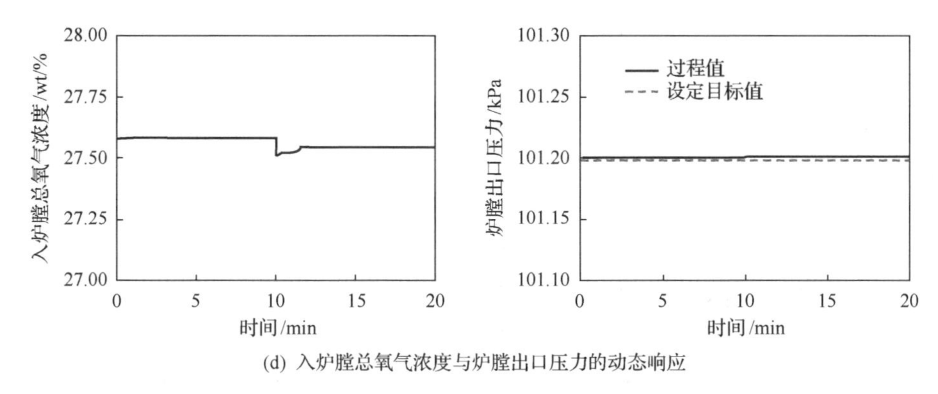

(d) 入炉膛总氧气浓度与炉膛出口压力的动态响应

图 4-14　漏风阶跃变化工况下锅炉烟气侧的动态响应

气、干烟气、一次风与二次风中氧气浓度，其时间参数均在 2.5min 左右。尽管干烟气氧气浓度出现微小的减少，但其动态响应与湿烟气氧气浓度的动态响应均表现出良好的鲁棒性。在漏风工况下，一次风与二次风氧气浓度表现出相反的变化趋势，两者均会有略微的减少。由于 ASU 的氧气流量减少，入炉膛总氧气浓度也出现一定量的减少。在压力控制器作用下，尽管炉膛出口压力有略微偏差，但获得了较好的动态响应。

4.2.3　富氧–空气燃烧工况切换

在空气燃烧和富氧燃烧两种燃烧工况之间切换的运行经验对于工业规模富氧燃烧电站的商业运行与示范极为重要[26,27]。富氧燃煤电站通常从空气燃烧工况开始启动，待空气燃烧工况运行稳定后切换至富氧燃烧工况，最终切换至空气燃烧工况并停炉[28]。为实现空气燃烧工况与富氧燃烧工况之间的切换，采用一种阶段式切换策略与部分控制策略。阶段式切换策略的含义为空气流量的控制以同一阀门开度变化速率实现，而氧气与循环烟气流量在不同阶段采用不同的阀门开度变化速率来实现。在部分控制策略中，燃料流量控制用于维持煤的流量，烟气中氧气浓度则通过串级控制结构作用至总氧进口阀门(V-OXY)，以保证湿烟气中氧气浓度维持在 2mol%～7mol%范围之内，而其他控制结构则设定为开环控制。另外，一些任务模块用于操作其对应的阀门(V-RFG 与 V-AIR)。在所采用的切换与控制策略下，燃烧工况之间的切换可在 17min 内实现，具体实现步骤及其过程动态响应阐述如下。

1) 富氧燃烧工况切换至空气燃烧工况

如图 4-15(a)所示，阶段式切换策略在第 3～20min 内运用到富氧燃烧工况切换至空气燃烧工况。其含义为在不同切换阶段(3～10min 时间段与 10～20min 时间段)以不同的阀门(V-RFG 与 V-OXY)开度变化速率来调控氧气与循环烟气的流量，与此同时，空气流量使用同一阀门(V-AIR)开度变化速率来调控。空气阀门从开度 0 以常变化速率开大至最大开度 80%，循环烟气阀门从最大阀门开度 80%在 3～10min 与 10～20min 两个时间段内分别以 10.36%/min 与 0.75%/min 的开度变化速率变化至关闭，而总氧进口阀门则是在 CC_O_2 控制结构的作用下以满足湿烟气中氧气浓度为目标而呈现出如图 4-15(b)所示的响应曲线。在锅炉烟气侧，过程参数的动态响应如图 4-15(b)～图 4-15(d)所示。从图 4-15(b)中看出，尽管烟气中氧气浓度出现些许波动，但表现出强劲的动态响应，过程值始终保持在 3.36mol%左右。与文献[29]中类似，湿烟气组分表现出近似 s 曲线的趋势，如图 4-15(c)所示。在 4-15(c)中左图可发现，CO_2 浓度从 73.50mol%减少至 13.62mol%，而 N_2 浓度从 7.16mol%增加至 74.49mol%。在 4-15(c)右图中，NO 与 SO 浓度跟随 CO_2 浓度的变化而变化，NO_x 浓度跟随 N_2 浓度的变化而变化。基于空气、氧气与循环烟气的变化，一次风与二次风中氧气浓度的变化如图 4-15(d)所示。一次风中氧气浓度在 20mol%～27mol%范围内变化，在第一阶段内逐渐增加，而在第二阶段内减少至空气工况下的浓度。二次风氧浓度在 20mol%～40mol%范围内变化，且在初始时出现增加，接着减少至空气燃烧工况下的值。一次风与二次风中氧气浓度的变化主要归结于循环烟气与氧气流量的变化。

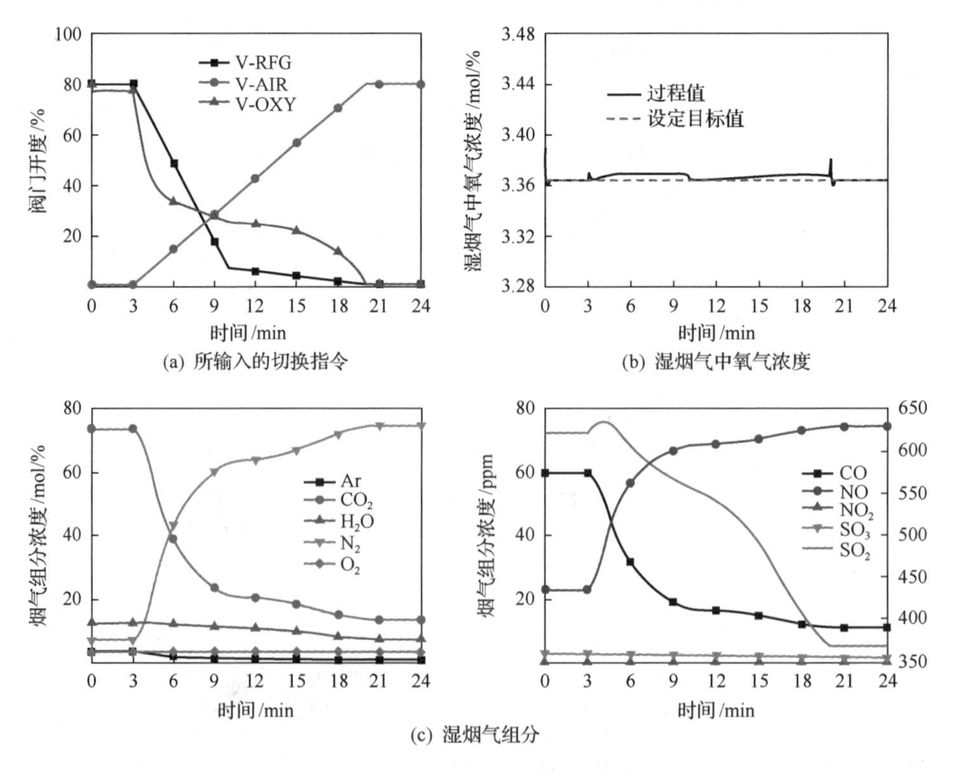

(a) 所输入的切换指令　　(b) 湿烟气中氧气浓度

(c) 湿烟气组分

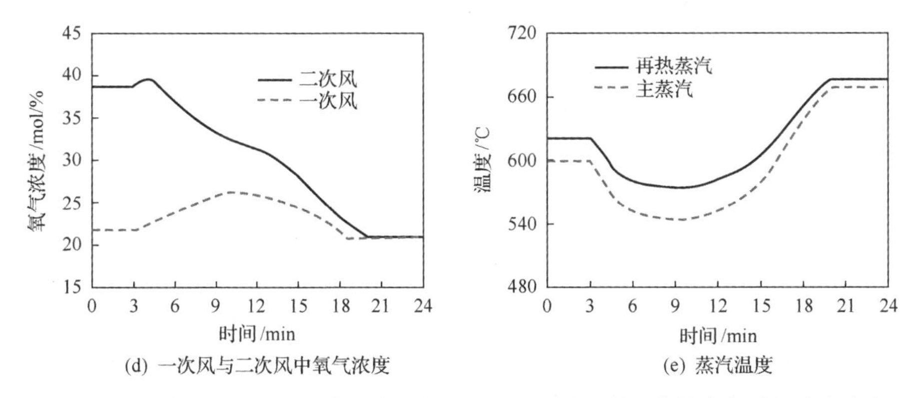

(d) 一次风与二次风中氧气浓度　(e) 蒸汽温度

图 4-15　富氧燃烧工况切换至空气燃烧工况下所输入的切换指令与过程动态响应

在锅炉水侧，蒸汽温度变化如图 4-15(e)所示。主蒸汽温度与再热蒸汽温度在第一阶段逐渐降低至相应的最低值，接着在第二阶段升高并超过相应的设定值，这些动态特征主要与进入炉膛的烟风量、燃烧过程中产生的烟气体积及气体的热容相关。需要指出的是，这些蒸汽温度的动态响应来源于蒸汽温度控制，即其对应的控制结构均处于手动状态。幸运的是，这些结果仍然可用于指导实际运行。在切换的第一阶段，喷水控制阀门应逐步关小以维持两蒸汽的温度，与此同时，当蒸汽温度高于设定值时，更多的冷喷水应注入减温器中以用于在第二阶段调节两蒸汽的温度。通入上述手动运行调节，蒸汽温度可回归至它们的设定值。总体而言，富氧燃烧工况切换至空气燃烧工况可成功实现，且可获得许多实用的运行信息。

2)空气燃烧工况切换至富氧燃烧工况

富氧燃烧工况切换至空气燃烧工况之后，设定空气燃烧稳定工况为初始点(即第 0 时刻)，图 4-16(a)为将空气燃烧工况切换至富氧燃烧工况，在第 3～20min 时间内采用的分阶段切换策略实施。与上述切换类似，其含义为在不同切换阶段(3～13min 时间段与 13～20min 时间段)以不同的阀门(V-RFG 与 V-OXY)开度变化速率来调控氧气与循环烟气的流量，而空气流量使用同一阀门(V-AIR)开度变化速率来调控。空气阀门从最大开度 80%以常变化速率关小至开度 0，循环烟气阀门从阀门开度 0 在 3～13min 与 13～20min 两个时间段内分别以 0.75%/min 与 10.36%/min 的开度变化速率逐步开大，而氧气进口总阀门则是在 CC_O_2 控制结构的作用下以满足湿烟气中氧气浓度为控制目标，从而呈现出如图 4-16(b)所示的响应曲线。

在锅炉烟气侧，图 4-16(b)～(d)展示了系统过程参数的动态响应。在图 4-16(b)中，烟气中氧气浓度在切换过程中低于设定目标值，但其过程值始终保持在 3.36mol%左右，表现出较强的鲁棒性。如图 4-16(c)所示，尽管湿烟气组分也呈现出 s 曲线的趋势，但与富氧燃烧工况切换至空气燃烧工况变化趋势相反，其组分逐渐回归至富氧燃烧工况，即 CO_2 浓度从 13.63mol%增加至 73.50mol%，而 N_2 浓度从 74.49mol%降低至 7.16mol%。在 4-16(c)右图中，NO 与 SO 浓度跟随 CO_2 浓度的变化而变化，NO_x 浓度跟随 N_2 浓度的变化而变化。图 4-16(d)中，一次风中氧气浓度在 20mol%～27mol%范围内变化，在富氧燃烧工况下其值有所提升，具体表现为在第一阶段内逐渐增加，而在第二阶段内减少至富氧燃烧工况下的浓度。二次风中氧气浓度在 20mol%～40mol%范围内变化，经切换后其值显著增加，呈现出类似线性变化趋势，最后变化至富氧燃烧工况下的值。一、二次风中氧气浓度的变化主要归结于循环烟气与氧气流量的变化。

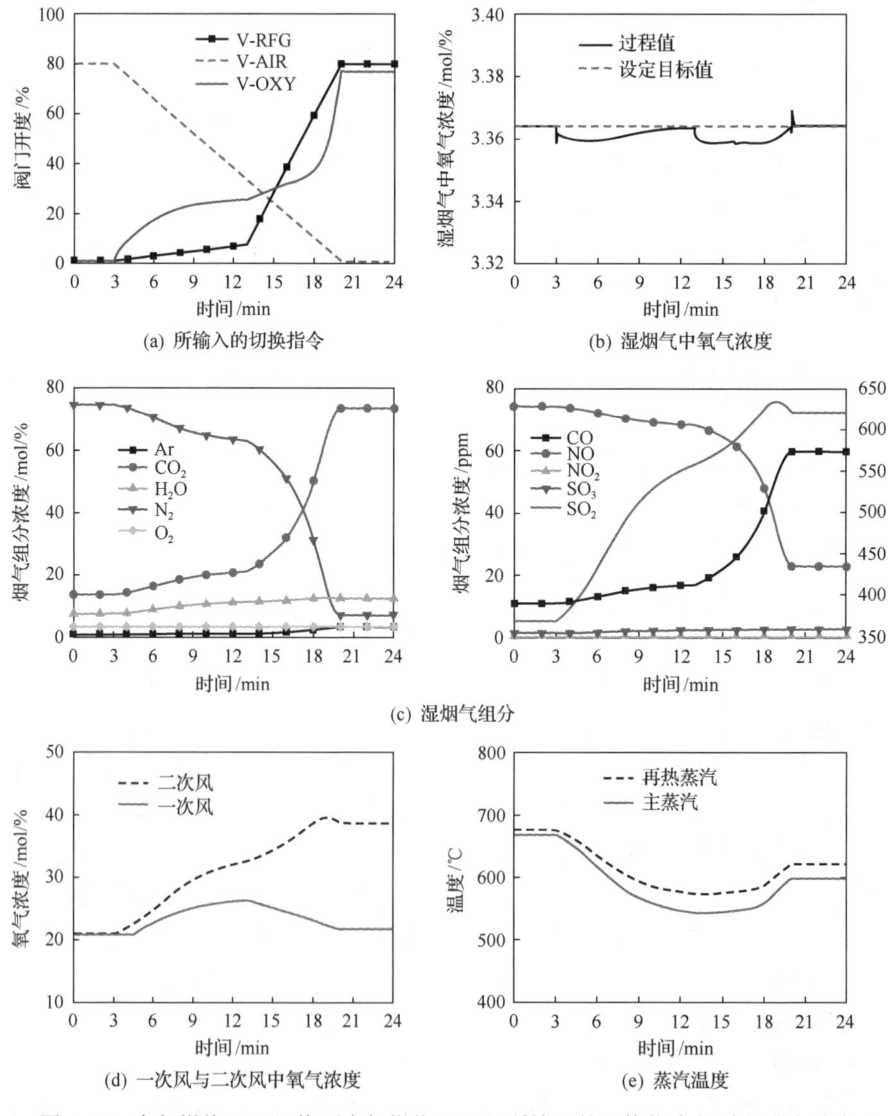

(a) 所输入的切换指令　　(b) 湿烟气中氧气浓度

(c) 湿烟气组分

(d) 一次风与二次风中氧气浓度　　(e) 蒸汽温度

图 4-16　空气燃烧工况切换至富氧燃烧工况下所输入的切换指令与过程动态响应

在锅炉水侧，如图 4-16(e) 所示，系统蒸汽温度变化与富氧燃烧工况切换至空气燃烧工况下的蒸汽温度变化相反。由于进入炉膛的烟风量、燃烧过程中产生的烟气体积以及气体的热容在切换过程中的相互作用，主蒸汽温度与再热蒸汽温度在第一阶段逐渐降低至相应的最低值，接着在第二阶段升高并回归至富氧燃烧工况下相应的设定值。需要指出的是，这些蒸汽温度的动态响应来源于蒸汽温度控制，即对应的控制结构均处于手动状态。与富氧燃烧工况切换至空气燃烧工况类似，可根据这些结果指导实际运行。在切换的第一阶段，当蒸汽温度高于设定值时，喷水控制阀门应逐步开大，而当蒸汽温度低于设定值时，则应逐步关小喷水控制阀门以维持两蒸汽的温度。与此同时，在第二阶段时，应减少注入减温器中的冷喷水以调节两蒸汽的温度。通过上述手动运行调节，蒸汽温度可回归至它们的设定值。总体而言，富氧燃烧工况切换至空气燃烧工况可在 17min 内平稳实现，且能获得许多实用的运行信息。

4.2.4　控制方案比较

循环烟气的引入，增加了操作变量与控制变量之间匹配的自由度，从而使系统的控制结构设计存在多种方案，需对其控制结构进行优选。氧气浓度控制结构中从控制可作用至循环烟气流量、ASU 的氧气流量、氧气与循环烟气的比例，进而可形成其他形式的控制结构，本节设计了入炉膛总氧气浓度控制作为另外一种燃烧控制策略。如图 4-17 所示，一种基于入炉膛总氧气浓度(式(4-8))的控制结构，可用于实现富氧燃烧锅炉的燃烧控制，本质在于通过调节来源于 ASU 的总氧量实现入炉膛总氮浓度目录。在入炉膛总氧气浓度控制结构中，一次风和二次风中的质量流量与氧气浓度均需加以测量来作为式(4-8)的输入。所计算的入炉膛总氧气浓度直接作为组分串级结构过程输入量，主控制为入炉膛总氧气浓度的组分控制，而从控制为总氧气注入量的流量控制。

1) 负荷变化工况

为辨识两种控制策略(CC_O_2 与 CC_OXY)的差别，这里在负荷变化和氧气纯度变化工况下，对两者的动态响应进行了表征、比较与分析。表征负荷变化的输入量变化(图 4-6)与烟气氧气浓度控制的情形一致，且两种控制策略下的动态响应如图 4-18 所示。在两种控制策略下，系统既表现出类似的动态响应，也表现出不同的特征。在锅炉水侧蒸汽温度，两者表现出一致的动态特性。在烟气侧，尽管烟气中氧气浓度、一次风与二次风中氧气浓度及炉膛出口压力呈现出类似的变化，但两者仍存在其他不同现象。相似之处在于两者中控制变量均以同样的趋势在合理范围内变化。对烟气中氧气浓度控制而言，CC_O_2 比 CC_OXY 更具控制鲁棒性，因为在 CC_OXY 控制下其烟气中氧气浓度波动更多。

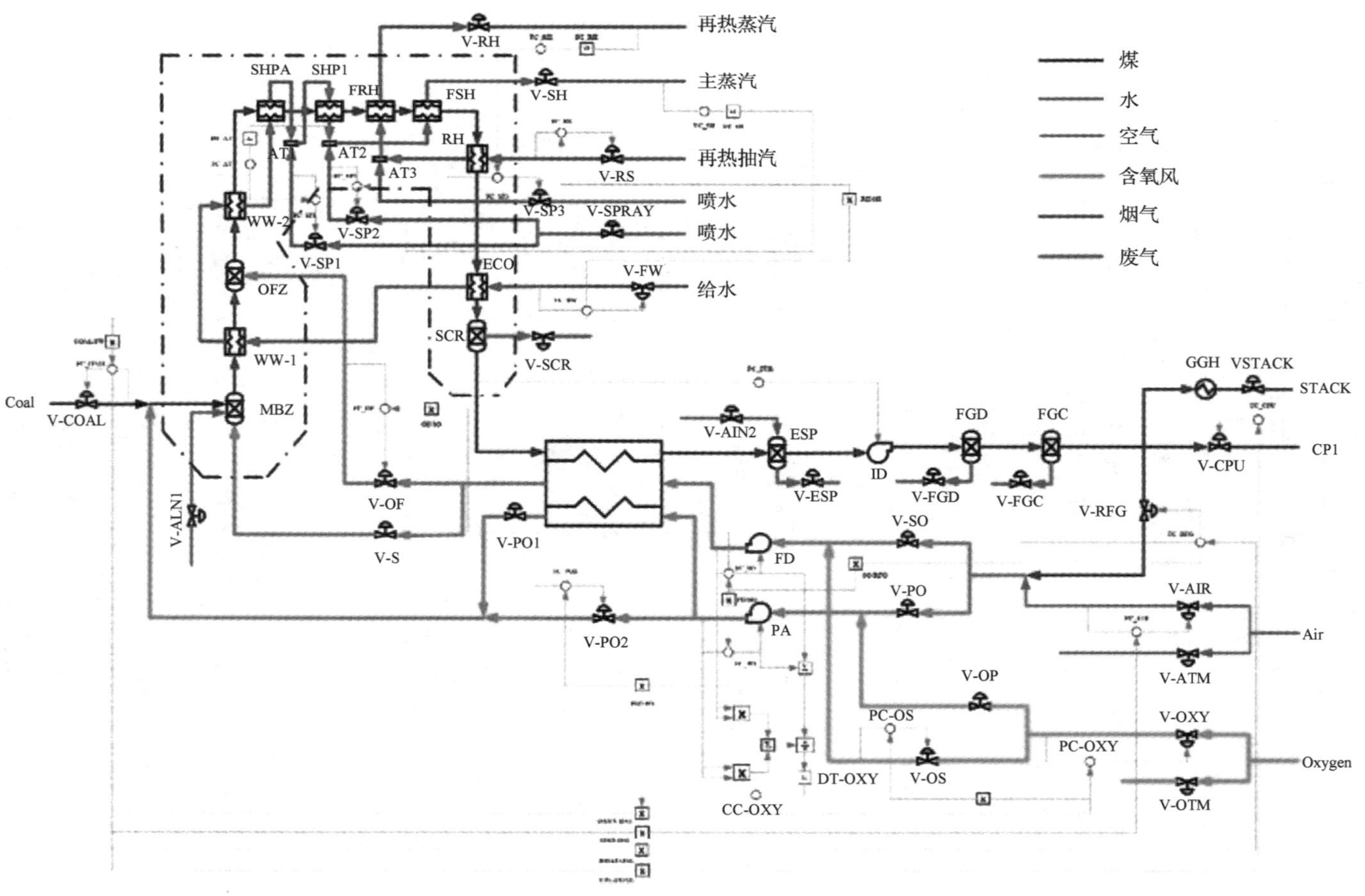

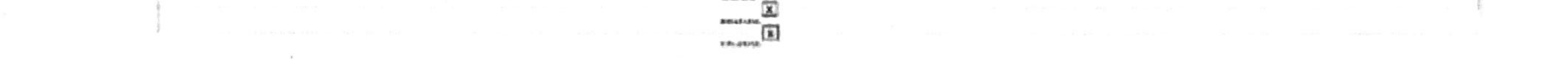
图4-17 基于入炉膛总氧气浓度控制(CC_OXY)的富氧燃烧锅炉岛系统控制结构

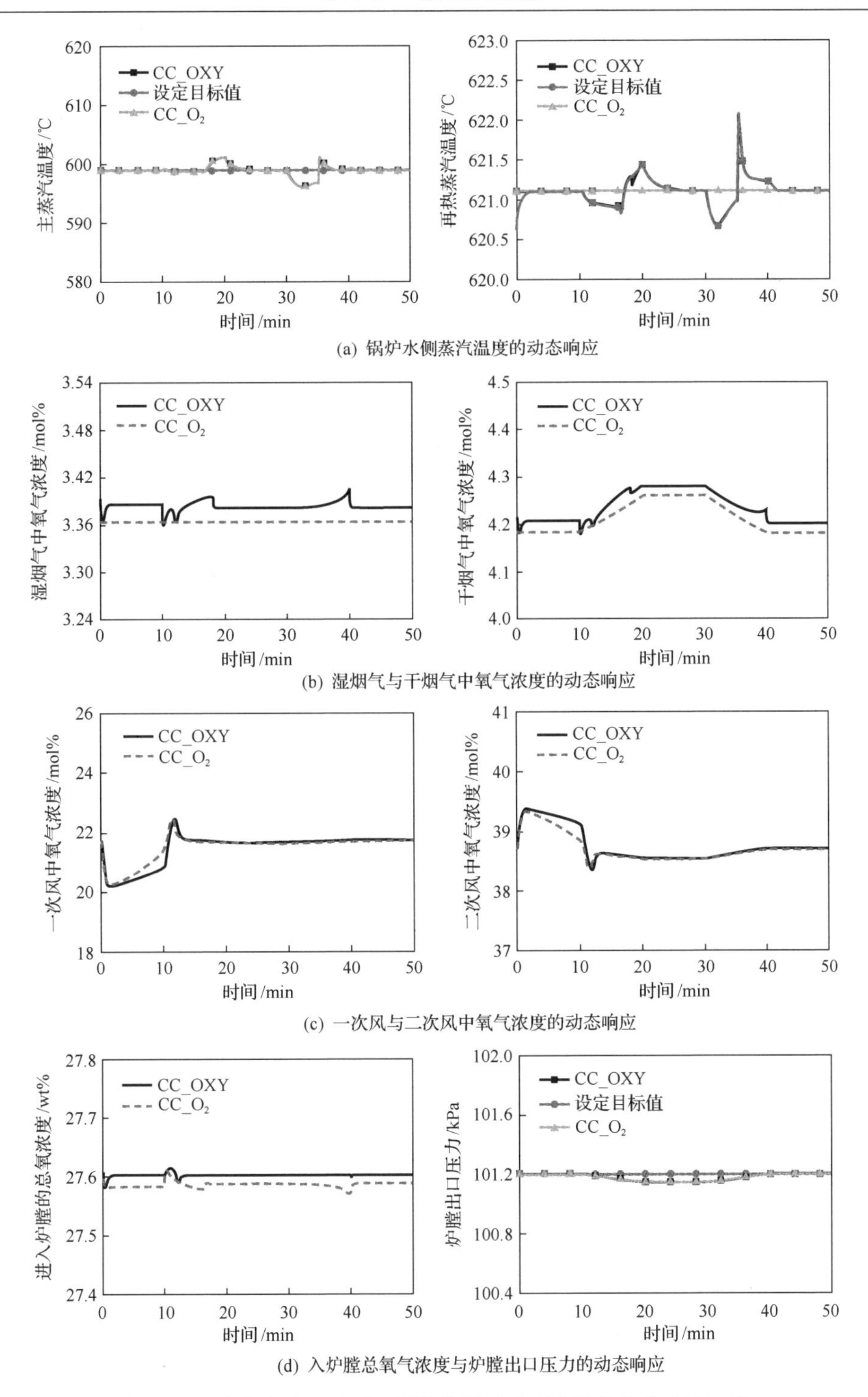

(a) 锅炉水侧蒸汽温度的动态响应

(b) 湿烟气与干烟气中氧气浓度的动态响应

(c) 一次风与二次风中氧气浓度的动态响应

(d) 入炉膛总氧气浓度与炉膛出口压力的动态响应

图 4-18　负荷变化工况下，两种控制策略下系统动态响应的比较

从湿烟气中氧气浓度实时变化的角度来看，烟气组分将直接影响 CPU 的运行性能，CC_O_2 的控制效果更好。对于配风中氧气浓度的动态行为，CC_O_2 在降负荷阶段比 CC_OXY 控制得要好，而在升负荷过程中与 CC_OXY 表现一致。入炉膛总氧气浓度在 CC_O_2 控制结构下变化波动更为剧烈，但其浓度值要偏小，原因是没有对该浓度进行控制。

2) 氧气纯度变化工况

与氧气纯度变化趋势相反，氧气流量在 CC_OXY 的控制结构下以 0.25%/min 的速率减少了 4.99%，而在 CC_O_2 的控制结构下以 0.23%/min 的速率减少了 4.62%。尽管在 CC_OXY 的控制结构下氧气需求量有所减少，意味着 ASU 中的能耗会有相应的减少，但这会增加对氧气产品纯度与氧气流量的控制要求。进而，在 CC_OXY 控制下的供氧量偏少，导致如图 4-19 所示的其他烟风中氧气浓度的减小。对湿烟气与干烟气中氧气浓度的变化，CC_OXY 控制结构中湿烟气与干烟气的氧气浓度分别较 CC_O_2 控制结构中的相应值低约 0.33%和 0.37%，这是因为两烟气中的 CO_2 浓度分别增加了 0.28%和 0.34%。另外，在 CC_OXY 中，这些氧气浓度变化都近似表现为线性降低。由于在 CC_O_2 中需氧量较多，在运行干扰结束后，一次风与二次风中氧气浓度较 CC_OXY 中的值分别高 0.35%与 0.28%。对于入炉膛总氧气浓度，CC_O_2 近似呈现出线性增加，从 27.58mol%变为 27.88mol%，

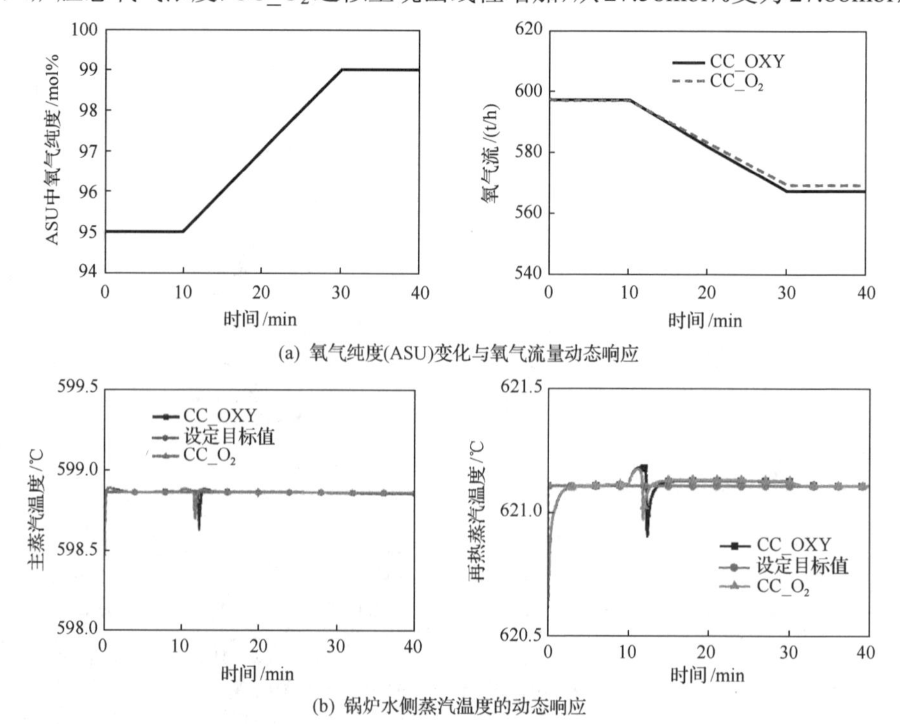

(a) 氧气纯度(ASU)变化与氧气流量动态响应

(b) 锅炉水侧蒸汽温度的动态响应

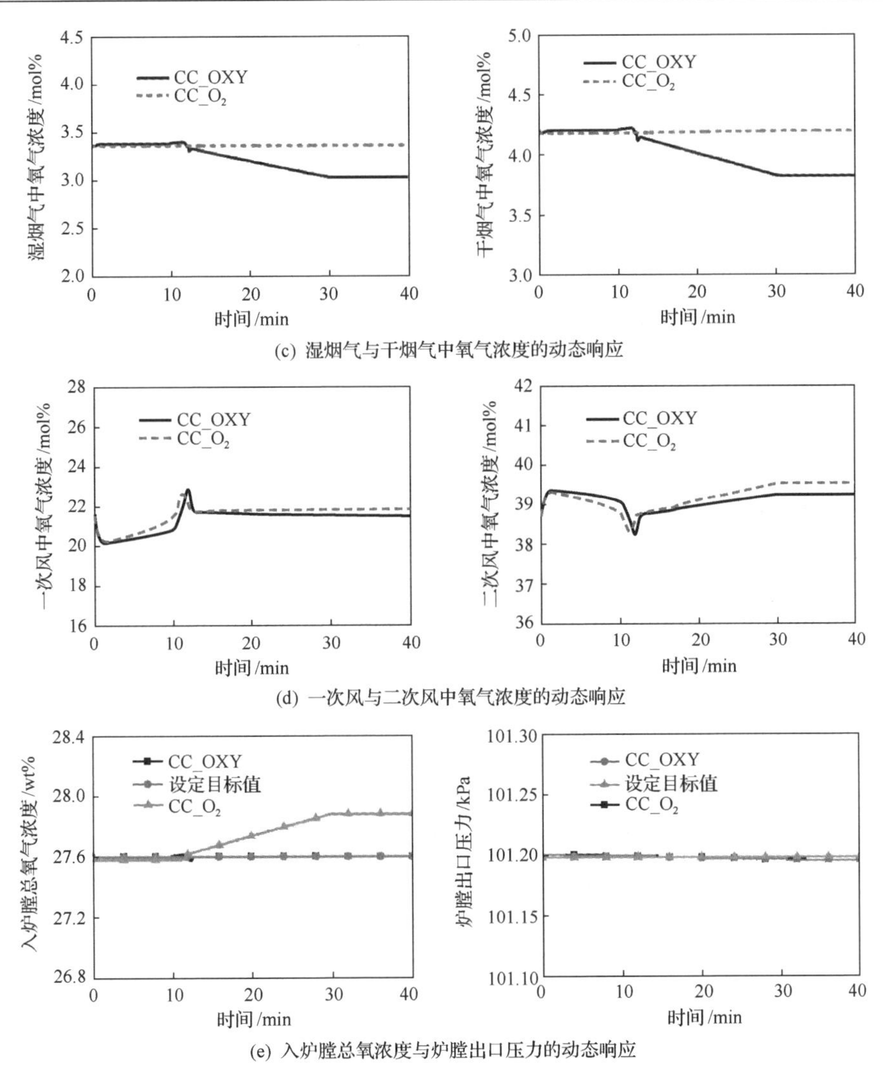

图 4-19　氧气纯度(ASU)变化工况下，两种控制策略系统动态响应的比较

而与烟气侧氧气浓度变化情况相反，炉膛出口压力与水侧蒸汽温度的动态响应表现得较为温和。主蒸汽温度与再热蒸汽温度在第 10～15min 内有些许波动，与此同时，炉膛出口压力也呈现出类似的响应。

总而言之，两种控制策略均可成功运用至富氧燃烧锅炉岛系统，且相应的动态过程响应可用于指导实际工程运行。两种控制系统的主要差别在于控制哪种氧气浓度用于表征锅炉燃烧水平。CC_O$_2$ 可认为是一种下游控制，即将氧气浓度控制设置在湿烟气，而 CC_OXY 可认为是上游控制，即将控制目标设定为入炉膛总氧气浓度。两者在锅炉水侧获得相似的动态响应，但在烟气侧呈现出不同特征。在烟气侧，CC_O$_2$ 对干烟气的氧气浓度的控制效果较好，其他参数表现出一定的超前性。由于入炉膛总氧气浓度在空气燃烧工况与富氧燃烧工况呈现不同的值，给切换控制带来了一定的困难，CC_O_2 更适合于不同燃烧工况之间的切换，进而能更好地满足富氧燃煤电站的控制要求。

4.2.5　进一步的改进

对于富氧燃烧煤粉锅炉模型，仍需要进一步改进与完善，从而使其更加接近真实情形。目前，燃烧过程中只考虑了气相反应，这主要是受到软件本身所限制，即非常规组分在该软件用于动态仿真时不受支持[6]。事实上，反应动力学与气固反应可通过获得燃烧反应中可靠的动力学数据[13]并结合其他仿真平台(如 Fluent)来获取锅炉中详细的燃烧与传热特性[30,31]，但是这些方法将增加计算负担，且需要考虑在不同仿真平台之间能否实现耦合。对于空气排放品质控制系统，尽管SCR、ESP、FGD 与 FGC 等过程均有所考虑，但这些过程均进行了简化，并没有考虑详细的物理机制。事实上，这些详细信息也可考虑，但当对不同热物性方法加以考虑时将增加计算代价且出现收敛问题。由于锅炉在不同运行工况下的动态响应将直接影响 ASU 与 CPU 的运行，富氧燃烧锅炉与 ASU 及 CPU 的动态耦合将非常具有挑战性，进一步研究应关注于干扰对子系统及集成系统的影响。

对于燃烧工况的切换过程，模拟结果与中试实验研究[29]以及相关文献[32]一致。与此同时，研究也发现切换时间与电站构造形式、所选择的控制策略与切换策略以及稳定运行要求相关，且在同一控制与切换策略下也能呈现不同的结果。对于不同的电站配置，如德国黑泵[12]与澳大利亚 Callide[33]富氧燃烧中试平台，两者的切换时间分别为 20～30min 与 2～3h。当考虑耦合 ASU 与 CPU 至富氧燃煤电站中运行时，ASU 应能满足高负荷变化率且维持氧气产品纯度的运行要求。其中，一种可行的解决办法是考虑增加液氧存储罐以用于满足高负荷变化率且可实现经济运行策略，这一方法将继续加以讨论与探究。与此同时，稳定的进口烟气对于 CPU 的运行具有一定的帮助，因为该子系统的运行对压力与温度很敏感，这在相关文献[17]中进行了详细的探究。

本书结果可与一些其他文献结果进行比较。与 Postler 等[34]的研究相比，本书结果可获得类似的控制概念与模拟结果。在控制结构方面，蒸汽温度通过调节喷水减温器来控制，炉膛出口压力用引风机来维持，且烟风物流通过对应的阀门开度来调节。在负荷变化过程中，文献[34]中锅炉与 ASU 的负荷变化率分别为 2%/min 与 2.5%/min，而在本书中其相应的值分别为 2%/min 与 2.03%/min。对于蒸汽温度动态响应，在 Postler 等[34]的研究中其时间常数约为 5min，蒸汽温度变化幅度在 4℃之内，而在本书中其时间常数均小于 10min，且蒸汽温度变化幅度约为 3℃，另外，在 Haryanto 等[35]的研究中，蒸汽温度也出现波动，且在负荷工况下的变化范围较大。

4.3　CO_2压缩纯化单元(CPU)动态模拟

4.3.1　CPU 控制系统设计

为避免不可预期的干扰，需为 CO_2 压缩纯化系统设计闭环控制结构，并在动态模型中加以配置。基于“自上而下分析、自下而上设计”的控制系统设计方法[21,22]以及相关控制概念[36]，可对系统进行详细的闭环控制结构设计。在所采用的设计方法中，“自上而下分析”包括设定控制目标、定义操作与控制变量以及确定生产率，而“自下而上设计”则包括在常规控制层中设计流量、压力与液位控制等简单控制与在高级控制层中考虑组分、比例以及温度等复杂控制。

对于控制目标，CO_2 压缩纯化系统包含三个主要运行目标：第一，需满足产品品质要求，即 CO_2 产品纯度需在优化值上下范围内；第二，如前所述，物流 S-8 的温度必须高于 CO_2 三相临界温度；第三，作为可选运行目标，CO_2 回收率(CO_2 回收率等于总 CO_2 回收量除以烟气中 CO_2 总量)需保持在初始值或高于 90%。通过自由度分析及系统的输入输出，可辨识出操作变量与控制变量，即系统动态自由度与无稳态效应的输入输出之间的差值。根据系统特性，得到如表 4-12 所示的系统主要的输入与输出，这些在稳态模型转换成动态模型过程中需再次初始化进行重新计算。生产率的选择对控制结构的确立具有重大影响，选择进入系统的烟气作为生产率，因为该物流连接着处于上游的富氧燃烧锅炉岛系统。

表 4-12　CO_2 压缩纯化系统主要输入与输出

输入		输出	
变量	名义值	变量	名义值
烟气流量/(kg/hr)	717186	CO_2 产品纯度/%	96.91
MCC 出口压力/bar	30	S-8 温度/℃	–55.50
F1 运行温度/℃	–24.64	CO_2 回收率/%	93.08
F2 运行温度/℃	–55	S-18 温度/℃	–31.25

常规控制层目的在于防止系统运行参数偏离其设定目标值，且杜绝局部干扰以帮助高级控制层掌控干扰对主输出变量的影响。进入系统的烟气流量可通过流量控制(FC_FG)操纵主压缩机的功耗来达到控制要求，但这会引起系统压力波动。正是由于主压缩机出口压力波动，主压缩机出口温度也会有所波动，故需采用温度控制(TC_MCC)来调节主压缩机的冷耗，在实际过程中则是调节冷却水的流量。低温闪蒸分离器中的液位实时处于非稳定状态，需要采用液位控制(LC_F1 与 LC_F2)加以维持，控制指令的执行信号送至其对应的节流阀(LCV114 与 LCV119)。CO_2 产品流量为影响 CO_2 回收率的因素之一，可使用流量控制(FC_CO_2)

通过调节 CO_2 产品出口阀门(V-CO_2)实现调控。系统压力则通过压力控制(PC_F)作用至废气出口阀门(V-VENT)，来维持系统压力与 CO_2 产品纯度。

高级控制层主要是为了满足所设定的运行控制目标，主要包括两个温度控制、两个组分控制与一个比例控制。物流 S-8 的温度主要由两个节流阀所产生的制冷量所决定，需加以控制以避免 CO_2 低于三相临界温度而固化，引起系统运行故障。因此，在系统动态模型中，为物流 S-8 与 S-18 分别设定温度控制(TC_S8 与 TC_S18)，通过串级控制结构作用至两个节流阀。更为重要的是，CO_2 产品纯度通过串级控制(CC_CO_2)维持在优化值，在主控制中考虑延滞时间(DT_CO_2)，而在从控制中将控制信号传送至系统压力控制，用于调节系统压力来维持 CO_2 产品纯度。为了达成第三个控制目标，即确保 CO_2 回收率在 90%及以上，设定串级与前馈控制(CC_CRR)，其输入信号根据 CO_2 产品的流量与 CO_2 浓度及进入系统的烟气的流量与 CO_2 浓度进行计算，且把进入系统的烟气流量控制的远程设定值作为前馈信号。CO_2_CO_2 与 FG_CO_2 分别为 CO_2 产品与进入系统烟气中的 CO_2 流量，而 CO_2/FG 为由 CO_2 回收率控制所调节的进入系统的烟气流量与 CO_2 产品流量的比值。至此，完成控制结构设计，图 4-20 为所设计的双温度控制系统。

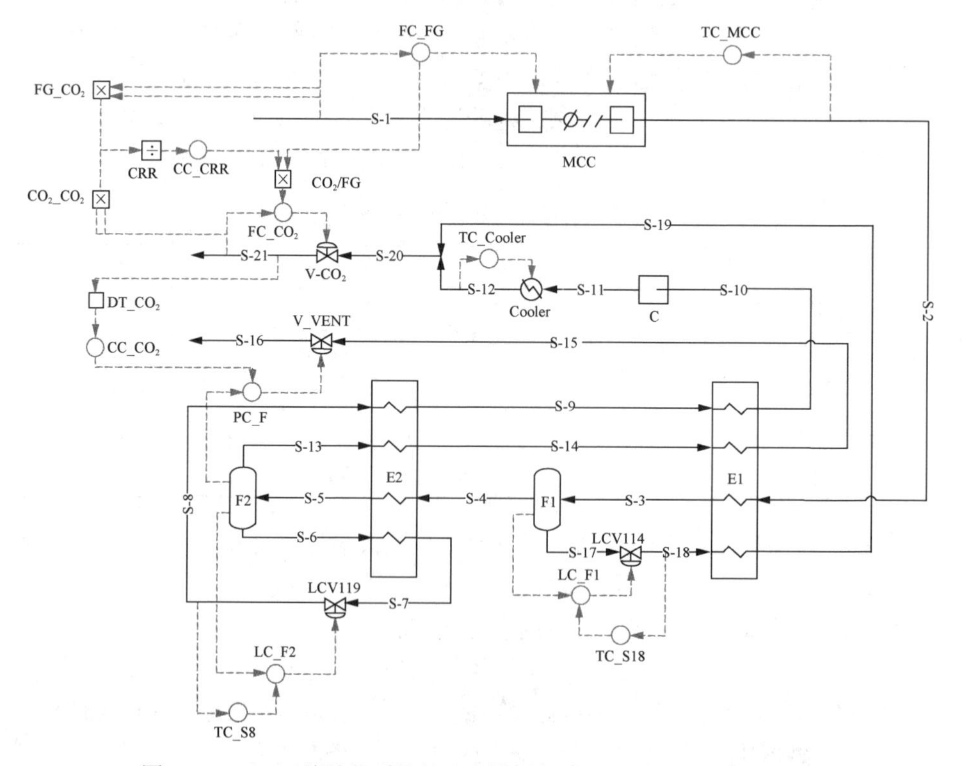

图 4-20　CO_2 压缩纯化系统的动态模型与所设计的双温度控制系统

4.3.2　CPU 动态特性

本节对 CO_2 压缩纯化系统进行动态测试与运行工况分析，以辨识系统在不同运行条件下的动态特性。针对富氧燃煤电站运行要求，考虑对负荷、烟气组分及污染物变化等运行工况进行动态模拟，并将 CO_2 产品纯度、物流温度、CO_2 回收率以及系统压力作为输出参数进行监测。

1) 负荷变化

当 CO_2 压缩纯化系统耦合至富氧燃煤电站中时，其运行应能承受电站中负荷变化要求。因此，设定系统负荷以 2%/min 的升降速率在满负荷与 80%负荷之间进行切换，如图 4-21 所示。烟气流量在第 10～40min 之间先后降升负荷，其他过程变量则回归至它们的设定目标值或者与设定值存在一定的偏差。在降负荷过程中，如图 4-21(b)所示，CO_2 产品纯度逐渐降低，而 CO_2 回收率出现阶跃减少，接着增加并回归至其设定值。两者在其对应的串级控制作用下，控制信号传送至压力控制环节，从而前者与后者回归至设定值的时间常数分别为 2.5min 与 5min。在图 4-21(c)中，物流 S-18 与 S-8 的温度呈现出相反的变化趋势，即物流 S-18 的温度增加 1.75℃而物流 S-8 的温度减少 0.6℃。由于物流 S-18 和 S-8 分别为低温闪蒸分离器 F1 与 F2 的下游物流，F1 的运行温度变化及 F2 的运行温度变化分别与物流 S-18 以及 S-8 的温度变化类似。这些温度的变化主要归因于低温闪蒸分离的制冷量变化以及对节流阀门的控制作用。图 4-21(c)展示了系统在负荷变化过程中单位功耗与单位冷耗的动态响应。两者表现出与负荷变化相反的趋势，这是由于总 CO_2 回收量的减少量要大于总功耗与总冷耗的减少量，即总 CO_2 回收量减少约 19.93%，而总功耗与总冷耗分别减少约 17.92%与 18.04%。对于升负荷过程，系统呈现出与降负荷过程几乎相反的动态行为。

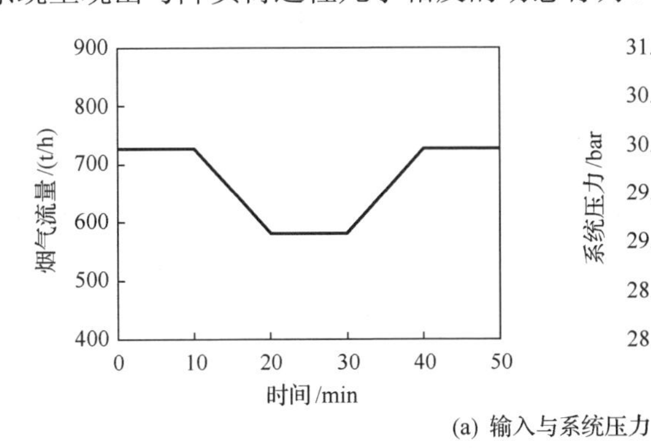

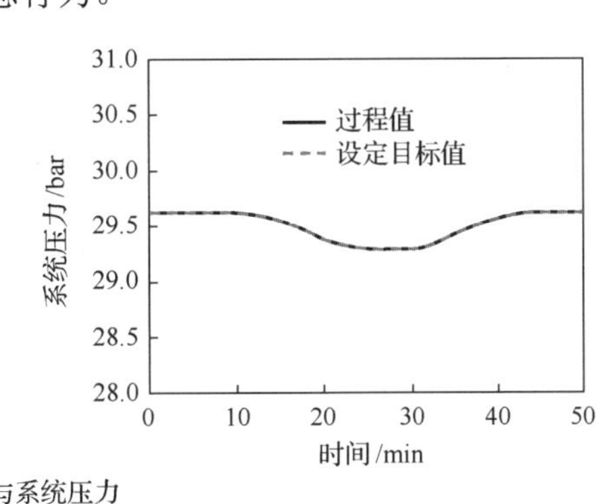

(a) 输入与系统压力

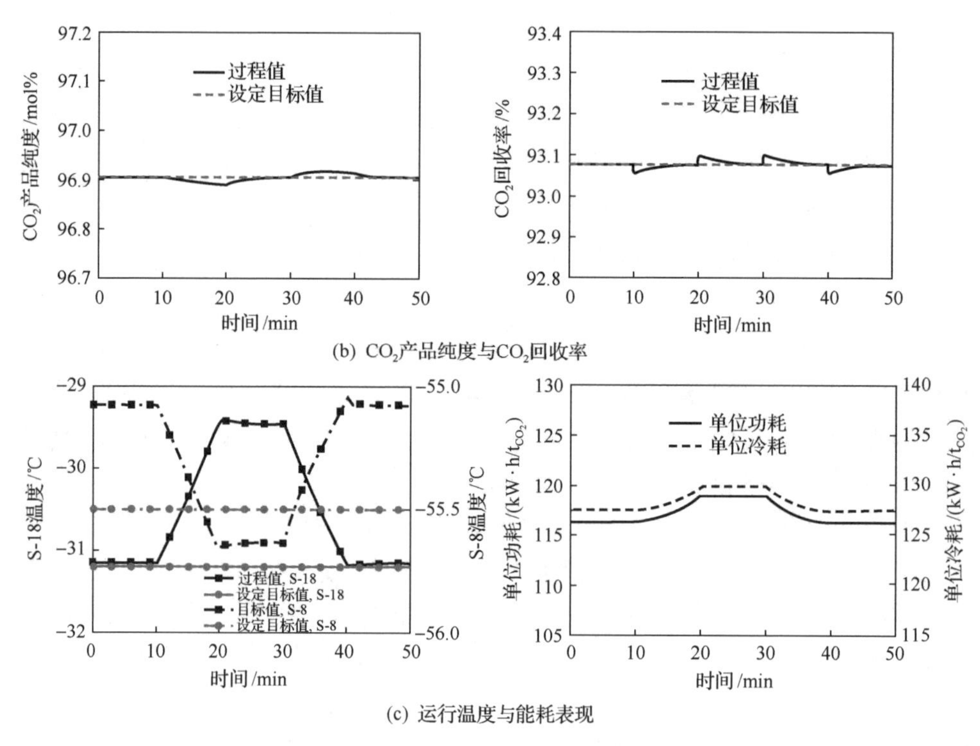

(b) CO_2产品纯度与CO_2回收率

(c) 运行温度与能耗表现

图 4-21　CO_2压缩纯化系统在负荷变化过程中的动态响应

2) 烟气组分变化

由于 ASU 中氧气产品纯度、锅炉过氧系数、漏风及燃料类型等的变化，燃烧产生的烟气组分会出现显著变化。采用烟气中 CO_2 浓度(mol%)摩尔组分与其他杂质(O_2、Ar、N_2、CO、SO_x 与 NO_x)同时变化，且维持烟气组成总量为 1，来模拟烟气组分变化输入指令。图 4-22 为 CO_2 压缩纯化系统在第 10～15min 时间段内 ±5%的烟气 CO_2 浓度变化过程中的动态响应。在图 4-22(b)中，减少 CO_2 浓度(mol%)摩尔含量而烟气流量不变，烟气中杂质含量增加，导致 CO_2 产品纯度降低，CO_2 回收率却出现与之相反的趋势。为驱使 CO_2 产品纯度回归至设定目标值，串级控制作用至压力控制远程点，逐渐打开废气出口阀门(V-VENT)，降低系统压力，持续约 13min，CO_2 回收率也回归至对应的设定目标值。然而，随着物流 S-8 的温度在第 28min 趋近设定目标值，CO_2 回收率出现显著的阶跃减少，这主要归因于不再改变的运行温度(物流 S-18 与 S-8 的温度均达到其设定值)、降低的系统压力以及烟气中降低的 CO_2 含量。图 4-22(c)中物流 S-18 与 S-8 的温度在第 10～15min 出现降低，这是因为 CO_2 含量的降低导致其热容降低，使烟气更易冷却，两者的时间常数分别为 3min 与 13min。庆幸的是，物流 S-8 的温度一直高于 CO_2 三相临界温度(–56.57℃)，避免了 CO_2 固化。已知总能耗(功耗与冷耗)与总 CO_2

回收量之间的关系(单位功耗或能耗等于总功耗或总能耗除以总 CO_2 回收量)，所以单位功耗与单位冷耗均出现一定的增加。在第 28min，由于 CO_2 回收率的减少，单位功耗与单位冷耗均有所增加。另外，单位冷耗在第 15min 有所减少，因为物流 S-8 温度降低促使冷却器中的冷耗有所降低。在烟气中 CO_2 摩尔含量增加的运行工况中，系统的动态响应与烟气中 CO_2 浓度降低工况的动态响应几乎相反，但控制性能更优，CO_2 回收率保持在其设定值。

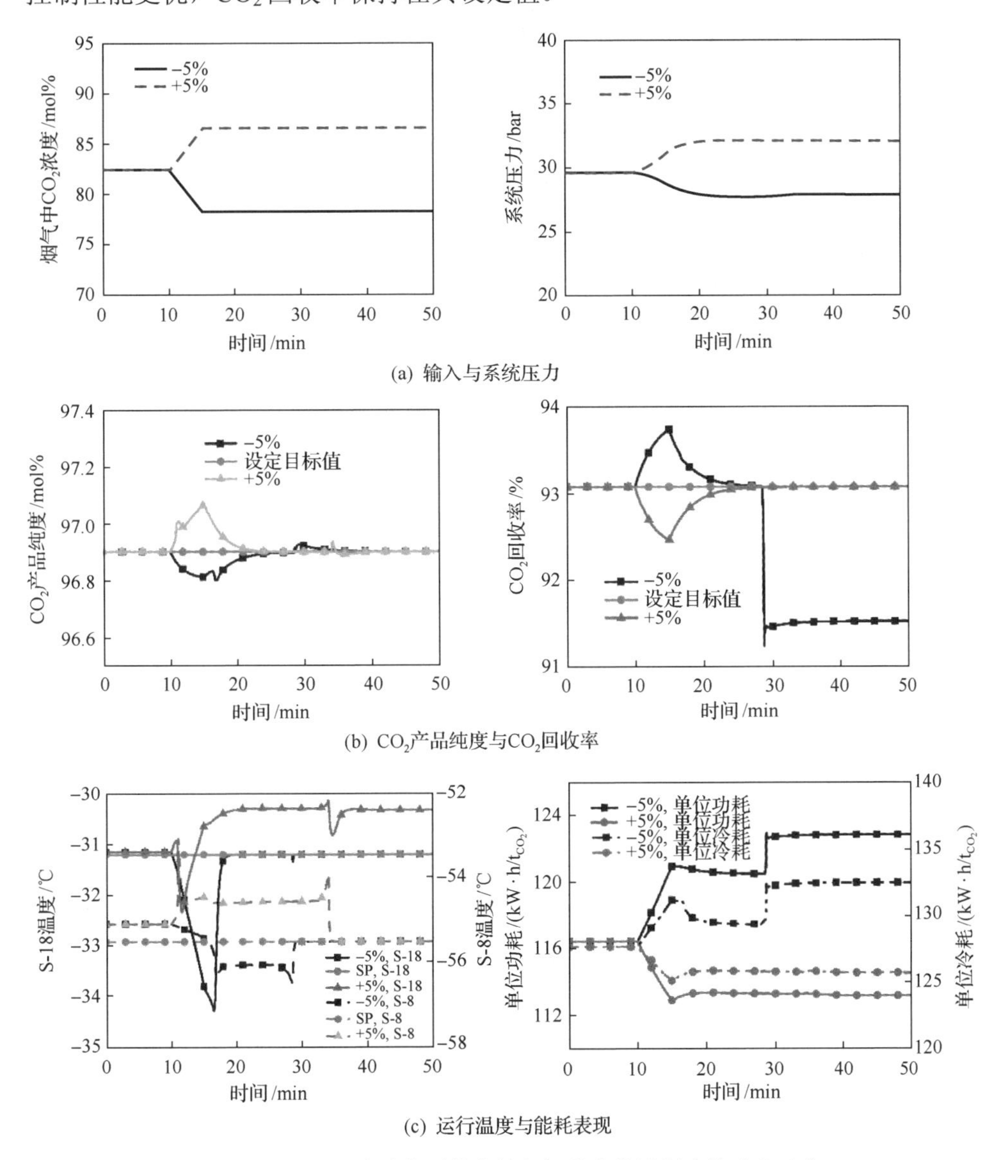

(a) 输入与系统压力

(b) CO_2产品纯度与CO_2回收率

(c) 运行温度与能耗表现

图 4-22　CO_2 压缩纯化系统在烟气组分变化过程中的动态响应

3) SO_x 与 NO_x 的影响

硫氧化物(SO_x)与氮氧化物(NO_x)的变化对系统运行与设备使用寿命均会产生影响，因此考虑 SO_2 与 NO 的阶跃变化，以探究其对 CO_2 产品纯度与 CO_2 回收率的影响。如图 4-23 所示，设定 SO_2 与 NO 的浓度在第 20min 增加至其初始值的 100 倍，可发现 CO_2 产品纯度出现阶跃降低，而 CO_2 回收率则阶跃增加，且在串级控制作用下降低系统压力，使得两者均在经历约 10min 后回归至其对应的设定目标值。比较 SO_2 与 NO 的动态特性可以发现，SO_2 的动态响应更为明显，这主要是由于两者的热力学性能不同及与其他组分的相互作用不同。

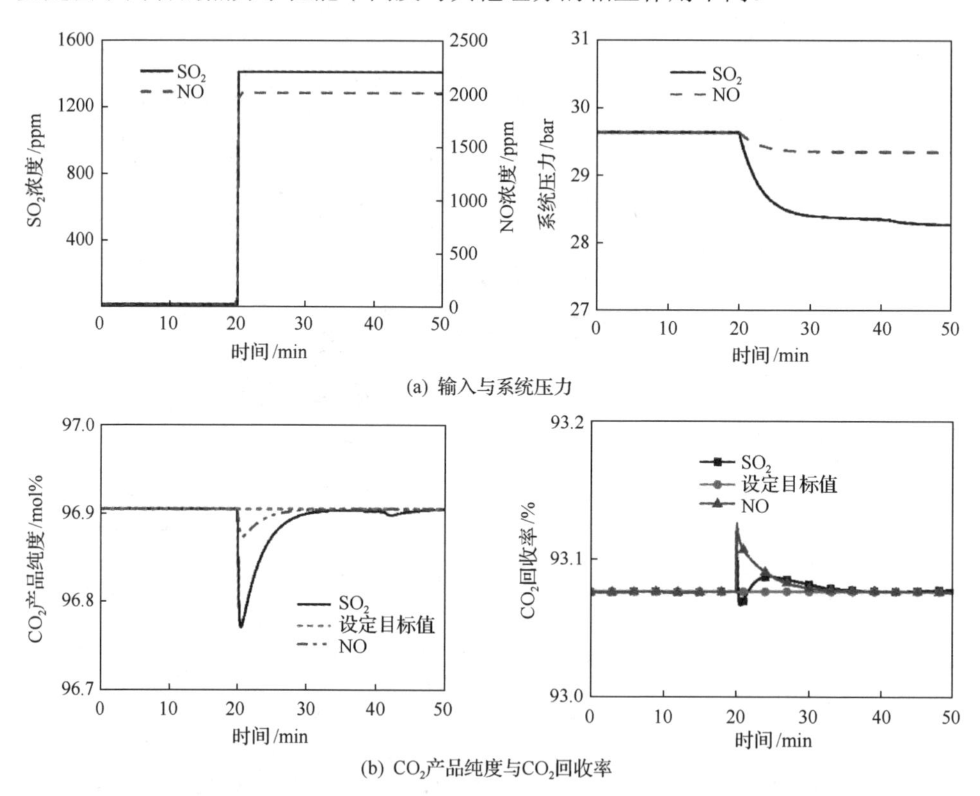

图 4-23　CO_2 压缩纯化系统在 SO_2 与 NO 阶跃变化过程中的动态响应

为承受负荷变化与干扰，可提出一些有效措施。在降负荷过程中，适当降低物流 S-18 与 S-8 的温度，可从烟气中冷凝更多的 CO_2，也可降低单位能耗。对于烟气组分变化工况，较好的方式是适当提高低温闪蒸分离器的运行温度，牺牲一定的 CO_2 回收率来避免 CO_2 固化。当烟气中 CO_2 浓度有所降低时，降低物流 S-8 温度控制目标值或正确关小节流阀 LCV119，可能是解决 CO_2 回收率突然降低带来的问题的可行方法。另外，由于 CO_2 产品纯度与 CO_2 回收率两者在运行过程中呈现出相反的趋势，需对两者进行一定的权衡，即为了维持 CO_2 回收率，可将 CO_2

产品纯度控制为稍低于其优化值。

4.3.3 CPU 控制方案比较

与双温度控制系统不同，物流 S-18 的温度一直高于 CO_2 三相临界温度，可不加以控制，形成单温度控制结构。从控制结构匹配上来看，两种控制结构的差异性主要在于有无对第一级低温闪蒸分离器下游的液态物流温度进行控制。事实上，这股物流的温度表征的是节流阀 LCV114 所产生的制冷量大小，会间接影响到整个系统的 CO_2 分离能力与物流温度分布等。为区分这两种控制策略，获取适合于富氧燃煤电站运行要求的控制结构，本节对配备这两种控制结构的 CO_2 压缩纯化系统在负荷与烟气组分变化工况下的动态特性进行了测试、比较与分析。与双温度控制系统一致，负荷变化的运行输入指令如图 4-21(a)所示。两种控制策略下，系统在负荷变化过程中的动态响应如图 4-24 所示。除 CO_2 回收率呈现出几乎相同的动态响应外，单温度控制下系统的运行参数的变化范围变窄或变宽。在单温度控制下，由于系统压力与物流 S-8 的温度均在较窄范围内波动，其 CO_2 产品纯度的变化更为接近设定目标值。然而，这将对系统的能耗表现造成不利影响，即将消耗更多的功耗与冷耗。

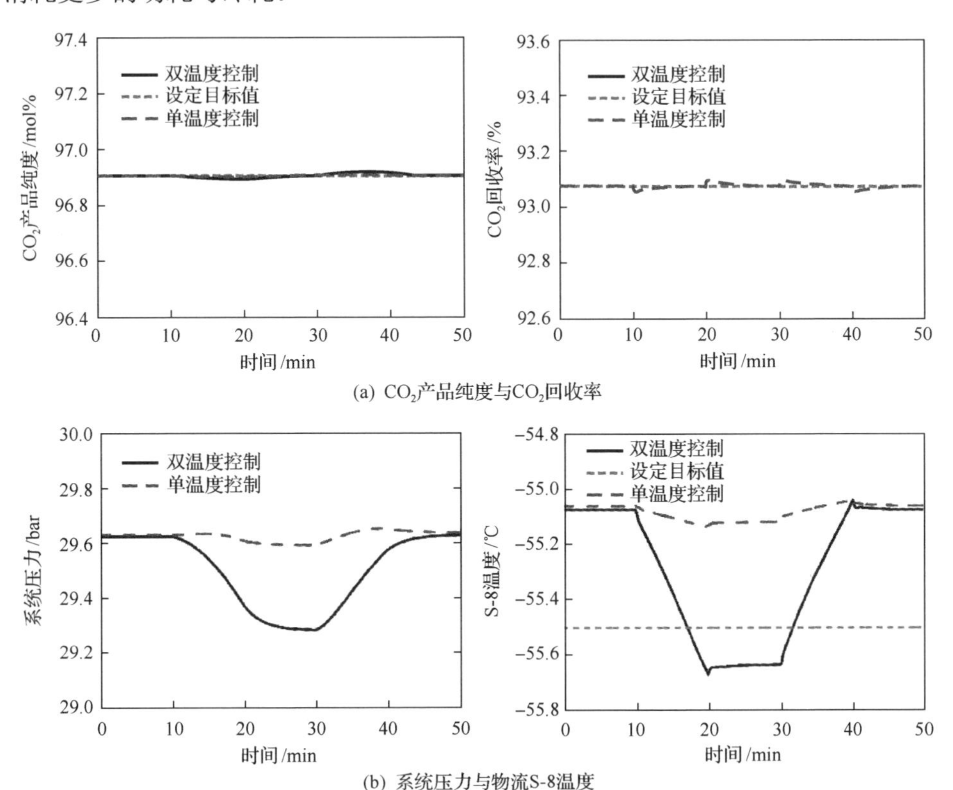

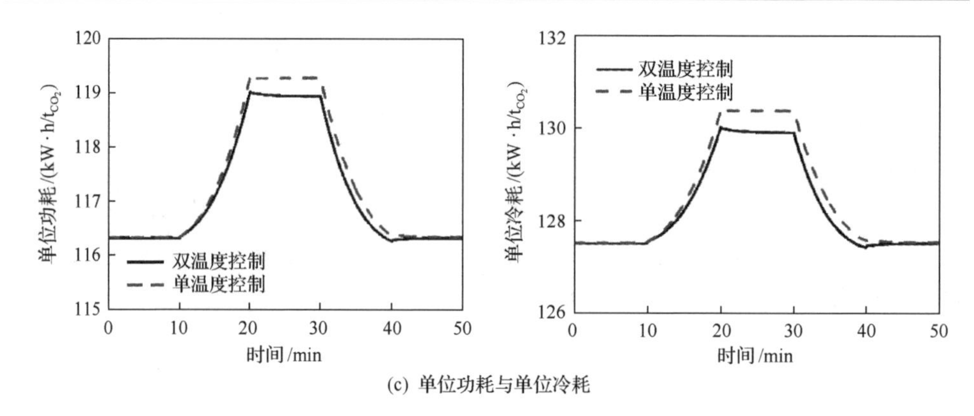

(c) 单位功耗与单位冷耗

图 4-24　负荷变化过程中 CO_2 压缩纯化系统在两种控制策略下的动态响应

与双温度控制下的动态响应类似，单温度控制下系统在烟气组分变化工况下的过程响应如图 4-25 所示。当烟气中 CO_2 摩尔含量逐渐降低时，CO_2 产品纯度、系统压力及物流温度将会随之降低，而 CO_2 回收率、单位功耗及单位冷耗将随之增加。接着，这些运行参数将在对应控制作用下达到其设定值或新的平衡状态。

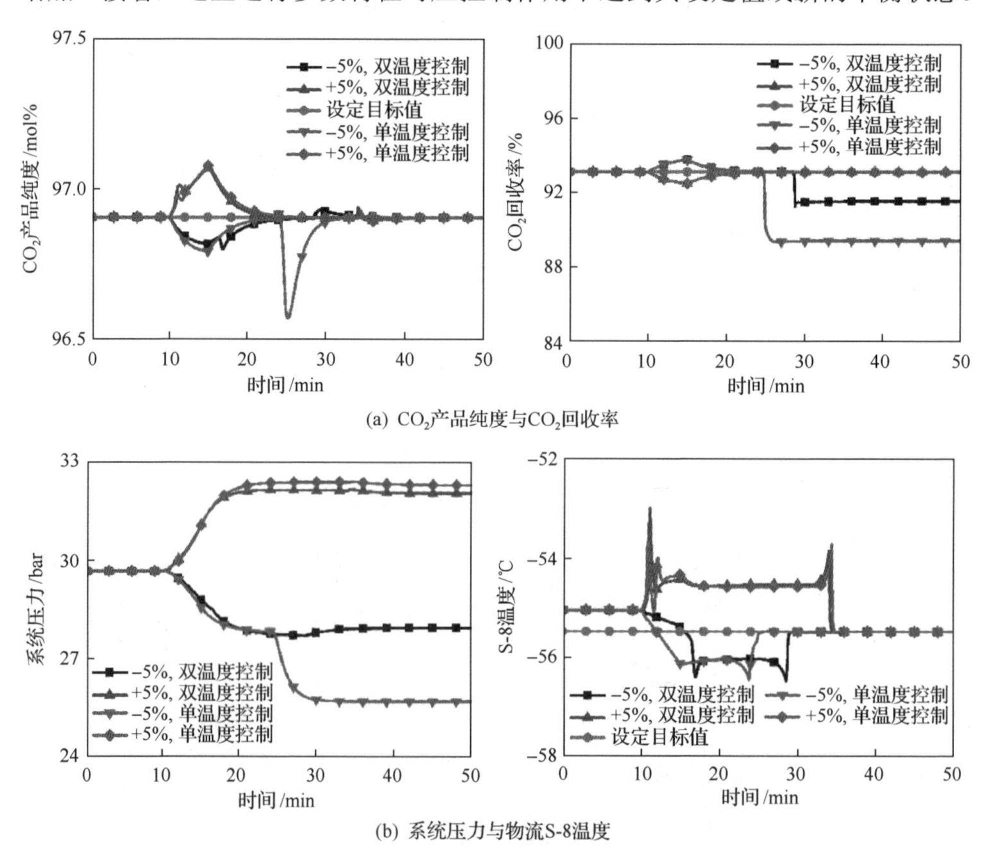

(a) CO_2产品纯度与CO_2回收率

(b) 系统压力与物流S-8温度

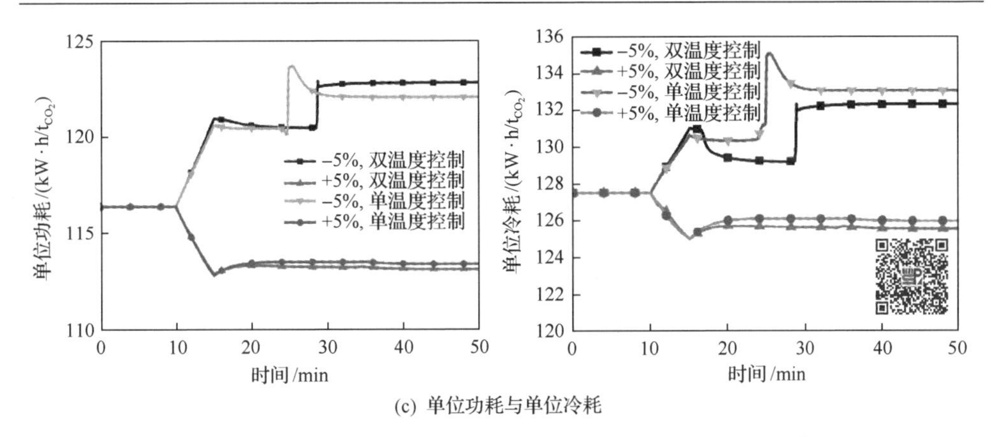

(c) 单位功耗与单位冷耗

图4-25　烟气组分变化过程中CO_2压缩纯化系统在两种控制策略下的动态响应(彩图请扫二维码)

然而，CO_2产品纯度在第25min时刻出现显著降低，这是因为无相应温度控制作用驱使其回归至初始值，低温闪蒸分离器F1的运行温度降低约13℃。为使CO_2产品纯度达到其设定值，废气出口阀门将进一步开大，以降低系统的运行压力。结果，此控制作用加速了CO_2回收率的减少，并低于90%。因此，从达到第三个运行控制目标的角度看，单温度控制并非合适的选择。

4.3.4　不确定度分析

过程模拟中，物性方法选择及各组分之间交互作用因子的确立对其结果的准确性具有重要影响。为说明物性方法中交互作用因子的影响程度，本节将对有无交互作用因子两种情况下的过程模拟、热力学分析、热经济学分析、控制以及运行等进行比较。从相关文献以及本书研究，可发现组分之间的交互作用因子对单位功耗与单位冷耗无影响，而对CO_2产品纯度与CO_2回收率有着关键作用。在多变量优化过程中，其优化目标、目标变量以及运行约束均不会发生改变。当然，其优化工况会出现细微差异，即优化后的主压缩机出口压力、加压后烟气温度、第一级闪蒸分离器运行温度以及第二级闪蒸分离运行温度分别为29.96bar、29.91℃、–24.63℃与–55℃。

跟随稳态模拟结果与优化运行工况的变化，对于动态模型、控制结构设计以及动态响应需做相应的修改。由于动态输入是基于稳态模拟结果所获得，设备的几何尺寸将重新进行计算，但其他动态准备工作无须做任何改变。而且，系统初始运行工况的不同并不会改变所提出的闭环控制结构，因为控制系统的确立主要跟系统本身内在特性高度相关。当然，动态运行结果在数值会有细微差别，但不同运行工况下运行参数的变化趋势不会发生改变。因此，合理地选择物性方法以及内在参数对获取准确的模拟结果至关重要，但并不会对系统的分析优化、控制与运行产生阻碍。

4.4　深冷空分制氧单元动态模拟

4.4.1　ASU 控制系统设计

基于所建立的动态模型，本节采用“自上而下分析，自下而上设计”控制系统设计方法[21,22]对空分制氧系统进行控制结构设计。在“自上而下分析”中，主要包括设定控制目标、定义操作与控制变量以及确定生产率。“自下而上设计”则由在常规控制层中设计如流量、压力以及液位的基本控制结构，和在高级控制层中使用组分、温度以及比例控制结构组成。控制目标对于控制结构设计至关重要，为使空分制氧系统满足富氧燃煤电站运行要求，设定如下 5 个控制运行目标。

(1) 鉴于富氧燃煤电站中对于氧气产品纯度的优化值为 95mol%[16]，运行时设定空分制氧中氧气产品纯度应维持在该值。

(2) 对于不同规模的空分制氧系统，氧气产品流量应保持在其设计值。

(3) 低压精馏塔中底部的液氧液位必须确保在其上下限之间，以维持精馏过程安全可靠。

(4) 由于空分制氧系统的氧气产品需供应至富氧燃烧锅炉岛系统，空分制氧系统必须具备承受在负荷变化与燃烧工况切换过程中的不同升降速率的能力。

(5) 为实现经济高效运行，空分制氧系统中控制系统必须满足灵活运行的要求，即能执行用电高低峰期间的运行指令，降低运行能耗。

为辨识控制变量与操作变量，表 4-13 展示了空分制氧系统的输入与输出变量。由于三种 ASU 的结构类似，在此处只展示了超额(120%)的 ASU，其他参数可在表 4-5 所示的稳态模拟结果中找到。生产率选择对于控制结构的确立至关重要，此处选择氧气产品流量作为控制设计时的生产率，因为此物流是富氧燃烧锅炉岛系统的输入，也是空分制氧系统的输出。

表 4-13　系统输入与输出变量(以超额 ASU 为例)

输入		输出	
变量	名义值	变量	名义值
加工空气/(t/h)	1088.33	氧气产品纯度/mol%	95
膨胀空气/(t/h)	120.02	低压精馏塔压力/bar	1.37
供应的氧气产品/(t/h)	216.66	液氧液位/m	3.75
高压精馏塔顶的液氮/(t/h)	968.31	高压精馏塔冷凝器液位/m	6.25
高压精馏塔顶的液空/(t/h)	635.32	液空液位/m	3.75
废气(污氮)/(t/h)	828.33		
液氧产品/(t/h)	260.00		

如图 4-26 所示，在常规控制层中设置了比例积分微分控制结构。加工空气流量控制(FC_AIR)通过调节空气压缩机的功率实现，而膨胀空气流量控制(FC_EA)通过调节膨胀机转速来达到目标。设置储存氧气至 LOX(液氮储罐，liquid oxygen storage drum)的流量控制(FC_LOX)与从 LOX 供应氧气的流量控制(FC_BACK)，这两个流量控制环节分别将控制信号传递至两者相对应的阀门(V-STO 与 V-REL)来实现调节，以用于 ASU 在用电高低峰期的运行。供应给富氧燃烧锅炉岛系统的氧气产品流量由流量控制(FC_GOX)来调节，其控制作用于系统中的氧气产品供应阀门(V-SUP)，而来源于低压精馏塔的液氧产品流量(FC_LGOX)则通过改变液氧泵的转速来控制。低压精馏塔的运行压力由调节污氮出口阀门(V-OUT)来满足控制要求，而高压精馏塔中的顶部(冷凝器)与底部液位则通过调节其对应流股上的节流阀门来控制。

在高级控制层中，设置了氧气产品纯度的组分控制、低压精馏塔中(再沸器)液氧的液位控制，以及为实现灵活运行的逻辑控制。组分控制中，氧气产品纯度控制是通过一个串级与前馈控制结构(CC_OXY)实现的，在主控制中考虑了延滞时间(DT_OXY)，而从控制作用信号则是传递至加工空气流量与氧气产品流量的比值(AIR/LGOX)。为维持液氧液位高度，串级控制结构(LC_REB)用于此变量的控制，即主控制信号作用于膨胀空气流量与氧气产品流量的比值(EA/LGOX)，其液位是通过膨胀机的转速实现调节的，本质是调节其产生的制冷量。如图 4-26 中所标示的“M_NOR、M_ASU 与 M_LOX”，表征的是用于实现灵活运行的逻辑控制结构，包括三种不同的控制策略，实现不同的运行要求。在第一种控制策略中，即将逻辑控制转换至“M_NOR”，用于实现常规运行要求，包含负荷变化与燃烧工况切换时所要求的不同变化速率，这可通过对供应至富氧燃烧锅炉岛系统的氧气产品流量控制设定对应的变化速率指令实现。第二种控制策略是将逻辑控制转换至“M_ASU”，也可称为一种“ASU-following(产氧单元跟随)”控制，含义为预先设定好从 LOX 供应的氧气产品流量的变化速率，与此同时将供应至富氧燃烧锅炉的氧气产品流量控制信号作用于液氧产品流量控制的远程设定点来进行调节控制。与第二种控制策略相反，第三种控制策略将逻辑控制转换至“M_LOX”，这可称为一种“LOX-following(液氧罐供氧跟随)”控制，即预先设定好从 ASU 供应的氧气产品流量的变化速率，而供应至富氧燃烧锅炉的氧气产品流量控制信号则传递至 FC-BACK 远程设定点，以满足富氧燃烧锅炉岛系统运行所需的供氧要求。由此，完成对空分制氧系统控制结构的设计，除常规空分制氧系统中无须设定逻辑控制外，超额与减额空分制氧系统中均采用逻辑控制来满足空分制氧系统与富氧燃烧锅炉岛系统之间耦合运行的灵活性要求。

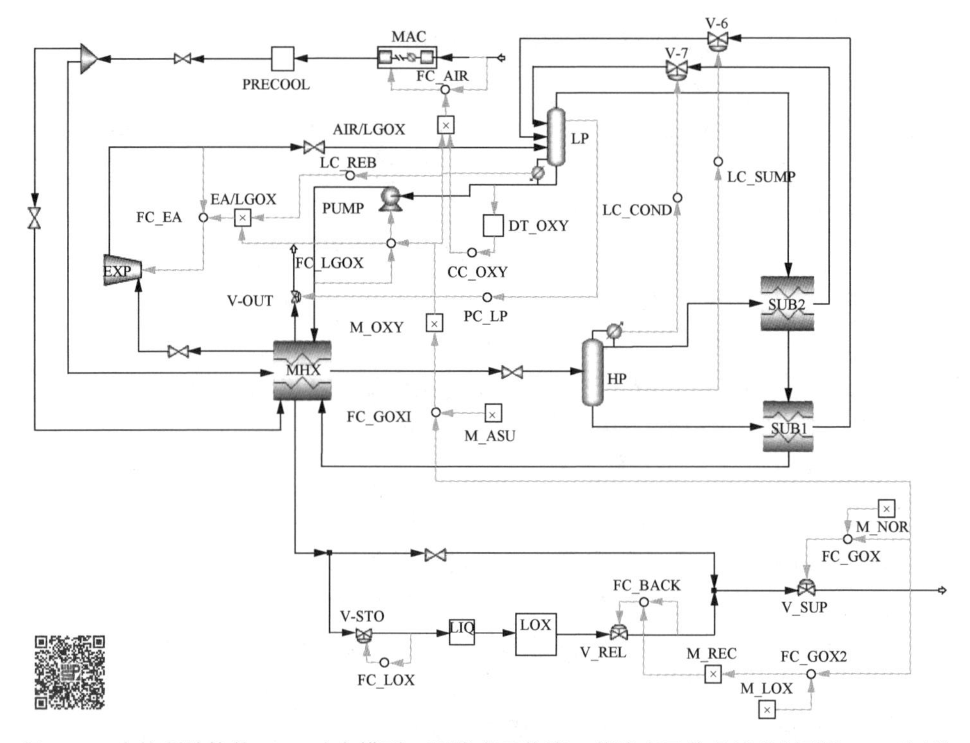

图 4-26　含控制结构的 ASU 动态模型：黑线表示物流，蓝线表示信号流(以超额 ASU 为例)
(彩图请扫二维码)

高变化速率过程常出现在负荷变化与燃烧工况切换过程中，此处选择高变化速率下的动态模拟来验证所设计的流程结构与闭环控制结构的可行性和可靠性。空分制氧系统从 100%负荷降低至 80%负荷，降负荷速率为 5%/min，跟踪供应至富氧燃烧锅炉岛系统的氧气产品、低压精馏塔运行压力、液氧液位以及氧气产品纯度等关键参数，以辨识系统的动态特性。图 4-27 为三种 ASU 在高变化速率工况下的动态响应。20%负荷降低过程开始于第 20min，持续 4min，三种 ASU 均动态运行成功，且所有跟踪变量均在其对应的设定值上下变化或达到新的平衡状态值。由于 ASU 内在特性要求，三种 ASU 均获得类似的动态变化。图 4-27(a)中，在第 20min 时给予供应至富氧燃烧锅炉岛系统的氧气流量以负荷降低指令，与此同时，其他物流的流量均获得负荷降低指令，空分制氧系统负荷从满负荷降低至 80%负荷。在图 4-27(b)中，三种 ASU 中低压精馏塔运行压力均在降负荷过程中有所下降，经过对污氮出口阀门(V-OUT)的调节，该压力均逐渐上升，并回归至其对应的设定目标值。如图 4-27(c)与图 4-27(d)所示，液氧液位与氧气产品纯度在负荷变化过程均在设定目标值上下波动，且经一定时间，回归至设定目标值。从这些运行目标参数的动态响应结果可说明，所设计的流程与控制系统均有良好的可靠性，对实际运行具有一定的帮助。

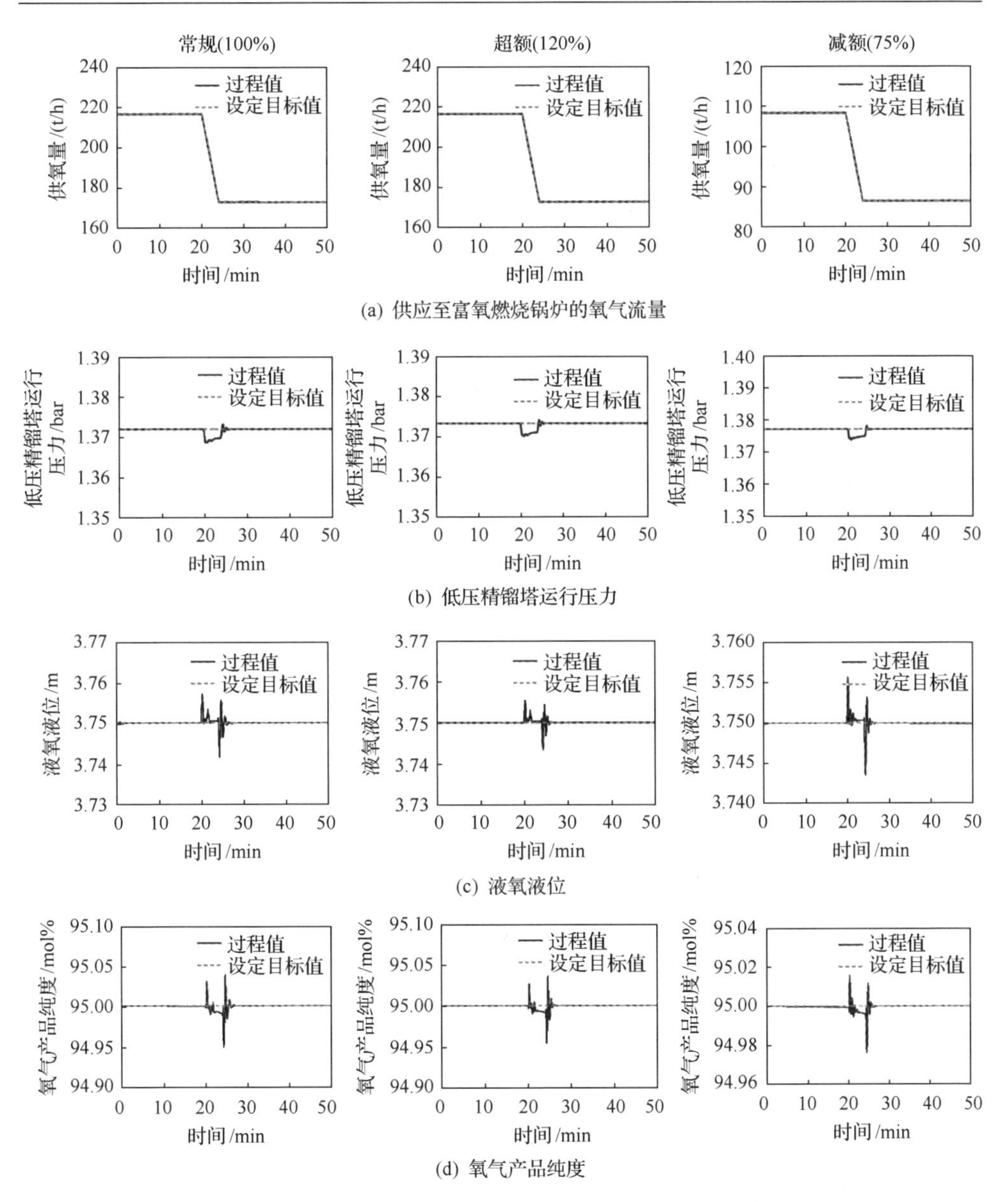

图 4-27　5%/min 高变化速率工况下 ASU 的动态特性

4.4.2　ASU 运行模式和运行策略分析

如图 4-28 所示，本节提出三种空分制氧系统与富氧燃烧锅炉岛系统之间耦合运行模式，用于完成高变化速率运行、高低峰运行及储能运行等工况。第一种耦合策略，即耦合未配备液氧储存罐的常规空分制氧系统(100%)与富氧燃烧锅炉岛系统，目的在于满足富氧燃烧电站的日常运行，包括负荷变化工况、燃烧切换工况以及运行干扰等。在第二种耦合策略中，耦合配备液氧储存罐的超额空分制氧系统(120%)，在运行过程中不断在液氧储存罐中储存或释放氧气产品，以满足电网高低峰供电要求。在这种策略下，富氧燃烧锅炉岛系统保持满负荷运行(100%)，而空分制氧系统在电网高低峰供电期间采用不同的策略，即在供电高峰期，空分制氧系统降低其运行负荷(60%)，而液氧储存罐释放氧气产品(40%)，以提供更多的发电量至电网中；在供电低谷期，最大化空分制氧系统的运行负荷，以产生更多的氧气产品，满足富氧燃烧锅炉岛系统运行要求，同时将多余的氧气产品储存至液氧罐中(20%)。第三种耦合策略为将配备液氧储存罐的减额空分制氧系统(75%)耦合至富氧燃煤电站，以达到储能运行目标。此运行方式与第二种耦合策略类似，即在富氧燃煤电站运行的高低峰期调节空分制氧系统的运行负荷与储存或释放氧气产品。在富氧燃烧电站运行低峰期(16h)，空分制氧系统满足富氧燃烧锅炉岛系统在某个特定的运行负荷(以 50%为例)下的供氧要求，并储存余

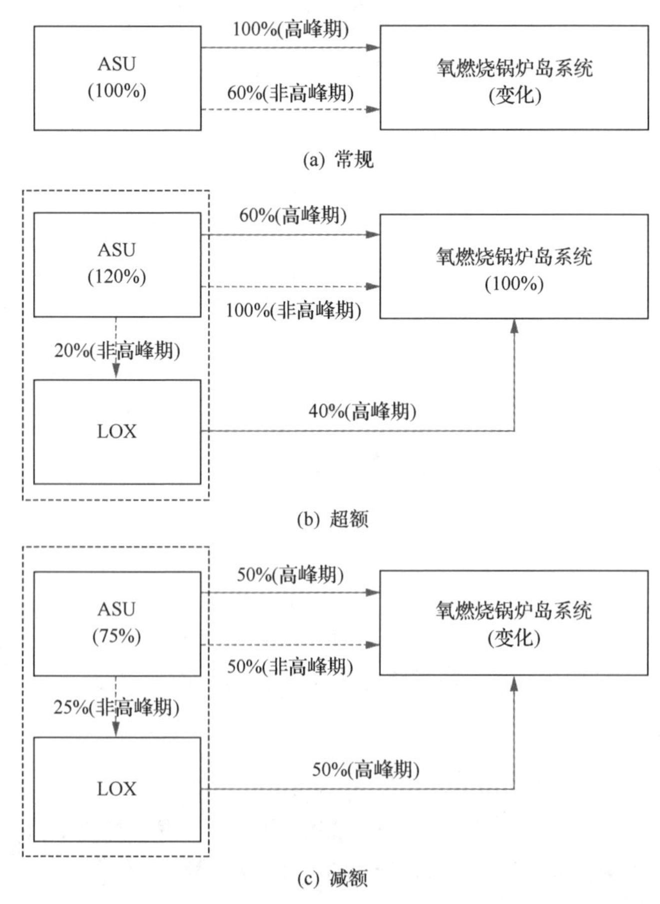

图 4-28　空分制氧系统与富氧燃烧锅炉岛系统耦合运行模式

下部分的氧气产品(25%)至液氧储罐中。在富氧燃煤电站运行高峰期(8h)，空分制氧系统降低运行负荷以提供 50%负荷的氧气产品，且液氧储罐释放另外的 50%负荷的氧气产品，以满足富氧燃烧锅炉岛系统满负荷(100%)运行。为了辨识空分制氧系统在三种耦合运行方式下的动态特性，后续章节对其进行了动态模拟、验证与分析。

如上节所阐述，第一种耦合运行模式已通过 5%/min 高变化速率工况下的动态测试所验证。图 4-29 展示了第二种耦合运行模式下，超额空分制氧系统在电网供电高低峰期的灵活运行的动态结果。图 4-29(a)中描述了 ASU-following 与 LOX-following 运行控制策略在空分制氧系统与富氧燃烧锅炉岛系统耦合运行模式下的实现，即调节多个流量控制(FC_LGOX、FC_BACK 与 FC_LOX)而保持供应至富氧燃烧锅炉岛系统的氧气产品流量(FC_GOX)不变。在 LOX-following 运行控制策略下，空分制氧系统以预先设定好的变化速率(4%/min)降负荷至系统可承受的最低负荷值(60%)，通过逐渐关小阀门 V-STO 将储存至液氧储罐的氧气产品逐渐减少至 0，且剩余供应至富氧燃烧锅炉岛系统的氧气产品(40%)由来源于液氧储罐的液氧气化后提供。与 LOX-following 运行控制策略不同的是，ASU-following 运行控制策略采用的是相反的步骤，即液氧储罐以预先设定好的氧气产品供应速率为富氧燃烧锅炉运行提供部分氧气，而剩余氧气则由流量远程控制作用于空分制氧系统的产氧量，且储存至液氧储罐的氧气产品量逐渐减少至 0。

比较这两种运行控制策略，可发现两者获得类似的动态响应，但也存在不同之处。如图 4-29(a)所示，在 LOX-following 运行控制策略中，LP 中产氩量与 LOX 中供氧量表现出线性特征，而两者在 ASU-following 运行策略中表现为曲线形式，这主要是因为设定值的远程控制设置在低压精馏塔的液氧产品流量控制(FC_LGOX)上，控制调节作用导致其呈现出类似图 4-29(a)所示的曲线形式。从图 4-29(b)中供应至富氧燃烧锅炉的氧气产品流量来看，ASU-following 运行控制策略下的氧气供应流量非常接近于设定目标值，而在 LOX-following 运行控制策略下，其在给予指令的第 1min 内显著下降，在控制调节作用下花费约 1.5min 时间回归至设定目标值。这是由于当预先设定好从低压精馏塔供应氧气流量与速率时，最初阶段来源于液氧储罐的供氧量跟随不上需求指令的要求，从而出现降低的现象。图 4-29(c)～(e)展示了低压精馏塔运行压力、液氧液位以及氧气产品纯度的动态特性，可发现这些运行变量在 ASU-following 运行控制策略中变化幅度均大于其在 LOX-following 运行控制策略中的表现，原因在于串级控制指令作用于空分制氧系统的产氧单元部分，致使系统的动态性能更加波动。应当指出的是，如图 4-29(f)所示，在电网高低峰期的灵活运行过程中，空气主压缩机的功耗从 61.88MW 降低至 41.55MW，减少了约 32.85%，而比较两种运行控制策略下的能耗，发现 LOX-following 运行控制策略下的能耗要低于 ASU-following 运行控制策略下的能耗，这是由于其压缩机能耗曲线下的面积要大于在 LOX-following 运行控制策略下压缩机能耗曲线下的面积。其本质是在氧气产品纯度的前馈-反馈控制结构下，液氧产品流量的大小与加工空气流量的大小成比例。由图 4-29(a)可知，在 ASU-following 运行控制策略下，液氧产品流量大，因此加工空气流量也大，进而可知压缩至所需压力的功耗也更高。尽管两者从动态特性要求来看，均能满足电网供电高低峰期的灵活运行要求，但从满足供氧流量与产品纯度的运行目标

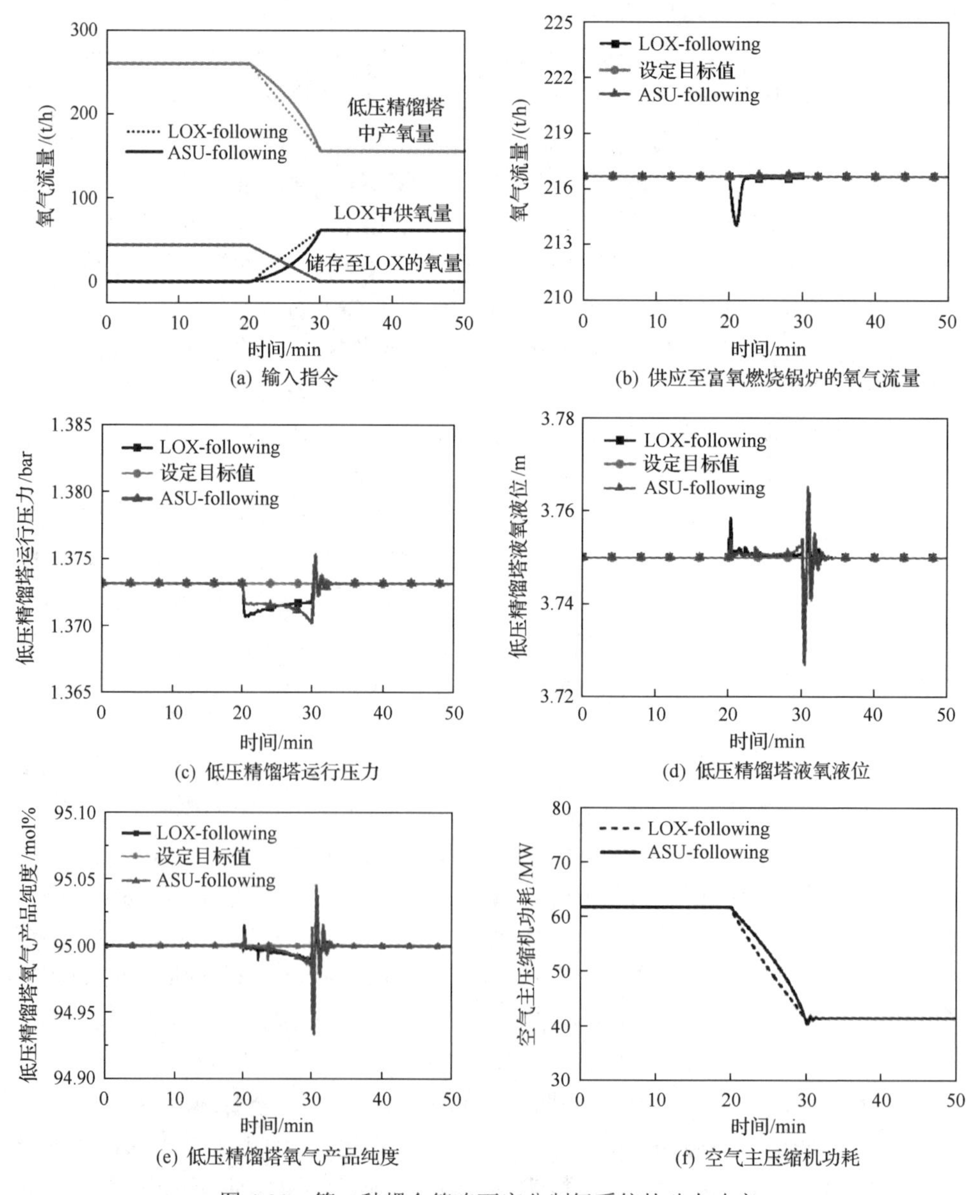

图 4-29　第二种耦合策略下空分制氧系统的动态响应

来看，在配备液氧储罐的超额空分制氧系统中，ASU-following 运行控制策略将比 LOX-following 运行控制更加合适。

对于第三种耦合运行模式，图 4-30 揭示了配备液氧储罐的减额空分制氧系统在富氧燃煤电站高低峰发电期间的储能运行特性，然而，与第二种耦合运行模式中所呈现的两种运行控制策略不同的是，此处只有 LOX-following 运行控制策略

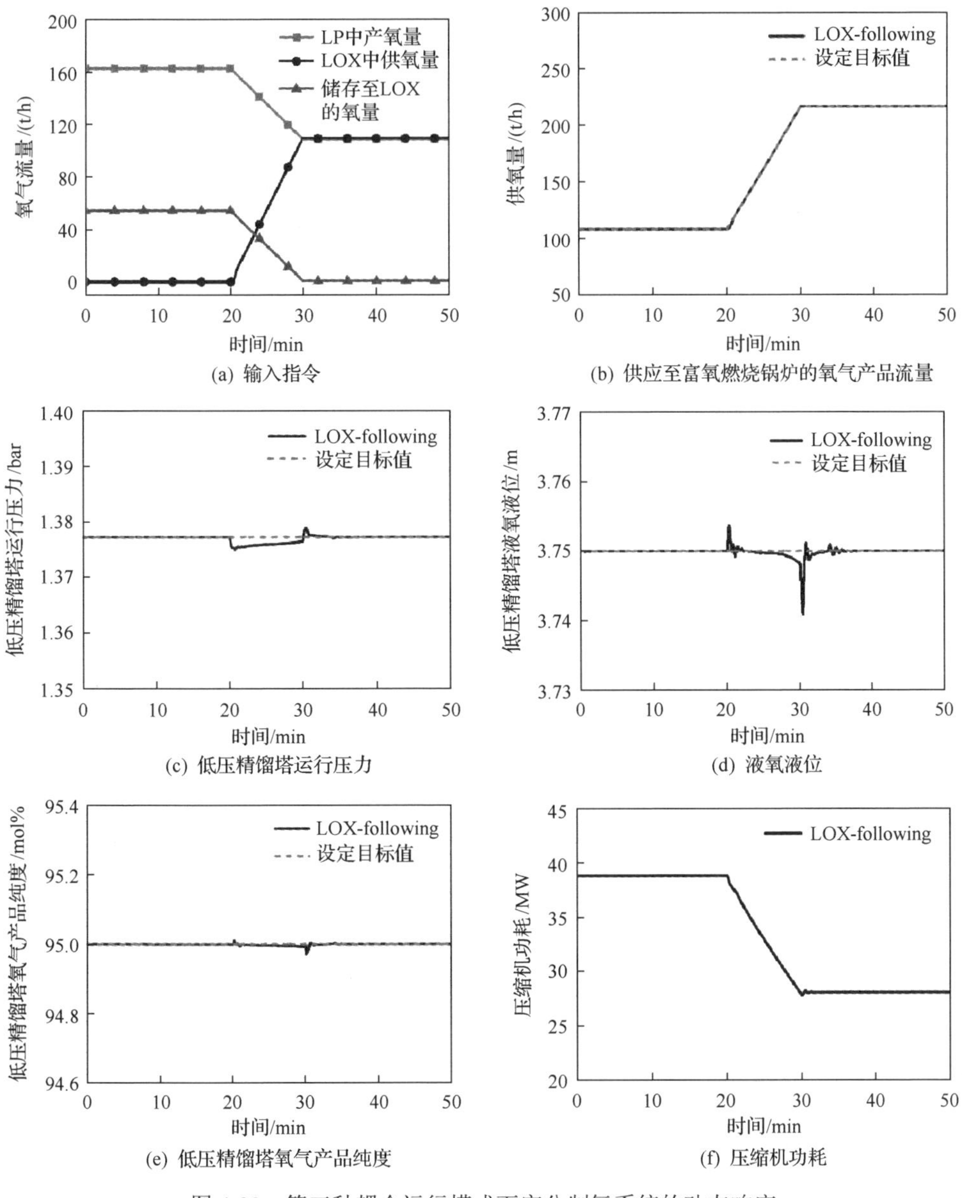

(a) 输入指令　(b) 供应至富氧燃烧锅炉的氧气产品流量

(c) 低压精馏塔运行压力　(d) 液氧液位

(e) 低压精馏塔氧气产品纯度　(f) 压缩机功耗

图 4-30　第三种耦合运行模式下空分制氧系统的动态响应

可满足储能灵活运行要求。这主要是受限于空分制氧系统的负荷运行范围(60%～105%[37])且对于液氧产品的流量远程控制会在向富氧燃烧锅炉岛系统供氧的初始阶段超过其运行负荷的上限，以至于系统无法运行，而这归咎于液氧产品的供应速率与液氧罐的氧气供应速率之间难以良好匹配得到与富氧燃烧锅炉岛系统供氧要求所需的供氧速率。但是，这并不影响配备液氧储罐的空分制氧系统在富氧燃煤电站高低峰发电期间的储能运行的动态特性的辨识。图 4-30(a)展示了第三种耦合运行模式下，其对应物流的动态过程响应情况。供应至富氧燃烧锅炉岛系统的氧气产品流量从 50%负荷变化至 100%负荷，而其他两股物流则根据供氧目标来进行相应的调整，即来自低压精馏塔的液氧产品流量降负荷至 66.67%，停止向液氧储罐中储存氧气，且剩余 50%的供氧量从液氧储罐中提供。如图 4-30(c)～(e)所示，低压精馏塔运行压力、液氧液位以及氧气产品纯度均获得较好的动态特性，其值均在设定目标值上下波动。在图 4-30(f)中，加工空气主压缩机功耗在储能灵活运行过程中，从 38.81MW 降低至 28.05MW，减少了约 27.72%，极大地提升了系统的热力学性能。

如表 4-14 所示，本节对三种空分制氧系统在流程结构、过程控制、运行以及节能等方面进行了详细比较。从流程结构看，除常规空分制氧系统以外，其他两种空分制氧系统均配备了产氧单元与储氧单元。三种空分制氧系统中均设置了基本控制结构、串级控制以及前馈-反馈控制，而只在超额与减额空分制氧系统中设置了包含 ASU-following 与 LOX-following 的逻辑控制结构。当实施灵活运行策略时，ASU-following 与 LOX-following 运行控制策略可在超额空分制氧系统中的电网供电高低峰期的灵活运行时实现，而由于过程变量超过其上限值会导致收敛问题，

表 4-14　三种空分制氧系统之间的比较

项目		常规	超额	减额
流程结构	产氧单元	Y	Y	Y
	储氧单元	N	Y	Y
控制结构	基本控制	Y	Y	Y
	串级控制	Y	Y	Y
	前馈-反馈控制	Y	Y	Y
	逻辑控制	N	Y	Y
运行策略	ASU-following	N	Y	N
	LOX-following	N	Y	Y
运行模式	日常	Y	Y	Y
	POP	N	Y	N
	储能	N	Y	Y
节能		0	20.33MW	10.76MW

注：Y 表示可行，N 表示不可行。

在减额空分制氧系统中的富氧燃煤电站发电高低峰期的灵活运行时只可实现 LOX-following 运行控制策略。从节能与运行灵活性角度，超额空分制氧系统更为适合于空分制氧系统与富氧燃烧锅炉岛系统之间的耦合运行，因为在超额空分制氧系统的中主压缩机功耗减少量(20.33MW)与灵活运行方式均要优于其他两种空分制氧系统。

4.4.3　ASU 控制方案比较

基于所采纳的控制系统设计方法，可设计其他适合于空分制氧系统的闭环控制结构。在 4.4.1 节和 4.4.2 节中，设计了一种前馈-反馈控制结构，目的在于满足氧气产品纯度、氧气产品流量及氧提取率等控制目标。但实际上，当只考虑反馈控制结构时，也可满足氧气产品纯度与氧气产品流量的运行目标，以实现富氧燃烧锅炉岛系统与空分制氧系统之间的耦合运行。为比较这两种控制结构的优劣，选择配备液氧储罐的超额空分制氧系统，将两者设置在该空分制氧系统中，跟踪低压精馏塔运行压力、液氧液位、氧气产品纯度及压缩机功耗等运行参数在负荷变化与灵活运行工况下的动态响应，并进行比较分析。

1) 负荷变化工况

如图 4-31 所示，输入与前馈-反馈闭环控制结构一致的负荷变化控制指令，即给予供氧流量以 5%/min 的降负荷速率。从动态响应可看出，两种控制结构下的系统表现出类似的特征。图 4-31(b) 中为低压精馏塔运行压力在负荷变化过程的变化过程，其值经历了先降低后逐渐升高，回归至设定目标值。负荷降低时，液氧液位会呈现升高的趋势，但在液位串级控制作用下，以降低膨胀空气量来降低制冷量，使液位回归至设定值。两种控制结构下的氧气产品纯度虽出现类似的波动，但两者与设定目标值的偏差值有明显差别，因为前馈-反馈控制结构下调节的是加工空气流量与氧气产品流量的比值，所以当氧气产品纯度偏离运行工况点时，加工空气流量会更加接近其调节所需的目标值。

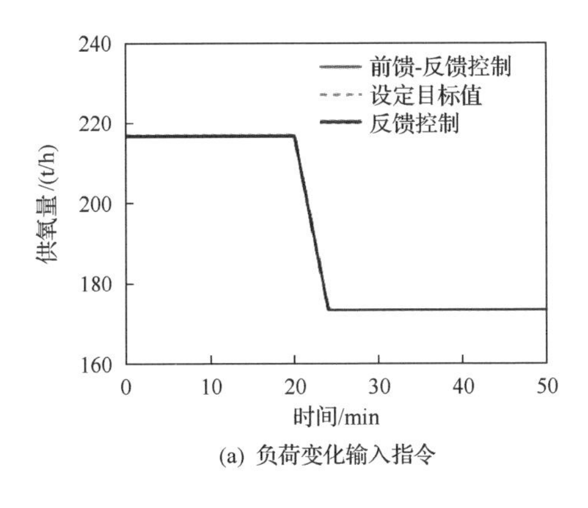

(a) 负荷变化输入指令

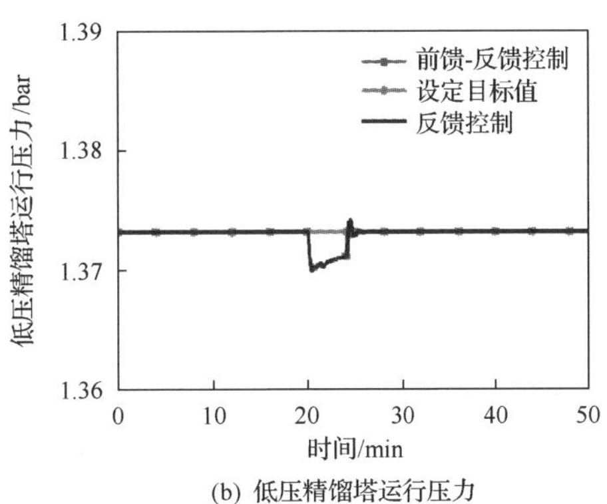

(b) 低压精馏塔运行压力

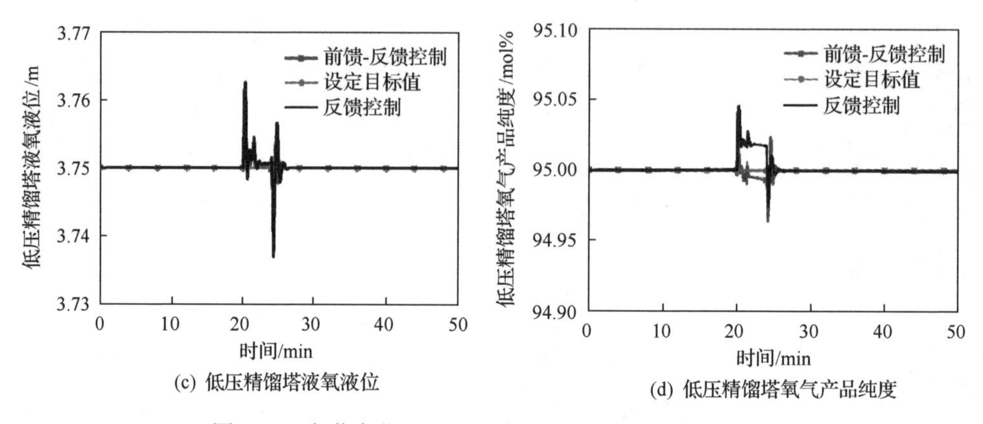

(c) 低压精馏塔液氧液位

(d) 低压精馏塔氧气产品纯度

图 4-31　负荷变化工况下两种控制结构的动态响应对比

2)氧气产品纯度变化

如图 4-32 所示，在氧气产品纯度变化工况下，输入与前馈-反馈闭环控制结构一致的控制指令，即在系统运行的第 20min 从 95mol%经 10min 后变化至 95.95mol%。从所标示的过程变量的动态响应可看出，两种控制结构下的系统表现出类似的特

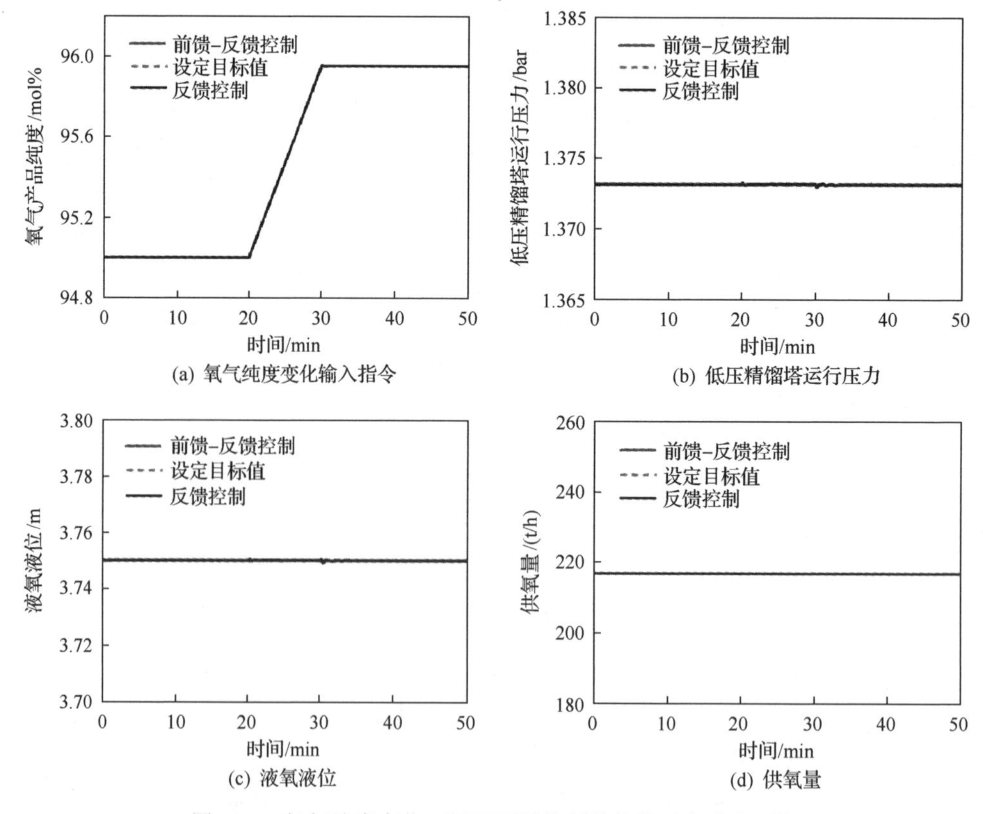

(a) 氧气纯度变化输入指令

(b) 低压精馏塔运行压力

(c) 液氧液位

(d) 供氧量

图 4-32　氧气纯度变化工况下两种控制结构的动态响应对比

征，且动态响应过程浮动较小。图 4-32(b)中，低压精馏塔运行压力在氧气产品纯度变化过程中，其值先降低后逐渐升高，然后回归至设定目标值。

3)运行策略

在只考虑反馈控制的控制系统中，可实现如图 4-33 所示的在电网供电高低峰期中采用 ASU-following 与 LOX-following 运行控制策略，并获得关键运行变量的动态响应。在图 4-33(a)中，两种控制结构下的两种运行控制策略的动态运行结果一致，来源于低压精馏塔的液氧流量减小至 60%，储存至液氧储罐中的氧气流量减少至 0，且从液氧储罐中供氧的氧气流量升高至富氧燃烧锅炉岛系统剩余所需氧气的 40%。从其他图中可以看出，两种控制结构下系统的动态响应过程类似，但也存在一定的区别。在 ASU-following 运行控制策略下，供应至富氧燃烧锅炉岛系统的氧气产品流量在运行过程非常接近目标值，低压精馏塔运行压力先降低后升高至运行工况值，液氧液位与氧气产品纯度出现一定的波动，压缩机功耗逐渐降低至新的平衡值，而在 LOX-following 运行控制策略中，供氧量在初始阶段会有降低，其他参数的动态响应与 ASU-following 运行控制策略中的表现类似。

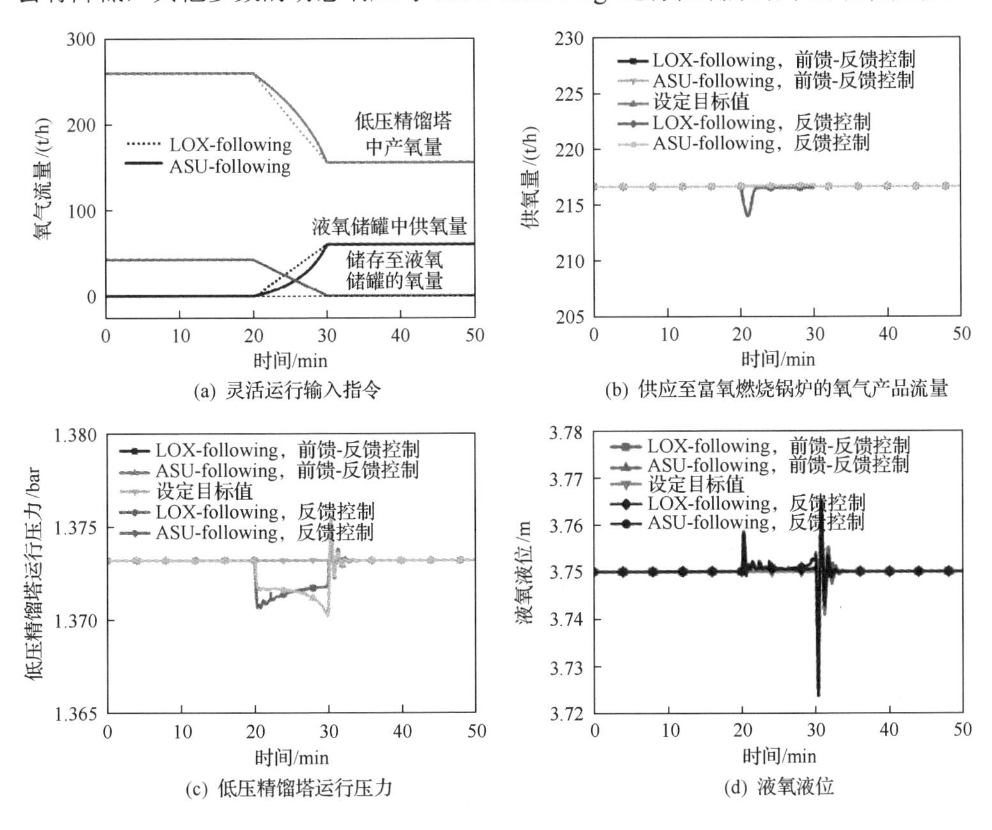

(a) 灵活运行输入指令　(b) 供应至富氧燃烧锅炉的氧气产品流量

(c) 低压精馏塔运行压力　(d) 液氧液位

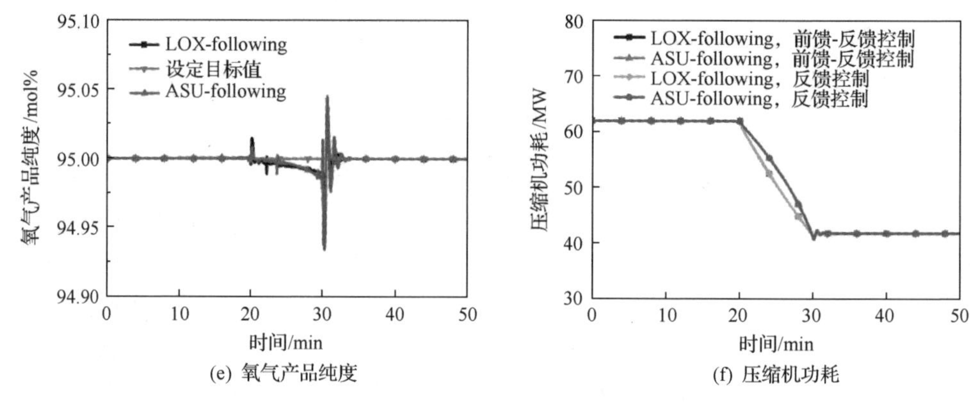

(e) 氧气产品纯度　　(f) 压缩机功耗

图 4-33　灵活运行工况下两种运行控制策略的动态响应对比

从过程变量的控制来看，这两种控制结构均能满足运行要求，但从供氧流量与氧气产品综合来看，选择前馈-反馈的闭环控制结构更能贴近设定目标值，其对富氧燃煤电站中其他子系统运行的影响小，可实现安全可靠运行。

4.4.4　进一步的改进

对于空分制氧系统流程模型，本书采用了一些必要的假设，以用于验证所提出控制方法与运行策略仍然需要进一步完善。例如，书中所强调的是，系统中各设备几何尺寸的估算基于稳态模拟数据，需根据系统的实际加以调整，使其与实际情形更加接近。换热器与压缩机的动态特性与其对应的特征曲线有关，需从制造商那里获得相应数据，以提升模型的精度。

在动态模拟结果方面，有一些值得注意的地方。尽管系统在所提出的运行策略下没有出现约束点或困难，但仍需通过实际系统运行来验证与完善这些策略。对于不同规模的空分制氧系统，ASU-following 与 LOX-following 运行控制策略需要进行测试与比较，以选择合适有效的方式来实现灵活运行。从热力学与运行灵活性角度，推荐配备液氧储罐的超额空分制氧系统来为富氧燃煤电站提供氧气来源，但也应进一步比较与辨识其经济成本等其他方面的特性，以便进行综合考虑。所提出的控制与运行策略可稍加改进，甚至直接应用至其他类似的空分制氧系统之中，进而增加空分制氧系统的灵活运行性能，并提升空分制氧系统的热力学性能。

与其他相关研究进行比较时，空分制氧系统主要差别在于控制结构、耦合运行模式以及运行策略等方面。除其他研究中所采用的常规控制模块外，逻辑控制模块也加入目前的控制结构中，以满足灵活运行的要求，增加了系统过程控制的自由度与灵活性。与其他研究中仅仅提出空分制氧系统与富氧燃煤电站耦合运行的概念不同，本书从动态模拟出发，对这些可能的耦合运行模式进行了验证，对每种控制与运行策略进行了详细的解释，且辨识了空分制氧系统在灵活运行下系统的动态特性。与此同时，本书提出了 ASU-following 与 LOX-following 运行控制策略，以用于系统的灵活运行，并详细阐述了实现两种策略的步骤与实施办法。在高速率工况、电网供电高低峰期运行以及富氧燃煤电站发电高低峰期运行的动态测试，验证了空分制氧系统能满足富氧燃烧电站运行的严格要求，且空分制氧系统与富氧燃烧锅炉岛系统之间的耦合运行是可行的。另外，在电网供电高低峰期灵活运行的成功测试，解决了文献[38]中所提出的问题，即“空分制氧系统在电网供电高低峰期的灵活运行将给过程控制带来挑战”，也表明过程控制不仅不是挑战，而且是提升富氧燃煤电站灵活运行的机遇。

4.5　富氧燃烧锅炉岛-制氧-压缩纯化全流程系统的动态模拟

4.5.1　控制结构

根据系统控制设计方法，应先确立富氧燃烧系统的运行控制目标，即三个子系统中所包含的各项工程要求，如供氧浓度、湿烟气中氧气浓度、运行压力、CO_2 产品纯度、CO_2 回收率等。辨识输入与输出变量，由于三个子系统进行耦合，原单独系统中的输入与输出将有所变化，如锅炉岛系统的氧气输入和烟气输出将分别为 ASU 的产品输出与 CPU 的烟气输入，这两个物理量在整个系统中有所变动。由于锅炉给水仍然关系到整个富氧燃烧系统的发电以及汽轮机系统的蒸汽输入，其锅炉给水将被选取为生产率。其控制结构的形成只是在三个子系统中控制结构基础之上做一定的改动，即完成如图 4-34 所示的配置控制结构的富氧燃烧系统。

4.5.2　动态特征

为了获取富氧燃烧系统的动态特性，本节采用 5%/min 的降负荷过程进行了动态模拟。从图 4-35 可以发现，所有关键运行目标均保持在设定目标值左右，表现出良好的动态性能。尽管 ASU 中氧气产品纯度存在一定的波动，但仍维持在 95mol%上下，进而确保了湿烟气中氧气浓度始终保持在 3.34mol%。随着负荷的降低，炉膛运行压力在压力控制器调节下出现略微的降低，但由于炉膛内部的燃烧情况稳定，锅炉岛水侧的再热蒸汽与主蒸汽温度未出现太大的波动。再热蒸汽

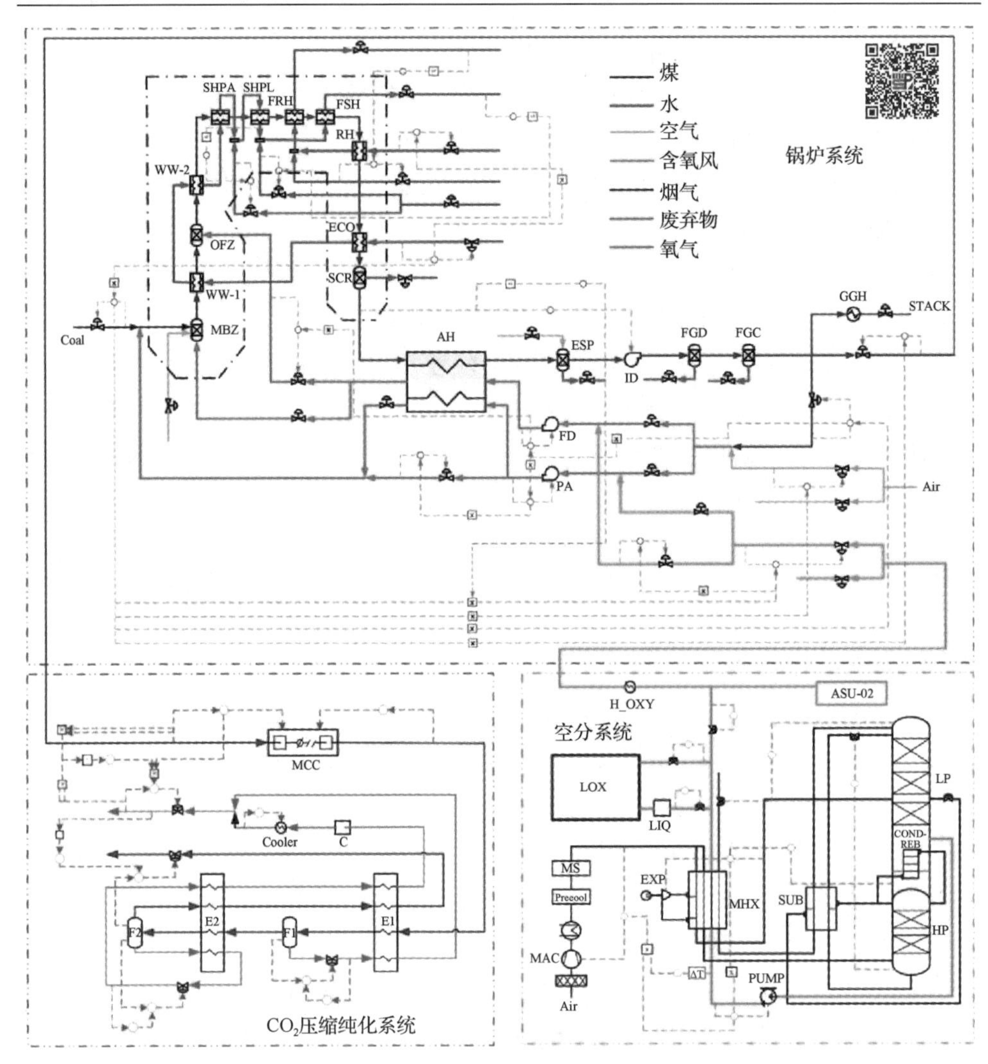

图 4-34　配置闭环控制系统的富氧燃烧系统动态模型[39]（彩图请扫二维码）

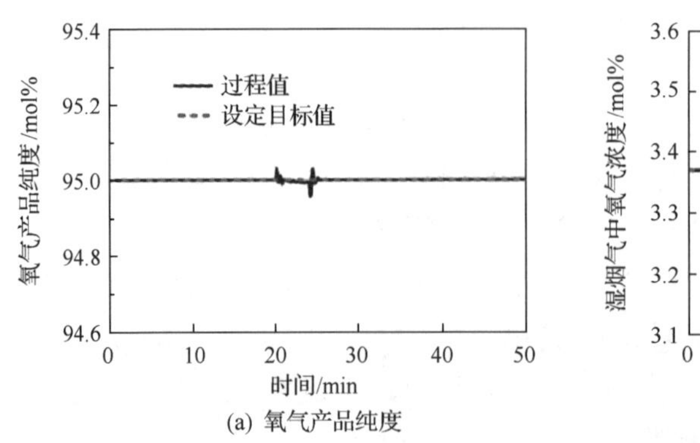

(a) 氧气产品纯度

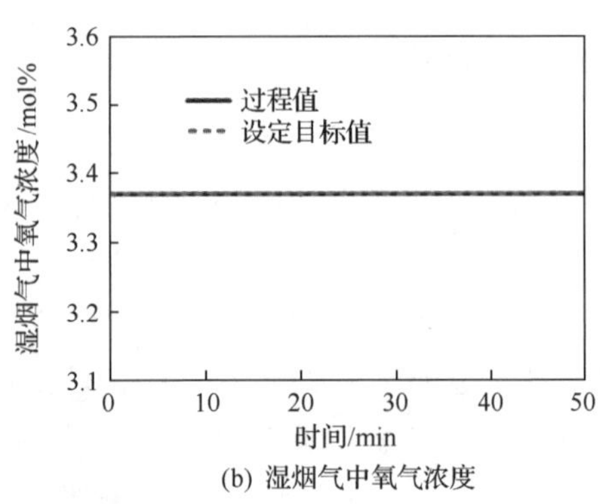

(b) 湿烟气中氧气浓度

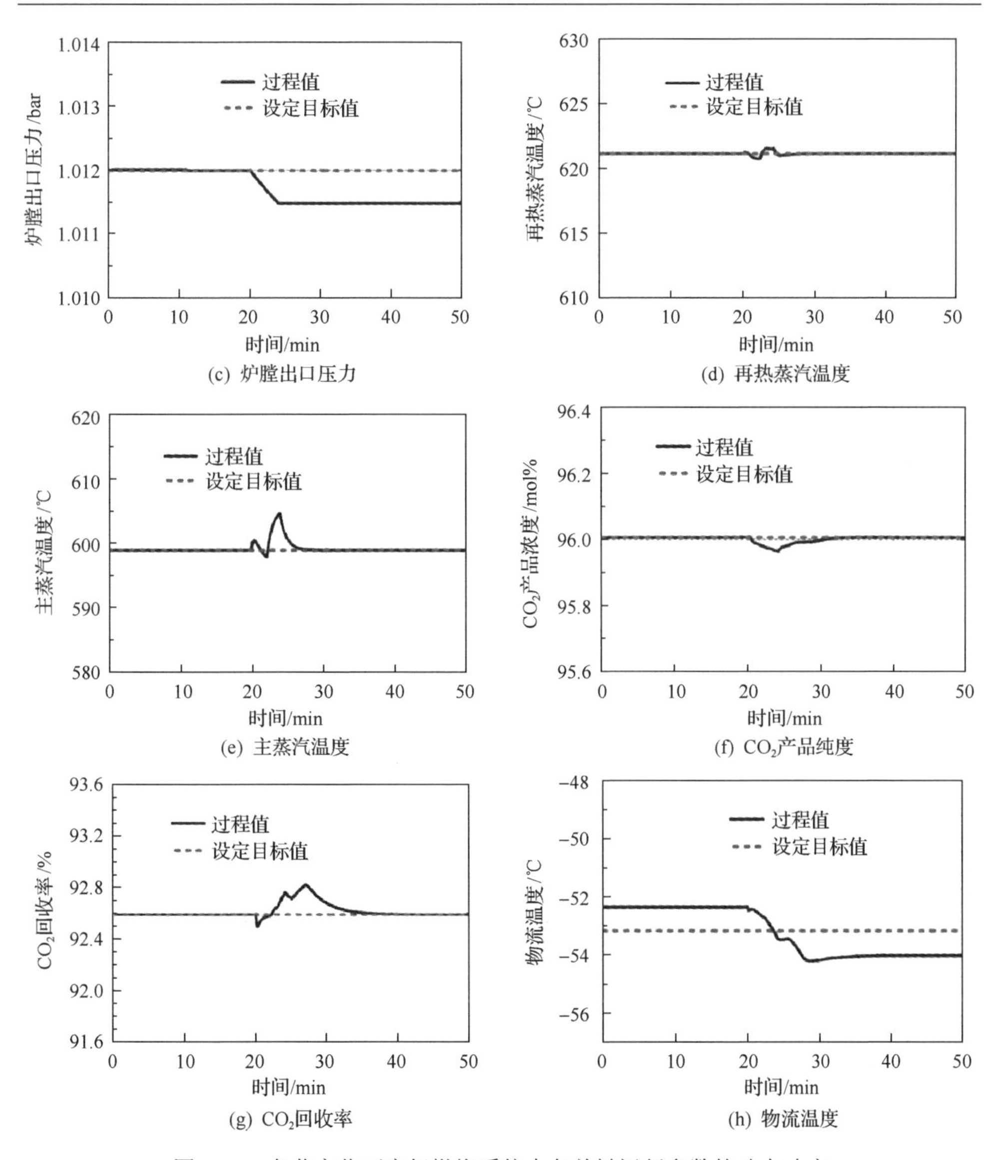

(c) 炉膛出口压力　(d) 再热蒸汽温度

(e) 主蒸汽温度　(f) CO_2产品纯度

(g) CO_2回收率　(h) 物流温度

图 4-35　负荷变化下富氧燃烧系统中各关键运行参数的动态响应

温度的变化幅度要低于主蒸汽温度的变化幅度，这是因为主蒸汽温度受到双喷水减温器的调节作用，在调节过程中的延迟作用要比再热蒸汽中单喷水减温器的情况显著。当烟气中氧气浓度保持不变时，CPU 的动态性能主要受到烟气流量与较小的烟气组分变化影响。可以发现，CO_2 产品纯度与 CO_2 回收率之间仍然呈现出相反的变化趋势，前者的时间常数约为 6min，而后者的时间常数约为 11min。值得提出的是，在双温度控制结构下，第二级闪蒸分离罐下游的物流温度始终保持在 CO_2 三相临界温度之上，避免了因 CO_2 固化而出现堵塞。

4.6 本章小结

本章对富氧燃烧系统进行了动态建模、控制系统设计、动态特性分析以及运行策略辨识等方面的介绍。首先，构建了富氧燃烧锅炉岛系统的动态模型，开环控制结构的测试说明与验证了闭环控制结构的必要性，通过理论设计与测试控制系统，明确了系统在负荷、氧气产品纯度(空分制氧系统)与漏风变化等运行工况下的动态响应，探究了双燃烧工况模式之间切换的控制策略与运行规律，比较不同控制策略以优化控制结构。然后基于富氧燃烧锅炉岛系统的烟气组成，设定 CO_2 产品品质与 CO_2 回收率目标，分析关键运行参数对系统运行与能耗的影响程度，评估系统的成本构成与分布，辨识从烟气转变成 CO_2 产品的成本形成过程，以最小化单位能耗为目标实施多变量优化。以优化运行工况为初始条件，完成动态模型构建与控制结构设计，测试系统在负荷变化、烟气组分变化以及污染物组成变化等运行工况下的动态性能，比较与优化控制系统，并对物性方法选择进行不确定度分析。接着根据富氧燃烧锅炉岛系统中特定的供氧要求，理论设计空分制氧系统流程，模拟验证物流与能流结果，设计逻辑控制结构，探究富氧燃烧锅炉岛与空分制氧之间耦合运行的多样性，比较与分析灵活运行过程中控制策略的可行性，辨识与优化不同控制结构在负荷变化、氧气产品纯度变化以及经济节能运行等工况下的动态响应。这些研究将为富氧燃煤电站的商业化运行提供理论与技术支撑，同时这些动态过程模拟也为第 5 章动态㶲分析奠定了坚实的基础。

参考文献

[1] Jin B, Zhao H, Zheng C. Dynamic simulation for mode switching strategy in a conceptual 600 MWe Oxy-combustion pulverized-coal-fired boiler[J]. Fuel, 2014, 137(6): 135-144.

[2] Jin B, Zhao H, Zheng C, et al. Dynamic modeling and control for pulverized-coal-fired Oxy-combustion boiler island[J]. International Journal of Greenhouse Gas Control, 2014, 30: 97-117.

[3] Jin B, Zhao H, Zou C, et al. Comprehensive investigation of process characteristics for Oxy-steam combustion power plants[J]. Energy Conversion and Management, 2015, 99: 92-101.

[4] Griffiths G W. Process Dynamic Simulation : An Introduction to the Fundmental Equations[M]. Lodon: Aspen Technology Inc., 1997: 1-44.

[5] Alobaid F, Starkloff R, Pfeiffer S, et al. A comparative study of different dynamic process simulation codes for combined cycle power plants-Part A: Part loads and off-design operation[J]. Fuel, 2015, 153(2015): 692-706.

[6] Aspen Tech. Aspen Dynamics TM 11.1 Reference Guide[M]. Bedford: Aspen Technology Inc., 2001.

[7] Luyben W. Plantwide Dynamic Simulators in Chemical Processing and Control [M]. New York: CRC, 2002: 1-448.

[8] Xiong J, Zhao H, Zheng C. Exergy analysis of a 600 MWe oxy-combustion pulverized-coal-fired power plant[J]. Energy & Fuels, 2011, 25(8): 3854-3864.

[9] Kitto J B, Stultz S C. Steam, Its Generation and Use [M]. Barberton: Babcock & Wilcox, 2005.

[10] Ciferno J. Pulverized coal oxycombustion power plants[R]. West Virginia: National Energy Technology Laboratory, 2007.

[11] Aspen Plus Unit Operation Models[M]. Bedford: Aspen Technology Inc., 2001.

[12] Kluger F, Prodhomme B, Mönckert P, et al. CO_2 capture system-Confirmation of oxy-combustion promises through pilot operation[J]. Energy Procedia, 2011, 4(2011): 917-924.

[13] Robinson P J, Luyben W L. Simple dynamic gasifier model that runs in Aspen Dynamics[J]. Industrial & Engineering Chemistry Research, 2008, 47(20): 7784-7792.

[14] Bhattacharyya D, Turton R, Zitney S. Plant-wide dynamic simulation of an IGCC plant with CO_2 capture[C]. Pittsburgh: 26th Annual International Pittsburgh Coal Conference, 2009.

[15] Higginbotham P, White V, Fogash K, et al. Oxygen supply for oxyfuel CO_2 capture[J]. International Journal of Greenhouse Gas Control, 2011, 5(S1): S194-S203.

[16] Dillon D J, White V, Allam R J, et al. Oxy combustion processes for CO_2 capture from power plant[R]. London: IEA Greenhouse Gas R&D Programme, 2005.

[17] Jin B, Zhao H, Zheng C. Optimization and control for CO_2 compression and purification unit in oxy-combustion power plants[J]. Energy, 2015, 83(2015): 416-430.

[18] Allam R J. Improved oxygen production technologies[J]. Energy Procedia, 2009, 1(1): 461-470.

[19] Posch S, Haider M. Optimization of CO_2 compression and purification units (CO_2CPU) for CCS power plants[J]. Fuel, 2012, 101(2012): 254-263.

[20] Zebian H, Gazzino M, Mitsos A. Multi-variable optimization of pressurized oxy-coal combustion[J]. Energy, 2012, 38(1): 37-57.

[21] Larsson T, Skogestad S. Plantwide control-A review and a new design procedure[J]. Modeling, Identification and Control, 2000, 21(4): 209-240.

[22] Skogestad S. Control structure design for complete chemical plants[J]. Computer & Chemical Engineering, 2004, 28(1): 219-234.

[23] Gilman G. Boiler control systems engineering[M]. North Carolina: The Instrumentation, Systems, and Automation Society, 2010.

[24] Luyben M L, Tyreus B D, Luyben W L. Plantwide control design procedure[J]. AIChE Journal, 1997, 43(12): 3161-3174.

[25] Buhre B, Elliott L, Sheng C, et al. Oxy-fuel combustion technology for coal-fired power generation[J]. Progress in Energy and Combustion Science, 2005, 31(4): 283-307.

[26] Wall T, Stanger R, Santos S. Demonstrations of coal-fired oxy-fuel technology for carbon capture and storage and issues with commercial deployment[J]. International Journal of Greenhouse Gas Control, 2011, 5(1): S5-S15.

[27] Chen L, Yong S Z, Ghoniem A F. Oxy-fuel combustion of pulverized coal: Characterization, fundamentals, stabilization and CFD modeling[J]. Progress in Energy and Combustion Science, 2012, 38(2): 156-214.

[28] Stone B B, McDonald D K, Zadiraka A J. Oxy-combustion coal fired boiler and method of transitioning between air and oxygen firing: US, 8453585[P]. 2013-06-04.

[29] Weigl S. Modellierung und experimentelle Untersuchungen zum Oxyfuel-Prozess an einer 50-kW-Staubfeuerungs-Versuchsanlage[D]. Germany: Technischel Universitat Dresden, 2009.

[30] Zitney S E. CAPE-OPEN Integration for Advanced Process Engineering Co-Simulation[M]. Washington: Office of Fossil Energy, 2006.

[31] Zitney S E. Process/equipment co-simulation for design and analysis of advanced energy systems[J]. Computer & Chemical Engineering, 2010, 34(9): 1532-1542.

[32] Hultgren M, Ikonen E, Kovács J. Oxidant control and air-oxy switching concepts for CFB furnace operation[J]. Computer & Chemical Engineering, 2014, 61(2014): 203-219.

[33] Montagner F, Chapman L, Ranie D, et al. Callide oxyfuel project–lessons learned[R]. Docklands: The Global CCS Institute, 2014.

[34] Postler R, Epple B, Kluger F, et al. Dynamic process simulation model of an oxyfuel 250 MWel demonstration power plant[C]. Queensland:2nd Oxyfuel Combustion Conference, 2011.

[35] Haryanto A, Hong K-S. Modeling and simulation of an oxy-fuel combustion boiler system with flue gas recirculation[J]. Computer & Chemical Engineering, 2011, 35(1): 25-40.

[36] Chansomwong A, Zanganeh K E, Shafeen A, et al. A decentralized control structure for a CO_2 compression, capture and purification process: An uncertain relative gain array approach. World Congress, 2011: 8558-8563.

[37] Beysel G. Enhanced cryogenic air separation: A prove process applied to oxyfuel future prospects[C]. Cottbus: 1st oxyfuel combustion conference, 2009.

[38] Hu Y, Li X, Li H, et al. Peak and off-peak operations of the air separation unit in oxy-coal combustion power generation systems[J]. Applied Energy, 2013, 112(2013): 747-754.

[39] Jin B, Zhao H, Zheng C. Dynamic simulation and control design for pulverized-coal-fired oxy-combustion power plants[C]//International Symposium on Coal Combustion. Singapore: Springer, 2015: 325-333.

第 5 章　动态㶲分析

众多的研究已经证明了热力系统㶲分析在辨识能量系统用能薄弱环节、科学理解能量利用效率、减少有用能损失和高效“节能”等方面具有积极作用。㶲分析与经济成本结合、与生命周期评价结合，可评价系统的热力学性能、经济学特性、环境影响以及可持续发展性等。但是，目前的热力学㶲分析基本上还是属于稳态㶲分析的范畴，建立在对系统稳态过程模拟的基础上。实际上，在运行过程中，当发生运行参数、意外干扰或运行工况等变化时，系统的状态会发生相应的变化，物流、能流以及运行参数等呈现出随时间变化的特点，表现为流量、温度、压力、组分及功耗等随时间变化。此过程中，系统的热力学性能也会随时间变化，表征为内能、焓、熵以及㶲等关于时间的函数。在不同的运行状态下，系统的热力学性能会有所差别，系统的㶲行为也会有所差别。通过表征系统在运行过程中的动态㶲行为，可实时了解系统的热力学状态，为高效运行提供指导。

㶲作为衡量能量数量和品质的重要热力学参数，还可用作热力学与过程控制的桥梁。在系统运行过程中，闭环控制系统具备维持运行控制目标、满足环境保护要求、保证系统安全稳定运行等功能，具有极其重要、不可替代的作用，但很少有研究从定量的角度去说明控制系统与策略对系统运行在热力学性能上的影响。事实上，当两种控制系统下的动态过程响应只存在细微差别时，无法评价两者的优劣，无法确认应采用哪种控制策略。另外，闭环控制系统中的控制结构在运行过程中到底起到了何种作用，是需要消耗更多的能量还是能够节省一定的能量，并没有得到相关方法的验证。目前，已有采用㶲分析方法来匹配控制变量与操作变量的先例，但是所述方法粗略、不系统、不全面。

针对上述情况，本章主要介绍基于过程模型的动态㶲分析。首先提出系统性强的动态㶲分析方法，并进一步应用到富氧燃煤电站中(包括锅炉岛系统、深冷空分系统和 CO_2 压缩纯化系统等)，用于定量衡量系统运行特性，包括运行工况能耗、运行参数灵敏性、控制系统与结构对系统运行的影响等，从而优化控制与运行。本章相关结果也可参阅作者团队最近的论文[1-3]。

5.1　动态㶲方法

在一个开放系统中，从热力学第二定律角度来看，动态㶲平衡方程为式(5-1)，描述进出系统的㶲流、机械功与热量及熵产之间的关系[4]，即

$$\frac{\mathrm{d}E\left[x(t)\right]}{\mathrm{d}t}=\left[E_f(t)+\dot{w}+\sum\dot{q}_i(T_i-T_0)/T_i\right]_{\text{in}}-\left[E_{\text{f}}(t)+\dot{w}+\sum\dot{q}_i(T_i-T_0)/T_i\right]_{\text{out}}-T_0\dot{\sigma}\left[x(t)\right] \tag{5-1}$$

其中，$\mathrm{d}E\left[x(t)\right]/\mathrm{d}t$ 为系统中㶲的变化率(或增量)；$E_{\text{f}}(t)$ 为进入或流出系统的物流所携带的㶲流；$\dot{w}$ 为传递的机械功；$\dot{q}_i$ 为来源于热源 i 的热输入率或热输出率；T_0 为环境温度；T_i 为系统在某一运行工况下的温度；$\dot{\sigma}\left[x(t)\right]$ 为运行过程中的总熵产率。当系统处于非稳态过程时，两个相邻时刻(t 与 t+dt)下的㶲值会存在 dE，时间间隔的选择取决于需要描述系统的精确度，即精确度越高，时间间隔越小，描述系统的动态㶲曲线越精确。当系统处于稳态或准稳态过程时，两个相邻时刻的㶲值相等，系统的热力学性能始终保持不变。本质上讲，动态㶲的概念为每一个 t 时刻下，某股物流、某个设备以及某个系统分别存在所对应的物流㶲、功耗以及描述系统热力学性能的㶲参数(包括燃料㶲、产品㶲、㶲损以及㶲效率等)。计算每个时刻下这些㶲值，可形成某股物流、某个设备或某个系统的㶲随时间变化的曲线，即动态㶲图。从动态㶲图可比较不同时刻下的㶲值来评价物流、设备或系统的运行状态，可计算某时间段内动态㶲曲线下的面积以获得物流、设备或系统所消耗的能量，可通过能耗大小判断不同控制结构的优劣，可评价控制系统对系统运行的影响等。为了获得动态㶲图，需要计算每个时刻下物流、设备或系统的㶲参数，获得每个时刻所对应的热力学信息(即热力学参数随时间变化的曲线)，包括温度、压力、流量、组分及功耗等。这些动态结果可通过建立动态模型，并进行不同工况下的动态模拟来获得。Aspen plus Dynamics 是一个强有力的动态仿真与建模工具，可对一个物理或化学过程进行动态模拟，以反映该过程的动态特性，并获得热力学参数随时间的变化。但这种模拟平台并不能将这些参数自动地用于计算㶲参数随时间的变化，需耦合计算模块至动态模拟中来进行动态㶲计算，从本质上讲，是计算设定好时间步长(Δt)后的若干个 t 时刻下的㶲值，计算量由所选择的时间段以及时间步长的大小所决定，即当时间步长很小时，计算量将巨大。另外，t 时刻下的物流、设备以及系统所对应的㶲值可采用 Aspen Plus 与 Microsoft Excel 相结合的方式进行计算。基于这些考虑，本节提出了一种基于过程模型的动态㶲分析方法[1]，依据过程模型(稳态与动态)与㶲计算方法进行动态㶲计算，获取㶲随时间变化的曲线，结合动态㶲图的物理含义，定义评价指标来对系统进行评价。图 5-1 为所提出的动态㶲分析方法，包括动态㶲计算与动态㶲评价两个步骤。

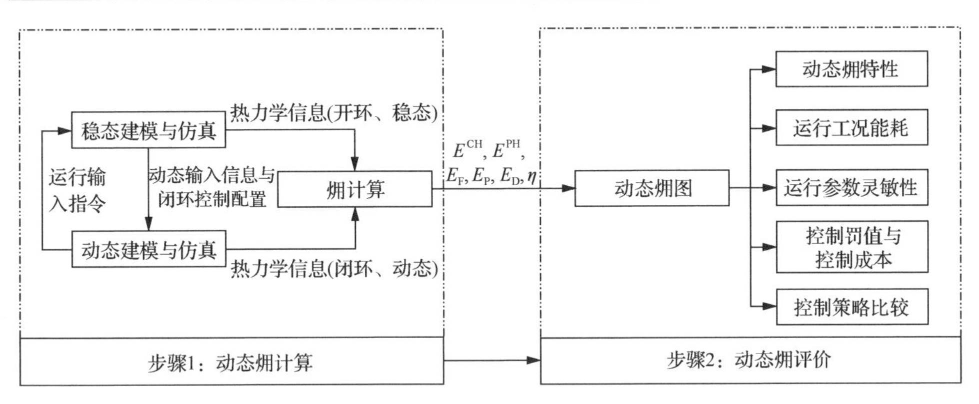

图 5-1　动态㶲分析方法

5.1.1　动态㶲计算

动态㶲计算目的在于获得不同运行工况下系统在不同时刻下的㶲值，从而绘制㶲随时间变化的曲线。首先，需建立系统的稳态过程模型，采用设计数据对模型进行测试与验证。然后，将稳态模型转换成动态模型，包括选择动态驱动方式、增减必要的连接件以及输入设备的几何尺寸等动态准备工作。接着，将控制结构嵌入系统的动态模型之中，对不同的运行工况进行测试与分析。从动态模拟(Aspen plus Dynamics)中，可获得每个时刻系统在闭环控制系统下不同运行工况的热力学信息，包括温度、压力、流量、组分以及功耗等的动态响应。当将运行工况执行指令输入稳态模型中，即没有任何控制结构(开环控制)的系统中时，可获得每一个时刻系统在无控制系统下不同运行工况的热力学参数。结合㶲计算方法，可分别计算得到每个时刻下系统在闭环控制系统以及无控制系统下的㶲参数随时间变化的曲线。根据第 3 章中所阐述的㶲计算方法，这些㶲参数包括物理㶲、化学㶲、燃料㶲、产品㶲、㶲损和㶲效率，定义与含义为：燃料㶲为给系统提供能量的物流㶲或功耗等，而产品㶲为从系统得到能量的物流㶲或产生的功等；㶲损为燃料㶲与产品㶲之差；㶲效率为产品㶲与燃料㶲的比值。

5.1.2　动态㶲评价

获得上述动态㶲图之后，可对系统进行动态㶲评价。首先，通过动态㶲图可直接获得系统的动态㶲特性，即系统在不同运行工况下㶲参数的变化趋势，以实时观测系统的热力学性能。不同运行工况在不同运行时间段内的能量输入、输出和损耗，均可由对应的㶲曲线下的面积积分所得，计算公式如下：

$$\alpha_i = \int_{t_0}^{t_1} E_i(t)\mathrm{d}t \tag{5-2}$$

其中，α 为能量值(kW·h)，包含能量输入、能量输出以及能耗；t 为不同的时刻点，下标“0”表示初始时刻点，下标“1”表示最终时刻点；i 为不同的㶲参数类型，即燃料㶲、产品㶲以及㶲。基于给予运行指令开始至其结束的时间内所计算的能耗，引入灵敏度系数来辨识运行参数对系统运行的影响，即单位输入变化下系统所跟踪的输出量的变化，表达式如下：

$$\beta = \left[\left[\frac{\mathrm{d}y}{y_0} \right] \Big/ \left[\frac{\mathrm{d}z}{z_0} \right] \right] \tag{5-3}$$

其中，β 为无量纲参数；y 为能耗，即㶲损曲线下的面积；$\mathrm{d}y$ 为从给予运行指令变化到系统最终运行稳定过程中的能耗；y_0 为运行变化过程中系统在初始稳态运行下的能耗；z 为完成运行指令的输入；z_0 为输入的初始值。某个运行参数变化过程中所计算的 β 数值越大，表明系统运行性能对该参数越敏感，即该参数的变化对系统运行影响越大。闭环控制系统对系统运行性能的影响可通过控制罚值与控制成本来定量表征，即计算有无控制系统下系统的总能量输入、总能量输出以及总能耗。控制罚值定义为有无控制系统下系统总能耗的差值，表达式表如下：

$$\Delta\alpha = \alpha_{\mathrm{D\_closed}} - \alpha_{\mathrm{D\_open}} \tag{5-4}$$

其中，$\Delta\alpha$ 存在正负之分，负号表示控制结构对系统运行具有促进作用，而正号表示控制结构对系统运行具有阻碍作用，$\alpha_{\mathrm{D\_closed}}$ 为闭环控制下的系统运行能耗；后者为开环控制下的系统运行能耗。这表明，$\Delta\alpha$ 为负值表示控制系统在该运行工况下具有节能的效果，而 $\Delta\alpha$ 为正值表示控制系统在该运行工况下仍需消耗额外的能量。基于辨识控制系统对热经济学故障诊断的成本概念[5]，控制作用对系统运行引起的成本定义如下：

$$k = \left| \frac{\alpha_{\mathrm{F\_closed}} - \alpha_{\mathrm{F\_open}}}{\alpha_{\mathrm{P\_closed}} - \alpha_{\mathrm{P\_open}}} \right| \tag{5-5}$$

其中，分子表示的是总燃料的影响，而分母表示的是总产品的影响，下标 F 表示燃料，P 表示产品。式(5-5)可从有无控制下总能量输入的差值与总能量输入的差值之间的比值计算得出。此参数揭示了燃料的影响与产品的影响之间的关系，也表明当燃料输入偏离其设计工况值时，为维持产品品质所需的控制程度。此值越高，表明控制程度越高，也表明操作人员应对其相应的参数给予越多的观测，以确保系统安全可靠运行。为从热力学角度比较不同控制系统或结构，引入不同控制结构在同一运行工况下的能耗差值 δ，表达式如下：

$$\delta_{AB} = \alpha_A - \alpha_B \tag{5-6}$$

其中，δ_{AB} 为不同控制系统的能耗差值，下标“A”与“B”分别表示两种不同的控制结构、系统或策略。

可将上述动态㶲分析方法运用至富氧燃烧系统，以从热力学性能、过程控制和运行策略等角度对富氧燃烧系统进行详细的分析。下面将运用动态㶲分析方法对富氧燃烧锅炉岛系统、CO_2 压缩纯化系统及空分制氧系统进行详细评价，以实时监测系统热力学性能以及控制干预对系统运行的影响。

5.2　富氧燃烧锅炉岛系统动态㶲分析

本节将以第 4 章中富氧燃烧锅炉岛系统的动态模拟、控制以及运行策略等为基础，按照动态㶲分析方法实施的基本步骤进行详细的分析与评价，关键在于通过稳态模拟与动态模拟，分别获得不同运行工况(包括流量变化、氧气纯度变化以及锅炉漏风变化)下富氧燃烧锅炉岛系统在开环与闭环控制作用下的热力学数据，继而计算出系统在每个运行时刻下的㶲参数值。

5.2.1　稳态建模与仿真

本书根据图 4-1 中 600MW 富氧燃烧锅炉岛系统流程结构，运用必要假设，选择合适的模型，建立了稳态模型，对煤种假设进行了验证，在此不再赘述。将流量、氧气纯度以及漏风的运行指令输入稳态模型中，可获得上述三种运行工况下富氧燃烧锅炉岛系统在开环控制下的热力学数据，包括流量、温度、压力、组分、风机功耗等。

5.2.2　动态建模与仿真

本节基于稳态模拟与动态模拟之间的差异性，按照 4.1 节中转换方法和必要准备步骤，将富氧燃烧锅炉岛系统的稳态模型转换成对应的动态模型。为维持富氧燃烧锅炉岛系统的安全可靠运行，需根据运行要求和控制目标，设计闭环控制结构，并嵌入动态模型中，如图 4-5 所示。给予与稳态模拟中一致的运行输入指令，即降负荷变化(在第 2h 开始负荷从 100%经过 10min 以 2%/min 速率降低至 80%负荷)、氧气纯度变化(在第 2h 氧气纯度开始从 95mol%经过 20min 以 0.2%/min 速率提升至 99mol%)及炉膛漏风变化(在第 2h 漏风量阶跃增加 50%)，可得到富氧燃烧锅炉岛系统在闭环控制系统下的动态响应，即热力学数据随时间变化的曲线，为后续系统㶲参数计算提供数据来源。

5.2.3 㶲值计算

根据第 3 章中㶲方法，可计算得到表征富氧燃烧锅炉岛系统所需的㶲参数值。由于进入富氧燃烧锅炉岛系统的燃料包含煤、氧气、给水、再热蒸汽、喷水减温用水以及风机功耗，如图 5-2 所示，燃料㶲由以上输入燃料的㶲所组成，且按照煤＞再热蒸汽＞给水＞氧气＞主蒸汽喷水减温用水＞风机功耗＞再热蒸汽喷水减温用水排列，这与物质本身特性、温度以及压力有关。富氧燃烧锅炉岛系统输出主蒸汽与再热蒸汽用于汽水系统中驱动蒸汽轮机发电，出口烟气进入 CPU 中进行 CO_2 压缩、纯化、分离与捕集，产品㶲由主蒸汽、再热蒸汽及烟气的㶲所组成，且蒸汽㶲远远大于烟气㶲，按照主蒸汽＞再热蒸汽＞烟气排列。明确燃料㶲与产品㶲，可进一步计算得到㶲损与㶲效率。初始状态下，富氧燃烧锅炉岛系统在闭环控制系统作用下的㶲损与㶲效率分别为 1462.41MW 与 55.83%。进而，可获得富氧燃烧锅炉岛系统在不同控制结构、不同运行工况及有无控制系统下的㶲参数随时间变化的曲线。

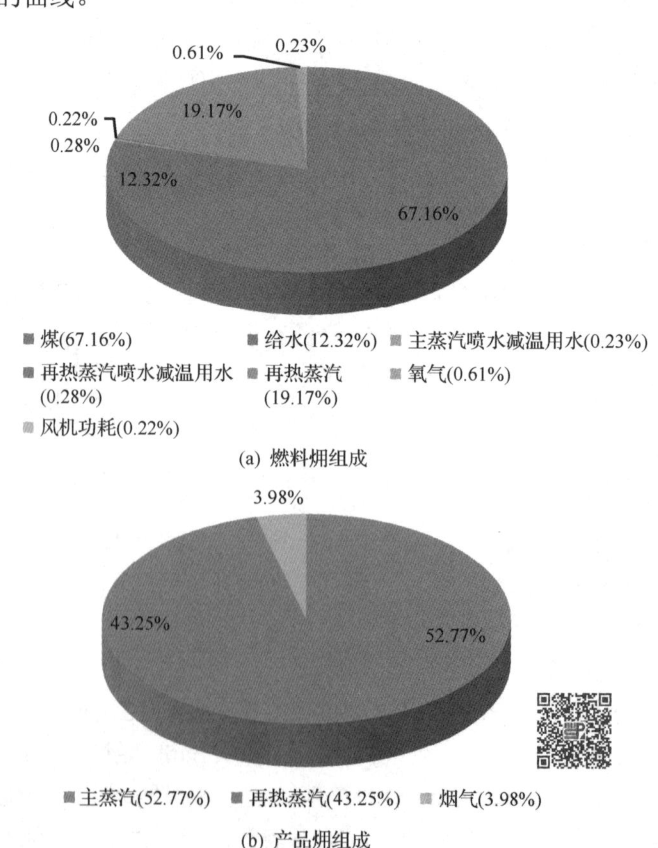

(a) 燃料㶲组成

(b) 产品㶲组成

图 5-2 富氧燃烧锅炉岛系统的燃料㶲与产品㶲分布(彩图请扫二维码)

5.2.4 动态㶲特性

基于动态㶲参数曲线图，可对系统在不同运行工况中的动态能耗表现、运行参数灵敏性、过程控制对系统运行能耗的影响及基于能耗大小的控制策略优化进行定量表征与分析。

1) 负荷变化工况

图 5-3 展示了富氧燃烧锅炉岛系统在负荷变化(即流量变化)运行工况下燃料㶲、产品㶲、㶲损以及㶲效率的实时变化。当系统负荷从满负荷开始以 2%/min 降负荷时，输入物流的流量会以同样的变化速率减少，而输入物流的组分、压力以及温度不变，输出物流中烟气组分会由于燃烧程度变化而出现波动。从㶲分析角度看，在负荷变化工况下，燃料㶲与产品㶲的变化由流量变化主导，这是由于燃料中的单位物理㶲与化学㶲不变，产品中蒸汽㶲的比重显著大于烟气㶲，且在蒸汽㶲变化中流量因素的影响大于温度与压力因素的影响，尽管烟气组分的变化对产品㶲中烟气㶲的变化存在一定的影响。

由于不同控制结构存在，产生了如图 5-3(a)所示的富氧燃烧锅炉岛系统在负荷变化工况下的燃料㶲动态响应，图中数字表示的是曲线最终状态下燃料㶲数值的大小排序。为区分不同控制结构，定义不同控制结构的缩写形式如下：开环控制系统(O)，闭环控制系统(C)，常规控制层(R)，常规控制层与比例控制结构(RR)，常规控制层、比例控制结构与再热蒸汽温度控制结构(RRH)，常规控制层、比例控制结构与主蒸汽温度控制结构(RSH)，以及常规控制层、比例控制结构与烟气中氧气浓度控制结构(RC)。所有控制结构中均包含开环控制部分，即系统本身特性对比 O 与 R，燃料㶲的差异在于常规控制层中流量控制与压力控制引起物流㶲以及风机能耗的实时变化。由于煤与供氧之间比例控制引起的前馈作用，RR 中的供氧㶲值以及一、二次风机能耗均大于 R 中所对应的值，其中氧气㶲值变化占主导作用。RC 的燃料㶲大于 RR 中的燃料㶲，原因在于氧气浓度控制使供氧量在运行过程中的供氧量与压力有一定的降低，进而导致供氧㶲值降低而一、二次风机能耗升高，其中风机能耗变化占主导地位。RRH 的燃料㶲高于 RR 中的燃料㶲，归因于再热蒸汽温度控制引起的再热喷水减温用水流量增加，其㶲值也相应增加。RSH 的燃料㶲较比例控制中的燃料㶲值要大，这是因为主蒸汽温度控制所引起的主蒸汽两级喷水减温用水流量的增加，其㶲值也相应增加。在所研究的所有控制结构中，C 的燃料㶲最大，与 R 相比，其原因在于高级控制层(S)的综合作用，即喷水减温用水增加及风机能耗增加，其中以主蒸汽控制为主导因素。

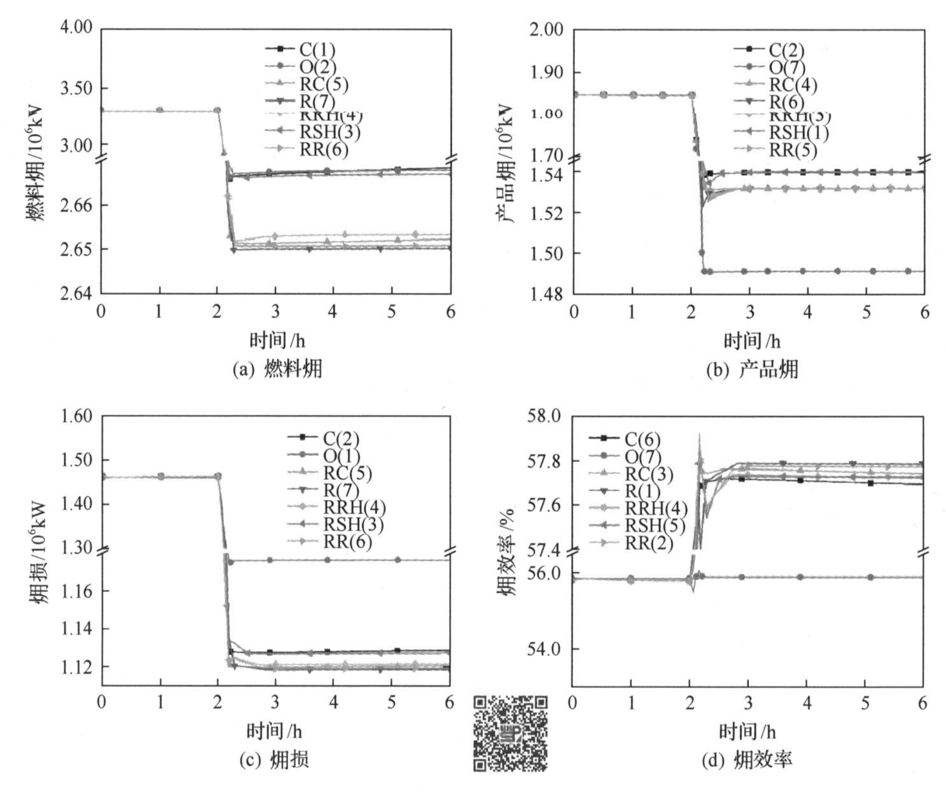

(a) 燃料㶲　(b) 产品㶲　(c) 㶲损　(d) 㶲效率

图 5-3　负荷变化工况中富氧燃烧锅炉岛系统的动态㶲特性(彩图请扫二维码)

图 5-3(b)反映了负荷变化工况中富氧燃烧锅炉岛系统的产品㶲随时间的变化特征。RR 与 R 相比，两者的差异在于比例控制所引起的主蒸汽温度与再热蒸汽温度的变化要优于无比例控制时的情形，其相应的蒸汽㶲值要略高。在 RC 中，烟气中氧气浓度控制使其烟气中 CO_2 浓度呈现线性减少的趋势，且从给予指令开始一直高于 RR 中的 CO_2 浓度，从而使其烟气㶲值较大。与此同时，氧气浓度控制也引起炉膛内燃烧变化，进而使 RC 中的再热蒸汽温度与主蒸汽温度变低，即蒸汽㶲值要降低。比较 RC 中烟气㶲的变化量(+0.53%)与蒸汽㶲的变化量(–0.02%)，可发现烟气㶲的增加占主导，所以 RC 的产品㶲要大于 RR 中对应的值。RRH 中再热蒸汽温度控制引起再热蒸汽温度逐渐回归至设定目标值，需增加其相应的喷水减温用水量，且由于再热器与过热器在炉膛中交错布置，主蒸汽温度也会有一定程度的降低。尽管过热蒸汽㶲值有所减少，但其减少量(–0.18%)要小于再热蒸汽㶲的增加量(+0.26%)，而烟气㶲保持不变，导致 RRH 中的产品㶲要大于 RR 中的产品㶲。RSH 中通过主蒸汽温度控制以增加其对应的两级喷水减温用水量来维持主蒸汽温度在其设定目标值，且再热蒸汽温度有所降低。由于再热蒸汽㶲值的减少量(–1.02%)要小于主蒸汽㶲值的增加量(+1.79%)，且烟气㶲保持

不变，所以 RSH 的产品㶲要大于 RR 的产品㶲。C 与 R 相比，C 的产品㶲要大于 R 中相应的值，这归因于高级控制层的综合作用，即烟气中 CO_2 浓度的维持、主蒸汽的两级喷水减温用水量的增加以及蒸汽温度的维持。主蒸汽㶲(+1.78%)增加，再热蒸汽㶲(–1.05%)降低且烟气㶲(+0.43%)增加，其以主蒸汽温度控制的影响为主导。

基于不同控制结构下的燃料㶲与产品㶲，可计算得到富氧燃烧锅炉岛系统的㶲损与㶲效率，如图 5-3(c)与(d)所示。在㶲损曲线中，负荷变化运行终了阶段的㶲损值最大为 O，最小为 R，这是因为 O 的燃料㶲排序第二而其产品㶲最小，R 的燃料㶲最小而其产品㶲排序第六，且产品㶲的变化量要低于燃料㶲的变化量。O 下系统㶲损最大表明，系统的能耗取决于系统本身结构以及设备性能，且为满足运行目标以及安全要求，控制结构需消耗必要的能量。就㶲效率而言，所有控制结构均表现出增加的趋势，O 的㶲效率变化幅度不大，其他控制结构的㶲效率呈现出线性增加情形。

2)氧气纯度变化工况

图 5-4 展示了供氧氧气纯度变化工况下富氧燃烧锅炉岛系统在开环控制与闭环控制作用下㶲参数的实时变化。在图 5-4(a)中，闭环控制下的燃料㶲增加约 0.12%，原因在于氧气纯度增加引起炉膛燃烧强化，促使蒸汽温度控制以增加喷水减温用水量来维持蒸汽温度控制目标，进而再热喷水减温用水㶲和主蒸汽两级喷水减温用水㶲分别增加 1.26%与 2.08%。与此同时，氧气浓度控制使得供氧氧气流量以及压力降低(可参阅第 4 章)，氧气㶲降低约 1.60%，然而为满足风烟流量与系统压力要求，流量与压力控制致使风机功耗提升约 2.37%。图 5-4(b)中，闭环控制的产品㶲增加约 0.14%，原因在于蒸汽温度控制下喷水减温用水量增加引起蒸汽㶲的增加(再热蒸汽㶲增加+0.04%，主蒸汽㶲增加+0.06%)，且氧气浓度控制下烟气中 CO_2 浓度增加使得烟气㶲增加(+2.37%)，其中烟气㶲增加为主要因素。如图 5-4(c)和图 5-4(d)所示，闭环控制下㶲损与㶲效率分别增加 0.09%与 0.01 个百分点，这归因于燃料㶲与产品㶲的相互作用，即燃料㶲的增加量(+4060.90kW)大于产品㶲的增加量(+2673.97kW)，且燃料㶲的变化幅度(+0.12%)小于产品㶲的变化幅度(+0.14%)。

闭环控制与开环控制的动态㶲特性相比，差异主要归咎于闭环控制系统对系统运行做出的动态调节。闭环控制下的燃料㶲大于开环控制下的燃料㶲，这主要是氧气浓度控制导致其闭环控制下燃料㶲中氧气㶲降低而风机能耗增加，其中风机能耗占主导作用。闭环控制下的产品㶲与开环控制下的产品㶲呈现出相反的变化趋势，即前者表现为增加趋势而后者逐渐减少，主要是蒸汽温度控制及烟气中氧气浓度控制，引起闭环控制中主蒸汽㶲(+0.64%)、再热蒸汽㶲(+0.54%)及

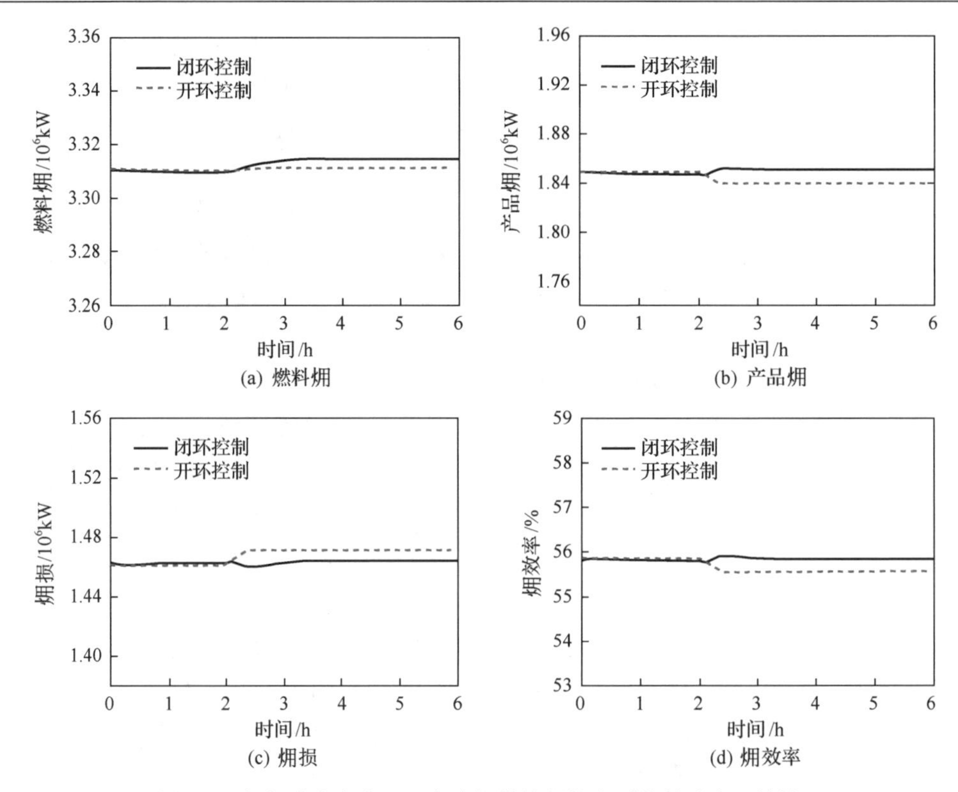

(a) 燃料㶲　(b) 产品㶲　(c) 㶲损　(d) 㶲效率

图 5-4　氧气纯度变化工况中富氧燃烧锅炉岛系统的动态㶲特性

烟气㶲(+0.33%)的增加，其中主蒸汽㶲的变化量最大。开环控制中的㶲损增加与㶲效率减小在于燃料㶲增加量(+0.02%)要远小于产品㶲的减少量(–0.50%)。

3)漏风变化工况

图 5-5 展示了炉膛漏风量阶跃变化运行工况下富氧燃烧锅炉岛系统在开环控制与闭环控制作用下㶲参数的实时变化。在闭环控制系统的作用下，燃料㶲出现阶跃波动，并有细微的增加(+0.01%)，这是由于漏风量增加，进入炉膛内的氧气量增加，炉膛内燃烧更为剧烈，所以其蒸汽温度升高，在蒸汽温度控制作用下喷水减温用水量增加，再热喷水减温用水的㶲以及主蒸汽喷水减温用水的㶲分别增加 0.10%与 0.28%。另外，在氧气浓度控制下，供氧量有所减少，导致氧气㶲减少约 0.57%，而烟风量的变化引起风机功耗增加约 5.12%。闭环控制下产品㶲呈现出如图 5-5(b)的动态变化，主要原因在于蒸汽温度控制下蒸汽㶲略微增加以及烟气中 CO_2 浓度降低而引起烟气㶲降低。而㶲损与㶲效率则是燃料㶲与产品㶲相互作用的结果，即㶲损略微增加，㶲效率略微降低。

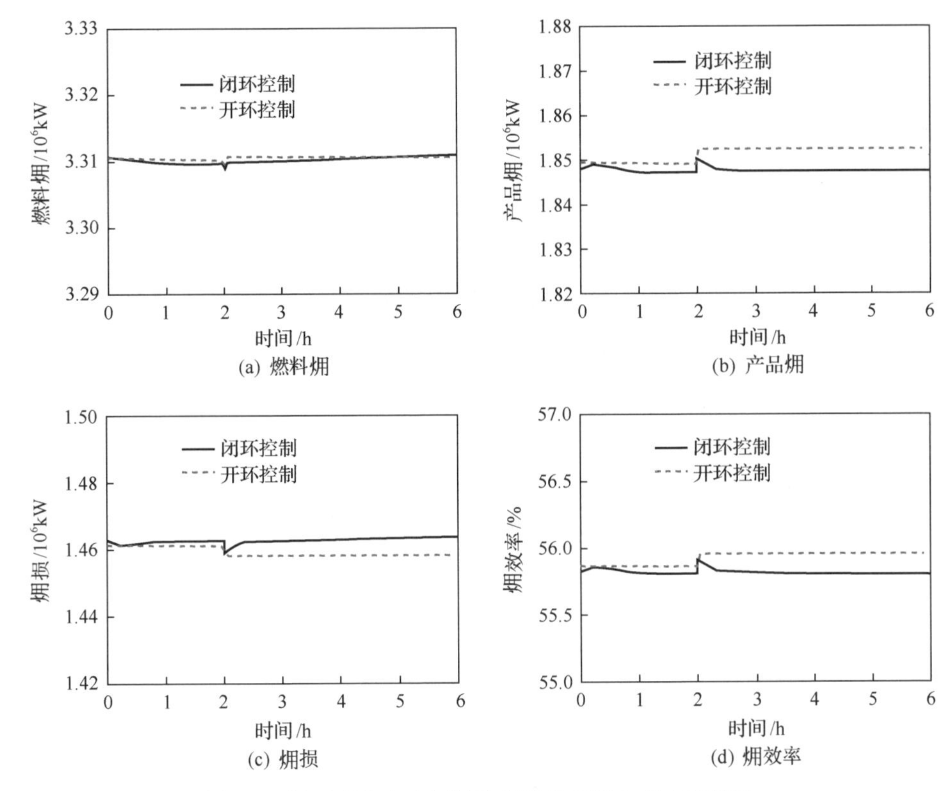

(a) 燃料㶲　(b) 产品㶲　(c) 㶲损　(d) 㶲效率

图 5-5　漏风变化中富氧燃烧锅炉岛系统的动态㶲特性

对比开环控制与闭环控制下的㶲参数动态特性的差异，主要原因也在于闭环控制系统的实时调节作用。两者燃料㶲的差别主要归咎于氧气浓度控制、风量流量控制以及压力控制，而产品㶲的差异来源于主蒸汽温度控制、再热蒸汽温度控制以及氧气浓度控制。两者㶲损与㶲效率的差异则是不同燃料㶲变化与不同产品㶲变化的结果，表现为开环控制作用下，燃料㶲的增加量小于产品㶲的增加量。

5.2.5　运行工况能耗

根据式(5-2)计算得到如表 5-1 所示的不同控制结构在负荷变化工况下的能耗。从不同控制系统的能耗角度来看，开环控制系统下的运行能耗最大，表明系统运行能耗主要取决于系统本身特性，即流程结构以及设备特性，而当其他含不同控制结构的控制系统能耗均有一定的降低，其中只含常规控制层的控制系统的能耗最小，但蒸汽温度与氧气浓度(表征燃烧特征)均会偏离控制目标值，不利于系统运行。开环控制系统与闭环控制系统的差异在于后者存在闭环控制结构，在能耗上的表现为节省能耗约 186.14MW·h，表明闭环控制结构在负荷运行过程中具有节能效应，能提升系统的热力学性能。比较不同的控制层可发现，常规控制层具有节能效果，而高级控制层需要消耗一定能量来驱使蒸汽温度以及氧气浓度回归至其设定目标值，以确保炉膛处蒸汽管道安全及燃烧工况正常。当对高级控制层中不同控制结构比较时，能耗分布按照从大到小排列为：主蒸汽温度控制(67.01%)＞再热蒸汽温度控制(16.64%)＞比例控制(10.46%)＞氧气浓度控制(5.89%)，其中蒸汽温度控制的能耗占高级控制层总能耗的 83.65%，且以主蒸汽温度控制的能耗最大，这表明富氧燃烧锅炉岛系统中蒸汽温度的控制尤为重要，需给予更多的重视与关注。有趣的是，将高级控制层中各个控制结构的能耗相加，总能耗为 45.06MW·h，比模拟计算结果高 18.70%，原因在于再热器与过热器在炉膛中为交错布置，两者的喷水减温控制调节对双方的温度均有正相关作用，这也表明主蒸汽温度控制与再热蒸汽温度控制在能耗表现上具有协同作用，在此运行工况下能节省能耗 7.10MW · h。

表 5-1　负荷运行工况下富氧燃烧锅炉岛系统不同控制结构下的能耗

控制结构	运行能耗/(MW · h)	比例/%
C	7470.05	
RR	7436.80	
RSH	7466.99	
RRH	7444.30	
RC	7439.45	
R	7432.09	
O	7656.19	
闭环控制结构	–186.14	
常规控制层	–224.10	
高级控制层	37.96	
主蒸汽温度控制	30.20	67.01
再热蒸汽温度控制	7.50	16.64
氧气浓度控制	2.65	5.89
比例控制	4.71	10.46
高级控制层(计算值)	45.06	100

表 5-2 为富氧燃烧锅炉岛系统在不同运行工况下的能量输入、能量输出以及能量利用率。由于供氧纯度增加，燃烧过程加强，烟气中 CO_2 浓度增加，氧气纯度变化工况的能量输入与输出均最大。比较三种运行工况下的能量利用率，发现负荷变化工况的整体上(除开环控制中漏风量变化工况)能量利用率最高，系统运行热力学性能最好，这可能与流量控制调节容易实现存在一定的关系。与开环控制相比，闭环控制中流量与氧气纯度变化工况的能量利用率均高，而漏风变化工

况的能量利用率有所降低。在同一运行工况下，比较开环控制与闭环控制的能量利用率，可判断出控制系统对系统运行能耗的影响，当闭环控制下的能量利用率大时，控制系统具有节能效果；反之，需消耗一定的能量。

表 5-2　不同运行工况下富氧燃烧锅炉岛系统的能量输入、输出与利用率

运行工况	开环控制			闭环控制		
	能量输入/(MW·h)	能量输出/(MW·h)	利用率/%	能量输入/(MW·h)	能量输出/(MW·h)	利用率/%
负荷变化工况	17354.43	9698.24	55.88	17353.15	9883.10	56.95
氧气纯度变化工况	19865.14	11060.78	55.68	19876.02	11098.67	55.84
漏风变化工况	19863.41	11108.19	55.92	19861.19	11085.62	55.82

5.2.6　运行参数灵敏性

根据式(5-3)，可计算得到如表 5-3 所示的系统在不同运行工况下的运行参数灵敏度系数。比较同一控制结构下不同运行工况的值，灵敏度系数按照从大到小排列为：氧气纯度变化工况＞负荷变化工况＞漏风变化工况，表明氧气纯度的变化对系统运行能耗的影响最大，即单位氧气纯度的变化能引起其 23.892 倍的能耗变化，这主要是因为氧气纯度的变化对氧气㶲、喷水减温用水㶲、蒸汽㶲以及烟气㶲的影响大。尽管漏风会导致运行恶化，即烟气中 CO_2 浓度降低，进而导致 CO_2 压缩纯化系统的能耗增加，但其对运行能耗的影响较小。比较同一工况下开环控制的灵敏度系数与闭环控制的灵敏度系数，可发现两者相差不大，表明控制系统不影响对运行参数以及系统运行能耗的灵敏性辨识。

表 5-3　不同运行工况下富氧燃烧锅炉岛系统的运行参数灵敏度系数

运行工况	β	
	开环控制	闭环控制
负荷变化工况	4.465	4.369
氧气纯度变化工况	23.892	23.746
漏风变化工况	1.997	2.002

5.2.7　控制罚值与控制成本

基于式(5-4)与式(5-5)，可计算得到如表 5-4 所示的富氧燃烧锅炉岛系统在不同运行工况下的控制罚值与控制成本。比较三种运行工况下的能耗，可发现氧气纯度变化工况下的数值最大，这与上述灵敏度系数的原因一致。与能量利用率的比较结果预测一致，负荷变化工况与氧气浓度变化工况的控制系统具有节能作用而漏风变化工况的控制系统需要耗能，即前两者的控制罚值为负值而第三个工况的控制罚值为正值。从控制成本角度看，按大小排序为：氧气纯度变化工况>漏风变化工况>负荷变化工况，这表明为保持产品控制目标，在氧气纯度变化工况下所需的控制程度最高，要给予比其他两个工况更多的监测与重视。

表 5-4　富氧燃烧锅炉岛系统在不同运行工况下的控制罚值与控制成本

运行工况	开环控制能耗/(MW · h)	闭环控制能耗/(MW · h)	$\Delta\alpha$	k
负荷变化工况	7656.19	7470.05	−186.14	0.007
氧气纯度变化工况	8804.36	8777.35	−27.00	0.287
漏风变化工况	8755.22	8775.56	20.34	0.099

5.3　CO_2压缩纯化单元动态㶲分析

结合第 4 章中关于 CO_2 压缩纯化系统的控制结构设计及运行策略分析等详细研究，可进一步将所提出的动态㶲分析方法运用至此系统，优化控制与运行，以实现高效运行。动态㶲计算的目的在于通过过程模拟与㶲计算相结合获得系统在不同运行工况(负荷变化与烟气组分变化)及有无控制系统情况下的㶲参数随时间变化的曲线，包括稳态建模与仿真、动态建模与仿真及㶲计算三个步骤。

5.3.1　稳态建模与仿真

将流量与烟气组分变化的运行指令输入富氧燃烧 CO_2 压缩纯化系统(图 4-20)稳态模型中，可获得降负荷、烟气 CO_2 浓度增加及烟气 CO_2 浓度减小三种运行工况下此系统在开环控制下的热力学数据，包括流量、温度、压力、组分、风机功耗等，以用于计算开环控制时系统在三种运行工况下的㶲参数随时间变化的曲线。

5.3.2　动态建模与仿真

第 4 章对 CO_2 压缩纯化系统进行了详细的动态建模、闭环控制系统设计以及动态特性分析，此处不再赘述。给予与稳态模拟中一致的运行输入指令，即降负荷变化(负荷从 100%经历 10min 以 2%/min 速率降低至 80%负荷)、烟气 CO_2 浓度增加(CO_2 浓度增加 5%而其他组分按比例减少，组分含量保持为 1)以及烟气 CO_2 浓度减少(CO_2 浓度减少 5%而其他组分按比例增加，组分含量保持为 1)，可得到 CO_2 压缩纯化系统在双温度控制系统下的动态响应，即热力学数据随时间变化的曲线，为后续系统㶲参数计算提供数据来源。

5.3.3 㶲值计算

计算 CO_2 压缩纯化系统在初始运行状态下的㶲参数，可发现燃料㶲由压缩机功耗(47.28%)与进口烟气的物流㶲(52.72%)组成，而产品㶲则为 CO_2 产品的物流㶲。进而可计算得到㶲损与㶲效率分别为 47971.54kW 与 66.66%。结合上述两个步骤所获得的热力学数据，可计算开环控制与闭环控制下每个运行工况点的㶲参数值，汇集形成㶲参数曲线。

5.3.4 动态㶲特性

图 5-6～图 5-8 展现了 CO_2 压缩纯化系统在烟气流量降低(即降负荷过程)、烟气 CO_2 浓度升高及烟气 CO_2 浓度降低三个运行工况下的动态㶲图，运用式(5-2)～式(5-5)所定义的评价指标，可揭示出系统的动态热力学性能以及控制系统对运行能耗的影响。

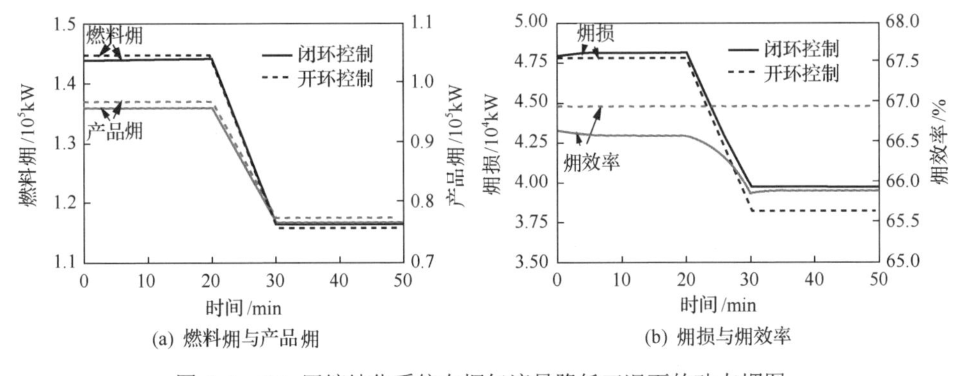

图 5-6　CO_2 压缩纯化系统在烟气流量降低工况下的动态㶲图

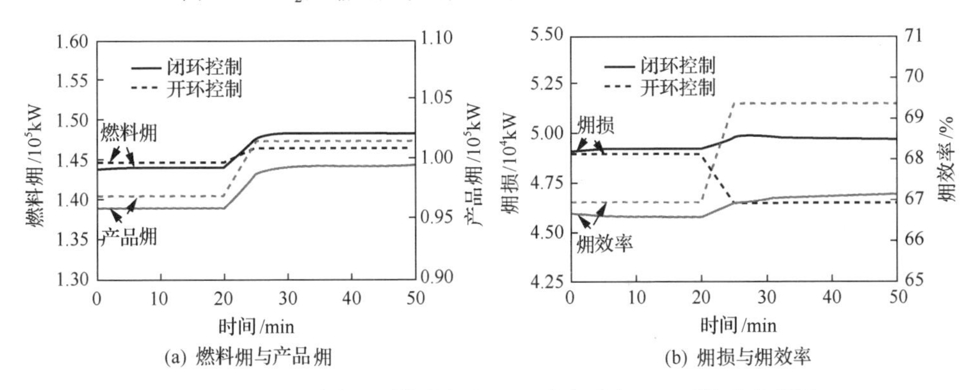

图 5-7　CO_2 压缩纯化系统在烟气 CO_2 浓度升高工况下的动态㶲图

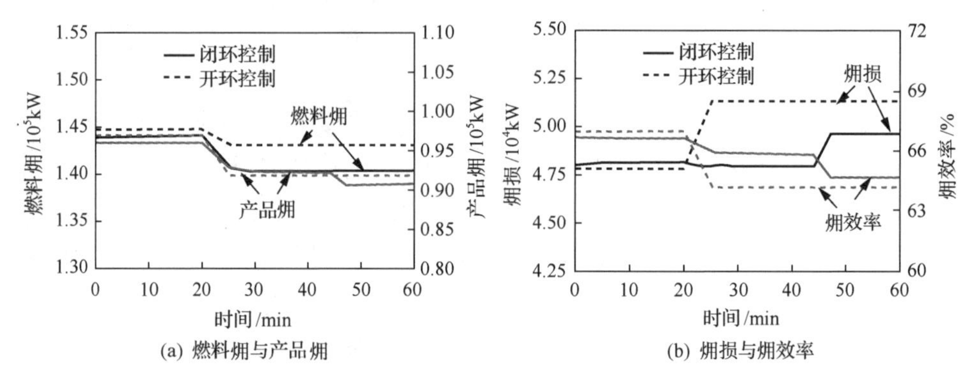

图 5-8　CO_2 压缩纯化系统在烟气 CO_2 浓度降低工况下的动态㶲图

1)烟气流量降低工况

CO_2 压缩纯化系统在负荷从 100%降低至 80%过程中的动态㶲特性，包括燃料㶲、产品㶲、㶲损以及㶲效率，如图 5-6 所示。除开环控制下系统㶲效率保持不变，在开环控制与闭环控制下的其他㶲参数均呈现出随烟气流量的变化而变化的现象，即烟气流量减少时，其他㶲参数也减少。闭环控制下系统燃料㶲与产品㶲的减少归结于烟气流量的降低，即烟气流量降低时，压缩机功耗降低(18.94%)、烟气物流㶲降低(20.00%)且 CO_2 产品㶲降低(20.00%)；系统㶲损与㶲效率均出现减少的现象，这是因为燃料㶲的降低量(19.07%)要小于产品㶲的降低量(20.00%)。对比开环控制与闭环控制的动态㶲特性，两者差异归结于对于烟气与 CO_2 产品的流量控制，分别由 FC_FG 与 FC_CO_2 所表示。两者燃料㶲的偏差主要来源于烟气流量控制调节所引起的压缩机功耗实时变化，而产品㶲的偏差则主要由 CO_2 产品流量控制调节所造成。开环控制与闭环控制中燃料㶲与产品㶲的不同变化由控制系统的调节作用所引起，导致闭环控制比开环控制多产生约 3.66%的㶲损，进而使闭环控制中㶲效率比开环控制中的降低约 1.06 个百分点。

2)烟气 CO_2 浓度升高工况

如图 5-7 所示，当烟气中 CO_2 浓度增加时，除开环控制中㶲损呈现线性降低，CO_2 压缩纯化系统的其他㶲参数均表现为增加趋势。在配置闭环控制的系统中，燃料㶲的增加源于压缩机功耗增加约 1.10%与烟气㶲的化学㶲增加 7.41%，表明在燃料㶲的变化过程中其烟气组分变化起到主导作用。产品㶲的增加则归因于 CO_2 回收率控制的实时调节作用，即根据 CO_2 回收率等于总 CO_2 回收量除以烟气中 CO_2 总量，当烟气 CO_2 浓度增加时，烟气流量与 CO_2 产品纯度在其对应控制结构的作用下保持不变，为维持 CO_2 回收率设定目标值，CO_2 产品流量需增加，所以 CO_2 产品物流㶲增加。与烟气流量减少工况中分析㶲损与㶲效率变化的原因类似，燃料㶲的增加量(4279.92kW)大于产品㶲的增加量(3572.13kW)，从而导致㶲损与㶲效率均有所增加。受烟气流量控制调节所引起的压缩机功耗的动态响应造成了闭环控制与开环控制下不同的燃料㶲行为。与引起两种控制结构下燃料㶲不同的原因相类似，两者产品㶲的不同归因于闭环控制中 CO_2 产品流量控制以及 CO_2 产品纯度控制的调节。另外，在控制系统作用下，系统的㶲损与㶲效率均比其在开环控制中的变化幅度要小。

3）烟气 CO_2 浓度降低工况

如图 5-8 所示，CO_2 压缩纯化系统在烟气 CO_2 浓度降低过程中的动态㶲特性表现出与烟气 CO_2 浓度升高过程中的动态㶲特性近乎相反的趋势。由于烟气中 CO_2 浓度降低，烟气的物流㶲（为化学㶲）以及压缩机功耗分别减少约 4.64%与 0.02%，即系统的燃料㶲有所减少。与烟气 CO_2 浓度升高过程相反，产品㶲的减少由 CO_2 产品流量的减少所造成，即根据 CO_2 回收率计算公式（式(3-3)），当烟气 CO_2 浓度降低时，烟气流量与 CO_2 产品纯度在其对应控制结构的作用下保持不变，为维持 CO_2 回收率设定值，CO_2 产品流量需减少，所以 CO_2 产品物流㶲减少。

系统㶲损与㶲效率的动态响应，主要是由燃料㶲与产品㶲之间的相互作用所造成。需要指出的是，产品㶲与㶲效率在第 45min 的降低，主要归因于运行温度的不变、系统压力的降低及烟气中 CO_2 浓度的降低，与第 4 章描述一致。类似于烟气 CO_2 浓度升高运行的工况，控制系统所引起的不同物流和能流行为导致了开环控制和闭环控制的动态㶲响应有所差异。

5.3.5　运行工况能耗

根据上述 CO_2 压缩纯化系统在三种运行工况下的动态㶲图以及计算公式（式(5-2)），可计算得到如表 5-5 所示的不同运行工况下系统的能量输入、输出与利用率。在这三种运行工况中，烟气 CO_2 浓度降低工况消耗最大的能量输入并产生最大的能量输出，这是由于该过程持续了 60min 而其他两个过程只持续了 50min。若烟气 CO_2 浓度降低工况在双温度控制系统作用下也只持续 50min，则可计算得到其能量输入与能量输出分别为 118310.74kW·h 与 78181.71kW·h。进而，比较闭环控制结构下三种运行工况的能量利用率可发现，烟气 CO_2 浓度升高工况的值最大，表明其运行过程更为高效。同一运行工况下，比较开环控制与闭环控制下的能量利用率，可发现烟气流量降低工况与烟气 CO_2 浓度升高工况中的控制结构需要消耗能量，而烟气 CO_2 浓度降低工况中控制结构具有节能效应，这是因为在烟气流量降低与烟气 CO_2 浓度升高工况下，闭环控制的能量利用率小于开环控制中的值，而第三种运行工况闭环控制的能量利用率大于其开环控制中的值。

表 5-5　CO_2 压缩纯化系统在三种运行工况下的能量输入、输出与利用率

运行工况	开环控制			闭环控制		
	能量输入/(MW·h)	能量输出/(MW·h)	利用率/%	能量输入/(MW·h)	能量输出/(MW·h)	利用率/%
烟气流量降低工况	108545.39	72675.36	66.95	108502.71	71930.47	66.29
烟气 CO_2 浓度升高工况	121359.21	82874.64	68.29	121875.33	81481.07	66.86
烟气 CO_2 浓度降低工况	143722.14	93753.19	65.23	141699.10	93297.67	65.84

5.3.6　运行参数灵敏性

为辨识运行参数对系统运行的灵敏性，本节计算了由式(5-3)所决定的三种运行工况下的灵敏度系数，并罗列至表 5-6 中。从表中可发现，最小灵敏度系数出现在烟气流量降低工况中，且只占烟气 CO_2 浓度升高工况中最大灵敏度系数的 22.64%。更为重要的是，比较烟气组分变化工况的灵敏度系数与烟气流量变化工况的灵敏度系数，可揭示出系统运行性能对烟气组分的变化比烟气流量的变化更为敏感。尽管在同一运行工况中开环控制与闭环控制下的灵敏度系数存在一定的差异，但从辨识结果看，控制系统并不会影响运行参数对系统运行的灵敏性判断。

表 5-6　CO_2 压缩纯化系统在三种运行工况下的灵敏度系数

运行工况	β	
	开环控制	闭环控制
烟气流量降低工况	4.50	4.56
烟气 CO_2 浓度升高工况	19.36	20.14
烟气 CO_2 浓度降低工况	20.71	19.98

5.3.7　控制罚值与控制成本

依据式(5-4)与式(5-5)，可定量计算得到闭环控制系统双温度控制系统，对 CO_2 压缩纯化系统运行性能的影响。表 5-7 罗列了 CO_2 压缩纯化系统在三种运行工况与有无控制系统下运行工况能耗、控制罚值与控制成本。闭环控制系统双温度控制系统，在烟气组分降低工况下节省能量约 1567.52kW·h，而在其他两个工况分别消耗 702.02kW·h 与 1909.68kW·h 的能量。这意味着，当系统运行偏离其设定运行状态时，控制系统可帮助系统节能或消耗更多的能量，这主要取决于系统本身特性与干扰的类型。对于控制成本，烟气 CO_2 浓度降低工况的控制成本最大而烟气流量降低工况的控制成本最小。这说明，为在烟气流量降低工况下获得所需 CO_2 产品，所需的控制程度较小，这是由于流量的变化对 CO_2 产品品质的影响较小，且控制系统的控制作用也较温和。然而，当烟气 CO_2 浓度变化时，更为强烈的控制作用信号需要传送至相应的执行器，来驱使运行参数回归至其相应的设定值，以达到CO_2产品品质的控制目标。因此，为确保系统安全与可靠地运行，应倾向于对烟气组分的变化进行更多的监测，即稳定上游富氧燃烧锅炉岛系统的运行。

表 5-7 CO_2压缩纯化系统在三种运行工况下的能耗、控制罚值与控制成本

运行工况	开环控制能耗/(kW·h)	闭环控制能耗/(kW·h)	$\Delta\alpha$	k
烟气流量减少工况	35870.04	36572.24	702.02	0.06
烟气CO_2浓度升高工况	38484.58	40394.26	1909.68	0.37
烟气CO_2浓度降低工况	49968.95	48401.43	–1567.52	4.44

5.4 深冷空分制氧系统动态烟分析

本节选择第 4 章中所设计的超额空分制氧系统，将动态烟分析方法运用至此系统中，以用于评价动态烟特征、运行工况下能耗、运行参数灵敏度、控制罚值、控制成本以及控制结构等。按照动态烟计算的执行顺序，可先建立空分制氧系统的过程模型，与设计数据对比验证，为获得开环控制下的热力学数据奠定基础，进而输入尺寸数据，以转化成动态模型，结合控制系统设计方法，可得到闭环控制结果，并嵌入动态模型中，以获得系统动态响应，即闭环控制下的热力学数据。进而利用开环控制和闭环控制下热力学数据计算得到系统烟参数随时间变化的曲线。

5.4.1 稳态建模与仿真

第 4 章中已对空分制氧系统的理论设计、稳态模型建议及稳态模拟验证进行了详细阐述，此处不再赘述。将负荷变化(即流量变化)、氧气纯度变化及灵活运行三种运行指令分别输入所建立的稳态模型中，以获得这三种运行工况下的物流与能流数据，可用于第一步中开环控制下系统烟参数的计算。

5.4.2 动态建模与仿真

第 4 章已对空分制氧系统在负荷变化、氧气纯度变化以及灵活运行工况下系统的动态响应进行了辨识，即已获得了闭环控制系统下空分制氧系统的热力学数据，因此可进一步在后续步骤中计算得到所需的烟参数随时间变化的曲线。

5.4.3 烟计算

在初始运行工况下，燃料烟由加工空气物流烟E_{air}(806.89kW、1.049%)、液氧罐供氧物流烟$E_{o,s}$(0kW，0%)、主压缩机功耗 E_{mac}(61876.30kW，80.408%)、液氧泵功耗 E_{pump}(2.18kW，0.003%)、氧气产品液化功耗 E_{liq}(14267.85 kW，18.541%)

及液态氧产品汽化功耗 E_{vap}(0kW，0%)组成，产品烟包括氧气产品物流烟$E_{o,g}$(8548.77kW，45.69%)、液态氧产品物流烟$E_{o,1}$(9432.06kW，50.41%)与膨胀机所产生的功率 E_{exp}(730.54kW，7.87%)。烟损与烟效率分别为 58241.86 kW 和 24.32%。当系统在不同输入指令下运行时，运行参数会出现相应的动态响应，系统烟参数也会随之变化，形成系统的动态烟图。

5.4.4 动态烟特性

1) 负荷变化工况

图 5-9 展示了空分制氧系统在负荷变化(即流量变化)工况下烟参数的实时变化。当系统负荷从 100%负荷以 2%/min 降低时，加工空气量降低，物流烟降低(由于空气组分不变，主要是流量降低引起的物理烟降低)，主压缩机功耗也随之降低，且由于氧气产品流量降低，液氧泵功耗也降低且系统燃料烟降低。降负荷过程中，膨胀空气流量降低，其膨胀机功耗随之降低，且氧气产品流量降低导致氧气产品烟降低，最终导致系统产品烟降低。需要指出的是，随着降负荷过程的进行，无液位控制存在，制冷量无法调整，导致在冷凝蒸发器中液化与蒸发过程不平衡，蒸发过程大于液化过程，液氧液位逐渐降低，当液位降低到低压精馏塔运行失去平衡时，系统便无法运行。因此，选择前 30min 的模拟结果进行烟计算，以评价每个控制层与控制结构对系统运行的影响等。

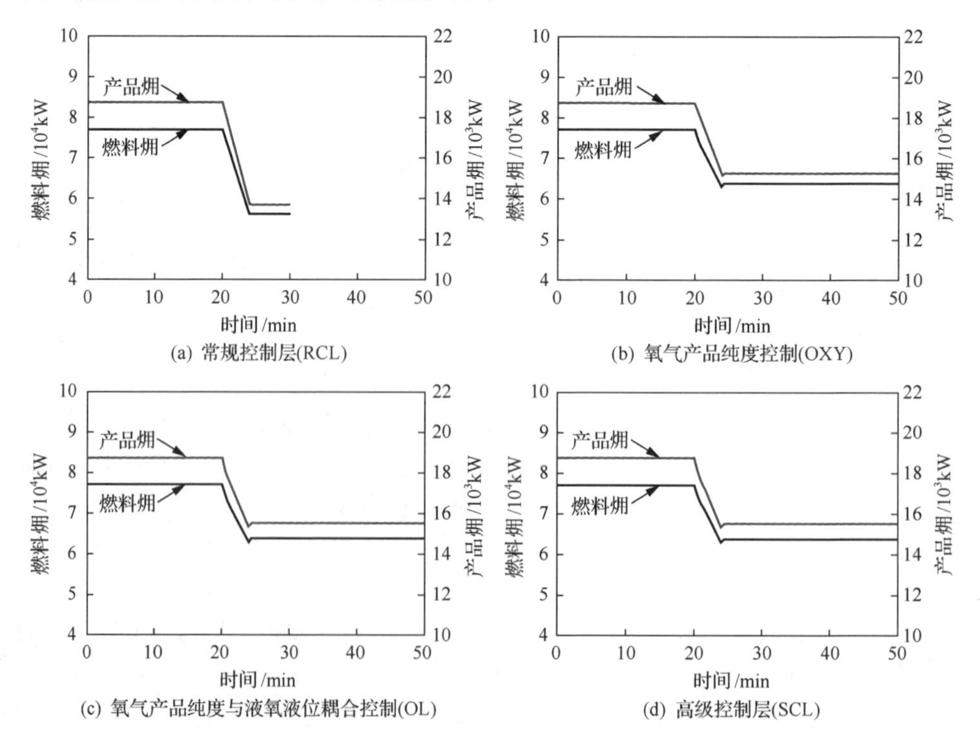

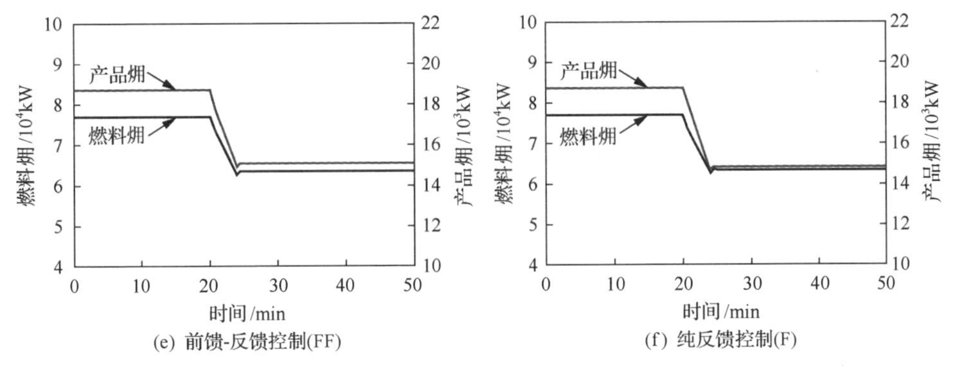

(e) 前馈-反馈控制(FF)　(f) 纯反馈控制(F)

图5-9　负荷变化工况中空分制氧系统的动态㶲特性

不同控制结构存在，导致产生如图5-9所示的空分制氧系统在负荷变化工况下的燃料㶲与产品㶲动态响应。对比图 5-9(b)、(c)和(d)三种控制结构下的燃料㶲，可发现三者在最终状态下的燃料㶲相同，这是由于燃料㶲构成中，三种加工空气物流㶲相同，且三者的氧气纯度控制、氧气产品㶲、主压缩机功耗以及液氧泵功耗均相同。图 5-9(e)与(f)的区别在于有无前馈控制，即 FF 中在前馈控制下为保持氧提取率，加工空气流量在氧气纯度控制下会减少更多，且导致主压缩机功耗也大量减少。因此，前者的燃料㶲比后者的燃料㶲低。图5-9(f)与(a)相比，燃料㶲的差别在于F中存在高级控制层，包括氧气产品纯度控制与液氧液位控制，前者的存在使得加工空气量及主压缩机功耗有所不同。对于产品㶲而言，图5-9(c)与(b)之间产品㶲的差别是由于图5-9(c)中在液氧液位控制作用下膨胀机功耗的降幅略低。图5-9(c)与(d)相比，两者产品㶲的差异是S中氧气纯度前馈控制作用使氧气产品纯度更接近目标值。图5-9(b)与(e)之间产品㶲的差异在于氧气流量控制以及液位控制对膨胀机的实时调节。图 5-9(e)与(f)产品㶲的差异是由于前馈补偿的存在与否使两者的氧气产品纯度有所细微差异。图5-9(f)与(a)之间产品㶲不同之处在于F中氧气产品纯度控制使氧气纯度保持在设定目标值上下，且液位控制促使膨胀机功耗较高。根据空分制氧系统的燃料㶲与产品㶲的变化过程，可得到系统在负荷变化工况中的㶲损与㶲效率曲线。系统㶲损的降低是由于燃料㶲的降低量(–13528.92kW)要大于产品㶲的降低量(–3631.32kW)。

2)氧气纯度变化工况

当氧气产品纯度设定目标从95mol%线性增加5%时，空分制氧系统的㶲参数呈现出如图 5-10 所示的动态响应。在前馈-反馈控制系统作用下，所有㶲参数表现出增加的趋势。燃料㶲的增加的原因是在氧气纯度控制以及前馈控制作用下，由于氧气产品纯度增加，氧气产品流量保持不变且空气中氧组分不变，加工空气量增加，加工空气物流㶲(+0.40%)随之增加，主压缩机功耗也增加(+1.77%)，但液氧泵功耗略微降低(–0.27%)。在氧气产品纯度控制下，氧气产品纯度增加而氧气产品流量不变，引起氧气产品中气态氧和液态氧物流㶲增加(分别为+2.76%和+0.43%)，而在氧气产品纯度增加过程中，低压精馏塔的液氧液位也会有所增加，需通过液氧液位控制降低制冷量来维持液位平衡，并趋于设定目标值，所以膨胀机所产生的功率有所降低(–2.55%)。

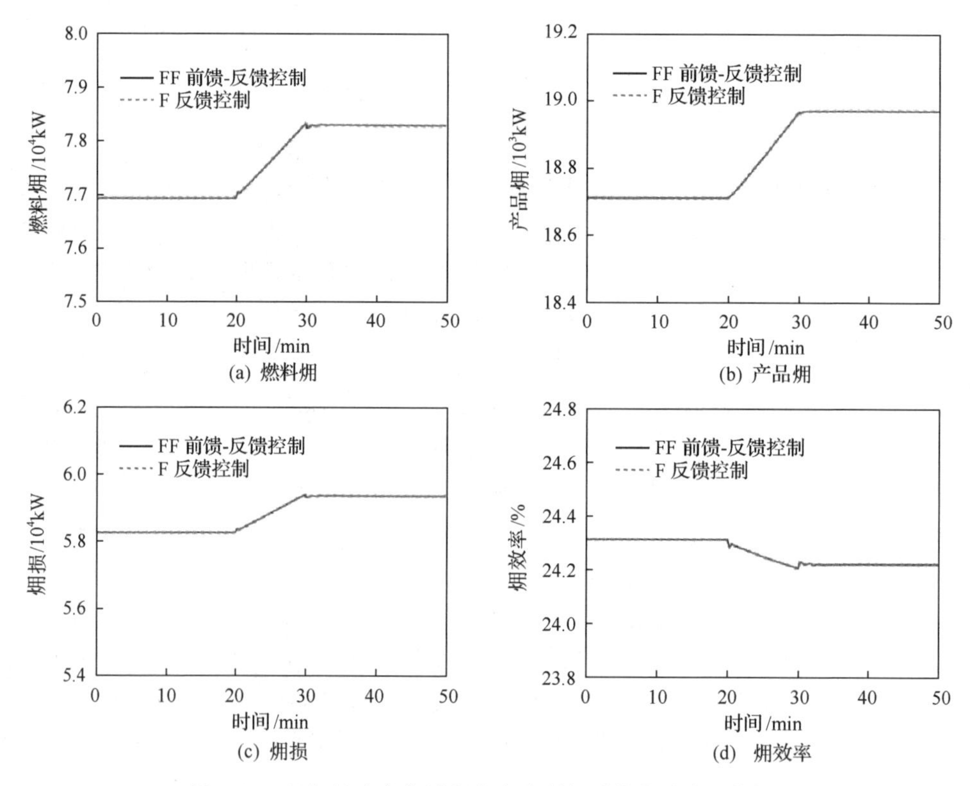

图 5-10　氧气纯度变化过程中空分制氧系统的动态㶲特性

比较系统燃料㶲与产品㶲，可发现燃料㶲的增加量(+1356.70kW)大于产品㶲的增加量(+258.31kW)，系统的㶲损呈现出增加趋势；但由于燃料㶲的变化幅度(+1.76%)小于产品㶲的变化幅度(+1.89%)，系统的㶲效率表现为减小的趋势。另外，前馈-反馈控制与反馈控制两者的差异是由前者的前馈作用所造成的，它会导致两者的加工空气量、主压缩机功耗、氧气产品纯度等存在细微的不同。

3) 灵活运行工况

当灵活运行方式运用至空分制氧系统中时，系统㶲参数随时间变化的曲线如图 5-11 所示。对于 LOX-following 与 ASU-following 这两种运行控制策略，所有㶲参数均表现出降低的趋势。在 LOX-following 运行控制策略下，E_{air}、$E_{o,s}$、E_{mac}、E_{liq}、E_{vap}和 E_{pump}等参数发生变化，尤其是，E_{mac}和 E_{liq}显著减少，E_{vap}和 $E_{o,s}$增加。对于系统产品㶲，所有㶲组成均有所减少，这归因于需要调节膨胀机转速来满足液氧液位、需保证氧气产品品质来满足富氧燃烧锅炉供氧要求，以及部分氧产品需要液化且储存到液氧罐中。系统㶲损与㶲效率变化的原因是燃料㶲的降低量(–11355.06kW、–14.75%)远远大于产品㶲的降低量(–9846.26kW、–52.62%)。比较 LOX-following 与 ASU-following 的㶲参数动态变化，差异是由于：在后一种运行控制策略中，其氧气产品流量控制的控制信号送入 ASU 的氧气流量控制，在这种控制作用调节下，出现曲线变化趋势。两者之间在能耗方面的差异将在后续内容中加以阐述。

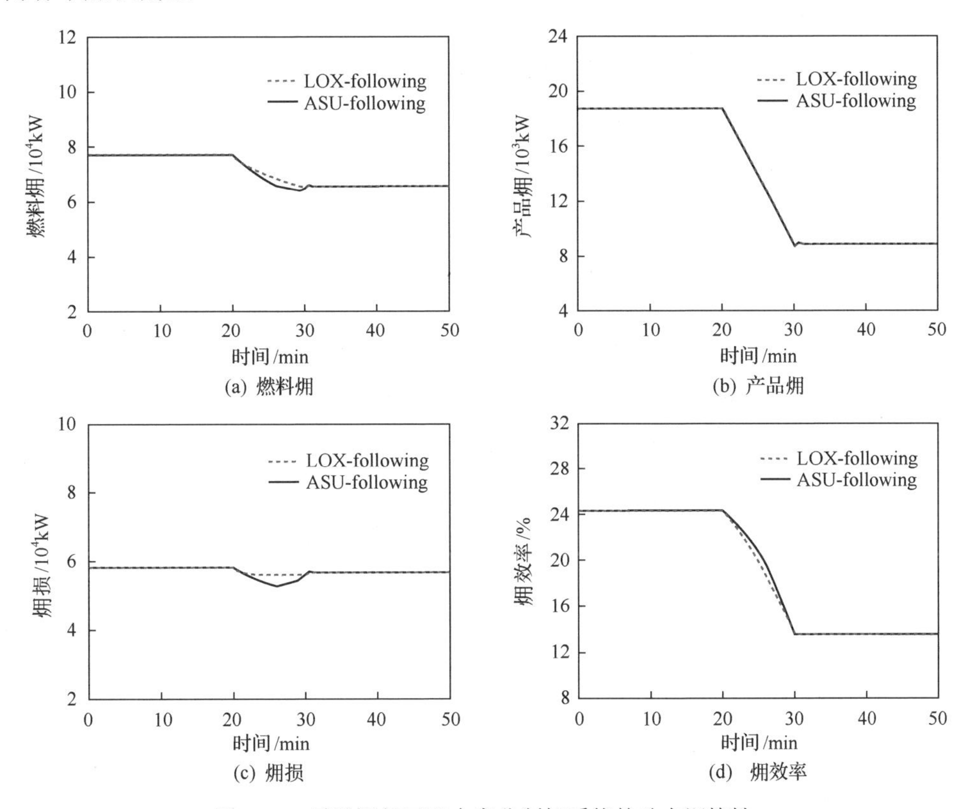

图 5-11　灵活运行工况中空分制氧系统的动态㶲特性

5.4.5　运行工况能耗

根据负荷变化工况下空分制氧系统在不同控制结构下的㶲损曲线以及式(5-2)，可计算得到如表 5-8 所示的不同控制系统与结构下的运行能耗。由于不同控制结构在负荷运行过程中所起的控制作用不同，运行能耗也会有所不同。比较开环控制的能耗与前馈-反馈控制的能耗，发现其主要能耗在开环控制过程中（占97.34%），而闭环控制结构的能耗占2.66%，这表明系统运行能耗的产生主要在于系统本身特性及设备性能限制等，而控制系统只起到很小的调节作用。从闭环控制中不同控制层角度看，常规控制层与高级控制层均为耗能单元，且高级控制层占97.94%。这个现象的产生主要是由于两种控制层在功能上存在很大的差异：对于常规控制层，其目的在于维持系统稳定运行及防止局部干扰；而高级控制层则旨在达到控制目标，实现优化运行。基于这个角度，常规控制层只需满足稳定运行，而高级控制层则需花费力气驱使主控制变量回归至设定目标值，高级控制层的能耗较大。在空分制氧系统的负荷变化工况中，高级控制层需要通过串级控制分别作用于膨胀机与加工空气量来维持液氧液位与氧气产品纯度，而常规控制层只需满足其运行而不用考虑是否需要达到控制目标。比较高级控制层中不同的控制结构时，可发现液氧液位控制与前馈-反馈控制为节能环节，而氧气纯度控制为耗能环节。对于液氧液位控制，液位一直偏高，需降低膨胀机转速，能耗降低。前馈控制或补偿则是基于氧气产品的流量与加工空气流量比例，以提升氧提取率为目标，即在维持氧气产品纯度及氧气产品流量不变的前提下，实际给予加工空气流量以控制指令。在负荷降低过程中，考虑前馈-反馈的控制结构的氧提取率的提高程度要大于无前馈-反馈的控制结构，而控制指令是降低加工空气流量，从而能耗降低。对于氧气产品纯度控制，能耗最大也在情理之中，其目的在于使氧气产品纯度维持在95mol%，当氧气产品纯度低于设定目标值时，需要更多的加工空气量，从而压缩能耗更多。

表 5-8 空分制氧系统在不同控制系统与控制结构下的能耗 （单位：kW · h）

控制结构	α_D	控制层与环节	$\Delta\alpha$
FF	27753.10	液氧液位控制	–27.81
OXY	27765.74	氧气产品纯度控制	750.69
OL	27737.93	前馈-反馈控制	–0.03
SCL	27737.90	常规控制层	15.20
RCL	27030.25	高级控制层	722.85
开环控制	27015.05	闭环控制结构	738.05

如表5-9所示，空分制氧系统在不同的运行工况下存在不同的能耗表现。在前馈-反馈控制中，氧气纯度变化工况的能量利用率最大，表明该工程具有能量利用率高的特性。比较前馈-反馈控制与反馈控制，对于同一运行工况，两者的差异并不是很大，这主要体现为前馈补偿在运行工况中所起的作用。不同运行工况下，前馈补偿作用可提高能量利用率，也会降低能量利用率。ASU-following 控制运行

策略的热力学性能比 LOX-following 控制运行策略的热力学性能好，原因在于：尽管前者会引起更高的压缩机功耗，但氧气纯度更加接近于设定值，且液态氧气通过汽化供应给富氧燃烧锅炉的氧气量也较少。由氧气产品纯度与富氧燃烧锅炉供氧量的变化所引起的㶲减少量要大于压缩功耗增加量。

表 5-9　空分制氧系统在不同运行工况下的能量输入值、能量输出值和能量利用率

运行工况	FF			F		
	输入	输出	利用率	输入	输出	利用率
负荷变化工况	57753.28	13885.43	24.04	57756.54	13770.19	23.84
氧气纯度变化工况	64697.30	15699.33	24.27	64697.30	15699.34	24.27
灵活运行工况：LOX-following	53650.36	11477.60	19.39	53660.11	11478.73	19.39
灵活运行工况：ASU-following	53725.35	11488.66	19.50	53727.73	11489.21	19.50

注：两种控制下的比率有细微差异，并不相同。

5.4.6　运行参数灵敏性

依据式(5-3)，可计算得到空分制氧系统在负荷变化与氧气纯度变化运行工况下的灵敏度系数，如表 5-10 所示。比较两个工况下的灵敏度性，可发现氧气产品纯度的变化使空分制氧系统的运行能耗变化更为剧烈，表明空分制氧系统对氧气产品纯度的变化更为敏感。

表 5-10　空分制氧系统在不同运行工况下的灵敏度系数

运行工况	β
负荷变化工况	4.41
氧气纯度变化工况	101.33

5.4.7　控制罚值与控制成本

根据式(5-4)与表 5-8，得到空分制氧系统在负荷变化工况中的控制罚值为 738.05kW·h，表明为确保氧气产品要求与运行安全可靠，需消耗一定的能量。根据式(5-5)，和表 5-11 从不同控制层角度看，常规控制层与高级控制层的控制成本分别为 0.714 与 5.252，这说明高级控制层中为实现控制目标所需的努力成本要比常规控制层中大。比较高级控制层中不同控制环节，可进一步确认哪一个控制变量更加难以控制，发现最大的控制成本在于氧气产品纯度的控制，其次是前馈-反馈控制，最后是液氧液位控制。与富氧燃烧锅炉岛系统中不同，空分制氧系统中不存在类似交错布置的结构，多个控制结构和的控制成本为各个控制结构控制成本之和。

表 5-11　空分制氧系统在负荷变化工况下不同控制结构与控制层的控制成本

控制类型	α_{F_closed}	α_{F_i}	α_{P_closed}	α_{P_i}	k
液氧液位控制环节					0.768
氧气产品纯度控制环节					3.752
前馈-反馈	36611.84	36649.71	8858.74	8911.78	0.7140
常规控制层	36611.84	36649.71	8588.74	8911.81	0.7136
高级控制层	36611.84	35718.99	8588.74	8688.74	5.252
闭环控制结构					5.966

5.4.8　不同控制策略与系统的能耗比较

采用式(5-6)，可比较不同控制策略在能耗表现上的优劣。如表 5-12 所示，本节比较了空分制氧系统在前馈-反馈控制与反馈控制作用下的三种运行工况下的能耗。可发现，前馈-反馈控制在负荷变化工况、氧气纯度变化工况以及灵活运行工况(LOX-following)均具有运行能耗少的优势。这是因为：当处于负荷变化、氧气纯度控制以及 LOX-following 时，在前馈补偿作用下，所需的加工空气量有所减少，主压缩机功耗有所减少。两种控制策略在氧气纯度变化工况呈现出几乎一致的能耗表现。另外，比较灵活运行工况中两种控制运行策略，可发现 ASU-following 的运行能耗要小于 LOX-following 的运行能耗，这归因于氧气产品纯度偏离程度在 ASU-following 中比在 LOX-following 中略小，且液氧汽化供应量较少。

表 5-12　不同控制策略与系统在三种运行工况下的能耗比较

能耗/(kW · h)	前馈-反馈控制	反馈控制	δ
负荷变化工况	50963.58	50966.39	2.81
氧气纯度变化工况	48997.968	48997.969	0.001
灵活运行工况: LOX-following	47703.20	47711.81	8.60
灵活运行工况: ASU-following	47427.71	47436.35	8.65

5.5　本 章 小 结

本章主要介绍动态㶲方法及其在富氧燃烧系统中的应用。动态㶲方法可用于定量评价系统运行过程的能耗表现，主要包括动态㶲计算与动态㶲评价两个步骤。在动态㶲计算中，结合稳态模拟、动态模拟以及㶲计算获得系统在开环控制与闭环控制下在不同运行工况过程中的㶲参数随时间变化的曲线。基于动态㶲图，可在动态㶲评价过程中定义多种评价指标来综合表征系统运行过程中的热力学性能。

将动态㶲方法应用到富氧燃煤电站运行中，发现不同的子系统呈现出不同的动态㶲特性。在每一个子系统内部，不同控制结构、策略或控制层下，运行工况变化时，所表现出的动态㶲特性也会有诸多差异。系统运行能耗主要发生在系统本身，控制结构所消耗的能耗不大，甚至可节省一定的能耗，表明提升系统热力学性能的关键在于改进系统流程结构和提升设备性能。从控制层层面看，高级控制层比常规控制层重要，即需要满足高级控制层中主控制目标，并进行优化来实现节能。从控制层中不同控制结构的层面看，不同的控制结构对系统能耗的影响是不一样的，具体影响由控制结构在系统的作用所决定。从节能角度讲，需保持控制层中节能的控制结构，而且需优化控制层中耗能的控制结构。从全局角度来看，控制结构的选择不仅需从能耗角度考虑，还应考虑控制可靠性、控制或运行目标以及经济性等。从能耗分布来看，系统运行能耗在于系统本身(流程结构与设备性能等)，借用成本的概念，就是从原料变化为产品所消耗的能量。进而，从节能角度看，流程结构及设备改进的优化才是减少系统能耗的关键。

参 考 文 献

[1] Jin B, Zhao H, Zheng C. Dynamic exergy method and its application for CO_2 compression and purification unit in oxy-combustion power plants[J]. Chemical Engineering Science, 2016, 144: 336-345.

[2] Jin B, Zhao H, Zheng C, et al. Dynamic exergy method for evaluating the control and operation of oxy-combustion boiler island system[J]. Envornmental Science & Technology, 2016, 55(1): 725-732.

[3] Jin B, Zhao H, Zheng C, et al. Control optimization to achieve energy-efficient operation of the air separation unit in oxy-fuel combustion power plants[J]. Energy, 2018, 152: 313-321.

[4] Luyben W L, Tyreus B D, Luyben M L. Plantwide Process Control[M]. New York: McGraw-Hill, 1998: 1-391.

[5] Verda V, Serra L, Valero A. The effects of the control system on the thermoeconomic diagnosis of a power plant[J]. Energy, 2004, 29(3): 331-359.

第6章　技术经济评价

技术经济学是一门应用理论经济学基本原理，研究技术领域经济问题和经济规律、探究技术进步与经济增长之间的相互关系的科学，是探求技术领域内资源的最佳配置、寻找技术与经济的最佳结合以求可持续发展的科学。对于火电厂这种技术密集型和资金密集型产业，技术经济评价显得尤为重要。国内外已有的众多研究对传统燃煤火电厂的脱硫和脱硝等技术展开了技术经济评价与分析。随着CO_2减排技术，如富氧燃烧技术、IGCC技术、单乙醇胺吸收系统或单乙醇胺/甲基二乙醇胺吸收技术(monoethanolamine or methyldiethanolamine，MEA或MEA/MDEA)，逐渐进入商业化阶段，人们越来越关注这些新型技术的经济成本问题[1]，而碳捕集与封存(carbon capture and storage，CCS)技术的成本通常较常规化石能源发电技术要高很多，成为目前商业示范和大规模推广的主要阻力，其技术经济评价是预可研、可研、工程设计等的重要组成部分。

另外，技术经济评价也是热经济学分析评价的基础。通常，基于对热力系统的㶲分析，可以进行㶲成本建模，可量化生产某股物流/能流的生产过程的热力学效率；而热经济学成本建模则可考虑产生某股物流/能流所消耗的燃料的价格、系统的投资成本和运行维护成本，这可量化产生某股物流/能流的生产过程的经济效率。热经济学成本建模必须建立在对热力系统(或更详细地，对热力系统内各部件或单元)的投资、运行、维护成本的细致了解的基础上，这正是技术经济评价所要完成的工作。

技术经济评价一般采用现金单位来进行量化。系统或设备的投资成本是进行技术经济评价所需的第一手资料，一般需要通过对系统或设备的制造商、经营商等进行详细的调研来获得。对于难以获得现金投资成本的情况，可以利用成本计算方程来对其进行投资成本估算。本章首先介绍技术经济评价的基本流程和成本计算方法，包括两类获得投资成本的方法，然后分别以常规燃煤电站、富氧燃烧电站和化学链燃烧电站等为例，详细介绍技术经济评价的细节过程。

6.1　技术经济评价的基本流程

火力发电系统的技术经济性能较为复杂，它取决于该系统的热功率、技术成熟度、所在国家或地区的污染物排放政策(包括传统污染物SO_x、NO_x，可吸入颗粒物等以及新型污染物，如CO_2等)，甚至与财经政策(如贷款利率、通货膨胀率等)等紧密相关。对一个燃煤电站进行技术经济评价的基本流程如下。

(1)得到电站的基本热力学参数(如煤耗量、发电功率、锅炉热效率等)。基本热力学参数可通过过程模拟获得，具体可参见第 2 章，也可基于参考文献进行估算，如本章中富氧燃烧的 CPU 系统功耗可依据相关文献[2,3]估计。更普遍和更简单的方法是通过实地调研的方式获得所需的数据。

(2)调研电站的运行状况(如年运行小时数、维护因子、摊销率、折旧率、人员费等)，以及获得电站本体，各部件/设备，脱硫、脱硝系统等的投资成本和运行成本等。对于工业中已经大规模运行的常规粉煤燃烧电站或循环流化床电站等，可参照行业发布的权威数据，如本章中相关数据源于中国电力工程顾问集团公司发布的《火电工程限额设计参考造价指标(2008 水平)》[4]。也可对设备制造商进行调研，如本章中富氧燃烧电站的 ASU 系统的投资成本和功耗是通过调研相关制氧企业获得。或通过参考文献进行设备成本的估计，如本章中富氧燃烧电站的锅炉是在常规煤粉燃烧锅炉的基础上进行改造的，改造成本是基于相关参考文献[2,3]进行估计的。本章也介绍了利用成本计算方程对燃煤电站各部件/设备和 CPU 系统进行投资成本估计的方法。

(3)一般电厂建设项目需要通过大规模的商业贷款等方式进行融资，需要调研市场经济的相关政策，如年利率、燃料价格、水价、蒸汽价格、石灰石价格、石膏价格等。

(4)根据以上电厂的基本参数和市场行情，可计算电站的各项成本(燃料成本、投资成本等)和发电成本，进而还可计算一些新型电站(如富氧燃烧电站、化学链燃烧电站)的 CO_2 减排成本、CO_2 捕捉成本，并对其经济性进行灵敏性分析等。

6.2　成本计算方法

6.2.1　各项生产成本计算方法

电站的总成本包括发电生产成本、期间费用以及副产品收益(C_{10})，发电生产成本主要包括燃煤成本(C_1)、运行维护费用(C_3)、折旧费(C_4)、摊销费(C_5)、排污费(C_6)、人员费(C_7)、材料费(C_8)、其他费用(C_9)等，而期间费用主要包括管理费用和财务费用(包括贷款利息(C_2))等。由于管理费用和财务费用等涉及复杂的财务会计理论和行业规定，本章暂只考虑电站“硬”成本(考虑年度化成本 C_T)。各项成本的计算公式如下。

燃煤成本(C_1)：

$$C_1 = m_F \times c_F \times W \times H \tag{6-1}$$

贷款利息(C_2)：

$$C_2 = C_{IT} \times p_{loan} \times \lambda_A \tag{6-2}$$

运行维护费用(C_3)：

$$C_3 = C_{IT,base,0} \times r_{OM,base,0} + C_{OM,S,0} + C_{OM,N,0} \tag{6-3}$$

折旧费(C_4)：

$$C_4 = C_{IT} \times p_{fa} \times (1 - p_{lv}) / Y_d \tag{6-4}$$

摊销费(C_5)：

$$C_5 = C_{IT} \times p_{ia} / Y_a \tag{6-5}$$

排污费(C_6)：

$$C_6 = E_S \times T_S + E_N \times T_N \tag{6-6}$$

人员费(C_7)：

$$C_7 = \left(N_{base} + N_S + N_N\right) \times c_{pay} \times \left(1 + r_w\right) \tag{6-7}$$

材料费(C_8)：

$$C_8 = p_m \times W \times H \tag{6-8}$$

其他费用(C_9)：

$$C_9 = p_o \times W \times H \tag{6-9}$$

副产品收益(C_{10})：

$$C_{10} = M_{CaSO_4} \times c_{CaSO_4} \tag{6-10}$$

年度化成本(C_T)：

$$C_T = \sum_{i=1}^{9} C_i - C_{10} \tag{6-11}$$

各公式符号在后面详细计算时有说明，故在此处不做说明。

6.2.2　基于成本计算方程估计投资成本

成本计算方程可估算设备投资成本，它通常是根据大量的成本数据，利用数学手段(如数理统计、数值拟合等)将设备成本Z表达为该设备内部参数集x和㶲流B_j的函数：$Z = Z(x, B_j)$。这种成本计算方程估算的一个优点是，在进行系统优化改进的时候，通过改变系统运行或设计参数从而获得在不同运行和设计特性下系统可能的投资成本，为热经济学优化打下了基础。很多学者都提出了各自的成本计算方程，Frangopoulos[5,6]建立了一套热力系统的成本计算方法，von Spakovsky[7]在此基础上扩展了更多热力设备成本的计算方法。El-Sayed[8-10]和 Valero 等[11]分别建立了联合循环系统主要设备的成本计算方法，Lozano 等[12,13]建立了传统凝汽式电站的成本计算方法，Silveira 等[14,15]通过总结前人的方法建立了热电联产系统主要设备的成本计算方法。Taal 等[16]研究并比较了多个热交换器的成本计算方法。本书总结了燃煤电站各设备投资成本的估算方程，详见表 6-1。

表 6-1 燃煤锅炉主要设备投资成本计算方程

组件	成本计算方程/美元
锅炉整体[5,12]	$Z_{\mathrm{BOI}}=740\times\exp\left(\dfrac{10\times P_1-28}{150}\right)\left[1+5\exp\left(\dfrac{T_1-866}{10.42}\right)\right]\left[1+\left(\dfrac{0.45-0.405}{0.45-\eta}\right)^7\right]\times {E_{\mathrm{P,b}}}^{0.8}$ 其中，P_1 为主蒸汽出口压力(MPa)；T_1 为主蒸汽出口温度(K)；η 为锅炉㶲效率；$E_{\mathrm{P,b}}$ 为锅炉产品㶲(kW)
B-SH 和 RH	$Z_{\mathrm{B-SH}}=(1-f_{\mathrm{RH}})\times Z_{\mathrm{BOI}}$， $Z_{\mathrm{RH}}=f_{\mathrm{RH}}\times Z_{\mathrm{BOI}}$ 其中，f_{RH} 为再热器投资成本占锅炉总投资成本的百分比[7](本章取 0.12)
汽轮机(或级组)[5,12]	$Z_i^T=3000\times\left[1+5\exp\left(\dfrac{T_2-866}{10.42}\right)\right]\times\left[1+\left(\dfrac{1-\eta_{\mathrm{Tr}}}{1-\eta_{\mathrm{T}}}\right)^3\right]\times W^{0.7}$ 其中，T_2 为级组入口蒸汽温度(K)；W 为级组输出功率(kW)；η_{T} 为级组㶲效率，高压级组参考㶲效率 $\eta_{\mathrm{Tr}}=0.95$，低压级组 $\eta_{\mathrm{Tr}}=0.85$
泵[5,12]	$Z_i^{\mathrm{P}}=378\times\left[1+\left(\dfrac{1-0.808}{1-\eta_{\mathrm{P}}}\right)^3\right]\times {E_{\mathrm{P,pump}}}^{0.71}$ 其中，η_{P} 为泵的㶲效率；$E_{\mathrm{P,pump}}$ 为泵的产品㶲(kW)
给水加热器[17,18]	$Z_i^{\mathrm{H}}=0.02\times3.3\times Q\times\left(\dfrac{1}{\mathrm{TTD}+a}\right)^{0.1}(10\times\Delta P_{\mathrm{t}})^{-0.08}(10\times\Delta P_{\mathrm{s}})^{-0.04}\times1000$ 其中，Q 为加热器换热量(kW)；TTD 为加热器出口给水端差(℃)；ΔP_{t} 和 ΔP_{s} 分别为管侧与壳侧压力损失(MPa)；高压加热器 $a=6$，低压加热器 $a=4$
凝汽器[18,19]	$Z_{\mathrm{CND}}=\left(\dfrac{1}{T_0\varepsilon}\right)\times\left\{217\times\left[0.247+\left(\dfrac{1}{3.24v_{\mathrm{w}}^{0.8}}\right)\right]\times\ln\left(\dfrac{1}{1-\varepsilon}\right)+138\right\}\times\left(\dfrac{1}{1-\eta_{\mathrm{CND}}}\right)\times S$ 其中，T_0 为环境温度(K)；v_{w} 为管内冷却水流速(m/s)；η_{CND} 为凝汽器效率，其定义为 $T_0(s_{\mathrm{in}}-s_{\mathrm{out}})/(h_{\mathrm{in}}-h_{\mathrm{out}})$；$\varepsilon$ 为热效力，其定义为 $T_{\mathrm{wo}}-T_{\mathrm{wi}}/T_{\mathrm{in}}-T_{\mathrm{wi}}$，$T_{\mathrm{wo}}$ 和 T_{wi} 为冷却水出口与进口温度(℃)；T_{in} 为凝汽器进口蒸汽温度(℃)；S 为凝汽器生产的负熵(kW)
发电机[14]	$Z_{\mathrm{GEN}}=60\times {W_{\mathrm{GEN}}}^{0.95}$ 其中，W_{GEN} 为发电机功率(kW)

也可对化工过程一些成熟的工艺进行成本估算，且相对简单。例如，对于 CO_2 压缩纯化系统，可根据其稳态模拟结果[20]及文献[21]中对该过程的技术经济评价方法，进行成本估算。对于压缩机，其投资成本可由进口气体流量与进出口压力

计算得来，关系式如下[21]：

$$C_{\mathrm{MCC(or\ C)}} = m[(0.13\times10^6)m^{-0.71} + (1.40\times10^6)m^{-0.60}\ln(P_{\mathrm{out}}/P_{\mathrm{in}})] \tag{6-12}$$

其中，m 为气体质量流量(kg/s)；P_{in} 和 P_{out} 分别为压缩机进口与出口压力(bar)。

假设系统中所采用的换热器为铝合金板翅式换热器，其投资成本可根据式(6-13)计算得到，即[21]

$$C_{\mathrm{HE}} = f_{\mathrm{m}} N r_{\mathrm{p}} C_{\mathrm{volume}} V_{\mathrm{HE}} \tag{6-13}$$

其中，f_{m} 为购买成本转换成投资成本转换系数(取值为 2.0)；N 为串联单元换热器个数；C_{volume} 为单元换热器的单位体积的成本；V_{HE} 为单元换热器的体积(m^3)；r_{p} 为运行压力的成本系数(取值为 1.1)。

假设低温闪蒸分离器为竖立式类型，可根据式(6-14)进行计算，其关系式如下[21]：

$$C_{\mathrm{drum}} = 3.5\times73 f_{\mathrm{m}} f_{\mathrm{p}} W_{\mathrm{drum}}^{-0.34} \tag{6-14}$$

其中，f_{p} 为以内压为基准的成本系数(取值为 2.7)；f_{m} 取值为 4.2；W_{drum} 为分离罐总质量(kg)，可由质量系数 f_{W}(取值为 1.2)、材料密度 ρ 及材料体积 V 所决定，即 $W_{\mathrm{drum}} = f_{\mathrm{W}}\rho_V$。材料体积则根据分离罐的直径与高度计算得到，而分离罐的几何尺寸则由稳态模拟结果进行估算。相对于压缩机与换热器的成本而言，冷却器与混合器的成本很小，在此处不予以考虑。

6.2.3 发电成本、CO_2 减排成本和 CO_2 捕集成本的计算方法

燃煤电站的发电成本(c_{COE})计算如下：

$$c_{\mathrm{COE}} = C_{\mathrm{T}}/(W_{\mathrm{net}}\times H) \tag{6-15}$$

其中，W_{net} 为电站净输出功率；H 为机组可利用小时数。

CO_2 减排成本的定义是两系统发电成本之差除以两系统单位 CO_2 排放量之差。它的物理意义为 CO_2 减排系统减排 1t CO_2 所需要花费的经济成本 c_{CAC}，计算如下：

$$c_{\mathrm{CAC}} = \frac{c_{\mathrm{COE},1} - c_{\mathrm{COE},0}}{e_{\mathrm{CO_2},0} - e_{\mathrm{CO_2},1}} = \frac{c_{\mathrm{COE},1} - c_{\mathrm{COE},0}}{\dfrac{E_{\mathrm{CO_2},0}}{W_{\mathrm{net},0}H} - \dfrac{E_{\mathrm{CO_2},1}}{W_{\mathrm{net},1}H}} \tag{6-16}$$

其中，c_{COE} 为发电成本；$e_{\mathrm{CO_2}}$ 为单位功率 CO_2 排放量(t/(MW·h))；$E_{\mathrm{CO_2}}$ 为 CO_2 排放量；0 为基准电站，1 为富氧燃煤电站。

CO_2 捕集成本的定义是两系统发电成本之差除以两系统单位 CO_2 捕集量之差。它的物理意义为 CO_2 捕集系统捕集 1t CO_2 所需要花费的经济成本，计算如下：

$$c_{\mathrm{CCC}}=\frac{c_{\mathrm{COE},1}-c_{\mathrm{COE},0}}{m_{\mathrm{CO_2},1}-m_{\mathrm{CO_2},0}}=\frac{c_{\mathrm{COE},1}-c_{\mathrm{COE},0}}{m_{\mathrm{CO_2},1}}=\frac{c_{\mathrm{COE},1}-c_{\mathrm{COE},0}}{\dfrac{M_{\mathrm{CO_2},1}r_{\mathrm{CO_2}}}{W_{\mathrm{net},1}H}} \tag{6-17}$$

其中，$r_{\mathrm{CO_2}}$ 为 CO_2 的捕捉效率。

6.3　常规燃煤电站发电成本

6.3.1　典型 2×600MWe 燃煤电站发电成本计算

对于某典型的 2×600MWe 常规燃煤电站中各项成本进行如下计算，其中相关数据来源于《火电工程限额设计参考造价指标(2009 年水平)》[4]。

(1) 燃煤成本 $C_{1,0}$ 按照式(6-1)计算。其中，$m_{\mathrm{F},0}$ 为发电标煤耗(299g/(kW·h)[4])；c_{F} 为标煤价格(含税 680 元/t[4])；W 为机组功率(1200MW)；H 为机组年利用小时数(5000h[4])。基准工况下燃煤(神华煤)的元素分析及低位发热量参见表 2-5，根据表中数值和式(2-58)可计算得到理论单位需氧量 v_{O} 为 1.266Nm^3/kg 煤。

(2) 贷款利息：

$$C_{2,0}=C_{\mathrm{IT},0}\times p_{\mathrm{loan}}\times\lambda_{\mathrm{A}} \tag{6-18}$$

其中，$C_{\mathrm{IT},0}$ 为电站总投资成本。

$$C_{\mathrm{IT},0}=C_{\mathrm{IT,base},0}+C_{\mathrm{IT,S},0}+C_{\mathrm{IT,N},0} \tag{6-19}$$

新建电站本体(不包括脱硫脱硝系统)的投资成本($C_{\mathrm{IT,base},0}$)按照 3675 元/kW[4] 估算，脱硫系统(考虑石灰石-石膏法，脱硫效率 $\eta_{\mathrm{S},0}$ 为 95%)设备成本为 185.45×10^6 美元[4]，脱硝系统(考虑选择性催化还原(selective catalytic reduction，SCR)法，脱硝效率 $\eta_{\mathrm{N},0}$ 为 80%)设备成本为 108×10^6 美元[4]，并认为设备成本约占脱硫系统投资成本($C_{\mathrm{IT,S},0}$)或脱硝系统投资成本($C_{\mathrm{IT,N},0}$)的 80%[22,23]，而其他费用(建筑、安装、技术服务等)约占 20%；p_{loan} 为贷款比例(80%[4])，贷款还款采用等额还本付息方式；λ_{A} 为平均利率，其计算公式推导如下。

设贷款总额为 C，贷款利率为 i，贷款年限为 L 年，总支付利息为 C_{InT}，年度化均付利息为 C_{InA}，则可以建立如下方程：

$$\begin{aligned}C_{\mathrm{InT}}&=C\times i+(C-C/L)\times i+L+\left[C-(L-1)C/L\right]\times i\\&=C\times i\times\left\{1+(1-1/L)+L+\left[1-(L-1)/L\right]\right\}\\&=C\times i\times\left[L-(1+2+L+L-1)/L\right]\\&=C\times i\times(L+1)/2\end{aligned} \tag{6-20}$$

$$C_{\mathrm{InA}}=C\times i\times(1+1/L)/2 \tag{6-21}$$

$$\lambda_A = i \times (1 + 1/L)/2 \tag{6-22}$$

贷款年限 L 为 18 年[4]，长期贷款利率 i 为 5.94%[4]。

(3) 运行维护费用 $C_{3,0}$ 按照式(6-3)计算。其中，$r_{OM,base,0}$ 为传统电站本体(不包括脱硫脱硝系统)的运行维护系数(2.5%[24]，包括大修费用)；$C_{OM,S,0}$ 为脱硫系统的运行维护费用，包括石灰石费用($C_{OMS0,1}$)、工艺水费($C_{OMS0,2}$)、污水处理费($C_{OMS0,3}$)、设备维护费用($C_{OMS0,4}$)等[22]，而脱硫系统(以及之下的脱硝系统)的人员费、折旧费、摊销费、用电费等分别从整个电站的角度考虑。其中石灰费用为

$$C_{OMS0,1} = c_{CaCO_3} \times S_{ar} \times M_{F,0} \times H_n / H_i \times W \times H \times 100/32 \times r_{Ca_2S} / P_{CaCO_3} \tag{6-23}$$

其中，H_n 为标煤的低位发热量(29270kJ/kg)；c_{CaCO_3} 为商购石灰石价格(60 元/t[4])；r_{Ca_2S} 为钙硫比(1.05[22])；P_{CaCO_3} 为石灰石纯度(90%[22])；

工艺水费为

$$C_{OMS0,2} = c_{pw} \times M_{pw,0} \times H \tag{6-24}$$

其中，c_{pw} 为工艺水价格(1.54 元/t[22])；$M_{pw,0}$ 为工艺水耗。

污水处理费为

$$C_{OMS0,3} = c_{ef} \times M_{ef,0} \times H \tag{6-25}$$

其中，c_{ef} 为污水处理价格(1.6 元/t[22])；$M_{ef,0}$ 为每小时污水排量。

设备维护费用为

$$C_{OMS0,4} = C_{IT,S,0} \times p_{OM,S,0} \tag{6-26}$$

其中，$p_{OM,S,0}$ 为湿法脱硫系统运行维护系数(1.5%[22]，包括大修费用)；对于 2×300MW 机组，文献[22]报告的工艺水耗为 10t/h、每小时污水排量为 120t/h，对于 2×600MW 超临界机组和 2×1000MW 超超临界机组，其工艺水费和污水处理费按与石灰石费用的相应比例进行折算。

$C_{OM,N,0}$ 为 SCR 脱硝系统的运行维护费用，主要包括氨气成本、催化剂成本、蒸汽成本、设备维护费用等[23,25]。通过年运行小时折算，本章考虑的 2×600MW 超临界机组的氨气成本、催化剂成本、蒸汽成本分别为 9.15×10^6 美元/年、26.43×10^6 美元/年、2.2×10^5 美元/年[23]。脱硝系统的运行维护系数也取 1.5%。

(4) 折旧费 $C_{4,0}$ 按照式(6-4)计算。其中，p_{fa} 为固定资产形成率(95%[4])；p_{lv} 为残值率(5%[4])；Y_d 为折旧年限(15 年[4])。

(5) 摊销费 $C_{5,0}$ 按照式(6-5)计算。其中，p_{ia} 为无形及递延资产比例(5%[26])；Y_a 为摊销年限(5 年[4])。

(6) 排污费 $C_{6,0}$ 按照式(6-6)计算。其中，$E_{S,0}$ 为传统电站 SO_2 排放量，可按照文献[27]推荐方法估算：

$$E_{S,0}=32/16\times m_{F,0}\times H_n/H_i\times W\times H\times S_{ar}\times t_{S,0}\times(1-\eta_{S,0}) \tag{6-27}$$

其中，$m_{F,0}$ 为发电标煤耗；$t_{S,0}$ 为煤燃烧后 S_{ar} 氧化生成 SO_2 的比例(80%[27])；$\eta_{S,0}$ 为脱硫效率；$E_{N,0}$ 为 NO_x 排放量，估算为

$$E_{N,0}=30.8/14\times m_{F,0}\times W\times H_n/H_i\times H\times N_{ar}\times \eta_{n,0}/m_{n,0}\times(1-\eta_{N,0}) \tag{6-28}$$

其中，30.8/14 表示 NO_x(其中 NO 质量比为 95%，NO_2 质量比为 5%)与 N 的分子量之比[27]；$\eta_{n,0}$ 为燃料氮的转化率(25%[27])；$m_{n,0}$ 为燃料氮生成的 NO_x 占全部 NO_x 排放量的比例(80%[27])。

本章不考虑对火电厂排放的 CO、粉尘等污染物征收排污费，且不考虑排污费的地区差异和环境功能区差异。如果考虑对火电厂排放的 CO_2 征收碳税，则排污费为

$$C_{6,0}=E_{S,0}\times R_S+E_{N,0}\times R_N+E_{CO_2,0}\times \mathrm{TAX}_{CO_2} \tag{6-29}$$

其中，R_S、R_N 分别为 SO_2 和 NO_x 污染物的当量收费标准，均为 0.6 元/0.95kg；TAX_{CO_2} 为碳税值(元/t)；CO_2 排放量估算为

$$E_{CO_2,0}=44/12\times m_{F,0}\times H_n/H_i\times W\times H\times C_{ar}\times t_C\times(1-\eta_{C,0}) \tag{6-30}$$

其中，t_C 为煤燃烧后 C_{ar} 氧化生成 CO_2 的比例(一般取 100%)；$\eta_{C,0}$ 为 CO_2 捕捉效率(对于传统电站，认为 $\eta_{C,0}=0$；对于富氧燃烧电站，认为 $\eta_{C,1}=90\%$)。

值得提到的是，在过程模拟工作中，燃煤中的 S 元素基本转化成 SO_2，而 N 元素转化成 NO 的比例较低(10%左右)。这主要是因为稳态模拟过程涉及的燃烧过程较理想，而且没有一些外在因素的干扰。

(7) 人员费 $C_{7,0}$ 按照式(6-7)计算。其中，$N_{base,0}$、$N_{S,0}$、$N_{N,0}$ 分别为传统电站本体、脱硫系统和脱硝系统的定员。传统电站本体定员取为 247 人[4]；脱硫系统定员为 18 人(3 班，每班 6 人)；脱硝系统的定员为 18 人(3 班，每班 6 人)；c_{pay} 为职工工资(50000 元/(人·年)[4])；r_w 为福利劳保系数(60%[4])。

(8) 材料费 $C_{8,0}$ 按照式(6-8)计算。其中，$p_{m,0}$ 为材料费比率(5 元/(MW·h)[4])。

(9) 其他费用 $C_{9,0}$ 按照式(6-9)计算。其中，$p_{o,0}$ 为其他费用比率(10 元/(MW·h)[4])。

(10) 副产品收益 $C_{10,0}$ 按照式(6-10)计算。这里只考虑传统电站的脱硫副产品石膏的收益，其中石膏产生量(M_{CaSO_4})估算为

$$M_{CaSO_4}=S_{ar}\times M_{F,0}\times H_n/H_i\times W\times H\times \eta_{S,0}\times 172/32/P_{CaSO_4} \tag{6-31}$$

其中，P_{CaSO_4} 为石膏纯度(90%[22]，即含水量 10%)。式(6-10)中 c_{CaSO_4} 为石膏市场价格(50 元/t)。

6.3.2 其他功率燃煤电站发电成本比较

表 6-2 为三种机组(2×300MW 亚临界、2×600MW 超临界、2×1000MW 超超临界)方式下传统电站(分为不配备脱硫脱硝系统、仅配备脱硫系统、仅配备脱硝系统、配备脱硫脱硝系统四种)的发电成本。相关数据和计算过程也可参阅作者团队的文献[1]。作者团队稍早的文献[28]由于数据来源不同和计算方法更简化，相关数据稍有差异，但基本仍在相似范围内。传统空气燃烧方式下的发电成本范围分别是 341.04～358.72 元/(MW·h)、310.57～324.50 元/(MW·h)、280.19～290.12 元/(MW·h)。增加脱硫、脱硝装置使得发电成本分别增加 5.18%，4.49%，3.54%。本章计算的发电成本没有考虑投资方分利、所得税等，而这部分成本占系统发电成本 12%～14%[4]。如果考虑这部分成本的影响，计算得到的传统电站的发电成本与文献[4]中的结果基本符合，由此可说明本章的技术经济性分析是基本合理的。

6.4 富氧燃烧电站技术经济评价

国内外已经陆续有富氧燃烧示范电厂建成、运行，作为一种很有潜力的碳捕集技术，它的商业化运行也在规划之中。虽然国外有针对富氧燃烧电站进行技术经济评价的工作，但是各种学术机构评价的系统功率、燃烧工况等本身存在巨大差异，一般依据欧美等地区的污染物税收政策和财经政策来计算，目前已公开文献上的研究结果并不一定符合中国的现状。因此，非常有必要针对中国特有的国情，直接在中国现有能源信息的基础上进行富氧燃烧 CO_2 减排系统的技术经济评价，通过比较其发电成本、CO_2 减排成本和捕捉成本等，为政治层面上的决策提供可信的依据。

6.4.1 富氧燃烧电站成本计算

富氧燃烧电站的年度化总成本的计算与传统燃煤电站类似，不同之处在于，富氧燃烧电站需要对锅炉进行改造、增添 ASU 和 FGU(尾气处理单元)系统，其脱硫脱硝系统则可以简化。由于富氧燃烧电站中特殊的大规模烟气再循环方式，采用低成本的脱硫技术(如炉内喷钙及尾部增湿活化脱硫)即可实现较好的脱硫效果，且 FGU 系统也可有效去除烟气中的 SO_x，因此整体认为其具有 95%左右的脱硫效率；而且，在富氧燃烧电站中，由于助燃气体的主要成分为纯氧和 CO_2，仅含少量 N_2，可认为仅有燃料型 NO_x 产生(即 $m_{n,1}$=100%)，而通过烟气再循环技术、低过量空气系数(微正压燃烧，认为过量空气系数 α_1 为 1.05)、低 NO_x 空气分级燃烧器可有效抑制燃料型 NO_x 产生（认为燃料 N 的转化率 $\eta_{n,1}$ 为 15%），而 FGU 系统也可以附带实现脱硝（假设脱硝效率 $\eta_{N,1}$=30%），故不需额外增添脱硝系统。第 2 章中对富氧燃烧系统的稳态过程模拟结果也印证了以上观点。因此，相关成本的计算说明如下。

（1）由于富氧燃烧技术中的大规模烟气再循环可以显著降低锅炉排烟热损失，认为锅炉热效率提高系数 $\eta_e=\eta_b/(\eta_b+0.015)$，这可节约一部分燃煤量，认为富氧燃烧电站发电标煤耗 $m_{F,1}=m_{F,0}\times\eta_e$，因此其燃料成本 $C_{1,1}=C_{1,0}\times\eta_e$。三种常规机组的锅炉热效率 η_b 分别设定为 90%、92%、93%。对于第 2 章稳态过程模拟的 600MW 超临界富氧燃烧系统，其发电标煤耗折算为 282.4g/(kW·h)，锅炉热效率为 93.5%。

（2）富氧燃烧电站总投资成本（$C_{IT,1}$）如下计算：

$$C_{IT,1}=C_{IT,base,0}+C_{I,bioler,0}\times 7\%+C_{IT,S,0}/3+C_{ASU}+C_{IT,base,0}\times 2.5\% \tag{6-32}$$

其中，等号右边第二项为锅炉升级成本，估计为传统锅炉成本（$C_{I,bioler,0}$）的 7%[2]，而根据文献[4]，三种机组的锅炉成本 $C_{I,bioler,0}$ 分别为 6.5275×10^8 美元、1.2999×10^9 美元、2.8×10^9 美元；第三项为 LIFAC 脱硫系统的投资成本，认为仅为石灰石-石膏法的 1/3；第四项 C_{ASU} 为 ASU 的投资成本，根据调研国内制氧企业（杭氧集团和四川空分集团）得到的结果，针对富氧燃烧系统氧气浓度需求的大规模制氧机（制氧量 60000Nm^3/h，95mol%浓度）的投资成本为 120×10^6 美元，而富氧燃烧锅炉的实际耗氧量（Nm^3/h）为

$$V_{O,1}=v_O\times\alpha_1\times m_{F,1}\times W\times H_n/H_i \tag{6-33}$$

因此估算得

$$C_{ASU}=V_{O,1}/(60000\times0.95)\times120\times10^6\text{ 美元} \tag{6-34}$$

第五项为 FGU 系统的投资成本，约为传统电站总投资成本的 2.5%[3]。类似于传统电站相关成本的计算方法，根据 $C_{IT,1}$ 可计算富氧燃烧电站的贷款利息、折旧费、摊销费等。

（3）富氧燃烧电站的运行维护费用包括电站本体（不包括脱硫系统、ASU 和 FGU 系统）、脱硫系统、ASU 和 FGU 系统的运行维护费用，估算如下：

$$\begin{aligned}C_{3,1}=&(C_{IT,base,0}+C_{I,bioler,0}\times7\%)\times r_{OM,base,1}+C_{OM,S,0}/3\\&+C_{ASU}\times r_{OM,ASU}+C_{IT,base,0}\times2.5\%\times r_{OM,FGU}\end{aligned} \tag{6-35}$$

其中，$r_{OM,base,1}$ 为富氧燃烧电站本体的运行维护系数（仍然取 2.5%，包括大修费用）；脱硫系统的运行成本认为是传统电站石灰石-石膏法的 1/3；$r_{OM,ASU}$ 为 ASU 的运行维护系数（取 1.5%）；$r_{OM,FGU}$ 为 FGU 系统的运行维护系数（取 1.5%）。

(4) 富氧燃烧电站各污染物的排放量以及对应的排污费仍然可通过传统电站中的估算方法得到。

(5) 富氧燃烧电站本体(包括 LIFAC 脱硫系统)人员费与传统电站基本持平。

(6) 富氧燃烧电站的材料费、其他费用按与传统电站相同的标准计算。

(7) 富氧燃烧电站没有副产品石膏的收益，但是富集的高浓度 CO_2 可以作为商品出售，此时副产品收益估算如下：

$$C_{10,1}=M_{CO_2}\times c_{CO_2} \tag{6-36}$$

其中，c_{CO_2} 为纯净 CO_2 的市场价格；M_{CO_2} 为 CO_2 捕捉量：

$$M_{CO_2}=C_{ar}\times m_{F,1}\times H_n/H_i\times H\times W\times \eta_C\times 44/12 \tag{6-37}$$

以上富氧燃烧电站的各项成本计算中，如无特别说明，有关变量的取值(如运行时间、贷款利率、折旧率等)与传统电站中相同。相关计算过程和成本分析结果也可参照作者团队先后发表的两篇文献[1,28]。

6.4.2　发电成本

对于传统电站：

$$W_{net,0}=W\times(1-r_{pe,0})-W_{S,0}-W_{N,0} \tag{6-38}$$

其中，$W_{net,0}$ 为传统电站净输出功率；W 为输出功率；$r_{pe,0}$ 为厂用电率(三种机组分别为 5.5%、5.2%、4.5%[4])；$W_{S,0}$ 为脱硫系统功率(分别取电站总功率的 1.5%、1.1%、0.7%[4])；$W_{N,0}$ 为脱硝系统功率(参考文献[23]和[25]中的数据，分别为 1.3MW、1.6MW、2.0MW)。

对于富氧燃烧电站，

$$W_{net,1}=W\times(1-r_{pe,1})-W_{S,1}-W_{ASU}-W_{FGU} \tag{6-39}$$

其中，$r_{pe,1}$ 与 $r_{pe,0}$ 取值一致；脱硫系统功率 $W_{S,1}=W_{S,0}/3$；ASU 功率估算为(制氧量 60000Nm^3/h 的制氧机功耗为 21.17MW，单位功耗为 0.247kW·h/kg O_2)：

$$W_{ASU}=V_{O,1}/(60000\times 0.95)\times 21.17 \tag{6-40}$$

FGU 系统功耗(W_{FGU})估为传统电站总输出功率的 8%[3]。由此算出的针对 2×600MW 超临界富氧燃烧系统中的 ASU 和 FGU 的功耗分别为 224MW 和 96MW，因此对于单台机组而言，则分别为 112 MW 和 48MW。第 8 章中已经显示了 600MW 超临界富氧燃烧系统中的 ASU 和 FGU 的功耗分别为 102.24MW 和 47.13MW。由此可以看出 FGU 系统功耗占输出功率 8%的设定是可靠的。

表 6-2 为三种机组方式下传统电站和富氧燃烧电站(分为配置 LIFAC 脱硫系

表 6-2　三种机组在不同配置下的技术经济分析

电站类型		发电成本（元/(MW·h)）	静态投资成本/10^6 美元	平均年度化总成本/(10^6 美元/a)	净输出功率/MW	SO_x 脱除量/排放量/(t/a)	NO_x 脱除量/排放量/(t/a)	CO_2 捕捉量/排放量/(t/a)
2×300MW 亚临界机组	传统电站（无脱硫、无脱硝）	341.04	2647.2	966.86	567	0/8358.3	0/5846.56	0/2695431.08
	传统电站（脱硫、无脱硝）	349.36	2786.49	974.72	558	7940.39/417.92	0/5846.56	0/2695431.08
	传统电站（脱硝、无脱硫）	350.23	2738.44	990.63	565.7	0/8358.3	4677.25/1169.31	0/2695431.08
	传统电站（脱硫、脱硝）	358.72	2877.72	998.49	556.7	7940.39/417.92	4677.25/1169.31	0/2695431.08
	富氧燃烧电站（无脱硫）	507.19	3427.72	1017.00	401.03	3343.32/5014.98	748.36/1122.54	2386119.32/265124.37
	富氧燃烧电站（脱硫）	512.36	3474.15	1019.69	398.03	7940.39/417.92	748.36/1122.54	2386119.32/265124.37
2×600MW 超临界机组	传统电站（无脱硫、无脱硝）	310.57	4410	1766.53	1137.6	0/15867.51	0/11099.18	0/5117040.59
	传统电站（脱硫、无脱硝）	316.39	4641.81	1778.70	1124.4	15074.13/793.38	0/11099.18	0/5117040.59
	传统电站（脱硝、无脱硫）	318.59	4545	1809.59	1136	0/15867.51	8879.35/2219.84	0/5117040.59
	传统电站（脱硫、脱硝）	324.51	4776.81	1821.76	1122.8	15074.13/793.38	8879.35/2219.84	0/5117040.59

续表

电站类型		发电成本（元/(MW · h)）	静态投资成本/10^6美元	平均年度化总成本/(10^6美元/a)	净输出功率/MW	SO_x脱除量/排放量/(t/a)	NO_x脱除量/排放量/(t/a)	CO_2捕捉量/排放量/(t/a)
2×600MW 超临界机组	富氧燃烧电站（无脱硫）	456.34	5881.06	1865.45	817.57	6347.00/9520.50	1420.70/2131.04	4531454.13/503494.90
	富氧燃烧电站（脱硫）	459.69	5958.34	1869.03	813.17	15074.13/793.38	1420.70/2131.04	4531454.13/503494.90
2×1000MW 超超临界机组	传统电站（无脱硫、无脱硝）	280.19	7182	2675.81	1910	0/24323.10	0/17013.80	0/7843847.06
	传统电站（脱硫、无脱硝）	283.20	7429.09	2684.76	1896	23106.95/1216.16	0/17013.80	0/7843847.06
	传统电站（脱硝、无脱硫）	287.05	7357	2738.49	1908	0/24323.10	13611.04/3402.76	0/7843847.06
	传统电站（脱硫、脱硝）	290.12	7604.09	2747.44	1894	23106.95/1216.16	13611.04/3402.76	0/7843847.06
	富氧燃烧电站（无脱硫）	402.91	9504.38	2833.52	1406.52	9729.24/14593.86	2177.77/3266.65	6947407.39/771934.15
	富氧燃烧电站（脱硫）	404.52	9586.74	2835.42	1401.86	23106.95/1216.16	2177.77/3266.65	6947407.39/771934.15

统和不配置脱硫系统两种，且均不考虑碳税和 CO_2 出售）的技术经济分析。图 6-1 将三种机组方式下不同配置情况的发电成本进行了比较。

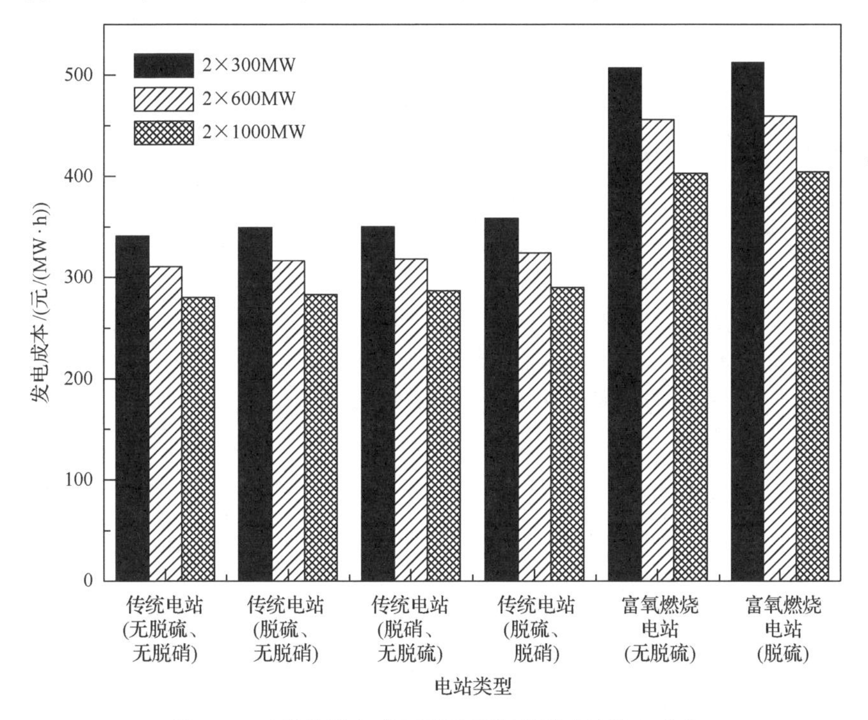

图 6-1 三种机组方式下不同系统配置时的发电成本

由表 6-2 和图 6-1 可得出（以下论述均依次分别针对 2×300MW 亚临界、2×600MW 超临界、2×1000MW 超超临界三种机组）以下结论。

(1) 富氧燃烧方式（脱硫）相对于空气燃烧方式（脱硫、脱硝），其发电成本分别增加 42.83%、41.66%、39.43%。富氧燃烧电站（脱硫）的静态投资成本相对传统电站（脱硫、脱硝）分别增加 20.72%、24.73%、26.07%。随着机组从亚临界到超临界，再到超超临界，因为材料的提升和一些特殊部件的进口，所以锅炉的成本迅速增加。

(2) 富氧燃烧电站即使不安装脱硫脱硝系统，也可实现较低的 SO_x 和 NO_x 排放；而安装 LIFAC 脱硫系统之后，静态投资仅比无脱硫系统的富氧燃烧电站增加 1%左右，平均年度化总成本几乎不变，静输出功率减少 0.5%左右，发电成本增加不超过 1%，但可达到传统电站石灰石-石膏法相同的脱硫效率。

(3) 富氧燃烧电站的静态投资增加主要是因为 ASU 的商业价格很高，以及对 FGU 系统的投资，随着制氧技术的进一步发展以及大规模制氧系统市场的进一步增大，ASU 的投资成本应该会显著地下降，届时富氧燃烧电站的经济性将得到显著的提升。

(4) 富氧燃烧电站(脱硫)相对于传统电站(脱硫、脱硝)，平均年度化总成本分别增加 2.12%、2.59%、3.20%，基本持平，原因是前者节省了运行成本较高的脱硫脱硝系统，且因为锅炉热效率提高而减少了煤耗量。但是富氧燃烧电站的静输出功率相比传统电站大幅度下降，主要原因是 ASU 和 FGU 系统的耗能均高。这也就使得富氧燃烧电站的发电成本相对于传统电站有较大幅度的提高。可见，低成本和低能耗的制氧系统与烟气处理系统是提高富氧燃烧电站经济性的必由之路。图 6-2 为三种机组在两种燃烧方式下年度化总成本的各项构成及相应比例。从图中可以看出，系统的年度化总成本的分配情况受燃料费和摊销折旧费的影响较大。由于机组从亚临界到超临界再到超超临界的单位投资成本依次降低，且幅度较大，所以虽然单位煤耗也是依次降低，但燃料费所占的配额却是依次增加的，分别为 64.54%、67.27%、68.48%。在富氧燃烧电站中添加了空分和尾气处理装置，因此投资和运行维护费用的比例增大，相应的燃料费比例减小 2%～3%。还值得一提的是，在富氧燃烧电站中脱硫脱硝运行费的比例大幅度降低，脱硫脱硝运行费几乎可以忽略不计。

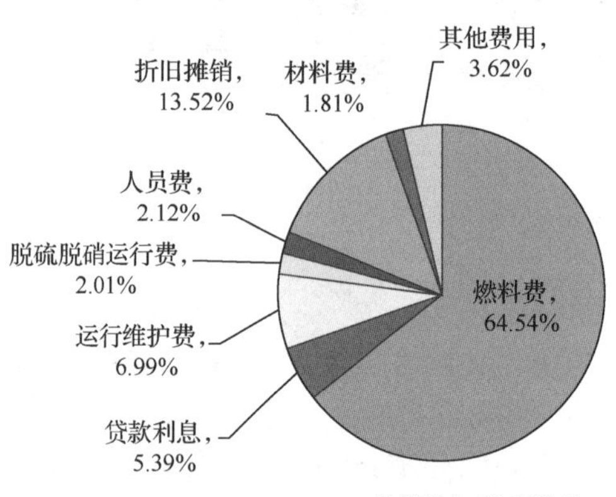

(a) 2×300MW，传统燃烧(脱硫脱硝)

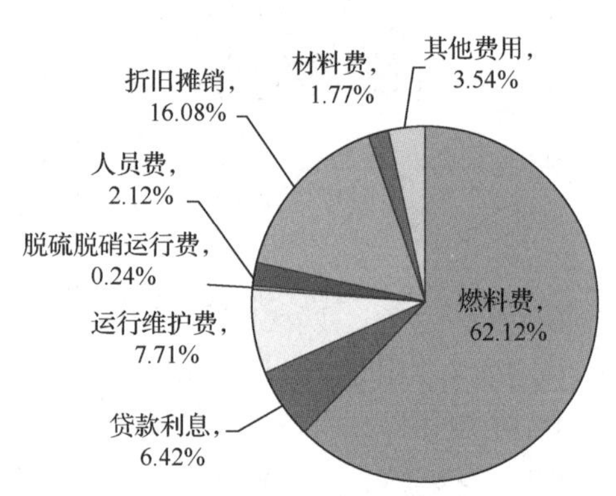

(b) 2×300MW，富氧燃烧(LIFAC)

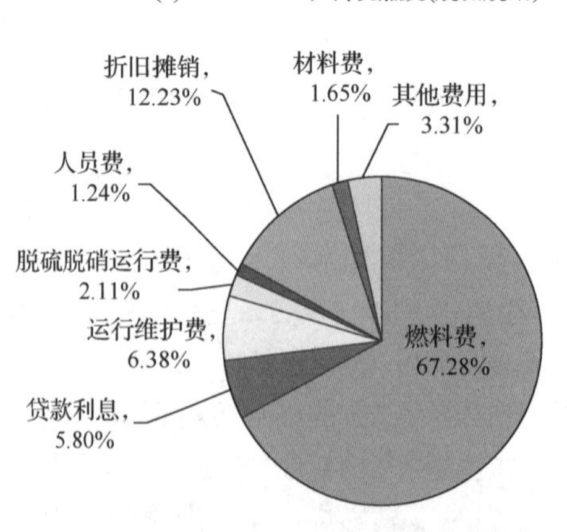

(c) 2×600MW，传统燃烧(脱硫脱硝)

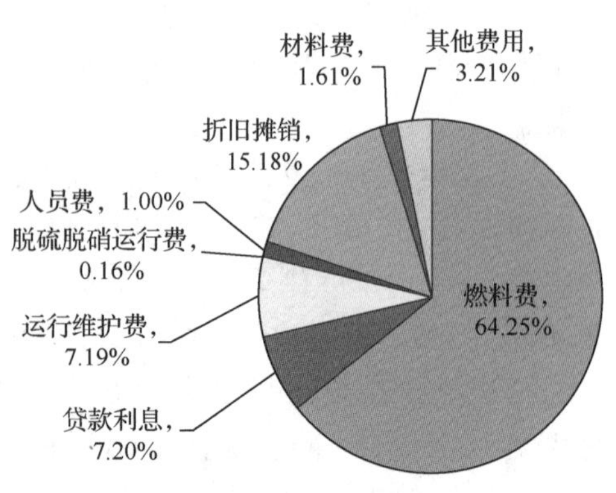

(d) 2×600MW，富氧燃烧(LIFAC)

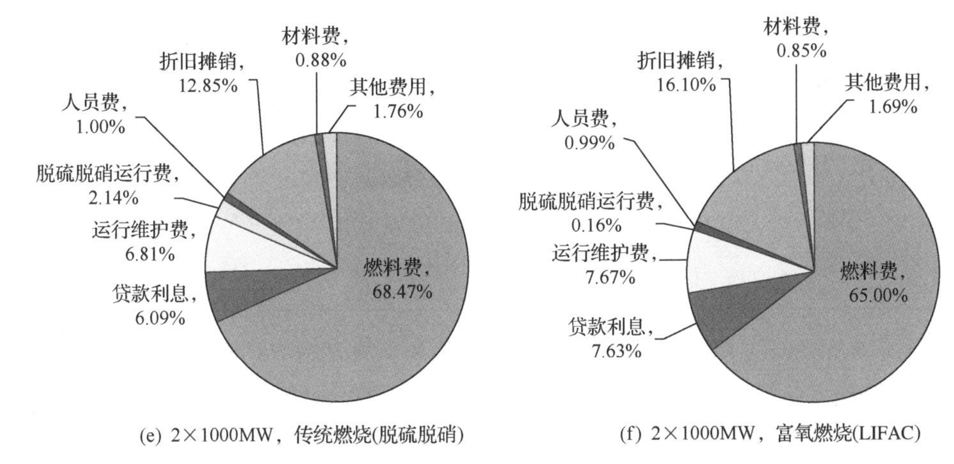

(e) 2×1000MW，传统燃烧(脱硫脱硝)　　(f) 2×1000MW，富氧燃烧(LIFAC)

图 6-2　三种机组传统燃烧方式和富氧燃烧方式下年度化总成本的构成示意图

6.4.3　CO_2 减排成本

富氧燃烧电站可实现化石燃料燃烧产生的 CO_2 温室气体的大规模减排，这是这种燃烧技术日益得到重视的最根本原因。利用 CO_2 减排成本 (c_{CAC}) 来评价其减排 CO_2 的经济性，可以直观比较 CO_2 减排系统与非 CO_2 减排系统的经济性。此时 CO_2 减排系统为配备 LIFAC 脱硫系统的富氧燃烧电站，非 CO_2 减排系统为配备脱硫脱硝系统的传统电站。

表 6-3 中给出了三种机组情况下富氧燃烧电站(脱硫)的 CO_2 减排成本。富氧燃烧电站减排大量温室气体，实际上也是一种环境效益，目前有些国家开始对传统电站排放 CO_2 征收碳税。碳税对传统电站和富氧燃烧电站的经济性均有明显影响，考虑碳税的电站发电成本 (c'_{COE}) 和 CO_2 减排成本 (c'_{CAC}) 计算如下：

$$c'_{COE} = \frac{C'_T}{W_{net}H} = \frac{C_T + E_{CO_2}T_{CO_2}}{W_{net}H} = c_{COE} + T_{CO_2}e_{CO_2} = c_{COE} + \frac{E_{CO_2}T_{CO_2}}{W_{net}H} \tag{6-41}$$

$$c'_{CAC} = \frac{c'_{COE,1} - c'_{COE,0}}{e_{CO_2,0} - e_{CO_2,1}} = c_{CAC} - T_{CO_2} \tag{6-42}$$

其中，T_{CO_2} 为 CO_2 税收额。

表 6-3　富氧燃烧电站的 CO_2 减排成本和 CO_2 捕捉成本

参数项	2×300MW	2×600MW	2×1000MW
$c_{COE,1}$/(元/(MW·h))	512.36	459.69	404.52
$c_{COE,0}$/(元/(MW·h))	358.72	324.50	290.12
$e_{CO_2,0}$/(元/(MW·h))	0.97	0.91	0.83

续表

参数项	2×300MW	2×600MW	2×1000MW
$e_{CO_2,1}$/(元/(MW·h))	0.13	0.12	0.11
$m_{CO_2,1}$/(元/(MW·h))	0	0	0
$m_{CO_2,0}$/(元/(MW·h))	1.20	1.11	0.99
c_{CAC}/(元/t)	183.98	171.62	159.30
c_{CCC}/(元/t)	128.15	121.29	115.42

图 6-3 为 CO_2 税收额(T_{CO_2})对传统电站和富氧燃烧电站发电成本(c_{COE})的影响。如图所示，对 CO_2 征税(160～180 元/t)可使富氧燃烧技术能够与传统燃烧技术竞争。当 CO_2 的税值等于不考虑碳税时的 CO_2 减排成本时，富氧燃烧电站和传统电站的发电成本持平。CO_2 减排成本的计算针对 CO_2 排放量(两电站排放量之差)，而两种电厂的碳税总额之差也是针对 CO_2 排放量，所以富氧燃烧电站与传统电站经济性等价(即 c'_{CAC})的碳税值(称为临界 CO_2 税)与不考虑碳税的 CO_2 减排成本值是相等的(参见式(6-42)和图 6-3)。在世界范围内，CO_2 税收标准多处在研究阶段，而且因为各国的国情不同，其税收标准是多种多样的，从 7 美元/t 到 61 美元/t 不等[29]。

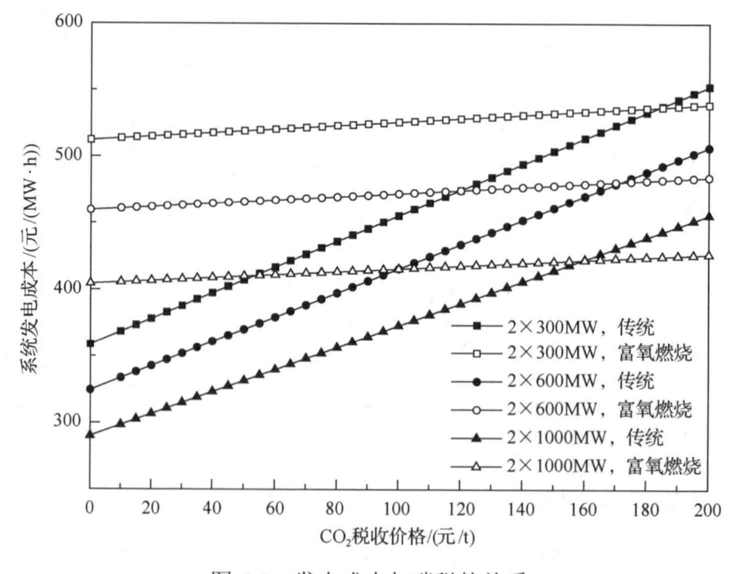

图 6-3　发电成本与碳税的关系

6.4.4　CO_2 捕集成本

三种机组情况下富氧燃烧电站(脱硫)的 CO_2 捕集成本也如表 6-3 中所示。富氧燃烧电站捕捉的高浓度 CO_2 本身也是一种资源，可大规模用于二次采油提高石油采收率(EOR)、碳肥厂、饮料生产等。如果考虑 CO_2 出售，则可望进一步降低富氧燃烧电站的发电成本，也将改变其捕捉成本，此时考虑 CO_2 出售的富氧燃烧电站发电成本（c''_{COE}）和 CO_2 捕集成本（c''_{CCC}）计算如下：

$$\begin{aligned} c''_{\text{COE}} &= C''_{\text{T}}/(W_{\text{net}}H) = \left(C_{\text{T}} - M_{\text{CO}_2}c_{\text{CO}_2}\right)/(W_{\text{net}}H) \\ &= c_{\text{COE}} - c_{\text{CO}_2}m_{\text{CO}_2} = c_{\text{COE}} - M_{\text{CO}_2}c_{\text{CO}_2}/(W_{\text{net}}H) \end{aligned} \tag{6-43}$$

$$c''_{\text{CCC}} = \frac{c''_{\text{COE},1} - c''_{\text{COE},0}}{m_{\text{CO}_2,1}} = c_{\text{CCC}} - c_{\text{CO}_2} \tag{6-44}$$

注意到，CO_2 捕集成本针对 CO_2 捕集量进行计算，而售价总额即等于 CO_2 捕集量乘以 CO_2 售价，由式(6-44)可知，临界 CO_2 售价等于不考虑 CO_2 出售的 CO_2 捕集成本。图 6-4 为 CO_2 售价（c_{CO_2}）对传统电站和富氧燃烧电站发电成本(c_{COE})的影响，显然，如果能为大量富集的高浓度 CO_2 找到销售出口，则可显著提升富氧燃烧电站的经济性，使得富氧燃烧电站与传统电站的发电成本相等的临界 CO_2 售价(即 CO_2 捕集成本)为 110～130 元/t。

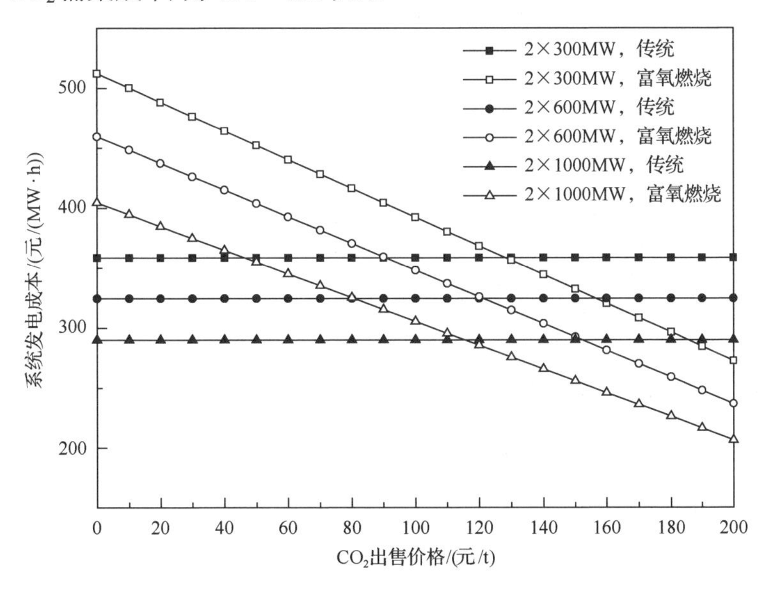

图 6-4　发电成本与 CO_2 售价的关系

值得注意的是，富氧燃烧电站与传统电站进行比较时，两者的相对 CO_2 排放量和相对 CO_2 捕集量并不等价，这是因为富氧燃烧电站本身的燃烧效率有所提高，且本身也排放一定量的 CO_2。相对排放量和相对捕集量之间的不等价(相对排放量一般小于相对捕集量)导致 CO_2 减排成本与捕集成本之间的差异，也造成临界碳税与临界 CO_2 售价的不等价，临界碳税一般大于临界 CO_2 售价。

6.4.5 碳税和 CO_2 出售的影响

本节分析同时考虑 CO_2 税收和 CO_2 出售时富氧燃烧系统的经济性能。CO_2 出售和碳税对富氧燃烧系统的发电成本、减排成本和捕集成本等均有明显影响，当同时考虑 CO_2 税收和 CO_2 出售时，发电成本（c'''_{COE}）、减排成本（c'''_{CAC}）和捕集成本（c'''_{CCC}）计算如下：

$$\begin{aligned} c'''_{\text{COE}} &= C'''_{\text{T}} \big/ (W_{\text{net}} H) = \left(C_{\text{T}} + E_{\text{CO}_2} T_{\text{CO}_2} - M_{\text{CO}_2} c_{\text{CO}_2}\right) \big/ (W_{\text{net}} H) \\ &= c_{\text{COE}} + T_{\text{CO}_2} e_{\text{CO}_2} - c_{\text{CO}_2} m_{\text{CO}_2} = c_{\text{COE}} + E_{\text{CO}_2} T_{\text{CO}_2} \big/ (W_{\text{net}} H) - M_{\text{CO}_2} c_{\text{CO}_2} \big/ (W_{\text{net}} H) \end{aligned} \tag{6-45}$$

$$\begin{aligned} c'''_{\text{CAC}} &= c_{\text{CAC}} + \left(\frac{E_{\text{CO}_2,1} T_{\text{CO}_2} - M_{\text{CO}_2,1} c_{\text{CO}_2}}{W_{\text{net},1} H} - \frac{E_{\text{CO}_2,0} T_{\text{CO}_2}}{W_{\text{net},0} H} \right) \Bigg/ \left(\frac{E_{\text{CO}_2,0}}{W_{\text{net},0} H} - \frac{E_{\text{CO}_2,1}}{W_{\text{net},1} H} \right) \\ &= c_{\text{CAC}} + \left[\begin{array}{l} \dfrac{(1-\eta_{\text{C},1})\eta_{\text{e}} E_{\text{CO}_2,0} T_{\text{CO}_2} - \eta_{\text{C},1}\eta_{\text{e}} E_{\text{CO}_2,0} c_{\text{CO}_2}}{W_{\text{net},1}} \\ - \dfrac{E_{\text{CO}_2,0} T_{\text{CO}_2}}{W_{\text{net},0}} \end{array} \right] \Bigg/ \left[\frac{E_{\text{CO}_2,0}}{W_{\text{net},0}} - \frac{(1-\eta_{\text{C},1})\eta_{\text{e}} E_{\text{CO}_2,0}}{W_{\text{net},1}} \right] \\ &= c_{\text{CAC}} - T_{\text{CO}_2} - c_{\text{CO}_2} / \beta \end{aligned} \tag{6-46}$$

$$\begin{aligned} c'''_{\text{CCC}} &= c_{\text{CCC}} + \left(\frac{E_{\text{CO}_2,1} T_{\text{CO}_2} - M_{\text{CO}_2,1} c_{\text{CO}_2}}{W_{\text{net},1} H} - \frac{E_{\text{CO}_2,0} T_{\text{CO}_2}}{W_{\text{net},0} H} \right) \Bigg/ \left(\frac{M_{\text{CO}_2,1}}{W_{\text{net},1} H} \right) \\ &= c_{\text{CCC}} + \left[\frac{(1-\eta_{\text{C},1})\eta_{\text{e}} E_{\text{CO}_2,0} T_{\text{CO}_2} - \eta_{\text{C},1}\eta_{\text{e}} E_{\text{CO}_2,0} c_{\text{CO}_2}}{W_{\text{net},1}} - \frac{E_{\text{CO}_2,0} T_{\text{CO}_2}}{W_{\text{net},0}} \right] \Bigg/ \left[\frac{\eta_{\text{C},1}\eta_{\text{e}} E_{\text{CO}_2,0}}{W_{\text{net},1}} \right] \\ &= c_{\text{CCC}} - c_{\text{CO}_2} - T_{\text{CO}_2} \beta \end{aligned} \tag{6-47}$$

其中，临界系数为

$$\beta = W_{\text{net},1} \big/ \left(W_{\text{net},0} \eta_{\text{C},1} \eta_{\text{e}}\right) - \left(1 - \eta_{\text{C},1}\right) \big/ \eta_{\text{C},1} \tag{6-48}$$

它实际上为临界 CO_2 售价与临界碳税的比值，一般 $\beta<1$（因为相对 CO_2 排放量一般小于相对 CO_2 捕集量）。

图 6-5 显示了三种机组方式下，传统电站和富氧燃烧电站发电成本相等时的临界直线。在此直线上，对应着不同情况下的临界 CO_2 税收价格和临界 CO_2 出售价格。在直线之上，表示富氧燃烧电站经济性能较好，而在直线之下，表明传统电站的经济性能较好。举例而言，对于 2×600MW 亚临界机组的临界直线，*A* 点

在其上，对应着 CO_2 税收价格和 CO_2 出售价格分别为 60 元/t 与 80 元/t，此时富氧燃烧电站发电成本较小，经济性占优势；而 *B* 点在临界直线之下，对应着 CO_2 税收价格和 CO_2 出售价格分别为 80 元/t 和 60 元/t，此时富氧燃烧电站发电成本较大，经济性不占优势。这也反映出了 CO_2 税收价格和 CO_2 出售价格数值上的差别。

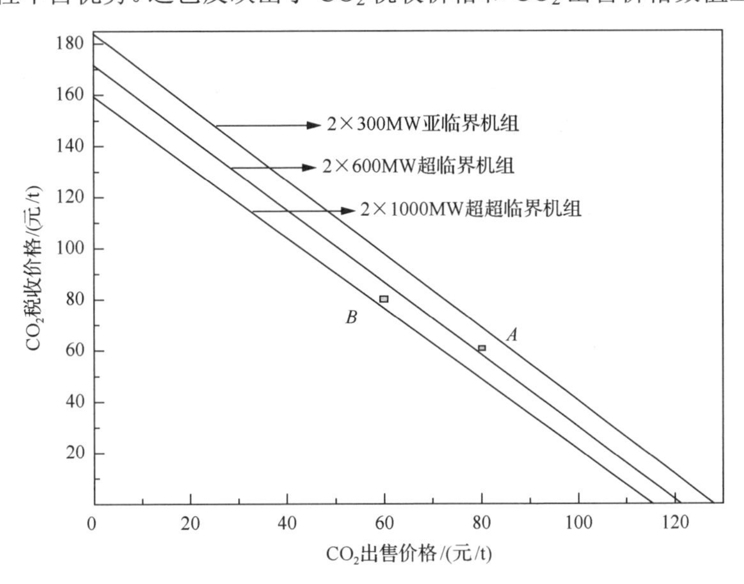

图 6-5　传统电站和富氧燃烧电站发电成本相等时 CO_2 税收价格与 CO_2 出售价格的关系

6.4.6　灵敏性分析

1) 参数的影响

这里在 2×300MW 亚临界机组的模型下，对富氧燃烧系统(脱硫)中一些重要参数，如燃料成本、ASU 价格、ASU 电耗、FGU 价格、CO_2 捕集效率等进行了灵敏性分析，分析结果如图 6-6 所示。图中的结果显示：对于发电成本而言，燃煤价格对其影响最大，这是因为燃煤成本占富氧燃烧系统发电成本的 62%～65%。其次是空气过量系数和 ASU 能耗，因为 ASU 使得富氧燃烧系统的净负荷大幅度降低(消耗电量占系统总负荷的 16%～18.5%)，而空气过量系数与需氧量、ASU 能耗直接相关。ASU 价格、FGU 的能耗、利率、贷款比例这四项对发电成本的影响也比较明显，FGU 的价格对发电成本的影响很小，因为其成本仅占富氧燃烧电站静态投资成本的 2%左右。对于 CO_2 减排成本和 CO_2 捕集成本而言，考虑的九个参数对它们的影响规律是类似的，均是 CO_2 捕集效率对它们的影响最大，因为 CO_2 捕集效率直接影响富氧燃烧电站单位 CO_2 捕集量和单位 CO_2 排放量。其次是空气过量系数和 ASU 能耗，燃煤价格、ASU 价格、FGU 的能耗、利率、贷款比例这五项对它们也有较大影响，同样，FGU 价格对 CO_2 减排成本和 CO_2 捕集成本影响也很小。总体看来，考虑的参数对这三种成本的影响规律是很相似的。通过比较三幅图的结果可以看出：空气过量系数和 ASU 能耗对富氧燃烧电站的发电成本影响度小于燃煤价格，但是对 CO_2 减排成本和捕集成本的影响程度大于燃煤价格，一是因为 ASU 消耗了大量的系统负荷，二是因为燃煤价格对传统电站和富氧燃烧电站的发电成本有类似影响。另外，SO_x 和 NO_x 的排放收费额、燃煤中 S 和 N 的含量对三种计算成本的影响很小，因此本书没有在图中表示出来。

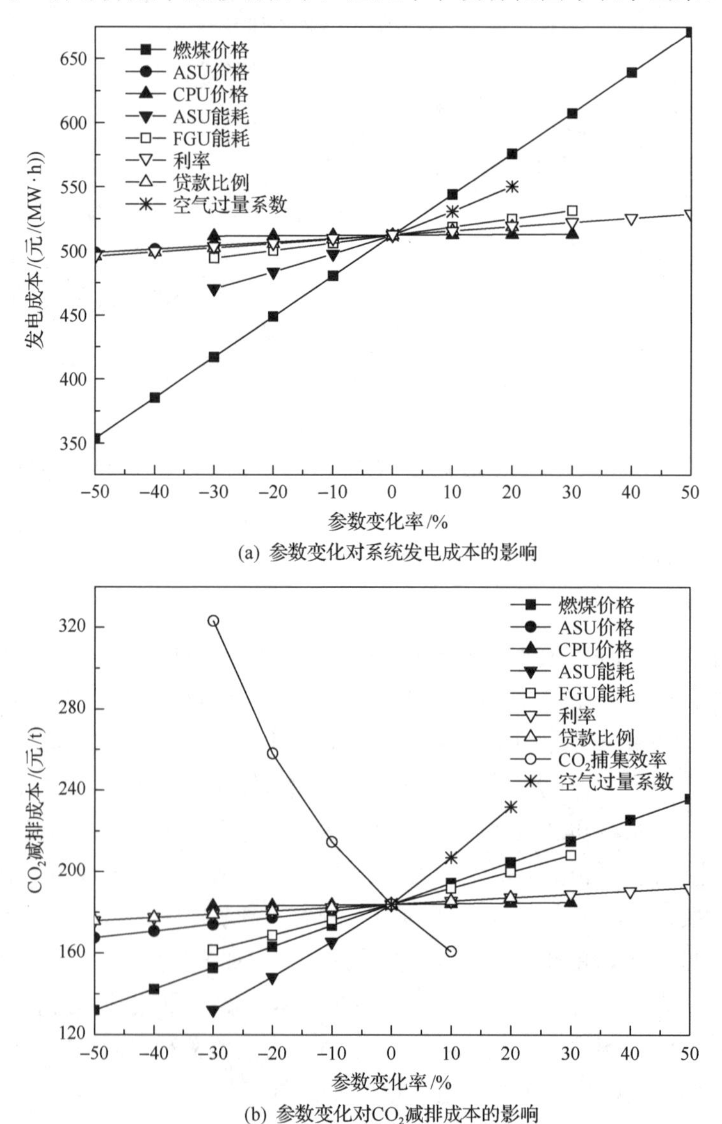

(a) 参数变化对系统发电成本的影响

(b) 参数变化对 CO_2 减排成本的影响

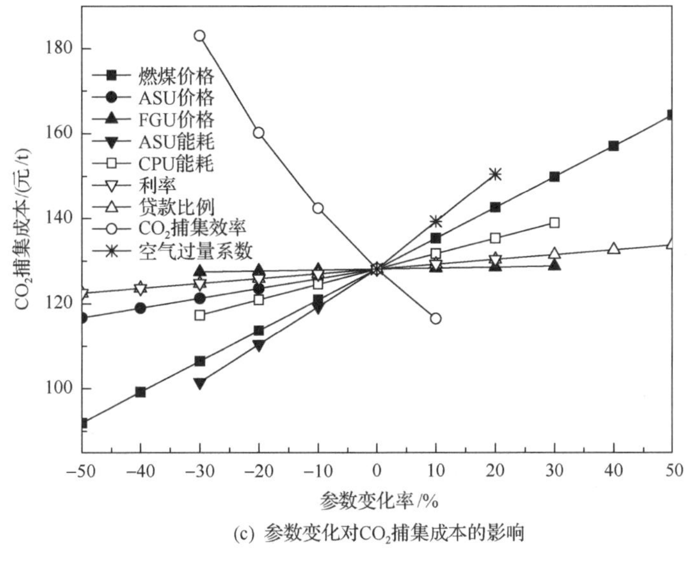

(c) 参数变化对CO_2捕集成本的影响

图 6-6　灵敏性分析结果

2) 煤种的影响

为了分析煤种对富氧燃烧系统经济性能的影响，这里另外选取了三种不同的煤进行了类似的计算，这三种煤的元素分析及低位发热量值如表 6-4 所示。

表 6-4　另外三种煤的元素分析及低位发热量

煤种	M_{ar}/%	A_{ar}/%	C_{ar}/%	H_{ar}/%	O_{ar}/%	N_{ar}/%	S_{ar}/%	H_l/(kJ/kg)
黄石煤	6	26.18	59.21	2.56	2.12	0.82	3.11	22310
大同煤	9.1	21.94	55.78	3.34	8.11	1.14	0.59	21326
黄陵煤	7.27	26.48	53.06	2.88	8.79	0.81	0.71	20890

以 2×300MW 亚临界机组为例，表 6-5 中列出了本章选取的四种煤对应的系统发电成本、富氧燃烧电站的 CO_2 减排成本和 CO_2 捕集成本。结果显示：选用不同的煤种对富氧燃烧电站的经济性能参数的计算结果的影响虽然大于对传统电站中相应参数结果的影响，但是影响幅度均不是很大(3%以内)，从而说明本章得到的结论具有较大的适应性。

表 6-5　四种煤对应的富氧燃烧电站的经济性能参数计算结果

煤种	发电成本/(元/(MW·h))		CO_2 减排成本/(元/t)	CO_2 捕集成本/(元/t)
	传统电站(脱硫、脱硝)	富氧燃烧电站(LIFAC)		
神华煤	358.72	512.36	183.98	128.15
黄石煤	360.07	517.43	188.79	130.94
大同煤	359.01	511.34	185.26	129.42
黄陵煤	358.95	502.76	179.70	127.62

6.5　化学链燃烧电站技术经济评价

化学链燃烧(chemical-looping combustion，CLC)将传统的燃料与空气直接接触燃烧分解为 2 步反应，空气与燃料不直接接触，而是利用氧载体中活性晶格氧来完成燃料的间接燃烧，基本过程如图 6-7 所示。CLC 系统主要由空气反应器和燃料反应器组成，氧载体在两者之间进行循环，在燃料反应器中与燃料发生反应，在空气反应器中被空气氧化。与传统燃烧方式相比，CLC 系统由于发生了两步化学反应，实现了能量的梯级利用，运行温度低，没有热力型 NO_x 生成。煤炭作为燃料用于 CLC 系统中，既能实现煤的高效洁净利用，还能实现温室气体 CO_2 的有效捕获，具有 CO_2 内分离特性，避免了额外的分离装置，具有显著的经济优越性，被美国能源部视为最有前途的碳捕集与封存技术之一[30]。

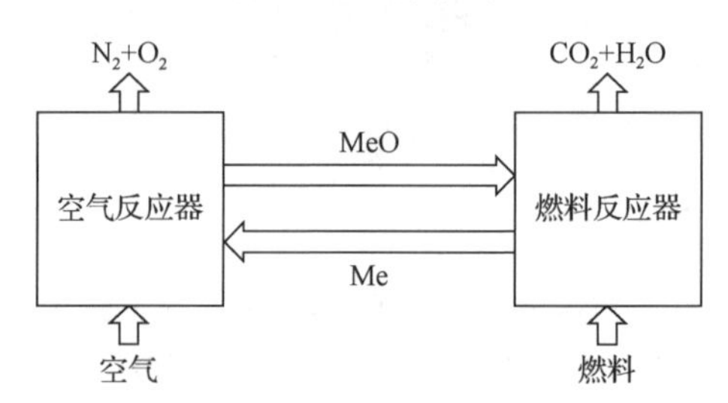

图 6-7　化学链燃烧原理图

因为实现 CLC 的最可行技术方案是串行流化床，即 2 个相互连通的循环流化床，因此可在现有循环流化床燃煤机组的基础上进行相应改造成为 CLC 燃煤机组。目前 Alstom 公司已经据此技术途径实现了 $3MW_{th}$ 煤基 CLC 的示范，目前正在进行 100MW 级 CLC 燃煤电站的预可研性研究。人们越来越关注这些新型技术的经济成本问题，但对 CLC 的技术经济评价尚欠缺。

由于目前尚未实现 CLC 电站示范或商业运行，对 CLC 电站的技术经济评价需要建立在对应的常规的 CFB 燃煤电站的基础之上。CLC 电站与常规 CFB 燃煤电站的不同之处在于：对锅炉岛进行改造，使用两个反应器，分别为空气反应器与燃料反应器，均采用循环流化床配置，且通过两个流动密封阀相互联通；由于 CLC 能够在根本上实现快速型和热力型 NO_x 的生成，且燃料型 NO_x 在燃料反应器中强还原性气氛下大部分转换为 N_2[31]，可认为不需要建立脱硝系统即可实现低 NO_x 排放；与传统 CFB 锅炉类似，在 CLC 中采用炉内石灰石脱硫技术可以高效脱硫。本节主要数据来源于中国电力工程顾问集团公司发布的《火电工程限额设计参考造价指标(2012 年水平)》[32]。相关技术经济评价结果和分析也可参见作者团队的论文[33]。

6.5.1　常规循环流化床锅炉燃煤电站

以 2×300MW 电站为例，常规循环流化床锅炉(circulating fluidized bed，CFB)燃煤电站中各项成本的计算如下。

(1)燃煤成本 C_1 按照式(6-1)计算。其中，m_F 为发电标煤耗(300MW 亚临界 CFB 机组的取值为 360.4g/(kW·h))[34]，C_F 为燃煤价格(含税标煤 800 元/t)[32]，W 为机组功率(2×300MW)，H 为机组年利用小时数(5500h)[34]。计算中使用的是神华煤，元素分析及低位发热量如表 2-5 所示。

(2)贷款利息 C_2 按照式(6-2)计算。其中，$C_{IT,0}$ 为传统电站的投资总成本，$C_{IT,0}=C_{IT,base,0}+C_{IT,S,0}+C_{IT,N,0}$，即电站总投资成本为电站本体、脱硫系统、脱硝系统设备成本之和。在此采用的是炉内脱硫方式，Alstom 的报告中指出，在煤粉中添加石灰石，可以起到较好的脱硫效果[35]。采用炉内脱硫造成系统设备投资费用的增加，对于 300MW 循环流化床锅炉，增加的费用为 500 万元/台[36]。脱硝系统选用选择性非催化还原烟气脱硝技术(SNCR)，脱硝效率为 40%，SNCR 的成本在 0.5～3.5 美厘/(kW·h)[37]。p_{loan} 为贷款比例(取为 80%[38])，采用等额还本付息方式，ξ 为平均利息，计算为 $\xi=i\times(1+1/p)/2$，P 为贷款年限，300MW 机组一般取为 15 年[32]，i 为长期贷款利率(6.55%[32])。

(3)运行维护费用 C_3 按照式(6-3)计算。其中，$P_{OM,base,0}$ 为传统电站本体(不包括脱硝系统)的运行维护系数(2.5%[39]，包括大修费用与保险费率)；$C_{OM,S,0}$ 为脱硫系统的运行维护费用，包括石灰石费用($C_{OM,S,1}$)、设备维护费用($C_{OM,S,2}$)、脱硫系统运行电费($C_{OM,S,3}$)等[36]，而脱硫脱硝系统的人员费、折旧费、摊销费等分别从整个电站的角度考虑。CFB 机组脱硫石灰石费用为 $C_{OM,S,1}=c_{CaCO_3}\times S_{ar}\times M_{F,0}\times H_n/H_i\times W\times H\times 100/32\times r_{Ca_2S}/P_{CaCO_3}$，其中 H_n 为标煤的低位发热量(29270kJ/kg)，c_{CaCO_3} 为商购石灰石价格(60 元/t)[40]，r_{Ca_2S} 为钙硫比(2.5[22])，P_{CaCO_3} 为石灰石纯度(80%[22,41])；CFB 机组脱硫设备维护费用为 $C_{OM,S,2}=C_{IT,S,0}\times p_{OM,S,0}$，$p_{OM,S,0}$ 为炉内脱硫系统运行维护系数(1.5%[41])。炉内脱硫需添加大量石灰石，造成投料系统出力的增加，2×300MW 循环流化床锅炉机组相应增加的运行电耗为 200kW·h/h，厂用电价为 0.39 元/(kW·h)[36,42]。$C_{OM,N,0}$ 为 SNCR 脱硝系统的运行维护费用，包括氨气成本、设备运行成本等。SNCR 技术具有投资低、改造工作量小的特点[42]，对于 CFB 锅炉，在已经具备低氮氧化物燃烧技术的情况下，选择 SNCR 技术更加经济环保。

(4)折旧费 C_4 按照式(6-4)计算。其中，固定资产形成率(p_{fa})为 95%、残值率(p_{lv})为 5%、折旧年限(Y_d)为 15 年[32]。

(5)摊销费 C_5 按照式(6-5)计算。其中，无形及递延资产比例(p_{ia})为 5%[32]、摊销年限(Y_a)为 15 年。

(6) 排污费 C_6 按照式(6-6)计算。其中，E_S 为 CFB 电站 SO_2 排放量，E_S=32/16×m_F×H_n/H_i×W×H×S_{ar}×t_S×(1−η_S)[27]，$t_{S,0}$ 为煤燃烧后 S_{ar} 氧化生成 SO_2 的比例(80%[27])，E_N 为 CFB 电站 NO_x 的排放量，计算方法类似 SO_2 排放量的计算，T_S 和 T_N 分别为 SO_2 和 NO_x 污染物的当量收费标准，均为 0.6 元/0.95kg[27]。本章不考虑对火电厂排放的 CO、粉尘等污染物征收排污费，且不考虑排污费的地区差异和环境功能区差异。而如果考虑对火电厂排放的 CO_2 征收碳税，则排污费为

$$C_6 = E_S \times T_S + E_N \times T_N + E_{CO_2} \times T_{CO_2} \tag{6-49}$$

其中，CO_2 排放量估算为 $E_{CO_2,0}$=44/12×$m_{F,0}$×H_n/H_i×W×H×C_{ar}×t_C×(1−$\eta_{C,0}$)，T_{CO_2} 为碳税值(元/t)，t_C 为煤燃烧后 C_{ar} 氧化生成 CO_2 的比例(一般取 100%)，η_C 为 CO_2 捕集效率(对于传统电站，η_C=0)。

(7) 人员费 C_7 按照式(6-7)计算。其中，$N_{base,0}$、$N_{S,0}$、$N_{N,0}$ 分别为传统电站本体、脱硫系统和脱硝系统的定员。300MW 传统电站本体定员为 234 人[32]，一套脱硫装置按 25 人计算，每增加一套装置增加 5 人[27]；c_{pay} 为职工工资(50000 元/(人·年)[32])，r_w 为福利劳保系数(60%)。

(8) 材料费 C_8 按照式(6-8)计算。其中，$p_{m,0}$ 为材料费比率(取为 6 元/(MW·h)[32])。

(9) 其他费用 C_9 按照式(6-9)计算。其中，$p_{o,0}$ 为其他费用比率(2×300MW 机组取为 12 元/(MW·h)[32])。

(10) 副产品收益 C_{10}：按照式(6-10)计算，副产品主要为失活后的铁矿石及 CO_2 出售量。

6.5.2　CLC 电站成本计算

CLC 电站的工艺系统图如图 6-8 所示。CLC 电站的年度化总成本的计算方法与 CFB 燃煤电站类似，不同之处在于，CLC 电站需要对循环流化床进行改造，一般采用串行流化床设计，即一个空气反应器和一个燃料反应器进行串联，并在反应过程中加入了氧载体进行循环，脱硫方式选择炉内脱硫；由于化学链燃烧中 NO_x 生成较少[43]，CLC 电站可除去脱硝装置。因此相关的成本计算如下。

(1) CLC 电站总投资成本($C_{IT,1}$)：

$$C_{IT,1} = C_{IT,base,0} + C_{I,bioler,0} \times 11.2\% \times 2 + C_{I,bioler,0} + C_{I,FGU,0} \tag{6-50}$$

其中，等号右边第二项为锅炉升级成本，取 CFB 锅炉岛设备成本($C_{I,bioler,0}$)的 11.2%。由于 CLC 电站采用的是串行流化床设置，需要增加一套循环流化床锅炉来构成化学链燃烧系统，根据文献，循环流化床锅炉的成本为 6.4076×10^8 元[32]。

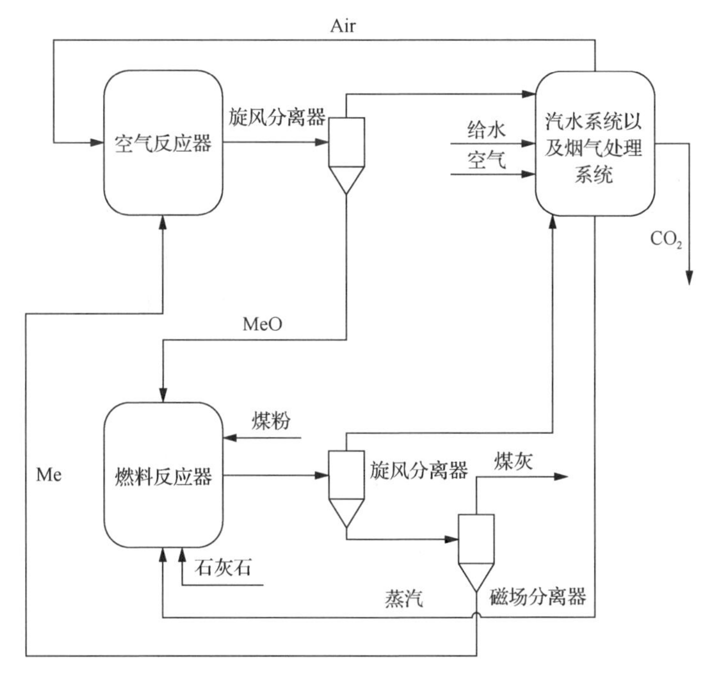

图6-8　化学链燃烧电站工艺系统图

第四项为烟气处理系统成本，由于化学链燃烧烟气的主要成分为CO_2和水蒸气，烟气处理系统只需要净化除尘以及冷凝即可获得高纯度的CO_2，取常规循环流化床燃烧电站总投资成本的2.5%。

(2) CLC电站的运行维护费用包括电站本体(不包括脱硫系统)、脱硫系统的运行维护费用，用式(6-51)进行估算：

$$C_{3,1}=\left(C_{\mathrm{IT,base,0}}+C_{\mathrm{I,bioler,0}}\times 11.2\%\times 2+C_{\mathrm{I,bioler,0}}\right)\times p_{\mathrm{OM,base,1}}+C_{\mathrm{OM,S,0}} \quad (6\text{-}51)$$

其中，$p_{\mathrm{OM,base,1}}$为CLC电站本体的运行维护系数(取2.5%，包括大修费用)[34]；脱硫系统的运行成本与常规CFB锅炉相同。

(3) CLC中，一般燃料反应器内煤燃烧反应相对不完全，煤粉在反应器中的燃烧效率取为一般循环流化床锅炉的98%，根据常规电站的煤耗数据计算得出CLC电站的煤耗为367.76g/(kW·h)[34]。

(4) CLC电站各污染物的排放量以及对应的排污费仍然可通过常规CFB电站的估算方法得到[44]。

(5) CLC电站本体人员费与CFB电站相比，由于增加了循环流化床，人员数目也会增加[45]，每增加一台循环流化床机组需增加运行人员20人。由于循环流化床锅炉独有的布风板，分离器结构和炉内床料的存在，烟风阻力比煤粉锅炉大很多，流化辅机较多，电耗相应较高[34]，并且 CLC 电站增加了一套循环流化床锅炉，也会导致厂用电量相应增加。经计算，CFB 的厂用电量为 45.92MW，CLC 电站的厂用电量为 75.98MW。

(6) CLC 的材料费、其他费用取与传统电站相同的标准计算。在此材料费中加入了氧载体的费用，根据市场调研，铁精粉的购买价格为 750 元/t 左右，购买而来的铁精粉经 950℃煅烧加工为粒径为 120～180μm 的氧载体[46]，品位为 55%～65%的铁精粉生产成本为 550～600 元/t，铁矿石作为氧载体的磨损率为 0.1%/h。这里考虑选取的铁精粉品位为 65%，计算所需铁矿石的量。

煤粉燃烧需氧量 M_{O}：

$$M_{\mathrm{O}}=\left(\frac{C_{\mathrm{ad}}}{12}+\frac{H_{\mathrm{ad}}}{4}+\frac{S_{\mathrm{ad}}}{32}-\frac{O_{\mathrm{ad}}}{32}\right)\times 32 \tag{6-52}$$

其中，C、H、S、O 为煤元素分析中 C、H、S、O 的比例，下标 ad 表示空气干燥。

运行铁矿石需求量 M_{ironore}：

$$M_{\mathrm{ironore}}=M_{\mathrm{O}}\Big/\left(T_{\mathrm{Fe}}\times\frac{\gamma_{\mathrm{O}}}{\gamma_{\mathrm{Fe}}}\right) \tag{6-53}$$

其中，T_{Fe} 为天然铁矿石的品位；γ_{Fe} 和 γ_{O} 分别为 Fe_2O_3 中 Fe 与 O 的质量分数。

煅烧所消耗的电量，可以根据铁矿石加热到 950℃所需的热量进行估算，因为无法确定铁矿石的热容，所以用铁的比热容来替代，计算方法如下：

$$\mathrm{EL}_{\mathrm{MEO}}=M_{\mathrm{ironore}}\times C_{\mathrm{ironore}}\times\left(T-T_0\right)\times\eta_{\mathrm{MEO}} \tag{6-54}$$

其中，C_{ironore} 为铁矿石的比热容；T、T_0 分别为煅烧温度和环境温度；η_{MEO} 为热电转换效率，取为 0.38[45]。

(7) 就副产品而言，化学链氧载体的磨损或失活并不会影响其中铁的含量，因此失活的氧载体仍然具有工业价值，可以用于钢铁的冶炼等，还能够以 750 元/t 铁矿石的价格对外出售。

(8) CLC 系统中，氧载体在燃料反应器及空气反应器之间循环来提供燃料燃烧所需要的氧。燃料反应器中的流化风一般为蒸汽或者循环烟气。这里根据文献中 300MW 循环流化床锅炉流化风为 132960m^3/h[47]折算燃料反应器所需的流化风量。根据市场调研情况，工业用蒸汽价格为 220 元/t 左右。空气反应器中的流化气为空气，空气量一般根据系统所使用的燃料特性计算获得，单位燃煤完全燃烧所需的理论氧气量(m^3/kg)可根据式(2-58)计算，根据 v_{O2} 可确定空气反应器中所需的空气量。相关参数以及结果汇总于表 6-6 和表 6-7。

表 6-6　相关参数汇总表

参数	单位	常规 CFB 电站	CLC 电站
机组总容量	MW	600	600
煤耗量	g/(kW·h)	340.6	347.55
厂用电量	MW	47.22	75.98
年运行小时数	h	5500	5500
电站本体运行维护系数	%	2.5	2.5
脱硫脱硝系统维护系数	%	1.5	1.5
人员数目	人	274	304
人员工资	元/人	50000	50000
材料费比率	元/(MW·h)	6	6
其他费用比率	元/(MW·h)	12	12
铁矿石	元/t	—	450
石灰石	元/t	60	60
石膏	元/t	50	50
蒸汽成本	元/t	—	220
CO_2 捕集效率	%	0	100

表 6-7　CLC 系统相关参数

系统参数	单位	数值
空气反应器空气量	t/h	475.02
燃料反应器蒸汽量	m^3/h	137960
灰渣量	t/h	28.90
石灰石量	t/h	4.04
氧载体耗量	t/h	1326.42
机组电耗	MW	75.98

6.5.3　发电成本

对于传统 CFB 电站，$W_{net,0}=W\times(1-r_{pe,0})-W_{S,0}-W_{N,0}$，其中 $r_{pe,0}$ 为厂用电率(取为 7.8%)[1]，$W_{S,0}$ 为脱硫系统功率(2×300MW CFB 机组脱硫系统耗电 200W/h)；对于 CLC 电站，$W_{net,1}=W\times(1-r_{pe,0})-W_{s,0}-W_{MEO}$，$W_{MEO}$ 为制造氧载体的电耗，根据公式计算得，CLC 电站厂用电耗为 75.98MW。

表 6-8 为所计算出的 CFB 机组和 CLC 机组的各项成本。由表 6-8 可得以下结论。

表 6-8 2×300MW 机组在不同配置下的技术经济分析

电站类型	发电成本/(元/(MW·h))	静态投资成本/10^6美元	平均年度化总成本/(10^6美元/a)	净输出功率/MW	SO_x脱除量/排放量/(t/a)	NO_x脱除量/排放量/(t/a)	CO_2捕捉量/排放量/(t/a)
CFB 电站（脱硫、脱硝）	404.04	2457.50	1231.30	554.08	9444.27/497.07	2781.55/4172.33	0/3094209.41
CLC 电站（脱硫）	484.23	3311.30	1395.61	524.02	9444.27/497.07	—	3141818.42/0

(1) 2×300MW 亚临界 CFB 机组的发电成本大约为 404.04 元/(MW·h)，而 CLC 机组的发电成本为 483.23 元/(MW·h)，增长了约 19.69%。各项成本中，除排污费外，CLC 电站的各项费用均比 CFB 电站的费用高，其中燃料费、折旧费以及材料费相差最大，这是由于 CLC 电站在 CFB 电站的基础上改造，增加了基础的投资，并且燃烧效率降低使得燃料费用增加。CLC 技术可以避免 NO_x 的生成，从而减少了排污费用。

(2) 图 6-9 为两种电站的年度化成本构成示意图，从图中可知，CLC 电站的材料费、运行维护费以及折旧费用所占的比例增大，主要原因为对机组本体的投资增大、氧载体的使用等。

(3) 氧载体以及蒸汽的消耗体现在材料费中，CLC 电站的材料费是 CFB 电站的 4.92 倍，由此可见氧载体和蒸汽成本对发电成本也有较大的影响。

(4) 图 6-9 中可以看出，燃料费以及折旧费在年度化成本中所占的比例最大，由于在 CLC 电站中增加了电站本体的投资，贷款利息、折旧费等均增大，从而使得燃料费所占的比例减少。

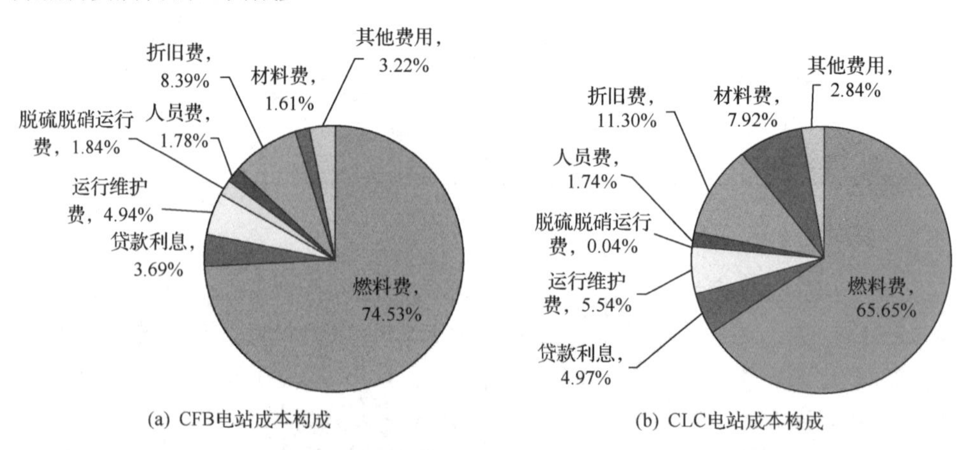

图 6-9 两种电站年度化成本构成示意图

(5) 表 6-9 中显示出，由于 CLC 机组的锅炉效率比 CFB 机组的锅炉效率低，CLC 系统的总热效率比常规 CFB 系统低 0.93%。CLC 机组的净热效率比 CFB 机组低 3.17%，这是因为 CLC 机组的厂用电量较高和燃烧效率较低，所以燃料输入的能量比常规 CFB 机组高。

(6) 文献中 2×300MW 富氧燃烧电站发电成本为 512.36 元/(MW·h)[48]，与之相比 CLC 电站的发电成本降低了 5.62%。

表 6-9　CFB 机组与 CLC 机组热效率对比

指标	单位	CFB 机组	CLC 机组
机组容量	MW	600	600
厂用电量	MW	45.92	75.98
燃料输入量	MW	1292.46 (LHV)	1318.84 (LHV)
总热效率	%	46.42 (LHV)	45.49 (LHV)
净热效率	%	42.90 (LHV)	39.73 (LHV)

6.5.4　CO_2 减排成本

按照公式(6-16)计算所得 CO_2 减排成本为 72.15 元/t。CO_2 减排成本可表征传统 CFB 电站与 CLC 电站发电成本持平时的临界碳税[49]，可知只要碳税大于 72.15 元/t，CLC 电站即具有经济优势。

6.5.5　CO_2 捕集成本

按照式(6-17)计算所得 CO_2 捕集成本为 69.78 元/t。CO_2 捕集成本也可代表传统 CFB 电站与 CLC 电站发电成本持平时的临界 CO_2 售价[49]，因此只要 CO_2 售价大于 69.78 元/t，CLC 电站即具有经济优势。

6.5.6　灵敏性分析

这里对在 2×300MW CFB 机组基础上改造而成的 CLC 系统的一些重要参数如燃煤价格、厂用电率、利率、贷款比率、铁矿石成本、蒸汽成本等做了一系列的灵敏性分析，分析结果如图 6-10、图 6-11 所示。计算结果表明，燃煤价格对发电成本的影响较大，这是因为，燃煤价格在锅炉发电成本中所占的份额最大，在 CLC 电站中约为 65.74%；对发电成本影响次大的是 CFB 锅炉成本，这是由于 CLC 电站中需要多个锅炉，增加了贷款、人员、场地等一系列费用；厂用电率对发电成本的影响也比较明显，这是由于厂用电率会影响电厂的净发电量，会对发电成本造成一定的影响。在 CO_2 捕集成本和 CO_2 减排成本中，可以看出七个因素分别对两个成本的影响类似，其中厂用电率对 CO_2 捕集成本和 CO_2 减排成本的影响最大，燃煤价格与利率对成本的影响相对较小。还可以发现，铁矿石成本对发电成本、CO_2 捕集成本和 CO_2 减排成本均无影响，这是由于铁矿石作为氧载体失活后并不会降低矿石中的铁含量，仍可以作为副产品售出。总体而言，这三个成本受影响的规律是相似的。通过三者的比较可知，燃煤价格对 CLC 发电成本的影响明显高于厂用电率，而对 CO_2 捕集成本和 CO_2 减排成本影响相当，这是因为 CLC 电站中厂用电消耗了系统的负荷，而燃煤价格对发电成本和 CO_2 减排及捕集成本都有类似的影响。

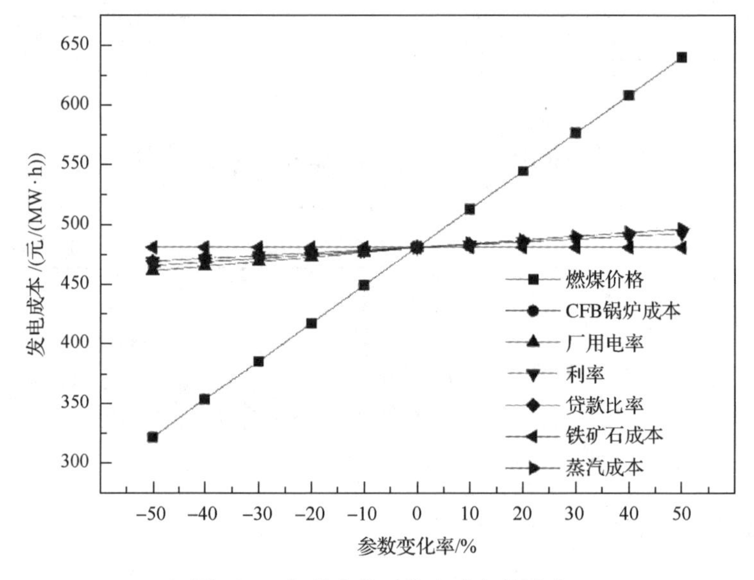

图 6-10　相关参数对发电成本的影响

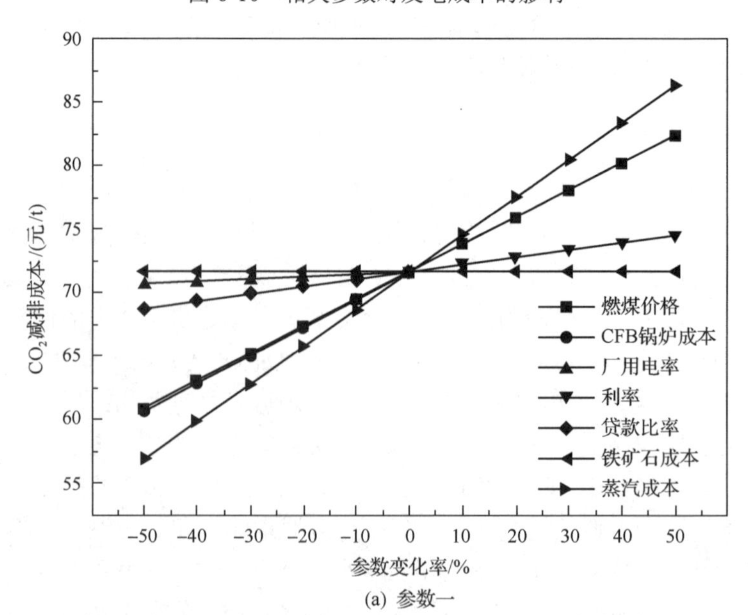

(a) 参数一

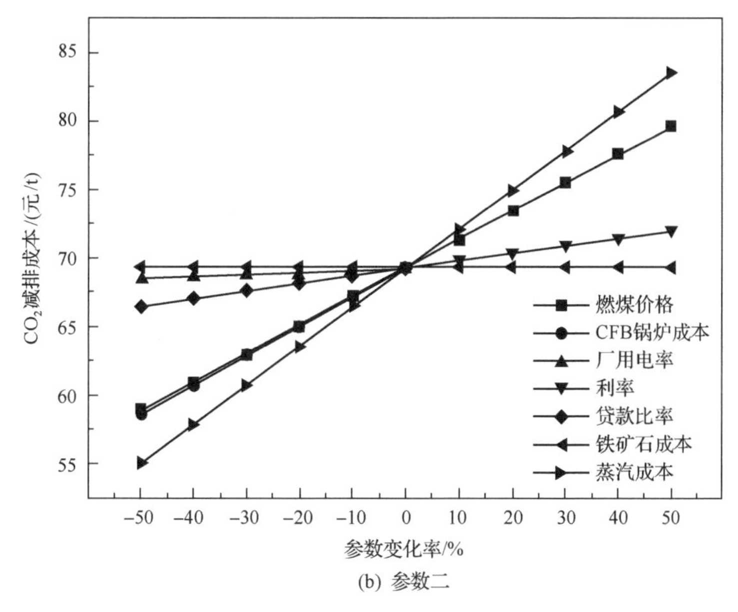

(b) 参数二

图 6-11　相关参数对 CO_2 捕集成本和 CO_2 减排成本的影响

1) 煤种的影响

电站在运行时，可能会使用到多种煤种，因此需要考虑不同煤种对成本的影响。为了分析煤种对 CLC 电站经济分析结果的影响，在此选用了三种不同的煤种进行了计算，三种煤的元素分析及低位发热量见表 6-4。

表 6-10 列出了 CLC 机组使用四种煤所对应的各项成本，从数据上可以看出，选用不同的煤种对 CLC 电站的成本影响并不大。

表 6-10　不同煤种用于 CLC 的各项成本

煤种	发电成本/(元/(MW·h))		CO_2 减排成本/(元/t)	CO_2 捕集成本/(元/t)
	CFB 电站	CLC 电站		
神华煤	404.04	483.58	72.15	69.78
黄石电厂煤	407.12	479.54	68.77	66.53
大同煤	405.96	481.06	72.36	70.00
黄陵煤	405.90	480.97	74.49	72.06

2) 氧载体的影响

氧载体在 CLC 过程中起到把氧从空气中传递到燃料中的作用。目前 CLC 系统中较常用的氧载体为过渡金属氧化物，一般包括 Ni、Cu、Fe、Mn 等的氧化物。CLC 系统运行过程中，氧载体的使用也会对发电成本、CO_2 减排成本和 CO_2 捕集成本造成影响。针对不同氧载体，运行中会使用不同的床料量，NiO 为 200kg/MW

左右、CuO 为 112kg/MW 左右、Fe_2O_3 为 980kg/MW 左右[50,51]。根据文献，氧载体的原料成本分别为 0.03 美元/kg[51] Fe_2O_3 和 2.9 美元/kg[50]Cu，惰性载体 Al_2O_3 的成本为 0.5 美元/kg[50]，氧载体的制造成本为 1 美元/kg[50]。氧载体的使用情况及计算结果如表 6-11 所示。

根据表 6-11 可知，就氧载体价格而言，Ni 基氧载体的价格最高，Cu 基其次，Fe 基最低，但是发电成本则是 Cu 基氧载体的成本最低，Ni 基氧载体发电成本其次，这是由 Ni 基氧载体的磨损率较低、使用寿命较长决定的。但是与铁矿石作为氧载体相比，天然铁矿石作为氧载体时成本最低，这是由于天然铁矿石价格低廉。

表 6-11　不同氧载体的使用情况以及相关成本

氧载体	床料量 /(kg/MW)	磨损率 /(%/h)	使用寿命 /h	价格 /(元/kg)	发电成本 /(元/MW)	CO_2 捕集成本 /(元/t)	CO_2 减排成本 /(元/t)
NiO	200	0.022	4500	33.23[25]	484.490	74.771	72.336
CuO	112	0.04	2400	10.79	482.255	72.651	70.285
Fe_2O_3	980	0.0625	1600	7.99	492.329	82.205	79.528

图 6-12 表示氧载体使用寿命对 CLC 发电成本的影响。随着氧载体使用寿命的增加，CLC 发电成本降低，因此延长氧载体的使用寿命可以显著降低 CLC 电站的发电成本。

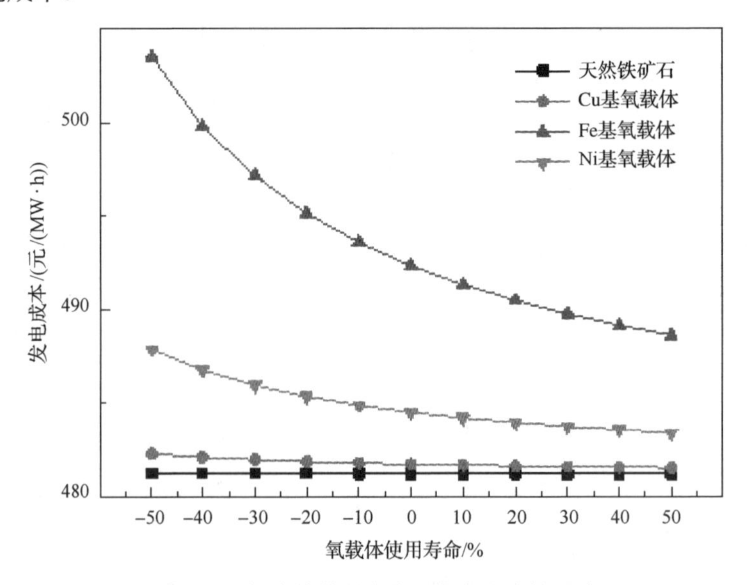

图 6-12　氧载体使用寿命对发电成本的影响

3) 流化气对成本的影响

燃料反应器一般可选用水蒸气或者循环烟气作为流化气，在此考虑分别将水蒸气和循环烟气作为流化气对成本的影响。通过表 6-12 可以看出，采用循环烟气作为流化气可以降低 CLC 发电成本 6.9%。

表 6-12　不同流化风对发电成本的影响

类型	发电成本/(元/(MW · h))	CO_2 捕集成本/(元/t)	CO_2 减排成本/(元/t)
水蒸气	483.580	72.153	69.781
循环烟气	450.197	42.250	40.869

6.6 本章小结

本章介绍了技术经济学在燃煤电站中的运用，详细阐述了各类成本计算方法，并结合常规燃煤电站、富氧燃烧电站、煤 CLC 电站等案例，探讨了技术经济成本评价的实施过程，为经济可行性以及决策提供了理论基础。可以发现：富氧燃烧系统发电成本是传统燃烧系统的 1.39～1.42 倍，富氧燃烧系统 CO_2 减排成本、CO_2 捕集成本的范围分别为 160～184 元/t 和 115～128 元/t；考虑到富氧燃烧技术在燃烧效率、脱硫脱硝效率等方面的优势，如果对电厂排放的 CO_2 征收碳税和找到高浓度 CO_2 的销售出口，或对电厂建设的融资和原煤价格进行政策倾斜，或提高制氧系统和烟气处理系统的功耗价格比，富氧燃烧电站可望达到或接近传统电站的经济性。煤 CLC 电站的发电成本(使用天然铁矿石作为氧载体)为 483.580 元/(MW·h)，是 CFB 电站发电成本的 1.196 倍，静态投资成本是 CFB 机组的 1.28 倍。但是煤 CLC 电站能够实现 CO_2 的捕集并减少 NO_x 的排放，减少了污染物的排放。灵敏性分析的结果表示，燃煤价格是对总成本影响最大，铁矿石成本对发电成本、CO_2 捕集成本和 CO_2 减排成本均无明显影响。

另外，作者也对氧-水蒸汽(oxy-steam)燃烧中碳捕集系统[52]和 CO_2 压缩纯化系统[20]进行了技术经济分析评价。结果表明，与传统富氧燃烧(oxy-CO_2)相比，oxy-steam 的年度化成本、发电成本、CO_2 减排成本和 CO_2 捕获成本分别降低 5.32M 美元/年、4.27 美元/(MW·h)、5.81 美元/t 和 3.86 美元/t。当在 oxy-steam 中进一步考虑槽式太阳能供热时，相比于 oxy-steam，其发电成本、CO_2 减排成本和 CO_2 捕集成本将分别增加 3.21%、14.31%和 14.97%。CO_2 压缩纯化系统的投资成本主要来源于压缩机，约占系统总成本的 92.30%，设备成本按大小分布依次为压缩机、换热器及低温闪蒸分离器。经多变量优化，系统总投资成本将降低约 0.07%，而系统成本分布与优化前类似。

参 考 文 献

[1] Xiong J, Zhao H B, Zheng C G. Techno-economic evaluation of oxy-combustion coal-fired power plants[J]. Science Bulletin, 2011, 56(31): 3333-3345.

[2] Simbeck D R. CO_2 mitigation economics for existing coal-fired power plants[C]. Washington: First national conference on carbon sequestration, 2001.

[3] Andersson K, Johnsson F. Process evaluation of an 865 MWe lignite fired O_2/CO_2 power plant[J]. Energy Conversion and Management, 2006, 47(18-19): 3487-3498.

[4] 中国电力工程顾问集团公司电力规划设计总院. 火电工程限额设计参考造价指标(2008年水平)[M]. 北京: 中国电力出版社, 2009.

[5] Frangopoulos C A. Thermoeconomic functional analysis: a method for optimal design or improvement of complex thermal systems[D]. Atlanta: Georgia Institute of Technology, 1983.

[6] Frangopoulos C A. Thermo-economic functional analysis and optimization[J]. Energy, 1987, 12(7): 563-571.

[7] von Spakovsky M R. A practical generalized analysis approach to the optimal thermoeconomic design and improvement of real-world thermal systems[D]. Atlanta: Georgia Institute of Technology, 1987.

[8] El-Sayed Y M. A second-law-based optimization: part 1—methodology[J]. Journal of Engineering for Gas Turbines and Power, 1996, 118(4): 693-697.

[9] El-Sayed Y M. A second-law-based optimization: part 2—application[J]. Journal of Engineering for Gas Turbines and Power, 1996, 118(4): 698-703.

[10] El-Sayed Y M. Application of exergy to design[J]. Energy Conversion and Management, 2002, 43(9): 1165-1185.

[11] Valero A, Lozano M A, Serra L, et al. CGAM problem: definition and conventional solution[J]. Energy, 1994, 19(3): 279-286.

[12] Lozano M, Valero A. Theory of the exergetic cost[J]. Energy, 1993, 18(9): 939-960.

[13] Lozano M A, Valero A, Serra L. Local optimization of energy systems[C]//Proceedings of the ASME, Advanced Energy System Division, Atlanta: the American Society of Mechanical Engineer, 1996, 36: 241-250.

[14] Silveira J, Tuna C. Thermoeconomic analysis method for optimization of combined heat and power systems. Part I[J]. Progress in Energy and Combustion Science, 2003, 29(6): 479-485.

[15] Silveira J, Tuna C. Thermoeconomic analysis method for optimization of combined heat and power systems—part II[J]. Progress in energy and Combustion Science, 2004, 30(6): 673-678.

[16] Taal M, Bulatov I, Klemeš J, et al. Cost estimation and energy price forecasts for economic evaluation of retrofit projects[J]. Applied Thermal Engineering, 2003, 23(14): 1819-1835.

[17] Uche J. Thermoeconomic analysis and simulation of a combined power and desalination plant[D]. Zaragoza: University of Zaragoza, 2000.

[18] Uche J, Serra L, Valero A. Thermoeconomic optimization of a dual-purpose power and desalination plant[J]. Desalination, 2001, 136(1-3): 147-158.

[19] Lozano M A, Valero A, Serra L M. Theory of exergetic cost and thermoeconomic optimization[C]. Cracow: Proceedings of the International Symposium ENSEC' 93, 1993.

[20] Jin B, Zhao H, Zheng C. Thermoeconomic cost analysis of CO_2 compression and purification unit in oxy-combustion power plants[J]. Energy Conversion and Management, 2015, 106: 53-60.

[21] Fu C, Gundersen T. Techno-economic analysis of CO_2 conditioning processes in a coal based oxy-combustion power plant[J]. International Journal of Greenhouse Gas Control, 2012, 9: 419-427.
[22] 孙克勤, 钟秦. 火电厂烟气脱硫系统设计、建造及运行[M]. 北京: 化学工业出版社, 2005.
[23] 孙克勤, 钟秦. 火电厂烟气脱硝技术及其工程应用[M]. 北京: 化学工业出版社, 2007.
[24] Singh D, Croiset E, Douglas P L, et al. Techno-economic study of CO_2 capture from an existing coal-fired power plant: MEA scrubbing vs. O2/CO_2 recycle combustion[J]. Energy Conversion and Management, 2003, 44(19): 3073-3091.
[25] 刘学军. SCR 脱硝技术在广州恒运热电厂 300MW 机组上的应用[J]. 中国电力, 2006, 39(3): 86-89.
[26] 黄闽. 江苏省内脱硫电厂环境经济性分析[J]. 电力环境保护, 2006, 22(5): 54-57.
[27] 刘殿海, 杨勇平, 杨昆,等. 计及环境成本的火电机组供电成本研究[J]. 中国电力, 2005, 38(9): 24-28.
[28] Xiong J, Zhao H, Zheng C, et al. An economic feasibility study of O2 /CO_2 recycle combustion technology based on existing coal-fired power plants in China[J]. Fuel, 2009, 88(6): 1135-1142.
[29] Hagem C, Holtsmark B. From small to insignificant: climate impact of the Kyoto protocol with and without US[R]. Universitetet i Oslo: Center for International Climate and Environmental Research, 2001.
[30] Adanez J, Abad A, Garcia-Labiano F, et al. Progress in Chemical-Looping Combustion and Reforming technologies[J]. Progress in Energy and Combustion Science, 2012, 38(2): 215-282.
[31] Song T, Shen L, Xiao J, et al. Nitrogen transfer of fuel-N in chemical looping combustion[J]. Combustion and Flame, 2012, 159(3): 1286-1295.
[32] 中国电力工程顾问集团公司电力规划设计总院. 火电工程限额设计参考造价指标(2012 年水平)[M]. 北京: 中国电力出版社, 2013.
[33] 邹希贤, 赵海波, 郑楚光. 化学链燃煤串行流化床电站的技术经济评价[J]. 中国电机工程学报, 2014, (35): 6286-6295.
[34] 四川白马 300MW 循环流化床示范工程总结编委会. 四川白马 300MW 循环流化床示范工程总结[M]. 北京: 中国电力出版社, 2007.
[35] Andrus H, Chiu J, Thibeault P, et al. Alstom's calcium oxide chemical looping combustion coal power technology development[C]. The 34th International Technical Conference on Clean Coal & Fuel Systems, 2009.
[36] 李树林, 曾庭华, 范浩杰. 循环流化床锅炉深度脱硫的经济性研究[J]. 锅炉技术, 2012, 43(5): 35-39.
[37] 路涛, 贾双燕, 李晓芸. 关于烟气脱硝的 SNCR 工艺及其技术经济分析[J]. 现代电力, 2004, 21(1): 17-22.
[38] Naqvi R. Analysis of natural gas-fired power cycles with chemical looping combustion for CO_2 capture[D]. Trondheim: Norwegian University of Science and Technology, 2006.
[39] Singh D, Croiset E, Douglas P L, et al. Techno-economic study of CO_2 capture from an existing coal-fired power plant: MEA scrubbing vs. O_2/CO_2 recycle combustion[J]. Energy Conversion and Management, 2003, 44(19): 3073-3091.
[40] 林万超. 火电厂热系统节能理论[M]. 西安: 西安交通大学出版社, 1994.
[41] 刘海燕. 新型 300MW 循环流化床锅炉保护系统的方案设计[J]. 电站系统工程, 2009, 25(3): 33-34.
[42] 吴阿峰, 李明伟, 黄涛, 等. 烟气脱硝技术及其技术经济分析[J]. 中国电力, 2006, 39(11): 71-75.
[43] Hossain M M, Lasa H I D. Chemical-looping combustion (CLC) for inherent CO_2 separations—a review[J]. Chemical Engineering Science, 2008, 63(18): 4433-4451.
[44] 王赵国, 洪慧, 金红光,等. (CoO+1.0%PtO_2)/$CoAl_2O_4$ 化学链燃烧反应性能实验研究[J]. 中国电机工程学报, 2014, 33(2): 253-259.
[45] 郑体宽. 热力发电厂[M]. 北京: 中国电力出版社, 2003.

[46] Gu H, Shen L, Xiao J, et al. Chemical looping combustion of biomass/coal with natural iron ore as oxygen carrier in a continuous reactor[J]. Energy & Fuels, 2010, 25(1): 446-455.

[47] Ekström C, Schwendig F, Biede O, et al. Techno-economic evaluations and benchmarking of pre-combustion CO_2 capture and oxy-fuel processes developed in the european ENCAP project[J]. Energy Procedia, 2009, 1(1): 4233-4240.

[48] 李振山, 韩海锦, 蔡宁生. 化学链燃烧的研究现状及进展[J]. 动力工程学报, 2006, 26(4): 538-543.

[49] Kronberger B, Lyngfelt A, Löffler G, et al. Design and fluid dynamic analysis of a bench-scale combustion system with CO_2 separation chemical looping combustion[J]. Industrial and Engineering Chemistry Research, 2005, 44(3): 546-556.

[50] Abad A, Adánez J, García-Labiano F, et al. Mapping of the range of operational conditions for Cu-, Fe-, and Ni-based oxygen carriers in chemical-looping combustion[J]. Chemical Engineering Science, 2007, 62(1-2): 533-549.

[51] Lyngfelt A, Thunman H. Construction and 100 h of operational experience of a 10-KW chemical-looping combustor[M]. Carbon Dioxide Capture for Storage in deep Geologic Formations-Results from the CO_2 Capture Project, 2005: 625-645.

[52] Jin Bo, Zhao H, Zou C, et al. Comprehensive investigation of process characteristics for oxy-steam combustion power plant[J]. Energy Conversion and Management, 2015, 99: 92-101.

第7章　热经济学成本分析

传统热力学分析技术仅考虑系统的热力学评价而忽视了生产中的成本因素，因而无法更为全面地评价系统和设备的生产性能。㶲分析方法关注于系统中的每一个部件和每一股物流(能流)，不能区分系统中不同局部造成的㶲损的不等价性，更无法找到系统热力性能改进和系统成本增加之间的平衡点，这是因为㶲分析方法是从局部着眼，在进行系统分析时没有一个层次和深度的观念，也忽略了组件之间的内在联系和相互影响。成本分析则是从全局的角度对系统的经济性能进行分析，但是它无法评价某一个子系统或设备中成本的形成和分布规律。为此，很多学者致力于将经济学分析方法与热力学分析方法结合起来，建立了一门全新的学科——热经济学。基于㶲“耗散性”和“稀缺性”的特性，热经济学将成本概念运用在“㶲”之上，从一个整体的角度来对系统进行分析，完美地找到了热力性能和经济性能的平衡点并充分发挥了它们各自的优势，为热力系统的深入、合理分析提供了契机。

在热经济学的发展过程中出现了很多分析方法，热经济学结构理论在这些方法中逐步脱颖而出，使用线性的㶲方程和简洁的数学表达形式统一了各种热经济学方法，在系统成本分析、产品定价、优化改造以及故障诊断等诸多领域都有着广泛的研究和应用前景。为此，本章以热经济学结构理论为基础，在热力学建模与仿真的基础上，使用基于燃料-产品定义的热经济学模型、㶲成本和热经济学成本模型量化了设备之间的生产交互过程，分析了系统成本形成的热力学过程及其分布规律，定量研究了外部燃料价格和设备投资成本增长对各组件产品热经济学成本的影响。结果表明，热经济学结构理论弥补了传统热力学分析的不足，能够得到很多传统热力学分析无法得到的结果。同时，热经济学建模及成本分析是环境热经济学分析(第8章)、故障诊断(第9章)、系统优化(第10章)的基础。

7.1　热经济学建模的基本原理

热经济学的一个基本思路是把要分析的系统放到两个环境中进行考察[1]：一个是物理环境，描述该环境的参量为热力学的物理量，如温度、压力和化学势等；另一个环境是经济环境，描述这个环境的参量是一系列的经济信息，如产品价格、成本和利润等。物理环境是自然环境，受能量守恒等一系列自然规定的约束；经济环境虽不受这些自然定律的约束，但要遵循一切经济规律。

热经济学的另一基本思路是把系统中(包括系统与环境之间)相互作用的物质、能量及现金都看成“流”。这些流从系统或环境的某一部分流入或流出，在流动过程中严格遵守着物理环境和经济环境的规律，这些规律可以使用一系列的数学方程描述。这些数学方程通常由质量平衡、能量平衡及成本平衡等方程组成，热经济学建模的重点放在成本方程的建立。

热经济学发展到今天，共有三个主要研究方向：成本会计、优化以及故障诊断。本章主要是使用热经济学成本会计方法对常规燃煤电站、富氧燃烧系统及其子系统进行建模、分析。图 7-1 给出了热经济学成本建模的过程，下面对应图 7-1 对热经济学中的一些重要概念、方法进行介绍。建模流程中的热力系统稳态过程模拟(参见第 2 章)、㶲分析(参见第 3 章)及投资成本分析(参见第 6 章)的内容已经分别在前几章中进行了介绍。

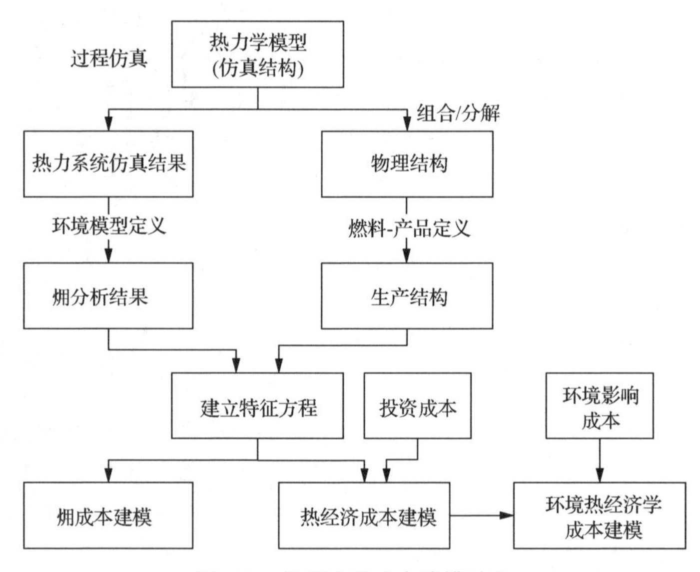

图 7-1　热经济学成本建模过程

7.1.1　成本的概念

“Cost”一词通常的含义是“生产某些物品的价钱”。在热经济学中，它却被赋予了新的含义：系统中某一流的成本可以表示为生产这股流所需的外部资源的数量。成本可以分成㶲成本(exergy cost)与现金成本(monetary cost)，㶲成本仅考虑了能量因素，是一个无因次量；而现金成本则是以货币为单位，考虑了能量以及投资因素。

㶲成本 B^*表示为生产某股物流或能流 B 所需的外部资源的㶲数量，它反映了这股流的生产过程的热力学性能。而与此对应的单位㶲成本(unit exergy cost) k^*表示为获得一单位㶲的该股流所需的外部资源的㶲数量(单位：kW/kW)：

$$k^* = B^* / B \tag{7-1}$$

现金成本 C 反映的是生产某一股流的经济效率。某股物流或能流的单位现金成本 c，即单位热经济学成本(unit thermoeconomic cost)或单位㶲经济学成本(unit exergoeconomic cost)，表示为获得一单位㶲的该股流所需的现金数量(单位：元/kJ)：

$$c = C / B \tag{7-2}$$

在热经济学中，根据研究方向的不同，成本又分为平均成本和边际成本。平均成本是平均量，它反映的是系统生产的“静态”性能，主要用于成本会计、产品定价、能源审计等方面；而边际成本是增加量，它反映的是系统生产的“动态”性能，主要用于系统故障诊断和优化等方面。在进行热经济学成本分析时，使用的是平均成本。

7.1.2　集成度和物理结构

集成度(aggregation level)即系统划分的繁简程度。通常，根据研究的目的及求解精度的不同，需要将系统中的实际部件进行组合或分解，由此可以得到系统的物理结构。集成度高表明系统被划分得粗一些，此时系统所包含的组件数量少，优点是建模量和计算量小，但是计算精度低，反映的信息也少；集成度低则刚好相反，此时组件数量多，建模和计算过程复杂但精度高，包含的信息也多。

一般说来，系统最好是按照系统中每个部件的功能来划分，即把功能上联系得比较紧密的设备划分为一个组件(即一个子系统)，对于复杂的设备也可以划分为若干子系统。另外，集成度的划分也受信息量掌握程度的影响，如果了解的参数值(热力参数、经济参数等)较多，则可以在保证效率且有意义的前提下尽量降低集成度，把系统划分得细一些；相反，如果掌握的参数值有限，则有时候不得不提高集成度，把系统划分得粗一些。举例来讲，可以将锅炉模型划分成一个整体系统，但是如果能够了解锅炉内部再热器、过热器、炉膛等的一些参数值，就可以把锅炉模型划分成更细的结构来进行分析。因此，同一个仿真结构可以得到多种集成度下所对应的物理结构。为了获得更为精确的分析结果，本章制定了集成度较低的物理结构：锅炉部分划分为炉膛、换热设备等组件，而汽水循环部件则是在仿真结构的基础上将汽轮机的各级分开(高压缸分两级，中压缸分两级，低压缸分两级)，另外，空分装置和尾气处理装置分别作为一个整体来考虑。

7.1.3　燃料-产品定义

燃料-产品(fuel-product)定义[2]即对系统中各个设备的功能进行定义。定义某一个组件中的任一物(能)流是“燃料”还是“产品”，主要是看这股流在生产过程中的性质。首先，需要厘清的一个概念：不是所有的入流都是“燃料”、出流都是“产品”。将各股流按实际过程的供需关系划分为燃料系和产品系，提供能量的一方视为燃料系，得到能量的一方视为产品系，其中燃料系的入方与出方的差值定义为过程进行所需耗用的总燃料(F)；产品系的出方与入方的差值定义为过程进行中得以有效转移的燃料，即产品(P)，燃料与产品的差值为过程㶲损耗。

燃料-产品定义与系统中设备的热力性质有关，而能量系统中涉及的设备可以大致分为两类[3]：生产设备和耗散设备。生产设备具有明确、特定的产品。在燃煤电厂中生产设备主要有：锅炉(消耗燃煤中的化学㶲来增加给水、蒸汽的热㶲)、汽轮机(消耗蒸汽中含有的热㶲和机械㶲来得到机械能)、给水加热器(消耗汽轮机的回热抽汽中的热㶲来增加给水的热㶲)、给水泵(消耗一定量的电能或机械能来增加给水的压力或机械㶲)等。耗散设备通常没有明确的生产目的或产品，它们一般是为了使系统能够达到更高的生产效率或者为了配合其他的生产设备达到某一特定生产目的而引入的设备。燃煤电厂中的耗散设备主要包括：凝汽器(向外部环境排放蒸汽余热，使工质能够返回到热力循环的起始状态开始下一次循环)、锅炉引风机(保证锅炉内的负压状态以及锅炉的正常生产)、静电除尘器以及脱硫脱硝装置(减排大气污染物质)等。

燃煤电厂中一些主要组件的燃料-产品定义如表 7-1 所示，生产设备的生产目的很明确，因此它们的燃料和产品很容易定义。例如，给水加热器的燃料是回热抽汽所消耗的㶲($FB=B_2+B_4-B_5$)，产品是给水所获得的㶲($P=B_3-B_1$)。而耗散设备的燃料虽然可以用㶲来量化，但是其产品却很难用㶲来表示。例如，凝汽器的燃料包括汽水循环所消耗的㶲($FB=B_1+B_2+B_4-B_3$)和循环水泵所消耗的功($FW = W$)。从热力学角度来看，凝汽器的生产功能是减少汽水循环中因为过程中的不可逆而增加的熵，从而使工质返回到热力循环的初始状态；此时，凝汽器中熵的减少即等同于产生负熵，因此在热经济学中，很多学者人为地将“负熵”[4,5]定义为凝汽器的产品。在热经济学成本建模中，将所有负熵($N_i=T_0(S_i-S_0)$)按照与汽水循环相关的各个设备中不可逆熵增的比例分摊到各个设备，并用 FS 表示。在汽水循环模型中，除了凝汽器和发电机两个设备，系统中所有组件都消耗两种燃料：㶲资源(FB)和凝汽器产生负熵(FS)的分摊。而锅炉模型中与汽水循环模型有换热过程的组件(RH、CSH、RSH、WW 和 ECO)也是消耗负熵的，其他组件则不消耗。

表 7-1　燃煤电厂主要组件的燃料-产品定义

组件	燃料	产品	单位㶲耗
过热器/再热器	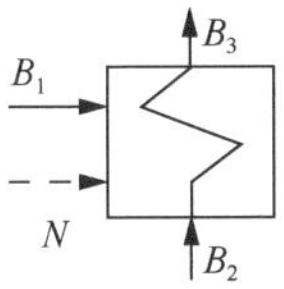 $FB=B_1$ $FS=T_0(S_3-S_2)$	$P=B_3-B_2$	$kB=FB/P$ $kS=FS/P$
给水加热器	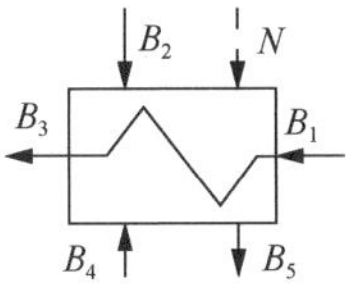 $FB=B_2+B_4-B_5$ $FS=T_0(S_3+S_5-S_1-S_2-S_4)$	$P=B_3-B_1$	$kB=FB/P$ $kS=FS/P$
汽轮机级组	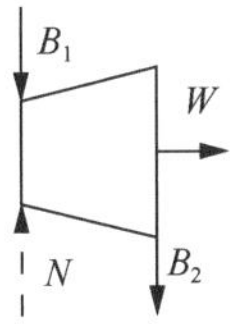 $FB=B_1-B_2$ $FS=T_0(S_2-S_1)$	$P=W$	$kB=FB/P$ $kS=FS/P$
泵	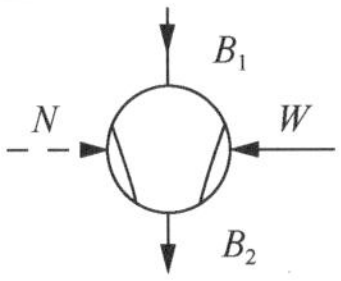 $FW=W$ $FS=T_0(S_2-S_1)$	$P=B_2-B_1$	$kW=FW/P$ $kS=FS/P$
发电机	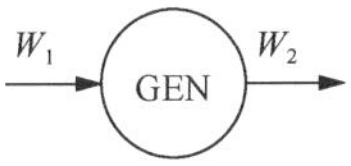 $FW=W_1$	$P=W_2$	$kW=FW/P$
除氧器	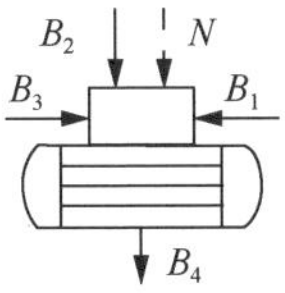 $FB=m_2\times b_2+m_3\times b_3-(m_2+m_3)\times b_4$ $FS=T_0(S_4-S_1-S_2-S_3)$	$P=m_1\times(b_4-b_1)$	$kB=FB/P$ $kS=FS/P$
凝汽器	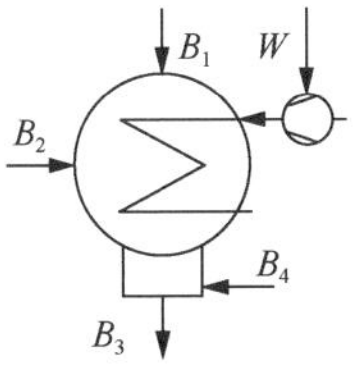 $FB=B_1+B_2+B_4-B_3$ $FW=W$	$P=T_0(S_1+S_2+S_4-S_3)$	$kB=FB/P$ $kW=FW/P$

注：B_1、B_2、B_3、B_4、B_5表示㶲流，W表示功，N表示负熵，P表示产品，FB 表示组件消耗的㶲，FS 表示组件消耗的负熵，FW 表示组件消耗的功(电能、机械能)，kB 为单位㶲耗，kW 为单位功耗，kS 为单位负熵消耗。

需要特别说明的说，富氧燃烧系统中，空分装置的作用主要是生产氧气以满足供氧的需求，而尾气处理装置主要是捕集 CO_2。如果从热力学的角度来看，它们虽然消耗了大量的能量却并没有太大的意义。但是如果从环境保护的角度来看，它们却十分有意义而且必要。本章对富氧燃烧系统的㶲分析和热经济学分析中，为了建立更统一、合理的模型，综合考虑了物理㶲和化学㶲的计算，并认为空分装置、尾气处理装置以及脱硫装置均为生产设备，而它们的生产目的分别是得到高浓度的 O_2、捕集(得到)高浓度的 CO_2 和 SO_x，因此将这些成分的化学㶲值定义为这些组件的产品。

7.1.4　生产结构

当使用燃料-产品定义描述所分析的系统时，系统的物理结构被转换为热经济学模型，该模型描述了各组件的燃料和产品以及外部资源在整个系统内的分布。生产结构也称为燃料-产品图表(fuel-product diagram)[6,7]，是热经济学模型的图形化表示，反映了组件之间的生产交互，利用生产结构能够更加方便地建立热经济学模型的数学表达形式。本章分析的传统燃烧系统和富氧燃烧系统的生产结构分别如图 7-2、图 7-3 所示。图中矩形表示物理(生产或耗散)组件，引入的两个虚拟组件：菱形(J)表示汇集组件，圆形(B)表示分支组件。各物理组件的输入箭头 F 表示该单元所消耗的燃料，输出箭头 P 表示该组件所获得的产品，箭头 N 表示该组件所消耗的负熵，W 和 R 分别代表电能(或机械能)、残余物质(损失、副产品)。在汇集和分支组件，入口和出口的㶲或负熵保持守恒。传统燃烧系统的生产结构图中包含有 30 个组件。相对于传统燃烧系统而言，富氧燃烧系统的生产结构中主要是添加了 ASU 和 FGU 两个组件。另外，还有一个虚拟组件 MIX，表示循环烟气和来流氧气的混合器。

7.1.5　特征方程

一个装置的不同单元或过程中可以达到的局部㶲损是不等价的。不同系统装置中，相同数量的不可逆㶲损的减少对总能量消耗量变化的作用也是不一样的。随着系统生产的深入，㶲或者㶲损的价值是逐步提升的。但是传统的㶲分析方法并不能解决这个难题，因为㶲分析方法在建模的过程中没有考虑到不同的流在系统中所处的位置及其形成过程，即并不能识别流在系统中的“深度”。热经济学结构理论针对以上问题，利用特征方程(characteristic equations)和生产结构(productive structure)描述了各个组件的生产功能及其相互联系，利用㶲成本量化了各股流的热力学成本形成过程。在㶲成本模型的基础上考虑进入系统的燃料价格并添加系统的投资成本和运行、维护成本等因素，就可以得到系统的热经济学成本模型。在投资成本等经济参数暂时无法获取的情况下，可以先对系统建立㶲成本模型，而得到的结果与传统㶲分析得到的结果相比较依然具有较大的优势。

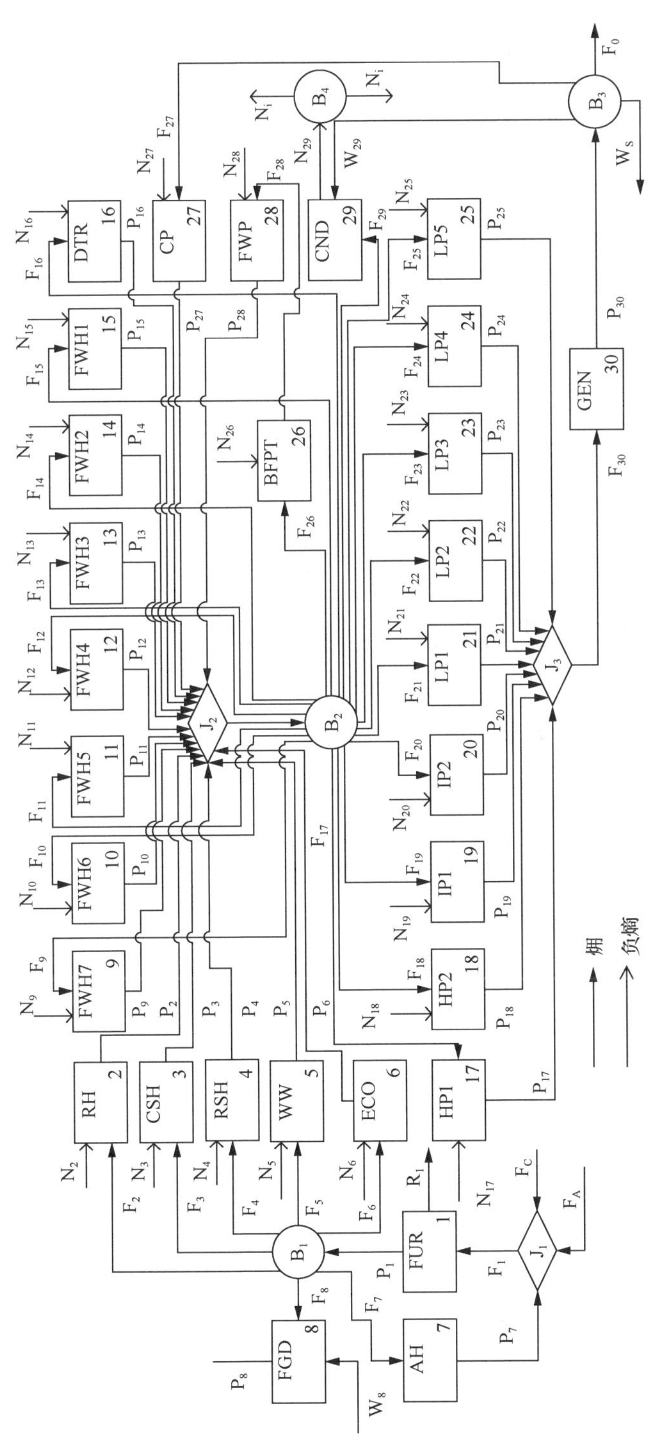

图7-2　传统燃烧系统的生产结构图

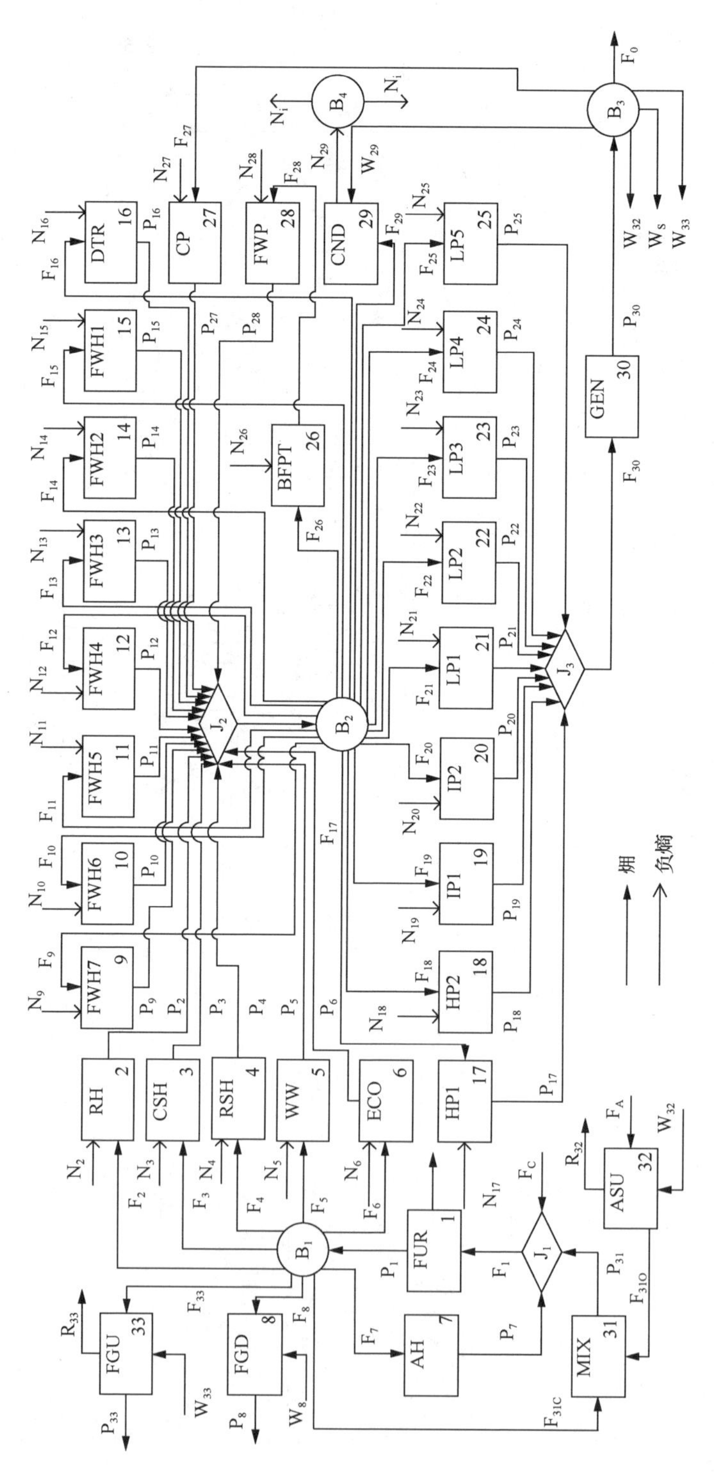

图7-3　富氧燃烧系统的生产结构图

特征方程是热经济学模型的数学表达形式，该方程表示为在生产结构中某组件 l 的入口流 B_i 与该组件内部参数集 x_l 以及组件所有输出流 B_j 的函数关系[8]：

$$B_i = g_i(x_l, B_j), \quad i = 1, \cdots, a-b \tag{7-3}$$

其中，a 为生产结构中所有流的数量；b 为系统输出到环境的流的数量。

当组件与系统外部环境交互时，

$$B_{a-b+i} = \omega_i, \quad i = 1, \cdots, s \tag{7-4}$$

其中，ω_i 为系统输出到环境的产品。

在生产结构和特征方程中，各股输入和输出流 B_i 通常使用广延量来表示（如㶲、负熵、现金、焓或者熵）。内部参数集 x_l 仅能选择那些仅依赖于组件或子系统的性能而不依赖于质量流率的参数（如效率、压力和温度比等参数）。热经济学模型通过重新排列与质量、能流有关的热力学变量，可以更加清晰地确定每一个组件或者子系统能量转换的目的。特征方程的目的其实是建立组件燃料（包括㶲、负熵等）和产品之间的数量关系，从而求得㶲成本建模和热经济学成本建模中所需的单位㶲耗等系数。

7.2　㶲成本建模

过程中的不可逆是成本形成的物理根源，也是热经济学理论的基石，如何描述成本形成的热力学过程是㶲成本建模的目标。与特征方程类似，系统的成本方程表达了系统所消耗资源 B_0 与每一股流 B_i、每个组件内部参数集 x 以及系统最终产品 ω 的函数关系[7]：$B_0=B_0(B_i, x, \omega)$。成本方程可以采用两种方式建立，一种是根据㶲成本理论的四条评定准则确定[9]，另一种是采用微分链式法则对上述成本方程和特征方程求偏导得到[10]，本章采用后者。在对方程求偏导时，一般设定系统最终产品 ω 为常数，这时方程中只包含两类变量（即㶲流 B_i 和内部参数集 x）。因此，通过求偏导能够获得两类单位㶲成本（即㶲流的成本和内部参数集的㶲成本）。

7.2.1　㶲损和单位㶲耗

实际过程总是伴随着不可逆（irreversibility）或㶲损（exergy destruction），使用燃料-产品定义可以将传统的㶲平衡方程表述为

$$F = P + I \tag{7-5}$$

式（7-5）表达了为生产某一数量的产品所需的燃料㶲，依赖于过程中的不可逆的数量。为了获得单位产品㶲所需的燃料㶲以及负熵，分别定义单位㶲耗 kB（unit exergy consumption）和单位负熵消耗 kS（unit negentropy consumption）：

$$kB = FB / P \text{ 和 } kS = FS / P \tag{7-6}$$

其中，FB 为组件消耗的㶲；FS 为组件消耗的负熵。

燃煤电厂主要组件的单位㶲耗和单位负熵消耗定义如表 7-1 所示。单位㶲耗反映了过程的热力学效率，对于可逆过程单位㶲耗为 1，对于所有实际过程，其值都大于 1。过程不可逆性越大，单位㶲耗越高。将式(7-5)代入式(7-6)可以得到单位㶲耗的另外一种表达形式：

$$kB = 1 + I / P \tag{7-7}$$

单位㶲耗的倒数为㶲效率：

$$\eta = P / FB = 1 - I / FB \tag{7-8}$$

从式(7-8)可以看出，㶲效率 η 代表了㶲的利用率，反映了系统或某一设备㶲的利用程度尚有多大潜力。但㶲效率并不能直接反映出系统或设备中㶲损的分布情况以及每个环节㶲损失所占的比例，因而也就不能直接揭示出系统的薄弱环节。与此相对应的是㶲损失的比例，它能揭示出过程中㶲退化的部位和程度，可以与㶲效率起到相辅相成的作用。按照所取基准的不同，反映㶲损失比例的参数主要有以下两种[10]。

1）㶲损率 d

以系统总㶲损失 ΣI_i 为基准，某个环节㶲损失 I_i 所占的比例称为㶲损率：

$$d_i = I_i / \Sigma I_i \tag{7-9}$$

它表示局部㶲损失占总㶲损失的比重，利用该参数能揭示各环节㶲损失的相对大小。然而，当利用该参数评价不同系统的㶲利用水平时，由于各系统总㶲损失不同，所以所得到的结果不具备可比性。其次，㶲损率与㶲效率之间缺乏一一对应的关系，无法由㶲损率直接得出系统的㶲效率。

2）㶲损失系数 Ω

如果以输入系统的总燃料㶲 $\Sigma F_{0,j}$ 为基准，则各环节的㶲损所占的比例被定义为㶲损失系数：

$$\Omega_i = I_i / \Sigma F_{0,j} \tag{7-10}$$

相应地，系统的总㶲损失系数被定义为

$$\Omega = \Sigma I_i / \Sigma F_{0,j} = \Sigma \Omega_i \tag{7-11}$$

式(7-11)反映出系统的总㶲损失系数等于各环节㶲损失系数之和，揭示了系统与各环节之间的内在联系。由式(7-8)和式(7-11)可以得到系统㶲效率与各环节㶲损失系数的关系：

$$\eta = 1-\Sigma\Omega_i \tag{7-12}$$

式(7-12)不仅可以揭示各环节㶲损失的相对大小，还能明确显示出系统以及各环节的㶲利用程度。另外，当研究不同系统的㶲利用程度时，如果各系统所消耗的外部燃料㶲相同，该系数也可以用于系统之间的比较。

这里需要说明的是，以上所提的各种㶲参数仅能作为系统或设备“㶲利用程度”的指标，当研究某一系统内各组件的生产性能或系统与系统之间进行性能比较时，由于产生在各系统中的㶲损失存在技术上的不等价性，利用这些指标无法正确评价各系统的性能，这也正是进行热经济学建模和分析的主要原因。

7.2.2　㶲成本

将系统所消耗资源 B_0 对㶲流 B_i 求偏导，并应用微分链式法则可以得到[8]

$$\frac{\partial B_0}{\partial B_i} = k_{0,i}^*, \quad i=1,\cdots,e \tag{7-13}$$

$$\frac{\partial B_0}{\partial B_i} = \sum_{j=1}^{m}\frac{\partial B_0}{\partial B_j}\frac{\partial g_j}{\partial B_i}, \quad i=e+1,\cdots,m \tag{7-14}$$

其中，e 为环境输入系统流的数量；$\frac{\partial B_0}{\partial B_i}$ 为增加一单位第 i 股流系统所消耗的外部㶲资源，称为单位㶲成本(或单位边际成本)，在热经济学中使用 k_i^* 表示；$\frac{\partial g_i}{\partial B_j}$ 为特征方程中的技术产品系数 k_{ij}；m 为生产结构中所有流的数量。由此可以得到一个使用 k_i^* 和 k_{ij} 所表示的线性方程组和矩阵形式[7,11]：

$$k_{P,i}^* = k_{0i} + \sum_{j=1}^{n} k_{ji}k_{P,j}^*, \quad i=1,\cdots,n \tag{7-15}$$

$$\boldsymbol{k}_P^* = {}^t\left|\boldsymbol{P}\right\rangle \boldsymbol{k}_e \tag{7-16}$$

其中，$k_{P,i}^*$ 为第 i 个组件产品的单位㶲成本；k_{0i} 表示直接从环境获取燃料的组件的单位㶲耗；n 为系统内部组件的数量。㶲成本方程量化了成本形成的热力学过程，使得生产结构中的各股物流和能流具有了可比性。一旦 k_{0i} 和 k_{ji} 通过求解特征方程组得到，则在生产结构中组件产品的单位㶲成本 $k_{P,i}^*$ 可以通过求解线性的成本方程组(式(7-15))得到。

与㶲流的单位㶲成本建模相类似，内部参数集的单位㶲成本可以通过将系统所消耗资源 B_0 对 x 求偏导得到

$$\frac{\partial B_0}{\partial x_i}=\sum_{j=1}^{m}k_j^*\frac{\partial g_j}{\partial x_i} \tag{7-17}$$

式(7-17)反映了内部参数集的变化引起的外部资源消耗，该方程是热经济学故障诊断的基础。

7.2.3　比㶲损和比不可逆成本

任何实际系统都存在不可逆，不可逆是导致系统性能降低和成本增加的主要原因。热经济学正是以此为基础，力图探询成本形成的热力学根源及规律。系统内部不可逆的大小直接反映了系统的生产性能，如何利用与不可逆相关的指标，以更为合理的方式来量化系统的生产性能是需要关注的问题。

与不可逆有关的指标有很多，如单位㶲耗(或㶲效率)kB、㶲损系数Ω、㶲损率d、比㶲损kI、比不可逆成本 k_I^* 以及不可逆的单位㶲成本 k_D^* (与比不可逆成本 k_I^* 的定义不同，k_D^* 定义为㶲损的成本 I^* 与㶲损的数量 I 的比值，当系统产量一定时，k_D^* 与燃料的单位㶲成本相等[12])。当利用这些指标来量化组件的生产性能时，比㶲损kI和比不可逆成本 k_I^* 应该更为合理。从生产角度来看，这是由于比㶲损和比不可逆成本都是在同样的生产条件下(也就是各组件都生产一单位产品㶲)来评价各组件的生产性能。

7.2.4　㶲成本方程

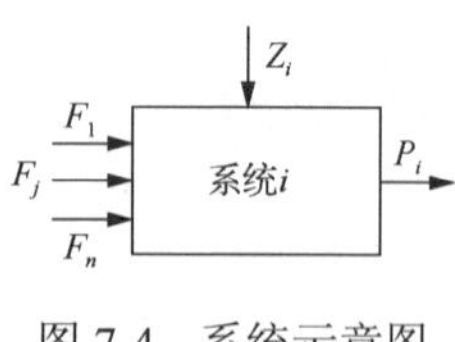

图 7-4　系统示意图

图 7-4 为一个简单能量系统的示意图，其中 Z_i 为系统的非能量成本投入(如系统投资成本、人力运行成本等)，F_j 为系统所需的第 j 股能量资源，P_i 为系统的输出。

仅考虑能量资源成本时，使用㶲成本可以建立㶲成本方程

$$k_P^*\cdot P_i=\sum_{j=1}^{n}k_{F_j}^*\cdot F_j \tag{7-18}$$

7.3　热经济学成本建模

7.3.1　投资成本

与燃料成本和运行管理成本所不同的是，投资成本是一次性的成本[13]。与投

资成本相关的概念如下。

(1)固定资本投资：不考虑设计、建造周期的系统总的资本成本，如用于购买和安装设备、建造各种设施的成本。

(2)总资本投资：固定资本投资和其他费用之和。其他费用包括启动成本、营运成本、研发成本和许可证成本等。

(3)直接成本：制造、安装某一装置所需的永久性的设备、物料、人力等成本。

(4)间接成本：项目所需但不属于永久性成本的那一部分成本，如工程和管理成本、偶然因素成本等。直接成本和间接成本之和为固定资本投资。

7.3.2　投资成本估算方法

可以利用 6.2.2 节介绍的成本计算方程来完成燃煤电站各个设备投资成本的估算，作者团队基于此对于一个 300MW 亚临界传统燃煤发电系统进行了热经济学成本分析[14]故障诊断[15]和系统优化[16]。这些投资成本是基于国外的投资成本经验方程建立的。作者团队也进一步采用第 6 章技术经济评价得到的各项数据来进行富氧燃烧系统的投资成本估算，并进而开展热经济学成本分析[17]，此时还考虑了化学㶲的计算[18]。

7.3.3　热经济学成本方程

在㶲成本的建模中，由于使用的特征方程是一阶齐次的，所以通过微分链式法则所获得的方程既是平均成本的㶲方程也是边际成本的㶲方程[19]。然而，在建立热经济学成本方程时，投资成本的特征方程(也就是成本计算方程)通常不是一阶齐次的，导致热经济学成本方程包括两类：平均成本的热经济学方程和边际成本的热经济学方程。

1)平均成本的热经济学方程

对于一个热力系统而言，涉及的成本有许多，如投资成本、燃料成本、运行维护成本、贷款利息等。在本章涉及的热经济学成本建模中，也主要只考虑这四种成本类型。同时，给出如下约定：贷款份额 100%，还贷方式采用等额本金利息递减，并将所有的利息均摊到还贷周期中的单位还贷时间。与燃料成本和运行维护成本所不同的是，投资成本是一次性的成本[20]。在热经济学成本计算中，需要将系统总投资成本(Z)，在经济寿命周期内，等额折算为每年的折旧成本；同时，还需要考虑每年偿还的利息及每年的运行维护成本。

对一个成本为 Z_i 的装置，贷款年限为 L，与之对应的单位时间内投资、运行维护总费用 $Z_{L,i}$ 及年度化因子 δ_i 为

$$Z_{L,i} = Z_i \times \left[\left(\frac{1}{L} + \lambda_{\mathrm{A}} + r_{\mathrm{OM}} \right) / (H \times 3600) \right] (\text{元/s}) \tag{7-19}$$

$$\delta_i = \left(\frac{1}{L} + \lambda_{\mathrm{A}} + r_{\mathrm{OM}}\right) / (H \times 3600)\ (1/\mathrm{s}) \tag{7-20}$$

其中，λ_{A} 为年度化利息因子（$\lambda_{\mathrm{A}} = i \times (1+1/L)/2$）；$H$ 为系统年运行小时数(取5000h)；r_{OM} 为运行维护因子(具体取值见第 6 章)。

一旦确定了各设备的等额年度化分期偿还成本 Z_L，则可建立各设备的平均成本方程：

$$c_{\mathrm{p}j} = \sum_{j=1}^{n} c_{\mathrm{F}j} \cdot \frac{F_j}{P_i} + \frac{\xi \cdot Z_i}{P_i} = \sum_{j=1}^{n} c_{\mathrm{F}j} \cdot k_{ji} + kZ_i \tag{7-21}$$

其中，$c_{\mathrm{p}j}$ 和 $c_{\mathrm{F}j}$ 分别为设备产品与燃料的单位热经济学成本(包含㶲B、负熵 S、功 W 三类)，表达了为获得单位产品㶲和燃料㶲所需的现金数量(元/kJ)。其中 $kZ_i = Z_{L,i}/P_i$ 为单位产品的资本成本(元/kJ)。

2)边际成本的热经济学方程

与㶲成本的建模类似，系统中每一股流的热经济学成本 C_0 可以表达为每一股流 B_i、每个组件内部参数集 x 以及系统最终产品 ω 的函数：$C_0 = C_0(B_i, x, \omega)$，对该方程应用微分链式法则可以得到[21,22]

$$\frac{\partial C_0}{\partial B_i} = \lambda_{0,i}, \quad i = 1, \cdots, e \tag{7-22}$$

$$\frac{\partial C_0}{\partial B_i} = \sum_{j=1}^{m} \frac{\partial C_0}{\partial B_j} \frac{\partial g_j}{\partial B_i} + \xi \frac{\partial Z_l}{\partial B_i}, \quad i = e+1, \cdots, m \tag{7-23}$$

当使用燃料-产品定义及单位㶲耗算子表示式(7-23)时可以得到

$$\lambda_{\mathrm{P},i} = c_{\mathrm{Fuel}} k_{0i} + \sum_{j=1}^{n} k_{ji} \lambda_{\mathrm{P},j} + kZ_i, \quad i = 1, \cdots, n \tag{7-24}$$

其中，λ_{P} 为边际热经济学成本(美元/kJ)，在热经济学优化领域被称为拉格朗日乘子(Lagrange multipliers)[2,4,23]。此时 $kZ_i = \xi \cdot \partial Z_i / \partial P_i$ 为每增加单位产品所需的资本成本。式(7-21)与式(7-24)之间的区别在于 kZ_i 的求解方式不同。只有当 $\xi \cdot \partial Z_i / \partial P_i$ 与 $\xi \cdot Z_i / P_i$ 相等时，所获的成本才既是边际热经济学成本也是平均热经济学成本。由于只是 kZ_i 的求解方式不同，式(7-21)与式(7-24)可以表达为统一的矩阵形式：

$$\boldsymbol{c}_P = {}^t\left|\boldsymbol{P}\right\rangle (\boldsymbol{c}_e + \boldsymbol{kZ}) \tag{7-25}$$

其中，$\left|\boldsymbol{P}\right\rangle$ 的定义见式(7-16)；$\boldsymbol{c}_e$ 为包含从外部环境输入系统的能量资源的单位㶲

价格 c_{Fuel} 与单位㶲耗 $k_{0\mathrm{i}}$ 的乘积向量(美元/kJ)；$\boldsymbol{kZ}$ 为系统资本成本向量(美元/kJ)。

7.4　常规燃煤电站热经济学成本评价

7.4.1　㶲成本分析

表 7-2 给出了在设计工况下，各组件的单位㶲耗(kB 和 kW)、单位负熵消耗(kS)、㶲流率(r)以及燃料的单位㶲成本(k_{FB}^* 和 k_{FW}^* 以下统称为 k_{F}^*)、负熵的单位㶲成本(k_{FS}^*)和产品的单位㶲成本(k_{P}^*)。由表 7-2 可发现，产生在不同设备中的不可逆具有不同的 k_{F}^*(当产品固定时，设备的不可逆单位㶲成本与其燃料单位㶲成本相等[12])，沿着热力循环进行的方向，各组件燃料和产品的单位㶲成本逐级递增。对于给水加热器组，k_{P}^* 从高加到低加逐级增加，在末级低加 FWH7 达到最大值 3.294kW/kW。对于汽轮机级组，高压缸调节级 HP1 和低压缸末级 LP5 的 k_{P}^* 相对于其他级组较大，主要是由于 HP1 的进汽损失和 LP5 的湿蒸汽损失较大。发电机 GEN 的 k_{P}^* 较高，主要是由于其 k_{F}^* 较高。锅炉过热器 B-SH 和再热器 RH 的 k_{P}^* 是其 k_{F}^* 的两倍多，其增长的原因主要是过程内部的不可逆损失。Valero 等[11]使用热经济学结构理论分析了一个 160MW 燃煤电厂，也得到了与以上相似的结果。

表 7-2　设计工况下各组件单位㶲耗及单位㶲成本　(单位：kW/kW)

	组件	kB	kW	kS	r	k_{FB}^*	k_{FW}^*	k_{FS}^*	k_{P}^*
0	系统环境	0.413	—	—	—	2.420	—	—	1.000
1	FWH7	1.472	—	0.623	0.004	2.185	—	0.124	3.294
2	FWH6	1.220	—	0.220	0.006	2.185	—	0.124	2.693
3	FWH5	1.147	—	0.147	0.007	2.185	—	0.124	2.526
4	FWH4	1.166	—	0.166	0.015	2.185	—	0.124	2.570
5	DTR	1.218	—	0.218	0.021	2.185	—	0.124	2.689
6	FWP	1.165	—	0.159	0.013	2.731	—	0.124	3.203
7	FWH3	1.121	—	0.121	0.024	2.185	—	0.124	2.465
8	FWH2	1.066	—	0.066	0.045	2.185	—	0.124	2.338
9	FWH1	1.050	—	0.050	0.038	2.185	—	0.124	2.301
10	B-SH	2.009	—	0.850	0.691	1.000	—	0.124	2.114
11	HP1	1.096	—	0.096	0.209	2.185	—	0.124	2.407
12	HP2	1.059	—	0.059	0.085	2.185	—	0.124	2.322
13	RH	2.009	—	0.813	0.134	1.000	—	0.124	2.110
14	IP1	1.065	—	0.065	0.140	2.185	—	0.124	2.335
15	IP2	1.033	—	0.033	0.124	2.185	—	0.124	2.263

续表

	组件	kB	kW	kS	r	k_{FB}^*	k_{FW}^*	k_{FS}^*	k_P^*
16	LP1	1.073	—	0.073	0.059	2.185	—	0.124	2.354
17	LP2	1.071	—	0.071	0.116	2.185	—	0.124	2.348
18	LP3	1.046	—	0.046	0.117	2.185	—	0.124	2.292
19	LP4	1.090	—	0.090	0.068	2.185	—	0.124	2.394
20	LP5	1.255	—	0.255	0.083	2.185	—	0.124	2.774
21	BFPT	1.236	—	0.236	—	2.185	—	0.124	2.731
22	CND	0.050	0.006	—	—	2.185	2.420	—	0.124
23	CP	1.242	—	0.236	0.001	2.420	—	0.124	3.035
24	GEN	1.018	—	—	—	2.378	—	—	2.420
25	J1	—	—	—	—	—	—	—	2.185
26	J2	—	—	—	—	—	—	—	2.378
	整个系统	2.420	—	—	—	1.000	—	—	2.420

7.4.2 热经济学成本分析

表 7-3 给出了在设计工况下系统各设备的热经济学成本分析结果，其中投资成本 Z 根据前面提到的成本估算方法(见 6.2.2 节)进行计算得到，系统总的投资成本为 1.410164×10^8 美元，此成本仅考虑了各设备购置、安装及维护的成本，没有考虑购买土地的成本及厂房等其他设施的建设成本。在进行热经济学成本计算时又分为两种情况，即考虑设备投资成本和不考虑设备投资成本。其中，不考虑设备投资成本计算得到的各组件产品的单位热经济学成本 c'_P 代表了纯能量消耗成本。在考虑设备投资成本时，根据热经济学成本的两种类型，本节分别计算了各组件产品的单位平均热经济学成本 c_P 和单位边际热经济学成本 λ_P。

表 7-3 设计工况下热经济学成本分析结果

组件	投资成本 Z/美元	占总投资比例/%	不考虑投资成本	考虑投资成本		c'_P/c_P/%
			c'_P/(10^{-6}美元/kJ)	λ_P/(10^{-6}美元/kJ)	c_P/(10^{-6}美元/kJ)	
FWH7	1363149.44	0.97	6.587	13.155	13.988	47.09
FWH6	1080873.03	0.77	5.385	9.433	10.108	53.27
FWH5	947519.34	0.67	5.051	8.303	8.936	56.53
FWH4	1453323.80	1.03	5.139	7.950	8.594	59.80
DTR	1733233.94	1.23	5.377	8.007	8.682	61.94
FWP	313396.14	0.22	6.405	9.968	11.584	55.29
FWH3	1324819.86	0.94	4.930	7.037	7.654	64.41
FWH2	2029160.79	1.44	4.676	6.573	7.158	65.33

续表

组件	投资成本 Z/美元	占总投资比例/%	不考虑投资成本	考虑投资成本		c'_P/c_P/%
			c'_P/(10⁻⁶美元/kJ)	λ_P/(10⁻⁶美元/kJ)	c_P/(10⁻⁶美元/kJ)	
FWH1	1588756.14	1.13	4.601	6.424	6.999	65.74
B-SH	56166269.91	39.82	4.228	5.175	5.630	75.10
HP1	8410311.55	5.96	4.817	6.669	7.537	63.91
HP2	4277300.31	3.03	4.643	6.608	7.522	61.73
RH	7659036.81	5.43	4.219	4.435	5.243	80.47
IP1	6207245.31	4.40	4.669	6.546	7.422	62.91
IP2	6947359.56	4.93	4.525	6.545	7.480	60.49
LP1	3124693.95	2.22	4.708	6.721	7.656	61.49
LP2	5397112.65	3.83	4.697	6.614	7.507	62.56
LP3	7124786.76	5.05	4.584	6.692	7.665	59.80
LP4	3617976.41	2.57	4.788	6.834	7.784	61.51
LP5	4931279.41	3.50	5.548	7.892	8.980	61.78
BFPT	2038141.32	1.45	5.462	8.281	9.572	57.06
CND	3654896.49	2.59	0.247	0.373	0.422	58.63
CP	44472.41	0.03	6.070	9.489	10.938	55.49
GEN	9581305.63	6.79	4.840	7.066	8.017	60.38
J1	—	—	4.370	5.485	6.030	72.48
J2	—	—	4.756	6.743	7.668	62.03

从表 7-3 热经济学成本分析结果中可以看出，锅炉(B-SH 和 RH)投资成本约占总投资成本的 45%，汽轮发电机组(HP、IP、LP 和 GEN)约占总投资的 42%，其他设备约占总投资的 12%。系统绝大部分的组件的纯能量消耗成本占总成本的 50%～70%，锅炉的纯能量消耗成本达到 75%～80%(如表中最后一列所示)。无论㶲成本的分析结果(表 7-2)，还是热经济学成本的分析结果，除凝汽器 CND 外锅炉产品的单位成本(k_P^*、c'_P、λ_P和 c_P)在所有组件中是最低的，这一结果与传统热力学思维模式下所认为的结果正好相反。这是由于锅炉处于生产过程的最前端，其所消耗的燃料的成本(也就是外部燃料的单位㶲价格)远远小于系统其他组件燃料的成本。利用热经济学成本分析可以确定系统中每一股物流和能流的成本，为系统的优化改造、产品定价提供了科学、定量的依据。

7.4.3　灵敏性分析

图 7-5 和图 7-6 给出了外部燃料价格与设备投资成本增长(10%～50%)对各组件产品的单位平均热经济学成本和单位边际热经济学成本的影响。从图 7-5 中可以看出，当燃料价格和投资成本增长率相同时，外部燃料价格增长对绝大多数系统组

件热经济学成本的影响远大于设备投资成本。外部燃料价格增长对锅炉的影响远大于对其他组件的影响，当设备投资成本增长时情况正好相反，这一点与图 7-6 分析结果一致(锅炉产品成本有 80%左右为纯能量成本)。外部燃料价格增长对各组件产品平均热经济学成本的影响略小于对边际热经济学成本的影响，而设备投资成本对平均成本和边际成本的影响正好相反。

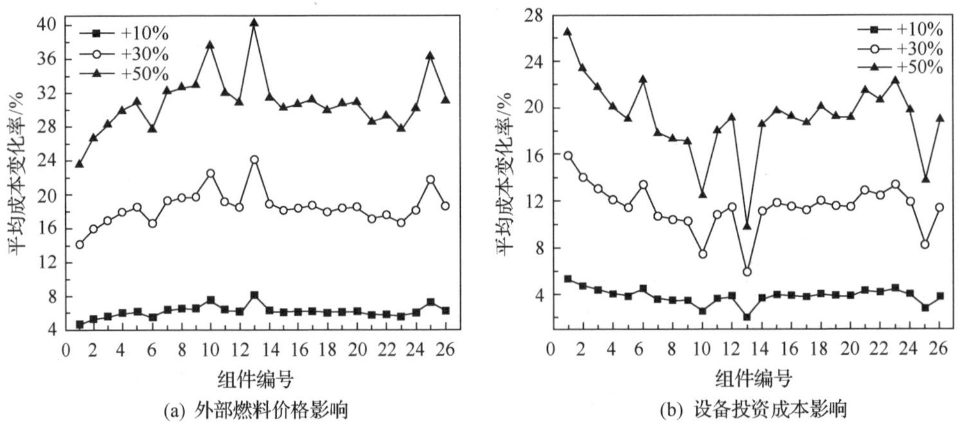

(a) 外部燃料价格影响　(b) 设备投资成本影响

图 7-5　外部燃料价格和设备投资增长对产品单位平均热经济学成本影响率

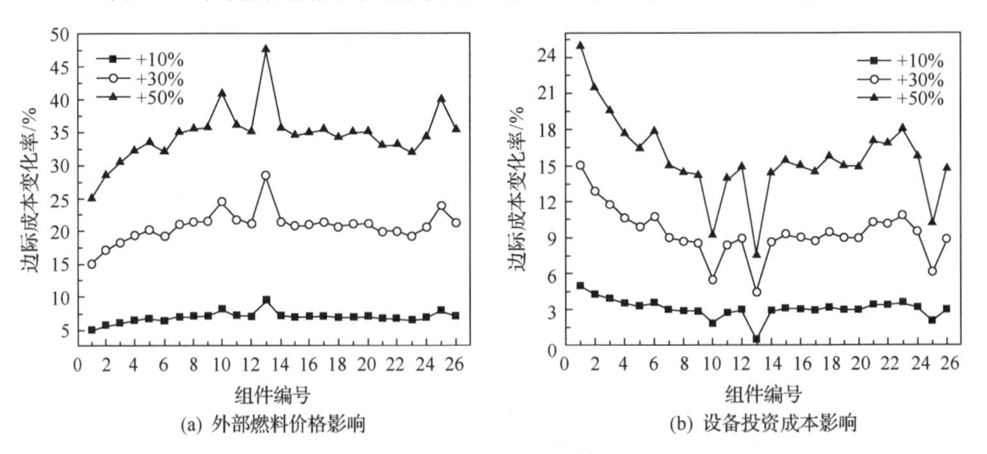

(a) 外部燃料价格影响　(b) 设备投资成本影响

图 7-6　外部燃料价格和设备投资增长对产品单位边际热经济学成本影响率

图 7-7 分析了两种情况下(考虑投资和不考虑投资)，各种发电成本(GEN 产品的单位平均热经济学成本以及单位边际热经济学成本)随机组负荷(从 200MW 到 330MW)变化的趋势。如图所示，当不考虑投资时，纯能量成本随负荷增加而逐渐减小，在 300MW 时达到最小值(4.84×10^{-6} 美元/kJ)，然后又升高。这是在低负荷时汽轮机部分进汽损失较大等造成的，在高负荷下(330MW)汽轮机末级湿蒸汽损失逐步增大，这些因素造成系统内部不可逆增大，最终导致消耗更多的外部燃料(在后续的章节中会有更详细的分析)。

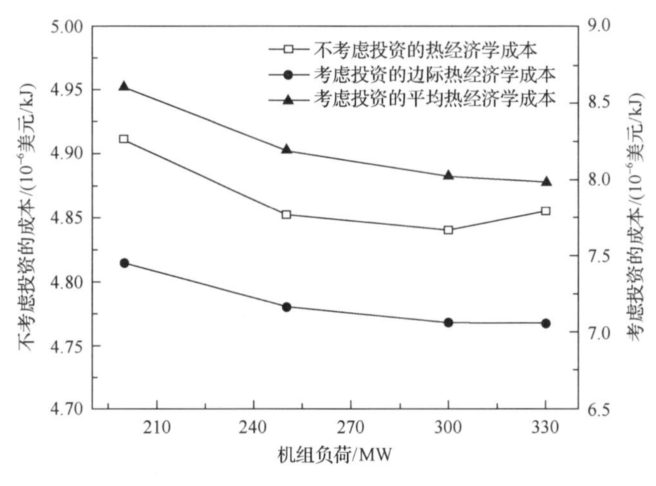

图 7-7　发电成本随机组负荷变化趋势

7.5　富氧燃烧系统热经济学成本分析

使用 Aspen Plus 中热力系统仿真的结果，可以得到大量的热力学基本参数，如温度、压力、质量流率、焓、熵等。基于这些参数和㶲计算方法可以得到系统中各物流/能流的物理㶲和化学㶲数值(参见第3章)，结合投资成本等经济数据(参见第 6 章)并利用 7.4 节介绍的热经济学成本建模方法可以建立富氧燃烧系统和传统燃烧系统的热经济学成本模型。为了使所建立的模型具有较高的适应性、灵活性并易于编程，本节选择在 MATLAB 中建立两系统的热经济学成本模型并得到了相应的结果。

本章进行的成本分析分三个步骤：㶲成本分析、㶲成本分解和热经济学成本分析。㶲成本分析没有考虑投资因素，只考虑了能量因素，㶲成本分析的结果可以用来了解系统内部不同局部㶲之间的不等价性，并将此定量化；㶲成本分解则是将㶲成本中的每一部分分解出来，可以分析各物流/能流㶲成本形成的原因；而热经济学成本分析中综合考虑能量因素和投资因素，系统、全面地了解所分析系统的热力、经济性能。下面分别进行阐述。

7.5.1　㶲成本分析

根据燃料-产品定义方法和生产结构图，可得到传统燃烧系统和富氧燃烧系统各组件的燃料、产品计算结果，如表 7-4 所示。两系统的计算结果的差别主要在锅炉侧，在汽水循环侧是一样的。同时，传统燃烧系统中 FW 和 FS 的结果与富氧燃烧系统中的对应值相等，所以在表中没有列出。两系统㶲成本计算结果如表 7-5 和表 7-6 所示。

表 7-4　两系统燃料、产品计算结果

序号	组件	传统燃烧系统		富氧燃烧系统			
		FB/kW	*P*/kW	FB/kW	FW/kW	FS/kW	*P*/kW
1	FUR	1550127.20	1012936.22	1655320.27	—	—	1202628.91
2	RH	174638.72	149676.27	176911.70	—	101665.82	149677.76
3	CSH	121297.40	97004.99	94575.42	—	48349.72	75083.94
4	RSH	231153.90	171866.60	242083.71	—	127298.55	181736.96
5	WW	361548.41	250951.20	378643.76	—	220356.80	263001.91
6	ECO	70808.23	59795.66	71159.89	—	61354.28	59707.84
7	AH	51149.76	28601.96	43938.33	—	—	29103.47
8	FGD	2339.80	2527.58	2316.19	6600	—	2485.50
9	FWH7	3120.94	2034.88	3120.94	—	1086.21	2034.88
10	FWH6	4774.46	3965.19	4774.46	—	809.22	3965.19
11	FWH5	7275.63	6172.34	7275.63	—	1103.38	6172.34
12	FWH4	20517.89	16773.52	20517.89	—	3744.36	16773.52
13	FWH3	28060.38	24906.91	28060.38	—	3153.44	24906.91
14	FWH2	43031.55	40359.71	43031.55	—	2672.26	40359.71
15	FWH1	33232.86	30903.37	33232.86	—	2329.24	30903.37
16	DTR	14810.49	12800.65	14810.49	—	2009.63	12800.65
17	HP1	156707.85	142009.35	156707.85	—	11800.43	142009.35
18	HP2	48041.48	45143.70	48041.48	—	1976.69	45143.70
19	IP1	102588.44	93448.89	102588.44	—	7232.17	93448.89
20	IP2	89963.67	84737.42	89963.67	—	3496.80	84737.42
21	LP1	58894.56	52501.84	58894.56	—	5321.42	52501.84
22	LP2	90208.07	82749.59	90208.07	—	5769.45	82749.59
23	LP3	43410.05	39337.70	43410.05	—	3269.81	39337.70
24	LP4	37011.99	33185.84	37011.99	—	3148.91	33185.84
25	LP5	46151.02	34947.77	46151.02	—	10489.99	34947.77
26	BFPT	25355.96	19920.36	25355.96	—	5234.38	19920.36
27	CP	0.00	541.96	—	753.21	211.03	541.96
28	FWP	19920.36	17787.15	19920.36	—	6386.93	17787.15
29	CND	29566.14	640270.93	29566.14	4260	—	640270.93
30	GEN	608062.10	599427.61	608062.10	—	—	599427.61
31	MIX	—	—	134509.71/ 12861.07	—	—	132183.77
32	ASU	—	—	1284.91	102242.5	—	12861.07
33	FGU	—	—	58490.20	47127.35	—	58789.93
—	总	—	—	—	—	640270.93	—

表 7-5　传统燃烧系统㶲成本计算结果　　（单位：kW/kW）

序号	组件	kB	kS	kW	r	k_{FB}^*	k_{FW}^*	k_{FS}^*	k_P^*
1	FUR	1.53	—	—	—	1.03	—	—	1.58
2	RH	1.17	0.68	—	0.17	1.58	—	0.12	1.93
3	CSH	1.25	0.50	—	0.11	1.58	—	0.12	2.04
4	RSH	1.35	0.74	—	0.19	1.58	—	0.12	2.21
5	WW	1.44	0.88	—	0.28	1.58	—	0.12	2.38
6	ECO	1.18	1.03	—	0.07	1.58	—	0.12	2.00
7	AH	1.79	—	—	0.02	1.58	—	—	2.83
8	FGD	0.93	—	2.61	—	1.58	2.54	—	8.10
9	FWH7	1.53	0.53	—	0.002	2.25	—	0.12	3.52
10	FWH6	1.20	0.20	—	0.005	2.25	—	0.12	2.74
11	FWH5	1.18	0.18	—	0.01	2.25	—	0.12	2.68
12	FWH4	1.22	0.22	—	0.02	2.25	—	0.12	2.78
13	FWH3	1.13	0.13	—	0.03	2.25	—	0.12	2.55
14	FWH2	1.07	0.07	—	0.05	2.25	—	0.12	2.41
15	FWH1	1.08	0.08	—	0.03	2.25	—	0.12	2.43
16	DTR	1.16	0.16	—	0.01	2.25	—	0.12	2.63
17	HP1	1.10	0.08	—	0.23	2.25	—	0.12	2.50
18	HP2	1.06	0.04	—	0.07	2.25	—	0.12	2.40
19	IP1	1.10	0.08	—	0.15	2.25	—	0.12	2.48
20	IP2	1.06	0.04	—	0.14	2.25	—	0.12	2.40
21	LP1	1.12	0.10	—	0.09	2.25	—	0.12	2.54
22	LP2	1.09	0.07	—	0.14	2.25	—	0.12	2.46
23	LP3	1.10	0.08	—	0.06	2.25	—	0.12	2.50
24	LP4	1.12	0.09	—	0.05	2.25	—	0.12	2.52
25	LP5	1.32	0.30	—	0.06	2.25	—	0.12	3.01
26	BFPT	1.27	0.26	—	—	2.25	—	0.12	2.90
27	CP	0.00	0.39	1.39	0.001	—	2.54	0.12	3.58
28	FWP	1.12	0.36	—	0.02	2.90	—	0.12	3.29
29	CND	0.05	—	0.01	—	2.25	—	—	0.12
30	GEN	1.01	—	—	—	2.50	—	—	2.54
34	J1	—	—	—	—	—	—	—	1.03
35	J2	—	—	—	—	—	—	—	2.25
36	J3	—	—	—	—	—	—	—	2.50

表 7-6　富氧燃烧系统㶲成本计算结果　（单位：kW/kW）

序号	组件	kB	kS	kW	r	k_{FB}^*	k_{FW}^*	k_{FS}^*	k_P^*
1	FUR	1.38	—	—	—	1.26	—	—	1.74
2	RH	1.18	0.68	—	0.17	1.74	—	0.13	2.15
3	CSH	1.26	0.64	—	0.09	1.74	—	0.13	2.28
4	RSH	1.33	0.70	—	0.21	1.74	—	0.13	2.41
5	WW	1.44	0.84	—	0.30	1.74	—	0.13	2.62
6	ECO	1.19	1.03	—	0.07	1.74	—	0.13	2.21
7	AH	1.51	—	—	0.02	1.74	—	—	2.63
8	FGD	0.93	—	2.66	—	1.74	2.81	—	9.07
9	FWH7	1.53	0.53	—	0.002	2.49	—	0.13	3.89
10	FWH6	1.20	0.20	—	0.005	2.49	—	0.13	3.02
11	FWH5	1.18	0.18	—	0.01	2.49	—	0.13	2.96
12	FWH4	1.22	0.22	—	0.02	2.49	—	0.13	3.08
13	FWH3	1.13	0.13	—	0.03	2.49	—	0.13	2.82
14	FWH2	1.07	0.07	—	0.05	2.49	—	0.13	2.66
15	FWH1	1.08	0.08	—	0.04	2.49	—	0.13	2.69
16	DTR	1.16	0.16	—	0.02	2.49	—	0.13	2.90
17	HP1	1.10	0.08	—	0.23	2.49	—	0.13	2.76
18	HP2	1.06	0.04	—	0.07	2.49	—	0.13	2.66
19	IP1	1.10	0.08	—	0.15	2.49	—	0.13	2.74
20	IP2	1.06	0.04	—	0.14	2.49	—	0.13	2.65
21	LP1	1.12	0.10	—	0.09	2.49	—	0.13	2.81
22	LP2	1.09	0.07	—	0.14	2.49	—	0.13	2.72
23	LP3	1.10	0.08	—	0.07	2.49	—	0.13	2.76
24	LP4	1.12	0.10	—	0.06	2.49	—	0.13	2.79
25	LP5	1.32	0.30	—	0.06	2.49	—	0.13	3.33
26	BFPT	1.27	0.26	—	—	2.49	—	0.13	3.20
27	CP	—	0.39	1.39	0.001	—	2.81	0.13	3.95
28	FWP	1.12	0.36	—	0.02	3.20	—	0.13	3.64
29	CND	0.05	—	0.01	—	2.49	—	—	0.13
30	GEN	1.01	—	—	—	2.77	—	—	2.81
31	MIX	1.02/0.10	—	—	0.08	1.74/22.31	—	—	3.94
32	ASU	0.10	—	7.95	—	0	2.81	—	22.31
33	FGU	1.00	—	0.80	—	1.74	2.81	—	3.98
34	J1	—	—	—	—	—	—	—	1.26
35	J2	—	—	—	—	—	—	—	2.49
36	J3	—	—	—	—	—	—	—	2.77

从表 7-5 和表 7-6 中的数据可以看出，FGD 和 ASU 的产品单位烟成本很高，特别是 ASU。图 7-8 给出了两个系统中所有组件产品单位烟成本的对照。烟成本计算的结果显示，对于相同的组件，富氧燃烧系统中产品的单位烟成本普遍高于传统燃烧系统中的相应值，约为 1.1 倍。而空气预热器(AH)则是特殊情况，其在传统燃烧系统中单位烟成本反而更高一些。为了弄清楚系统中各组件产品单位烟成本的构成并得到其高低的原因，7.5.2 节对烟成本进行了分解。

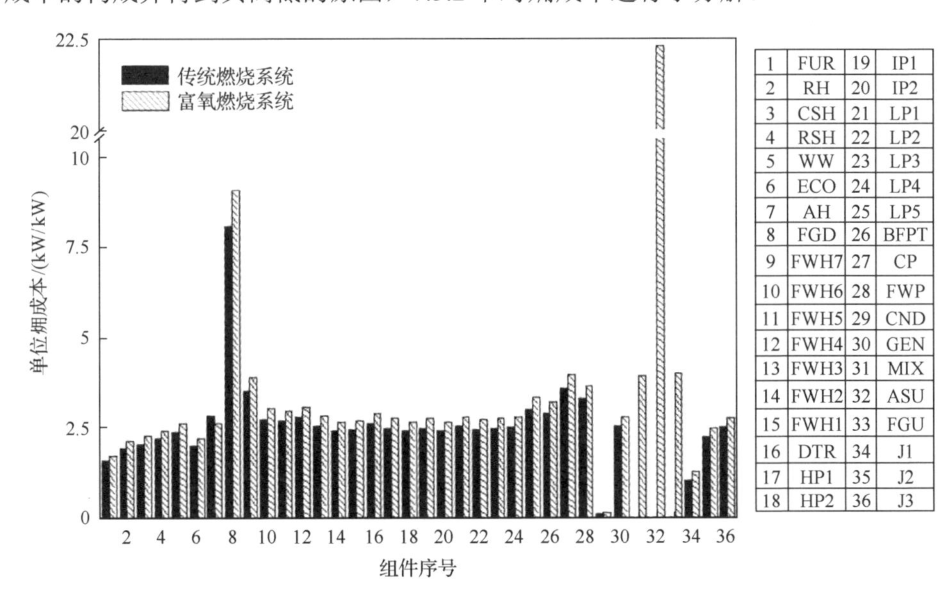

图 7-8　各组件产品单位烟成本结果对比

7.5.2　烟成本分解

从 7.5.1 节得到的结果可以看出：每一个组件产品的单位烟成本均由多种因素组成，如燃料、负熵或组件内部的不可逆。为了更加深入地分析不同组件单位烟成本形成的原因，有必要对单位烟成本的不同组成成分进行分解。然而，在热经济学成本会计中，对于不可逆(烟损)部分的单位烟成本(热经济学成本)的定义还存在着争议。实际上，对某一组件而言，最能反映它的热力性能的是与不可逆相关的成本部分。下面首先用几种不同的分解方法来阐述这个问题[17]。

某一组件产品单位烟成本公式的整体形式为

$$k_{\mathrm{P}}^{*} = \mathrm{kB}k_{\mathrm{FB}}^{*} + \mathrm{kS}k_{\mathrm{FS}}^{*} + \mathrm{kW}k_{\mathrm{Fw}}^{*} \tag{7-26}$$

同时，可以根据组件内部的烟平衡关系得到

$$\mathrm{FB} + \mathrm{FW} = P + I \tag{7-27}$$

其中，I 为组件内部不可逆(㶲损)(kW)。

此时可以得到两种变化形式：

$$\mathrm{kB} = 1 + \mathrm{kI} - \mathrm{kW} \text{ 和 } \mathrm{kW} = 1 + \mathrm{kI} - \mathrm{kB} \tag{7-28}$$

其中，$\mathrm{kI} = I / P$。

由此可以将式(7-26)变换成如下两种不同的形式：

$$k_{\mathrm{P}}^{*} = k_{\mathrm{FB}}^{*} + \mathrm{kI}k_{\mathrm{FB}}^{*} + \mathrm{kS}k_{\mathrm{FS}}^{*} + \mathrm{kW}(k_{\mathrm{FW}}^{*} - k_{\mathrm{FB}}^{*}) \tag{7-29}$$

$$k_{\mathrm{P}}^{*} = \mathrm{kB}(k_{\mathrm{FB}}^{*} - k_{\mathrm{FW}}^{*}) + \mathrm{kI}k_{\mathrm{FW}}^{*} + \mathrm{kS}k_{\mathrm{FS}}^{*} + k_{\mathrm{FW}}^{*} \tag{7-30}$$

相同的公式得到两种截然不同的变换形式，这样势必造成每一部分定义上的困难,特别是不可逆部分(第二项),不同的变换方式使得不可逆(㶲损)的单位㶲成本不同，这是因为大部分组件都存在着多股燃料，且它们的单位㶲成本彼此并不相同。另外，对于某些组件，如富氧燃烧系统中混合器(MIX)，它的两股燃料均是㶲形式，且具有不同的单位㶲成本，以上推导出的两种分解公式类型均不适用。若希望用产品的单位㶲成本来计量㶲损，可以将式(7-26)做如下变形：

$$k_{\mathrm{P}}^{*}(\mathrm{FB} + \mathrm{FW} + I) = \mathrm{FB}k_{\mathrm{FB}}^{*} + \mathrm{FS}k_{\mathrm{FS}}^{*} + \mathrm{FW}k_{\mathrm{FW}}^{*} \tag{7-31}$$

但是此时难以将㶲损项分离，同时组件产品的单位㶲成本也无法分解。

基于以上问题，针对多股燃料的情况，本章对组件产品的单位㶲成本的分解公式进行了如下推导。

当 n 股燃料(包括燃料㶲和功)进入组件时，认为它们先发生经济上的变换，即一个可逆的融合过程，将多股燃料融合成一股混合燃料，此时将多股燃料的成本按权重分配到混合燃料上，这个融合过程类似于生产结构中的“汇集”虚拟组件。将此时得到的混合燃料的单位㶲成本(k_{FBT}^{*})定义为之后发生的不可逆热力学过程中㶲损的单位㶲成本(k_{I}^{*})，即

$$k_{I}^{*} = k_{\mathrm{FBT}}^{*} = \sum_{i=1}^{n}(k_{\mathrm{B},i}^{*}\mathrm{FB}_{i}) / \sum_{i=1}^{n}\mathrm{FB}_{i} \tag{7-32}$$

于是有

$$\begin{aligned} k_{\mathrm{P}}^{*} &= \sum_{i=1}^{n}\mathrm{kB}i k_{\mathrm{FB},i}^{*} + \mathrm{kS}k_{\mathrm{FS}}^{*} = k_{I}^{*}\sum_{i=1}^{n}\mathrm{kB}i / P + \mathrm{kS}k_{\mathrm{FS}}^{*} = \frac{P+I}{P}k_{I}^{*} + \mathrm{kS}k_{\mathrm{FS}}^{*} \\ &= k_{I}^{*} + \mathrm{kI}k_{I}^{*} + \mathrm{kS}k_{\mathrm{FS}}^{*} \\ &= k_{\mathrm{FBT}}^{*} + \mathrm{kI}k_{I}^{*} + \mathrm{kS}k_{\mathrm{FS}}^{*} \end{aligned} \tag{7-33}$$

于是，组件产品的单位㶲成本可以合理地分解为三项：燃料部分(第一项)、㶲损部分(第二项)及比负熵部分(第三项)。基于这种分解方式，本章对传统燃烧系统和富氧燃烧系统中各组件产品的单位㶲成本进行了分解，结果如图 7-9 和图 7-10 所示。

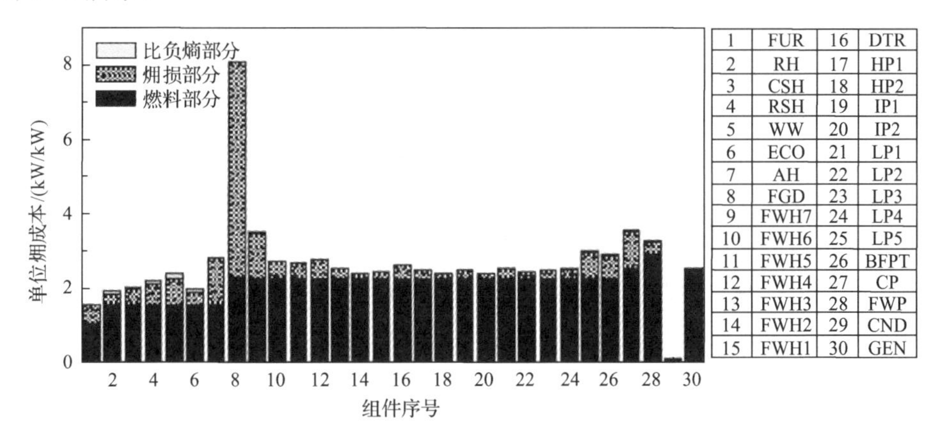

图 7-9　传统燃烧系统中各组件产品单位㶲成本分解结果

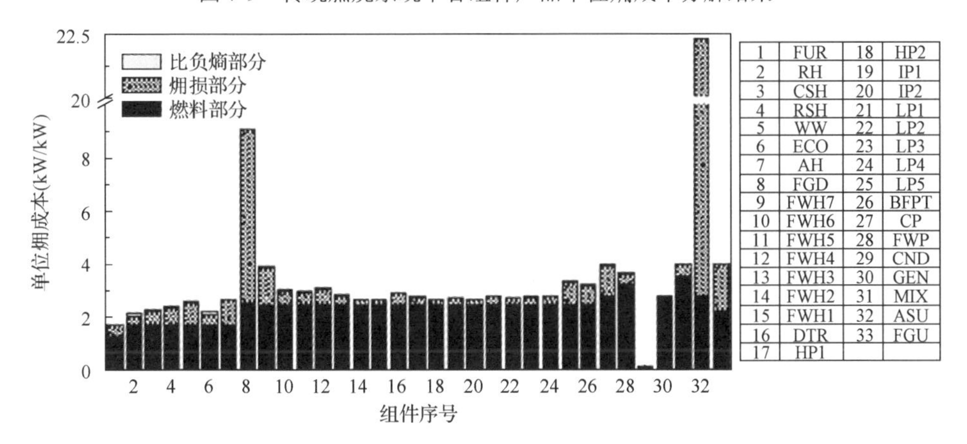

图 7-10　富氧燃烧系统中各组件产品单位㶲成本分解结果

从图 7-9 和 7-10 中的结果可以看出，各组件产品的单位㶲成本的分配规律在两个系统中是比较类似的：对于大部分组件而言，均是燃料部分所占比例最大；炉膛的单位㶲成本中，燃料部分的单位㶲成本最低，这是因为它在生产的开端；锅炉模型中其他组件(主要是换热器)则消耗单位㶲成本更高一点的同一级别的燃料，而汽水循环模型中的组件因为较锅炉模型在生产过程的下游，所以消耗燃料的单位㶲成本进一步升高，不过也基本都在同一级别。基于这一结果，可以了解：锅炉模型或汽水循环系统中，不同组件之间其产品的单位㶲成本的高低主要是由它们内部㶲损率(即 KI)决定。锅炉模型中 AH 的㶲损率最大，其次是水冷壁 WW，因此它们的产品单位㶲成本最高，这一点与第 3 章㶲分析中得到的结果是十分吻合的。另外，比较两个图中的结果可以清楚看到，富氧燃烧系统锅炉模型中的组件所消耗燃料的单位㶲成本较传统燃烧系统中的对应值明显升高，且富氧燃烧系统中 AH 的㶲损部分明显减少，这一点又与第 3 章㶲分析中得到的结果十分吻合。汽水循环中 FWH7 和 CP 产品单位㶲成本中㶲损部分所占比例最大；FGD 和 ASU 两组件产品单位㶲成本最大的原因是它们内部的㶲损比率很大，这是由它们的功能、热力过程及产品定义所决定的，第 3 章㶲分析中也已经了解 ASU 的㶲效率很低；FGU 的产品单位㶲成本中，燃料部分和㶲损部分几乎均等。

从以上分析可知，通过㶲成本分析，完全可反映㶲分析的结果和结论，此外，㶲成本分析又可以反映很多㶲分析所无法反映的内容，如成本及㶲(损)的不等价等。另外，得到的结果也显示出本章所建立的单位㶲成本分解策略的合理性。

7.5.3　热经济学成本分析

本节在㶲成本分析的基础上添加成本因素，从而建立系统的热经济学成本方程。首先，系统的燃煤能量输入不再是以㶲为单位，而是以金额为单位，利用在第 6 章中给出或计算得到的标煤单位价格(680 元/t)、燃煤的低位发热量(22768kJ/kg 月(ar))以及燃煤㶲值(24686.6kJ/kg(ar))可以计算得到本章所使用的神华煤的单位㶲价格为 2.14×10^{-5} 元/kJ。其次，需要了解系统中涉及的所有组件的投资成本，将其进行换算然后引入热经济学成本方程中。表 7-7 中给出了传统燃烧系统和富氧燃烧系统中涉及组件的投资成本数据。

表 7-7　投资成本汇总

组件		投资成本/10^6 美元
锅炉	炉膛、钢架	203
	再热器	84
	对流式过热器	105
	辐射式过热器	105
	水冷壁	84
	省煤器	63
	空气预热器	56
汽轮机		312
高压加热器		25
低压加热器		18.4
给水泵小汽机		10.6
给水泵		13
凝汽器		54

续表

组件	投资成本/10^6 美元
凝结水泵	2.5
除氧器	8.6
发电机	150
空分装置	635
尾气处理装置	55

此时考虑的投资仅与发电部件有关，而不考虑购买土地、厂房建设、运输等相关费用，对燃煤发电厂而言，部件的购入成本仅占其投资成本的 50%，而安装、建筑等其他费用占另外的 50%。另外需要提到的是，富氧燃烧系统中，锅炉需要进行改造，所以其投资成本有所增加(7%)，本节将这部分增加的成本计入“炉膛、钢架”项中，即富氧燃烧系统中“炉膛、钢架”项的投资成本为 252000000 元。

为使分析结果更精确，在构建热经济学成本方程时，需对汽轮机及给水加热器的每一级建立热经济学成本方程，这就必须了解其相应的投资成本数值。现已知汽轮机、给水加热器各自的总投资，则只需了解每一级投资所占的份额即可得到每一级投资成本。汽轮机级及给水加热器的投资成本计算如表 6-1 所示。

在系统仿真过程中，汽轮机级以及给水加热器的一些参数的数值均已得到，集中列在表 7-8 中。FWH1～FWH3 是高压级组，其余四级是低压级组。表 7-8 还给出了每一级占总投资的比例，于是可以得到每一级的投资成本，如表 7-9、表 7-10 中第三列所示。两系统热经济学成本分析结果如表 7-9、表 7-10 所示。表中计算的热经济学成本分两种情况：不考虑投资(纯能量消耗成本)和考虑投资，目的是为了分析能量成本和投资成本分别占总单位热经济学成本的份额，并且计算了不考虑投资时的单位热经济学成本值 c'_P 与考虑投资时的值 c_P 之比。

表 7-8　汽轮机、给水加热器投资分配情况

组件	W/kW	占总投资比例/%	组件	Q/kW	TTD/℃	ΔP_t/MPa	ΔP_s/MPa	占总投资比例/%
HP1	142009.35	17.84	FWH1	69279.67	−1.11	0.05	0.25	29.53
HP2	45143.70	8.96	FWH2	96894.96	0	0.06	0.14	40.46
IP1	93448.89	13.95	FWH3	67715.14	−1.11	0.06	0.06	30.01
IP2	84737.42	13.16						
LP1	52501.84	9.84	FWH4	66929.50	2.78	0.16	0.02	40.59
LP2	82749.59	12.97	FWH5	33857.68	2.78	0.15	6×10^{-3}	21.70
LP3	39337.70	8.23	FWH6	29408.00	2.78	0.17	3×10^{-3}	19.33
LP4	33185.84	7.40	FWH7	27158.58	2.78	0.18	1×10^{-3}	18.38
LP5	34947.77	7.64						

表 7-9　传统燃烧系统热经济学成本分析结果

序号	组件	投资/10^6美元	占总投资比例/%	热经济学成本/(10^{-5}元/kJ)		c_P'/c_P/%
				不考虑投资 c_P'	考虑投资 c_P	
1	FUR	203	14.41	3.38	**3.55**	95.3
2	RH	84	5.96	4.12	4.73	87.1
3	CSH	105	7.45	4.36	5.29	82.4
4	RSH	105	7.45	4.74	5.42	87.5
5	WW	84	5.96	5.10	5.63	90.5
6	ECO	63	4.47	4.27	5.22	81.8
7	AH	56	3.97	6.05	7.57	80.0
8	FGD	115	8.16	17.32	49.29	35.1
9	FWH7	3.38	0.24	7.53	9.79	76.9
10	FWH6	3.56	0.25	5.86	7.36	79.6
11	FWH5	3.99	0.28	5.73	7.05	81.2
12	FWH4	7.47	0.53	5.96	7.19	82.8
13	FWH3	7.50	0.53	5.46	6.53	83.7
14	FWH2	10.12	0.72	5.16	6.14	84.0
15	FWH1	7.38	0.52	5.20	6.19	84.1
16	DTR	8.60	0.61	5.62	6.94	81.0
17	HP1	55.66	3.95	5.34	6.44	82.9
18	HP2	27.97	1.98	5.14	6.35	81.0
19	IP1	43.53	3.09	5.31	6.45	82.3
20	IP2	41.05	2.91	5.13	6.25	82.1
21	LP1	30.70	2.18	5.43	6.67	81.5
22	LP2	40.47	2.87	5.27	6.42	82.1
23	LP3	25.68	1.82	5.34	6.60	80.9
24	LP4	23.09	1.64	5.40	6.70	80.6
25	LP5	23.85	1.69	6.44	7.91	81.5
26	BFPT	10.6	0.75	6.21	7.54	82.3
27	CP	2.5	0.18	7.65	12.43	61.6
28	FWP	13	0.92	7.04	9.02	78.0
29	CND	54	3.83	0.26	0.35	72.8
30	GEN	150	10.65	5.44	**6.78**	80.1
34	J1	—	—	2.21	2.24	98.7
35	J2	—	—	4.82	5.59	86.3
36	J3	—	—	5.36	6.54	82.0

表 7-10 富氧燃烧系统热经济学成本分析结果

序号	组件	投资/10^6美元	占总投资比例/%	热经济学成本/(10^{-5} 元/kJ)		c_P'/c_P/%
				不考虑投资 c_P'	考虑投资 c_P	
1	FUR	252	11.73	3.72	**4.49**	82.9
2	RH	84	3.91	4.59	5.95	77.2
3	CSH	105	4.89	4.87	6.80	71.6
4	RSH	105	4.89	5.16	6.64	77.6
5	WW	84	3.91	5.60	7.02	79.7
6	ECO	63	2.93	4.73	6.45	73.3
7	AH	56	2.61	5.62	7.98	70.4
8	FGD	115	5.35	19.41	55.06	35.3
9	FWH7	3.38	0.16	8.32	11.93	69.7
10	FWH6	3.56	0.17	6.47	9.02	71.7
11	FWH5	3.99	0.19	6.33	8.68	72.9
12	FWH4	7.47	0.35	6.58	8.88	74.1
13	FWH3	7.50	0.35	6.04	8.08	74.7
14	FWH2	10.12	0.47	5.70	7.60	75.0
15	FWH1	7.38	0.34	5.75	7.66	75.0
16	DTR	8.60	0.40	6.21	8.53	72.7
17	HP1	55.66	2.59	5.90	7.96	74.2
18	HP2	27.97	1.30	5.68	7.81	72.8
19	IP1	43.53	2.03	5.87	7.96	73.7
20	IP2	41.05	1.91	5.67	7.71	73.5
21	LP1	30.70	1.43	6.00	8.21	73.1
22	LP2	40.47	1.88	5.83	7.92	73.6
23	LP3	25.68	1.20	5.90	8.12	72.7
24	LP4	23.09	1.07	5.97	8.23	72.5
25	LP5	23.85	1.11	7.12	9.74	73.1
26	BFPT	10.6	0.49	6.86	9.30	73.7
27	CP	2.5	0.12	8.46	14.61	57.9
28	FWP	13	0.61	7.78	11.02	70.6
29	CND	54	2.51	0.29	0.43	66.6
30	GEN	150	6.98	6.01	**8.33**	72.1
31	MIX	0	0.00	8.43	13.73	61.4
32	ASU	635	29.56	47.74	94.15	50.7
33	FGU	55	2.56	8.52	11.67	73.0
34	J1	—	—	2.70	3.17	85.3
35	J2	—	—	5.33	6.96	76.6
36	J3	—	—	5.92	8.06	73.5

从表 7-9 和表 7-10 中的结果可以看出：除了凝汽器和虚拟组件 J1，不管是否考虑投资成本，FUR 的单位热经济学成本在所有组件中都是最小的，FGD 和 ASU 两个组件的单位热经济学成本较其他组件的值要大很多，其原因除 7.5.2 节所介绍的(能量方面，FUR 单位烟成本最小，而 FGD 和 ASU 的单位烟成本很大)之外，还有就是 FUR 中投资所占份额是最小的，而 FGD 和 ASU 中投资所占份额是最大的。另外，总体来讲，富氧燃烧系统中 c_P'/c_P 要比传统燃烧系统中的相应值低一些，这主要富氧燃烧系统较传统燃烧系统有较明显的投资增加，使得富氧燃烧系统中组件单位热经济学成本中的投资份额增大。传统燃烧系统中 c_P'/c_P 普遍在 80%左右，富氧燃烧系统中 c_P'/c_P 比值普遍在 70%左右，而 FUR、FGD 和 ASU 则不同于一般规律，FUR 的值较高，另外两个组件的值较低。这主要因为煤燃烧过程是在 FUR 中进行，所以它的单位热经济学成本中燃煤成本的份额很大，而对于另外两个组件，它们的投资成本较高，特别是 ASU，占整个系统总投资成本的 30%左右。

基于以上两个表格中的数据，图 7-11 给出了两个系统中各组件单位热经济学成本结果的对照。图中显示的规律与图 7-8 中的规律是类似的，富氧燃烧系统中组件的单位热经济学成本数值是传统燃烧系统中相应值的 1.22 倍左右，类似地，空气预热器 AH 不同于一般规律，其数值为 1.05。

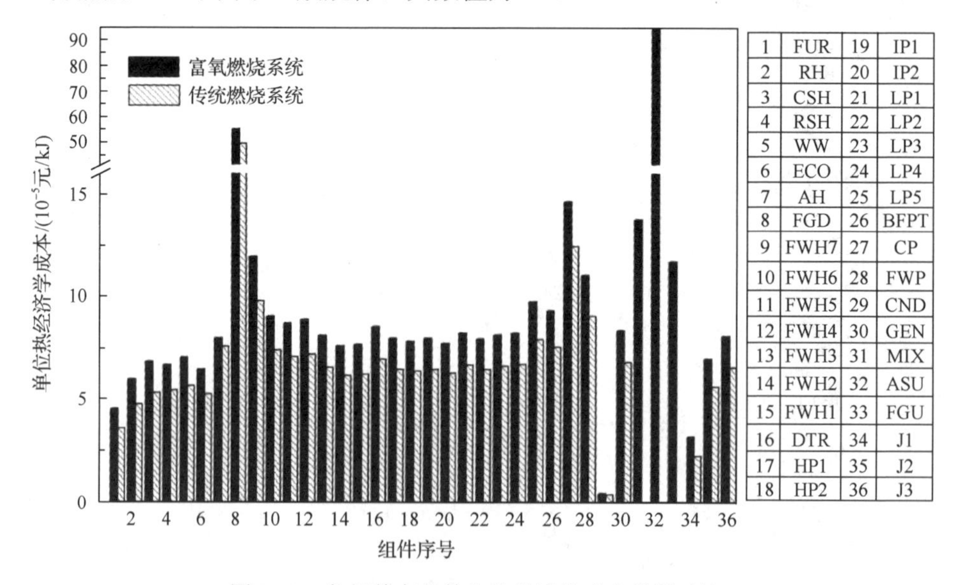

图 7-11　各组件产品单位热经济学成本结果对比

分析比较之前烟成本分析的结果和热经济学成本分析的结果，可以得到如下的线性关系。

对某一组件而言，设其在富氧燃烧系统中的产品单位烟成本与在传统燃烧系统中的产品单位烟成本之比为 ε_{ex}(即图 7-8 所反映的比例)，即

$$\varepsilon_{\text{ex}} = k^*_{\text{P,O}} / k^*_{\text{P,C}} \tag{7-34}$$

又设富氧燃烧系统中的$c'_{\text{P}} / c_{\text{P}}$值与传统燃烧系统中的$c'_{\text{P}} / c_{\text{P}}$值之比为 σ_{P}(即表 7-9 和表 7-10 中最后一列的数值)，即

$$\sigma_{\text{P}} = (c'_{\text{P,O}} / c_{\text{P,O}}) / (c'_{\text{P,C}} / c_{\text{P,C}}) \tag{7-35}$$

将式(7-35)经过变化可以得到

$$\begin{aligned}\sigma_{\text{P}} &= (c'_{\text{P,O}} / c'_{\text{P,C}}) / (c_{\text{P,O}} / c_{\text{P,C}}) \\ &= (k^*_{\text{P,O}} / k^*_{\text{P,C}}) / (c_{\text{P,O}} / c_{\text{P,C}}) \\ &= \varepsilon_{\text{ex}} / (c_{\text{P,O}} / c_{\text{P,C}})\end{aligned} \tag{7-36}$$

所以，若将富氧燃烧系统和传统燃烧系统中对应组件产品的单位热经济学成本之比定义为γ，则

$$\gamma = c_{\text{P,O}} / c_{\text{P,C}} = \varepsilon_{\text{ex}} / \sigma_{\text{P}} \tag{7-37}$$

式(7-37)中ε_{ex}反映的是能量关系，而σ_{P}反映的是投资关系，两者的叠加则是反映能量和投资的综合影响。针对本章所分析的传统燃烧系统和富氧燃烧系统而言，ε_{ex}约为 1.1，即富氧燃烧系统中的能量消耗使组件产品的单位㶲成本(或不考虑投资的热经济学成本)增加了 10%左右；而σ_{P}基本都在 0.9 左右，因此γ约为 1.22，即投资增加又使富氧燃烧系统中组件的单位热经济学成本增加了 10%左右。

而本章得到的结果和第 5 章中技术经济学得到的结果(主要是针对发电成本而言)存在差别的主要原因是：技术经济学基本是从纯经济的角度来分析系统的，它并没有关于系统内部流程、结构的概念。以发电成本为例，技术经济学中富氧燃烧系统的发电成本是传统燃烧系统发电成本的 1.4 倍左右，但是在热经济学中，富氧燃烧系统中发电机(GEN)产品的单位热经济学成本是传统燃烧系统中相应值的 1.2 倍左右。造成这个差别的原因除了在投资成本的处理上有一些不同，最关键的原因是：在技术经济学中，发电成本的计算公式是用年度化总成本除以净负荷和运行小时，而不管电厂自用电是如何使用的，一般电厂里的经济核算也是采用这种方法；而在热经济学中，电厂内部自用电的使用方法将直接影响发电机产品的单位热经济学成本，因为热经济学关注于品质，相同品质的物流/能流具有相同的价值(成本)。具体而言，发电机产生的电能如果是用于 FGD 及 FGU，不管使用了多少，GEN 产品的单位热经济学成本都不受影响，因为从生产结构图上可以看出，FGD 和 FGU 组件在 GEN 的下游，这一点和技术经济学的理论存在着很大的差别。然而，发电机产生的电能如果用于 ASU，则因为空分产生的氧气进入了系统生产过程的上游，势必对 GEN 产品的单位热经济学成本造成影响，而这一

点也难以在技术经济学中得到体现。然而比较技术经济学和热经济学，很难说热经济学就完全优于技术经济学，它们存在着不同的适用领域。如果仅是对电厂发电成本、售电成本等进行计算，使用技术经济学反而更简单、合理一些。最后，值得一提的是，如果将 FGD 和 FGU 的电耗从 GEN 产品中减掉，则富氧燃烧系统中 GEN 产品的单位热经济学成本是传统燃烧系统中对应值的 1.33 倍左右，与技术经济学中得到的结果的差别已经不是太大。

7.6 CO_2 压缩纯化单元(CPU)热经济学成本分析

7.6.1 CPU 的㶲成本方程

根据典型设备的燃料-产品定义，可得到如表 7-11 所示的 CO_2 压缩纯化系统中各个设备组件的燃料与产品。压缩过程(MCC 与 C)由功耗作为燃料使进口物流的压力增加到所需的压力，低温闪蒸分离器(FS1 与 FS2)中所发生的物流分离过程是单一物流转变为废气与 CO_2 产品两股物流，而混合器(MIX)则与之相反，其将两股燃料转变为一股产品。在多流股换热器(HE1 与 HE2)中，燃料由热物流端所提供，并供应至冷物流端。

表 7-11　CO_2 压缩纯化系统中各个组件的燃料-产品定义

序号	组件	燃料	产品
1	MCC	$F_1=W_{MCC}$	$P_1=E_2-E_1$
2	HE1	$F_2=(E_9-E_{10})+(E_{14}-E_{15})+(E_{18}-E_{19})$	$P_2=E_3-E_2$
3	FS1	$F_3=E_3$	$P_3=E_4+E_{17}$
4	HE2	$F_4=(E_{13}-E_{14})+(E_6-E_7)+(E_8-E_9)$	$P_4=E_5-E_4$
5	FS2	$F_5=E_5$	$P_5=E_6+E_{13}$
6	C&Cooler	$F_6=W_C$	$P_6=E_{12}-E_{10}$
7	MIX	$F_7=E_{12}+E_{19}$	$P_7=E_{21}$

与物理结构不同，生产结构表征系统中资源的分配过程，以获得最终产品。形成生产结构之前，需选择合适的集成度，即根据研究目的，获取信息程度与求解精度，将实际系统中的组件进行组合与分解，以合理划分系统，确立合理的物理结构。图 7-12 展示了某一低集成度下 CO_2 压缩纯化系统的生产结构，从而可反映出更多具有高精度的成本信息。为表示不同设备组件之间的汇集与分配，除矩形表示物理(生产或耗散)组件外，图中还引入两个虚拟组件：菱形(Jj，j=1～3)表示汇集组件，圆形(Ba，a=1～4)表示分支组件。菱形表示两股或多股燃料汇集成某个组件的总燃料，而圆形则反映的是某个组件的产品分支成两股或多股产品。在菱形 J1 中，HE1 的燃料由来源于 B3 的 $F_{10}(E_9-E_{10})$ 与 $F_{12}(E_{14}-E_{15})$、来源于 B1 的 $F_8(E_{18}-E_{19})$ 及 MCC 的产品 P_1 所汇集。B1 将 HE1 的产品分流为 F_3、F_6 与

$F_{15}(E_{19})$，且分别成为 FS1、C 以及 MIX 的燃料。来源于 B2 的 $F_9(E_5–E_4)$、来源于 B4 的 $F_{13}(E_6–E_7)$ 与 $F_{14}(E_{13}–E_{14})$、来源于 B3 的 $F_{11}(E_8–E_9)$ 在 J2 汇集以成为 HE2 的燃料。进而，菱形与圆形可为烟成本与热经济学成本建模确立结构方程。

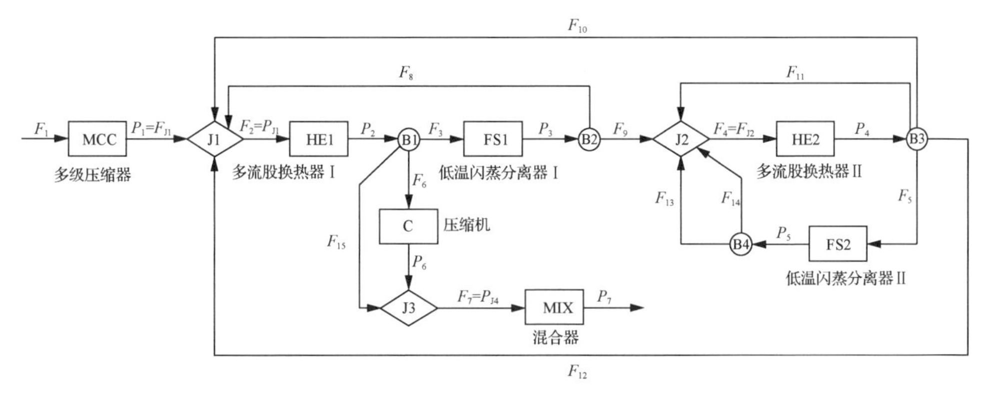

图 7-12　CO_2 压缩纯化系统在低集成度下的生产结构[24]

特征方程是热经济学模型的数学表达形式，表示为生产结构中各个设备的燃料 (F_i)、产品 (P_i) 以及内部参数 (x_i) 三者之间的关系式：$F_i=g_i(x_i,P_i)$。为确立系统的特征方程组，需定义单位烟耗 (k_i) 与烟流率 (r_i)。单位烟耗定义为以烟为基准的燃料与产品的比值，即 $k_i=F_i/P_i$，而烟流率则定义为第 i 股燃料占第 j 个菱形中的产品的比例，表示为 $F_i=r_iP_j$。对于某一能量系统或组件，其烟成本方程可表示如下[10,27]：

$$k_{\mathrm{P}}^{*}P_i=\sum_{j=1}^{n}k_{F_j}^{*}F_j \tag{7-38}$$

其中，k^*(kW/kW) 为单位烟成本，即获得单位烟的该流股所需的外部资源的烟数量，下标 F 与 P 分别表示燃料与产品。按照上述方法，可进一步得到 CO_2 压缩纯化系统的特征方程与烟成本方程，如表 7-12 所示。

表 7-12　CO_2 压缩纯化系统中各个组件的特征方程与烟成本方程

序号	组件	特征方程	烟成本方程
1	MCC	$F_1=g_{F_1}(x_1,P_1)=k_1P_1$	$k_{P_1}^*=k_1k_{F_1}^*$
2	HE1	$F_2=g_{F_2}(x_2,P_2)=k_2P_2$	$k_{P_2}^*=k_2k_{F_2}^*$
3	FS1	$F_3=g_{F_3}(x_3,P_3)=k_3P_3$	$k_{P_3}^*=k_3k_{F_3}^*$
4	HE2	$F_4=g_{F_4}(x_4,P_4)=k_4P_4$	$k_{P_4}^*=k_4k_{F_4}^*$
5	FS2	$F_5=g_{F_5}(x_5,P_5)=k_5P_5$	$k_{P_5}^*=k_5k_{F_5}^*$
6	C&Cooler	$F_6=g_{F_6}(x_6,P_6)=k_6P_6$	$k_{P_6}^*=k_6k_{F_6}^*$

续表

序号	组件	特征方程	㶲成本方程
7	MIX	$F_7 = g_{F_7}(x_7, P_7) = k_7 P_7$	$k_{P_7}^* = k_7 k_{F_7}^*$
8	J1	$P_1 = g_{P_2}(x_8, P_{J_1}) = r_1 P_{J_1}$ $F_8 = g_{F_8}(x_8, P_{J_1}) = r_8 P_{J_1}$ $F_{10} = g_{F_{10}}(x_8, P_{J_1}) = r_{10} P_{J_1}$ $F_{12} = g_{F_{12}}(x_8, P_{J_1}) = r_{12} P_{J_1}$	$k_{J1}^* = r_8 k_{P_3}^* + r_{10} k_{P_4}^* + r_{12} k_{P_4}^* + r_1 k_{P_1}^*$
9	J2	$F_9 = g_{F_9}(x_9, P_{J_2}) = r_9 P_{J_2}$ $F_{11} = g_{F_{11}}(x_9, P_{J_2}) = r_{11} P_{J_2}$ $F_{13} = g_{F_{13}}(x_9, P_{J_2}) = r_{13} P_{J_2}$ $F_{14} = g_{F_{14}}(x_9, P_{J_2}) = r_{14} P_{J_2}$	$k_{J2}^* = r_{11} k_{P_4}^* + r_{13} k_{P_5}^* + r_{14} k_{P_5}^* + r_9 k_{P_3}^*$
10	J3	$P_6 = g_{P_6}(x_{10}, P_{J_3}) = r_6 P_{J_3}$ $F_{15} = g_{F_{15}}(x_{10}, P_{J_3}) = r_{15} P_{J_3}$	$k_{J3}^* = r_{15} k_{P_2}^* + r_6 k_{P_6}^*$

7.6.2　CPU 的热经济学成本方程

将设备的投资成本转化为单位产品的资本成本，以完成热经济学建模。对于成本为 C_i 的设备，贷款年限为 L(取值为 18)，单位现金成本按式(7-39)计算[25]：

$$Z_i = C_i \times \left[\frac{(1/L) + \lambda_A + r_{OM}}{H \times 3600} \right] \tag{7-39}$$

其中，r_{OM} 为 CO_2 压缩纯化系统在富氧燃烧系统中的运行维护系数(取值为 1.5%)；H 为年运行小时数(取值为 5000h[26])；λ_A 为年度化利息因子，此处采用等额本金利息递减还贷方式，计算方式如下[25]：

$$\lambda_A = i_A \times \frac{(1 + 1/L)}{2} \tag{7-40}$$

其中，i_A 为贷款年利率(取值为 5.94%[26])。当现金成本确认以后，可将 CO_2 压缩纯化系统中某个设备 i 的热经济学成本方程描述如下[25,27]：

$$c_{P_i} \cdot P_i = \sum_{j=1}^{n} c_{F_j} F_j + Z_i \tag{7-41}$$

其中，c_{P_i} (美元/kJ)为单位热经济学成本，定义为获得一单位㶲的该股流所需的现金单位数量。表 7-13 中罗列了 CO_2 压缩纯化系统中各个设备的热经济学成本方程，其中 $k_{z,i}$ 为单位资本成本，表示为 $k_{z,i}= Z_i/P_i$。

表 7-13　CO_2 压缩纯化系统中所有组件的热经济学成本方程

序号	组件	热经济学成本方程	序号	组件	热经济学成本方程
1	MCC	$c_{P_1}=k_1c_{F_1}+k_{Z_1}$	6	C&Cooler	$c_{P_6}=k_6c_{F_6}+k_{Z_6}$
2	HE1	$c_{P_2}=k_2c_{F_2}+k_{Z_2}$	7	MIX	$c_{P_7}=k_7c_{F_7}$
3	FS1	$c_{P_3}=k_3c_{F_3}+k_{Z_3}$	8	J1	$c_{J1}=r_8c_{P_3}+r_{10}c_{P_4}+r_{12}c_{P_4}+r_1c_{P_1}$
4	HE2	$c_{P_4}=k_4c_{F_4}+k_{Z_4}$	9	J2	$c_{J2}=r_{11}c_{P_4}+r_{13}c_{P_5}+r_{14}c_{P_5}+r_9c_{P_3}$
5	FS2	$c_{P_5}=k_5c_{F_5}+k_{Z_5}$	10	J3	$c_{J3}=r_{15}c_{P_2}+r_6c_{P_6}$

7.6.3　CPU 的㶲成本分析

表 7-14 为 CO_2 压缩纯化系统中各个设备的单位㶲耗、㶲流率与单位㶲成本。与在㶲分析结果中发现的结果一致，即主要㶲损发生在压缩机和换热器中。单位㶲耗主要呈现在压缩和换热过程中，其大小顺序按照 MCC、C&Cooler、HE2 以及 HE1 排列。与㶲分析结果不同的是，最大单位㶲成本为 HE2 与 FS2，而主压缩机的单位㶲成本最小。有趣的是，换热器与低温闪蒸分离器的单位㶲成本大小相等，这归因于在低温闪蒸分离器中仅发生了简单的物理过程，无须消耗额外的㶲数量。当考虑系统中各个设备的㶲成本(单位㶲成本与对应流股的㶲值的乘积)时，主要㶲耗则发生在分离过程(第一级和第二级分离过程分别消耗 47437.39kW 与 379075.55kW)与混合过程(消耗 447394.60kW)。因此，为使 CO_2 压缩纯化系统运行更为高效，需对闪蒸分离与混合过程采取相应措施以节省能耗。

表 7-14　CO_2 压缩纯化系统㶲成本分析结果

序号	组件	F/kW	P/kW	k/(kW/kW)	r	k_F^*/(kW/kW)	k_P^*/(kW/kW)
1	MCC	64787.52	38248.60	1.694	0.441 (r_1)	1.000	1.694
2	HE1	7665.50	6041.83	1.269	0.308 (r_6)	3.270	4.149
3	FS1	119209.09	119210.19	1.000	0.512 (r_8)	4.149	4.149
4	HE2	5745.68	4459.89	1.288	0.437 (r_9)	6.601	8.504
5	FS2	47348.60	47350.02	1.000	0.035 (r_{10})	8.504	8.504
6	C&Cooler	3186.98	2265.20	1.407	0.517 (r_{11})	4.149	5.838
7	MIX	99845.68	99682.72	1.002	0.012 (r_{12})	4.669	4.677
8	J1	—	—	1.000	0.037 (r_{13})	3.270	3.270
9	J2	—	—	1.000	0.008 (r_{14})	6.601	6.601
10	J3	—	—	1.000	0.695 (r_{15})	4.669	4.669

7.6.4　CPU 的热经济学成本分析

按照热经济学成本方程，计算得到如表 7-15 所示的系统中设备的热经济学成本。在所有设备的热经济学成本中，MCC 的单位热经济学成本最小，而最大单位热经济学成本发生在 FS2。尽管所有设备的单位热经济学成本分布与单位㶲成本分布一致，但由于不同设备的现金成本的影响，同一级的低温闪蒸分离器与换热器的单位热经济学成本大小不再相等。类似地，考虑设备的热经济学成本(单位热经济学成本与对应的㶲值的乘积)时，可发现其热力学损耗仍发生在低温闪蒸分离与混合两个过程。

表 7-15　CO_2 压缩纯化系统中所有设备组件的热经济学成本分析结果

序号	组件	c_P/(10^{-5} 美元/kJ)	序号	组件	c_P/(10^{-5} 美元/kJ)
1	MCC	0.987	6	C&Cooler	6.720
2	HE1	3.557	7	MIX	4.539
3	FS1	3.560	8	J1	2.616
4	HE2	7.630	9	J2	5.852
5	FS2	7.635	10	J3	4.532

7.7　深冷空分制氧单元(ASU)热经济学成本分析

7.7.1　ASU 的㶲成本方程

根据系统的物理结构与物流㶲表现，可完成对系统的燃料-产品定义，得到如表 7-16 所示结果，组件含义同图 7-13。压缩过程通过消耗外界功为将进口物流的压力增加到所需的压力提供燃料。预冷过程是经过空冷塔或水冷塔将物流温度降低到目标值。在主换热器中，燃料由热物流端提供，并供应至冷物流端。膨胀过程目的在于降低物流的焓值，并产生一定的功。精馏过程是将接近露点温度的空气与膨胀空气根据空气中主要成分的沸点不同，分离成液氧产品与污氮废气。液氧储罐及其旁路则包括液氧储存与氧气供应，而不涉及内部变化过程。

表 7-16　各设备的燃料-产品定义

序号	组件	燃料	产品
1	MAC	$F_1 = W_{MAC}$	$P_1 = E_2 - E_1$
2	PRE	$F_2 = E_2$	$P_2 = E_3$
3	MHX	$F_3 = (E_{14} - E_{17}) + (E_{16} - E_{18})$	$P_3 = (E_6 - E_4) + (E_7 - E_5)$
4	EXP	$F_4 = (E_7 - E_8)$	$P_4 = W_{EXP}$
5	Distillation	$F_5 = E_6 + E_8$	$P_5 = E_{14} + E_{16}$
6	LOX	$F_6 = E_{18}$	$P_6 = E_{20}$

图 7-13 展示了某一集成度下空分制氧系统的生产结构，用矩形表示物理(生产或耗散)组件，用菱形(Jj，j=1～3)与圆形(Ba，a=1～4)表示不同设备组件之间的汇集与分配。在菱形 J1 中，E2 的燃料由来源于 B1 的 $F_7(E_6–E_4)$ 与 $F_8(E_7–E_5)$、来源于 B3 的 $F_{10}(E_{16}–E_{18})$ 与 $F_{11}(E_{14}–E_{17})$ 所汇集。来源于 B2 的 $F_9(E_6)$、P_4 在 J2 汇集以成 Distillation 的燃料。进而，菱形与圆形可为㶲成本与热经济学成本建模确立结构方程。

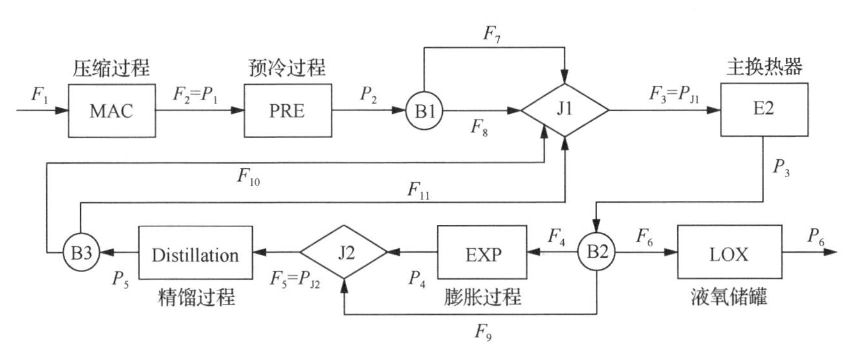

图 7-13　空分制氧系统的生产结构图

特征方程是热经济学模型的数学表达形式，表示为生产结构中各个设备的燃料(F_i)、产品(P_i)及内部参数(x_i)三者之间的关系式：$F_i=g_i(x_i,P_i)$。为确立系统的特征方程组，需定义单位㶲耗(k_i)与㶲流率(r_i)。单位㶲耗定义为以㶲为基准的燃料与产品的比值，即 $k_i=F_i/P_i$，而㶲流率则定义为第 i 股燃料占第 j 个菱形中的产品的比例，表示为 $F_i=r_iP_j$。对于某一能量系统或组件，其㶲成本方程如式(7-38)所示。按照上述方法，可进一步得到空分制氧系统的特征方程与㶲成本方程，如表 7-17 所示。

表 7-17　各设备的特征方程与㶲成本方程

序号	组件	特征方程	㶲成本方程
1	MAC	$F_1=g_{F_1}(x_1,P_1)=k_1P_1$	$k_{P_1}^*=k_1k_{F_1}^*$
2	PRE	$F_2=g_{F_2}(x_2,P_2)=k_2P_2$	$k_{P_2}^*=k_2k_{F_2}^*$
3	MHX	$F_3=g_{F_3}(x_3,P_3)=k_3P_3$	$k_{P_3}^*=k_3k_{F_3}^*$
4	EXP	$F_4=g_{F_4}(x_4,P_4)=k_4P_4$	$k_{P_4}^*=k_4k_{F_4}^*$
5	Distillation	$F_5=g_{F_5}(x_5,P_5)=k_5P_5$	$k_{P_5}^*=k_5k_{F_5}^*$
6	LOX	$F_6=g_{F_6}(x_6,P_6)=k_6P_6$	$k_{P_6}^*=k_6k_{F_6}^*$

续表

序号	组件	特征方程	㶲成本方程
7	J1	$F_7 = g_{F_7}(x_7, P_{J1}) = r_7 P_{J1}$ $F_8 = g_{F_8}(x_7, P_{J1}) = r_8 P_{J1}$ $F_{10} = g_{F_{10}}(x_7, P_{J1}) = r_{10} P_{J1}$ $F_{11} = g_{F_{11}}(x_7, P_{J1}) = r_{11} P_{J1}$	$k_{J1}^* = r_7 k_{P_2}^* + r_8 k_{P_2}^* + r_{10} k_{P_5}^* + r_{11} k_{P_5}^*$
8	J2	$P_4 = g_{P_4}(x_8, P_{J2}) = r_4 P_{J2}$ $F_9 = g_{F_9}(x_8, P_{J2}) = r_9 P_{J2}$	$k_{J2}^* = r_4 k_{P_4}^* + r_9 k_{F_9}^*$
9	B1	$P_2 = g_{P_2}(x_9, F_7, F_8)$	$k_{P_2}^* = k_{F_7}^* = k_{F_8}^*$
10	B2	$P_3 = g_{P_3}(x_{10}, F_4, F_6, F_9)$	$k_{P_3}^* = k_{F_4}^* = k_{F_6}^* = k_{F_9}^*$
11	B3	$P_5 = g_{P_5}(x_{11}, F_{10}, F_{11})$	$k_{P_5}^* = k_{F_{10}}^* = k_{F_{11}}^*$

7.7.2　ASU 的热经济学成本方程

根据 six-tenth 原则，参考文献[28]中对空分制氧系统的设备成本估计结果，可获得压缩机、预冷系统、高低压精馏塔、主换热器以及过冷器的成本。根据文献[29]中设备成本估算公式，可得到膨胀机、液氧罐与液氧泵的成本。根据设备各现金成本计算方法，可得到热经济学成本方程中所需的 k_{Zi}。当现金成本确认以后，可按照式(7-41)计算热经济学成本。表 7-18 中罗列了空分制氧系统中各个设备的热经济学成本方程。

表 7-18　各设备的热经济学成本方程

序号	组件	热经济学成本方程
1	MAC	$c_{P_1} = k_1 c_{F_1} + k_{Z_1}$
2	PRE	$c_{P_2} = k_2 c_{F_2} + k_{Z_2}$
3	MHX	$c_{P_3} = k_3 c_{F_3} + k_{Z_3}$
4	EXP	$c_{P_4} = k_4 c_{F_4} + k_{Z_4}$
5	Distillation	$c_{P_5} = k_5 c_{F_5} + k_{Z_5}$
6	LOX	$c_{P_6} = k_6 c_{F_6} + k_{Z_6}$
7	J1	$c_{J1} = r_7 c_{P_2} + r_8 c_{P_2} + r_{10} c_{P_5} + r_{11} c_{P_5}$
8	J2	$c_{J2} = r_4 c_{P_4} + r_9 c_{P_3}$

7.7.3 ASU 的㶲成本分析

表 7-19 所示为㶲成本分析所需的燃料、产品、单位㶲耗、㶲比率等参数，进而得到系统中每个设备的单位㶲成本。与㶲分析结果不同，压缩机的单位㶲成本最低而膨胀机的单位㶲成本最大。从㶲成本角度，系统的㶲成本主要发生在精馏塔系统与主换热器系统。

表 7-19　㶲成本分析结果(以峰谷期为例)

序号	组件	F	P	k	r	k_F^*	k_P^*
1	MAC	61876.35	43914.99	1.409	0.070 (r_4)	1.000	1.409
2	PRE	44721.88	43125.02	1.037	0.442 (r_7)	1.409	1.461
3	MHX	76033.25	68385.34	1.112	0.032 (r_8)	2.566	2.853
4	EXP	1635.24	730.54	2.238	0.930 (r_9)	2.853	6.387
5	Distillation	109847.64	95828.13	1.146	0.287 (r_{10})	3.099	3.552
6	LOX	10685.48	8548.73	1.250	0.390 (r_{11})	2.853	3.566
7	J1	—	—	1.000		2.562	2.562
8	J2	—	—	1.000		3.099	3.099

7.7.4 ASU 的热经济学成本分析

ASU 各设备投资成本和热经济学成本如表 7-20 所示。系统中各设备的投资成本主要来源于 MAC，占总成本的 69.39%。系统中单位热经济成本最大在于膨胀机，而最小仍然在于压缩机，这与设备在系统中所处的位置及功能存在一定的关联。

表 7-20　各设备投资成本与热经济学成本

序号	序号	投资成本/10^6 美元	c_P/(10^{-5} 美元/kJ)
1	MAC	12.74	0.169
2	PRE	1.30	0.193
3	MHX	1.06	0.444
4	EXP	0.14	1.105
5	Distillation	3.05	0.580
6	LOX	0.07	0.560
7	J1	—	0.397
8	J2	—	0.490

7.8 本 章 小 结

在㶲分析结果和成本分析结果的基础上，本章利用热经济学结构理论对富氧燃烧系统及传统燃烧系统建立了热经济学成本模型，并且建立了一种新的单位㶲成本分解策略，将其分解为燃料、㶲损及负熵三个组成部分。分析结果显示：富氧燃烧系统中组件产品的单位㶲成本约为传统燃烧系统中相应值的 1.1 倍，而单位热经济学成本是传统燃烧系统中对应值的 1.22 倍左右，本章也建立了这两数值之间的内在联系；单位㶲成本中燃料部分所占比例最大，但是影响同一模型(如锅炉、汽水循环)中不同组件单位㶲成本高低的是其㶲损部分的大小。热经济学成本分析辨识出从烟气转变成 CO_2 产品的成本形成过程，其㶲成本与热经济学成本主要集中在分离过程。有趣的是，同一级的换热器与低温闪蒸分离器的单位㶲成本相等，而考虑相应的现金成本后，两者的单位热经济学成本不再相等。

参 考 文 献

[1] 王加璇, 张恒良. 动力工程热经济学[M]. 北京: 中国水利水电出版社, 1995.

[2] Frangopoulos C A. Application of the thermoeconomic functional approach to the CGAM problem[J]. Energy, 1994, 19(3): 323-342.

[3] Lozano M A, Valero A. Thermoeconomic analysis of gas turbine cogeneration systems[C]//Richter H J. Thermodynamics and the Design, Analysis, and Improvement of Energy Systems-Session II: General Thermodynamics & Energy Systems. New Orleans: The American Society of Mechanical, 1993: 311-320.

[4] Frangopoulos C A. Thermoeconomic functional analysis: a method for optimal design or improvement of complex thermal systems[D]. Atlanta: Georgia Institute of Technology, 1983.

[5] von Spakovsky M R. Application of engineering functional analysis to the analysis and optimization of the CGAM problem[J]. Energy, 1994, 19(3): 343-364.

[6] Torres C, Serra L, Valero A, et al. The productive structure and thermoeconomic theories of system optimization[R]. New York: American Society of Mechanical Engineers, 1996.

[7] Uche J. Thermoeconomic analysis and simulation of a combined power and desalination plant[D]. Zaragoza: University of Zaragoza, 2000.

[8] Valero A, Serra L, Lozano M A. Structural Theory of Thermoeconomics[M]. Zaragoza: University of Zaragoza, 1993.

[9] Lozano M, Valero A. Theory of the exergetic cost[J]. Energy, 1993, 18(9): 939-960.

[10] 朱明善. 能量系统的㶲分析[M]. 北京: 清华大学出版社, 1988.

[11] Valero A, Lerch F, Serra L, et al. Structural theory and thermoeconomic diagnosis: Part II: Application to an actual power plant[J]. Energy Conversion & Management, 2002, 43(9): 1519-1535.

[12] Tsatsaronis G, Pisa J. Exergoeconomic evaluation and optimization of energy systems-application to the CGAM problem[J]. Energy, 1994, 19(3): 287-321.

[13] Bejan A, Tsatsaronis G, Moran M. Thermal Design & Optimization[M]. New York: John Wiley & Sons, 1996.

[14] Zhang C, Wang Y, Zheng C, et al. Exergy cost analysis of a coal fired power plant based on structural theory of thermoeconomics[J]. Energy Conversion and Management, 2006, 47(7): 817-843.

[15] Zhang C, Chen S, Zheng C, et al. Thermoeconomic diagnosis of a coal fired power plant[J]. Energy Conversion and Management, 2007, 48(2): 405-419.

[16] Xiong J, Zhao H, Zheng C, et al. Thermoeconomic operation optimization of a coal-fired power plant[J]. Energy, 2012, 42(1): 486-496.

[17] Xiong J, Zhao H, Zheng C. Thermoeconomic cost analysis of a 600 MWe oxy-combustion pulverized-coal-fired power plant[J]. International Journal of Greenhouse Gas Control, 2012, 9(8): 469-483.

[18] Xiong J, Zhao H, Zheng C. Exergy analysis of a 600 MWe oxy-combustion pulverized-coal-fired power plant[J]. Energy & Fuels, 2011, 25(8): 3854-3864.

[19] Serra L, Lozano M, Valero A, et al. On average and marginal costs in thermoeconomics[C]. International Symposium ECOS, 1995: 428-435.

[20] Linnhoff B. Pinch analysis: a state-of-the-art overview: Techno-economic analysis[J]. Chemical engineering research & Design, 1993, 71(5): 503-522.

[21] Torres C. Symbolic thermoeconomic analysis of energy systems[C]//Frangopoulos C A. Exergy, Energy System Analysis, and Optimization. Oxford: Encyclopedia of Life Support Systems (EOLSS), 2003.

[22] Valero A. The thermodynamic process of cost formation[C]//Frangopoulos C A. Exergy, Energy System Analysis, and Optimization. Oxford: Encyclopedia of Life Support Systems (EOLSS), 2003.

[23] Frangopoulos C A. Thermo-economic functional analysis and optimization[J]. Energy, 1987, 12(7): 563-571.

[24] Jin B, Zhao H, Zheng C. Thermoeconomic cost analysis of CO_2 compression and purification unit in oxy-combustion power plants[J]. Energy Conversion and Management, 2015, 106: 53-60.

[25] 熊杰. 氧燃烧系统的能源-经济-环境综合分析评价[D]. 武汉: 华中科技大学, 2011.

[26] 中国电力顾问集团公司电力规划设计总院. 火电工程限额设计参考造价指标(2009 年水平)[M]. 北京: 中国电力出版社, 2010.

[27] Erlach B, Serra L, Valero A. Structural theory as standard for thermoeconomics[J]. Energy Conversion and Management, 1999, 40(15): 1627-1649.

[28] Hu Y, Li H, Yan J. Techno-economic evaluation of the evaporative gas turbine cycle with different CO_2 capture options[J]. Applied energy, 2012, 89(1): 303-314.

[29] Couper J R, Penney W R, Fair J R. Chemical Process Equipment: Selection and Design[M]. Oxford: Gulf Professional Publishing, 2010.

第8章　环境热经济学成本分析

能源系统涉及经济和环境，因此，这三者之间本身就存在着很强的联系，片面地强调某一方面很可能会造成规划上的失策。实际上，热经济学研究的对象主要是热力、化工系统，而这类系统通常伴随着较严重的环境污染问题，因此，合理地在热经济学研究过程中计入环境影响是必要的，也会是未来的一个重要发展方法。不过，在目前阶段，计及环境影响的热经济学(环境热经济学、生态热经济学)研究成果还十分有限。将环境因素纳入热经济学模型中主要存在着三个难点：①如何从经济的角度来量化污染物质的环境影响；②如何了解污染物质脱除装置的投资成本，特别是投资成本经验方程；③如何修正传统的热经济学模型及环境因素，即将环境污染的外部成本内部化。从发表的文献来看，热经济学研究流派主要关注于第三个难点，即环境热经济学模型的建立，如何构建成本分析模型、优化模型等污染物质的经济性量化研究(环境影响评价)是一个相当广的研究领域，已经有许多机构和学者在这方面发表了他们的研究成果。不过，值得提到的是，环境影响评价的研究与热经济学研究还没有得到有机的融合，目前还呈现出一种“各自为战”的局面。另外，在构建环境热经济学模型时，相关学者多采用“脱除模型”，即考虑将产生的污染物质脱除，相应地添加脱除装置。这样的处理方法伴随而来的就是第二个难点，这些污染物质脱除装置的投资成本经验方程往往很难获得。在进行成本会计计算时，可以用实际的投资成本数额来代替，但是在进行系统优化工作时，使用固定的数额将难以满足要求。

本章在第7章富氧燃烧系统的系统热经济学成本分析的基础上，考虑环境因素，建立了富氧燃烧系统和传统燃烧系统的环境热经济学成本模型，从能源、经济、环境三方面全面地对富氧燃烧技术进行分析、评价。在本章分析中，同样认为空分装置的产品仅为O_2，而将N_2视作副产品，至于是将N_2出售还是做其他处理，本章不做具体分析。同时由于N_2本身就是空气中的最主要的组成部分，即使将其直接排放，对环境的影响也较小。本章主要将CO_2、SO_x、NO_x视作大气环境的污染物质，考虑它们对环境的损害。

在进行环境热经济学成本建模时，本章分如下三个思路来(货币化)计量污染物质的环境影响：①脱除成本，考虑将污染物质进行脱除，不排放到大气环境中，相应地添加污染物质脱除装置；②环境损害成本，直接将污染物质排放到大气中，不做任何处理，计量它们对环境的损害所造成的经济损失；③税收额，考虑对排放的污染物质征收排放税。得到了上述对应环境因素的成本之后，再按照建立的环境热经济学成本模型引入环境因素。

8.1　环境热经济学成本建模

环境热经济学成本模型相对于热经济学成本模型而言，最主要的区别就是考虑了环境因素。而针对燃煤电厂，其环境因素主要是燃煤过程中产生的污染物质(CO_2、SO_2、NO_x)对环境的影响。如何有效评估环境影响的危害程度，并将此外部性内部化，正确反映燃煤发电过程的真正经济性能，是环境热经济学要解决的问题。

在环境热经济学成本建模过程中，如何正确地将环境因素引入现有的热经济学成本模型中是问题的关键。在热经济学成本分析时，应对系统中的各股流均赋予了成本的概念，唯有如此才能从一个整体的角度来对系统进行分析、诊断以及优化。因此，如果能同样用成本来计量“环境因素”，则可以解决这个“引入”问题。在找到引入“环境因素”的途径之后，则需要解答另一个问题，即如何赋予“环境因素”以成本的概念，并且能定量评价，具体来讲，是对 CO_2、SO_2、NO_x 这三种物质的排放如何定价。

污染物质的脱除成本计算是技术经济学的范畴，这项工作已经在第 6 章中进行了介绍并得到了一些结果，本章直接利用之前建立的技术经济学分析模型得到所需要的污染物质脱除成本数据。污染物质的环境损害成本是一个地区或者国家应该考虑、计算的数据，它可以指导社会的可持续发展并制定合理的税收额，当税收额度制定后，污染物质的排放单位会根据自身的情况来权衡安装污染物质脱除装置和缴纳税收之间的经济利弊，从而决定是否安装污染物质脱除装置。可以看出，税收是将外部成本内部化的有效手段。问题的关键是对污染物质环境损害的清楚认识、对热力系统热力性能、经济性能的精确评价以及税收额的合理制定，这三个问题相辅相成。而本章的工作对这三个问题给出了解答。

本章采用了三种思路来解决这个“定价”问题：①脱除模型，针对各污染物质安装相应的脱除(净化)装置，于是对于每一种污染物质则存在一个单位脱除成本；②环境损害模型，计量污染物质的排放对环境损害所造成的经济损失；③税收模型，考虑污染物质排放的税收金额。图 8-1 为考虑环境因素时的能量系统示

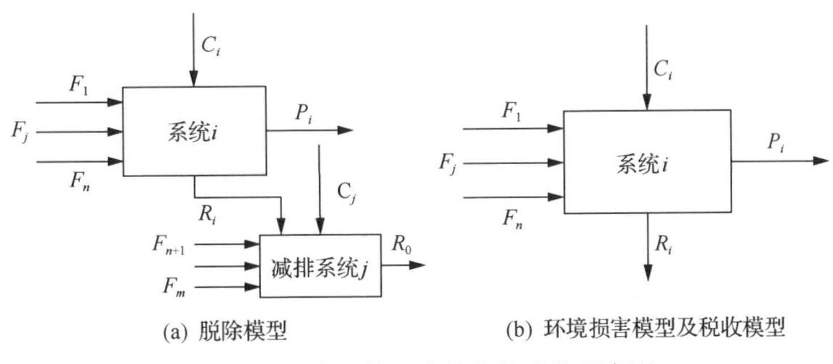

图 8-1　考虑环境因素的能量系统示意图

意图，图 8-1(a)针对脱除模型，图 8-1(b)针对环境损害模型及税收模型。图中 R_i 代表残余物、副产品等，在本章中代表大气污染物质(CO_2、SO_2、NO_x)，而 R_0 则表示排入大气中的成分，已经将污染物质脱除，环境友好。F_j 为系统所需的第 j 股能量资源，C_i 为系统的非能量投入，P_i 为系统的输出，R_i 为残余物副产品等，C_j 为减排系统的非能量投入。

于是对照图 8-1 中的结构可以建立相应的环境热经济学成本模型，c_P、c_F 为单位热力学成本。

脱除模型：

$$\sum c_{R_k}^{\mathrm{C}} \cdot R_k + C_j + \sum_{j=n+1}^{m} c_{F_j} \cdot F_j = 0$$

$$c_P \cdot P_i + \sum c_{R_k}^{\mathrm{C}} \cdot R_k = \sum_{j=1}^{n} c_{F_j} \cdot F_j + C_i$$

于是

$$c_P \cdot P_i = \sum_{j=1}^{m} c_{F_j} \cdot F_j + \sum C \tag{8-1}$$

环境损害模型：

$$c_P \cdot P_i + \sum c_{R_k}^{\mathrm{D}} \cdot R_k = \sum_{j=1}^{n} c_{F_j} \cdot F_j + C_i \tag{8-2}$$

税收模型：

$$c_P \cdot P_i + \sum c_{R_k}^{\mathrm{T}} \cdot R_k = \sum_{j=1}^{n} c_{F_j} \cdot F_j + C_i \tag{8-3}$$

其中，c_R 为污染物质的单位成本(负值)；上标 C、D、T 为对应脱除、环境损害及税收。

8.2 富氧燃烧电站环境热经济学成本分析

对应环境热经济学成本模型的系统生产结构分别如图 8-2、图 8-3 所示。图中 FGC 表示污染物质脱除装置。这里需要说明的是，因为环境污染物质主要是由煤燃烧产生的，所以污染物质脱除装置主要是针对炉膛组件而设置的。对于其他组件，环境热经济学成本方程与第 7 章中建立的热经济学成本方程是类似的。不过，因为系统中各组件之间存在相互影响和制约，所以炉膛产品成本的变化会引起其他组件产品成本的变化。

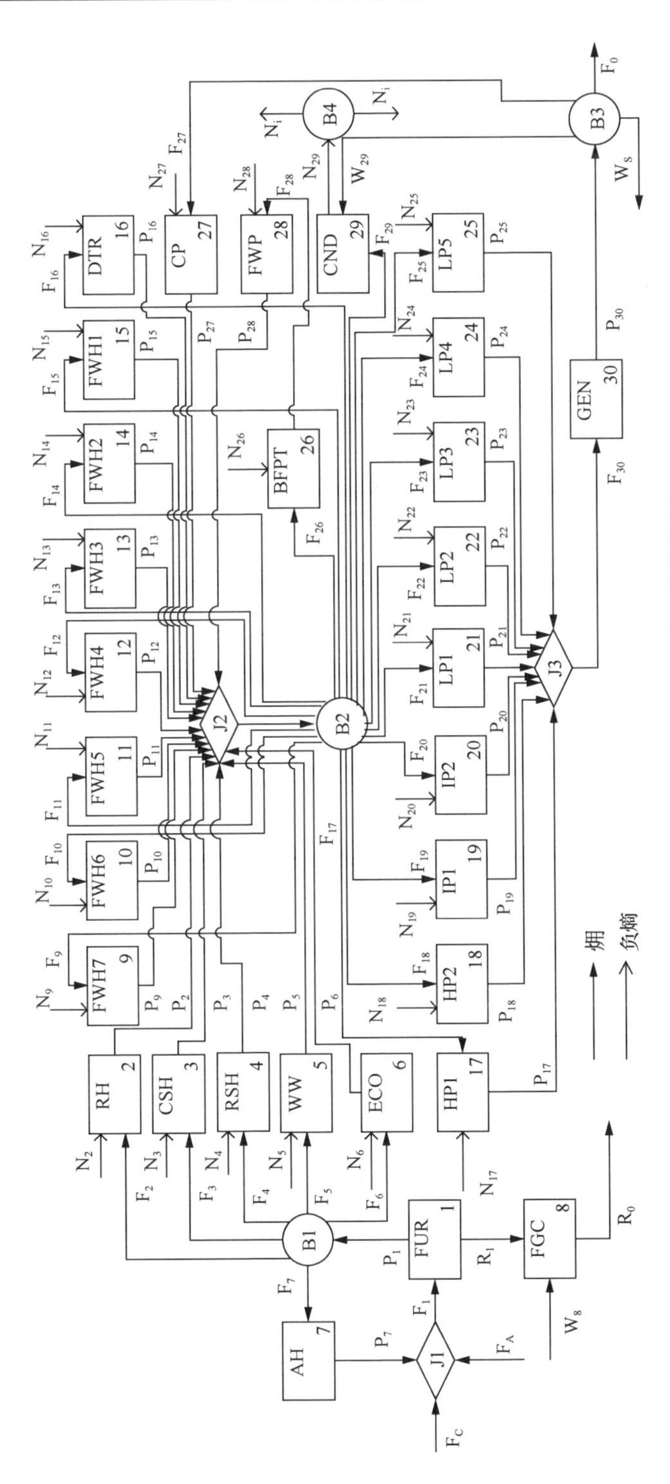

图8-2　考虑环境因素时传统燃烧系统生产结构图

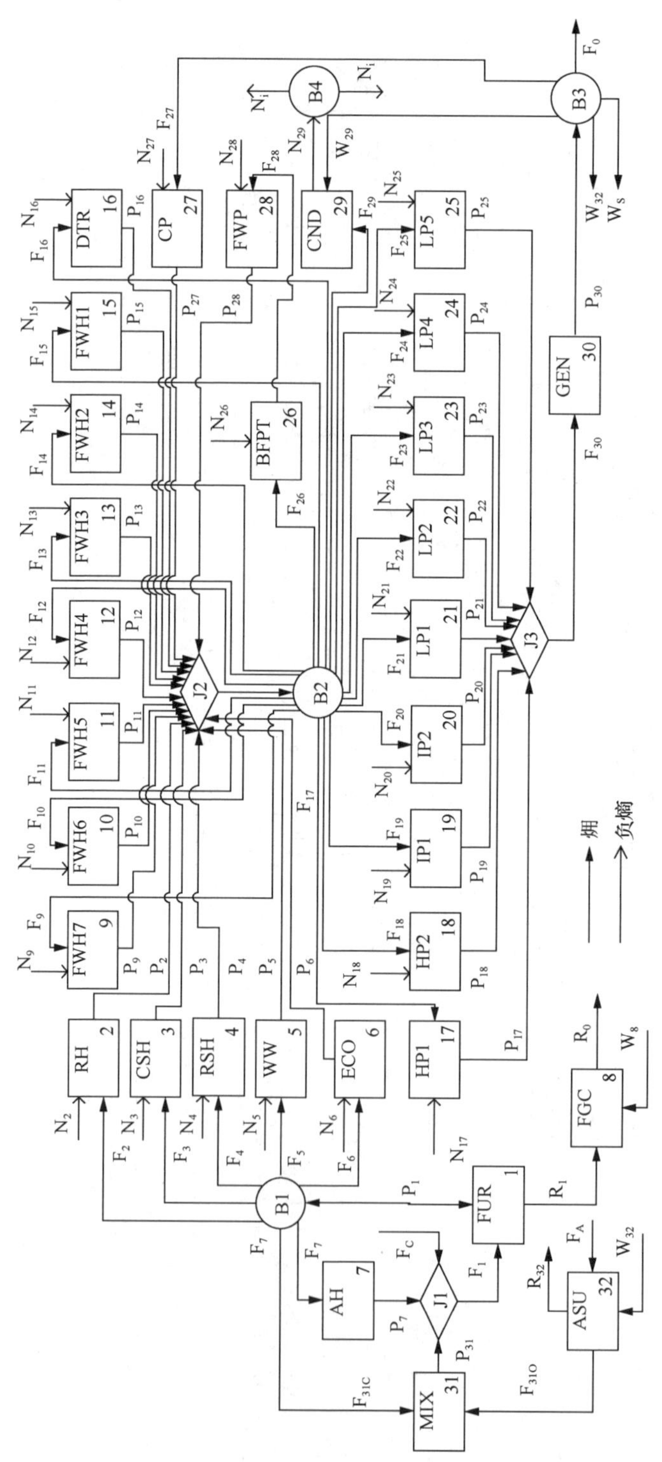

图8-3 考虑环境因素时富氧燃烧系统生产结构图

在环境损害模型或税收模型下，FGC 组件取消，R_1 直接排放。根据式(8-1)～式(8-3)给出的方法，本章在传统燃烧系统基础上建立了三种污染物处理模型下的环境热经济学成本模型并得到了相应的结果，同时对富氧燃烧系统也建立了环境热经济学成本模型，并对它们的结果进行了比较和分析。不过，需要说明的是，富氧燃烧系统的提出本身就是为了应对环境问题，尾气处理装置也是为了消除 CO_2 等物质的环境危害，因此，本章建立的富氧燃烧系统的环境热经济学成本模型与第 7 章中建立的富氧燃烧系统的热经济学成本模型之间的差别并不大，仅仅是在炉膛产品的定义上有一些改变，在本章的环境热经济学成本模型中，认为炉膛的产品仅仅是提供给换热器的物理㶲以及循环烟气的化学㶲。这一点从生产结构图的改变上可以看出(对照图 8-3 和第 7 章富氧燃烧系统生产结构图)。

8.2.1 脱除模型

采用一定的方法，安装一定的装置，对污染物质进行捕集、脱除以避免其向大气排放，这是环境保护希望达到的最终目标，也是真正对环境友好的措施。而制约这一措施实行的因素主要有两个：经济因素和政治因素。政策上的不完善、以及经济奖罚上的不合理是造成环境污染严重的主要原因。

但是，不得不承认的是，脱除污染物质的再次投资成本较高，而且，添加的成本也往往最后会流入消费终端(用户)，增加他们的经济负担。因此，需要对不同情况(减排或不减排)均进行合理的经济核算，计算出污染物质减排对应的明确的经济成本。

本节使用脱除成本方法建立环境热经济学成本模型，而使用的数据主要来源于第 6 章中技术经济学计算得到的结果，只是需要说明的是，在第 6 章中进行的技术经济学分析是较普遍的情况，而本章的环境热经济学成本建模中，做了如下基本假设：认为煤中的 S、C 元素完全转化为 SO_2 和 CO_2，而产生的 CO_2、SO_2、NO_x 均能在脱除装置中被完全脱除。本节中使用的单位脱除成本对应第 6 章中计算的捕集成本(c_{CCC})，对 SO_2、NO_x 而言，也如第 6 章求得它们的单位捕捉成本，此时得到的计算结果如表 8-1(第 5 列)所示。富氧燃烧系统和传统燃烧系统中生成的 CO_2、SO_2、NO_x 量也如表 8-1 所示。富氧燃烧方式下，三种污染物质的排放量已经很少。

表 8-1　污染物质单位成本计算结果

成分	成本(元/s)			单位成本(元/kg)			生成量/(kg/s)	
	$C_{R,C}^{C}$	$C_{R,C}^{D}$	$C_{R,O}^{D}$	C_{R}^{C}	C_{R}^{D}	C_{R}^{T}	传统燃烧系统	富氧燃烧系统
SO_2	1.41	5.99	—	2.55	10.88	0.63	0.55	—
NO_x	1.79	2.18	3.33×10^{-2}	5.81	7.07	0.63	0.31	4.72×10^{-3}
CO_2	15.92	17.40	0.63	0.11	0.12	—	142.14	5.19
总	19.11	25.57	0.67	—	—	—	—	—

8.2.2 环境损害模型

如果不对产生的污染物质进行处理而直接向大气排放，则会造成相应的环境问题(危害)，如酸雨和温室效应等。通常情况下，人们对于环境危害都只是存在着一个定性的概念如何对污染物质的排放对环境的危害进行定量评价、经济评价是难点所在，但是又必须解决。

污染物质环境损害的经济性评价是一个综合、复杂的工作，它涉及国家政策、经济发展规模、国民福利状况、地理气候等方面的问题，同时需要大量的数据，因此这方面的工作往往是由国家层面的机构来承担。同时，由于考虑因素、数据的不同，而且这类工作存在着一定的主观性，不同机构得到的数据差别也较大。表 8-2 列出了一些研究得到的数据，不同研究数据之间的差别很大，但是仍然可以找到一些规律：同一个研究方案中，SO_2 和 NO_x 的单位环境损害成本在一个量级，而 CO_2 的单位环境损害成本则比 SO_2 和 NO_x 的数值低两个量级。

表 8-2 污染物质环境损害成本计算结果

单位组分成本	SO_2	NO_x	CO_2	来源
人民币/t	2650	2910	30	文献[1]
欧元 2000/t	2939	2908	19	文献[2]
欧元/t	6070	5591	—	文献[3]
美元/t	1602	1039	—	文献[4]
欧元/t	6300	9900	2.4	文献[5]
美元/t	5666	2293	18	文献[6]
欧元/t	—	—	18	文献[7]
美元/t	2000	2800	13	文献[8]

本书富氧燃烧系统涉及经济的数据基本都是对应国内的情况，因此污染物质的单位环境损害成本数据也应该是针对中国实际情况而言。国内这方面的研究十分有限，本节使用的 SO_2 和 NO_x 的单位环境损害成本数据主要参考文献[4](针对国内情况)。而对于 CO_2 而言，它具有全球性、潜伏性的特点，其环境损害成本很难量化，因此很多文献中推荐使用其脱除成本来量化其环境损害成本。结合表 8-2 中的数据和本章计算得到的 CO_2 脱除成本，本节对取 CO_2 单位环境损害成本取为 18 美元/t。按 1 美元=6.8 元的汇率换算后得到的数值，与表 8-2 对应。

8.2.3 税收模型

前面已经提到，税收是将外部成本内部化的有力措施，而难点在于如何合理地制定税收额度。国内已经对 SO_x 和 NO_x 征收排放税，税收额为 0.6 元/0.95kg，

而没有对 CO_2 征收排放税。因此，本章对 CO_2 的税收额设定一定的范围并进行计算，寻求合理的 CO_2 税收额。

8.2.4 结果比较与分析

针对以上介绍的三种模型的传统燃烧系统以及富氧燃烧系统下计算得到的环境热经济学成本计算结果如表 8-3 和图 8-4 所示。为了更好地对结果进行比较，本章分析的富氧燃烧系统脱硫方式采用 LIFAC 方法。

表 8-3 环境热经济学成本(10^{-5} 元/kJ)计算结果

序号	组件	富氧燃烧	传统燃烧						
			脱除模型	税收模型(CO_2 取不同值(元/t))					环境损害模型
				120	130	140	150	160	
1	FUR	5.65	5.55	5.39	5.54	5.69	5.84	5.99	6.22
2	RH	7.37	7.17	6.98	7.16	7.34	7.52	7.70	7.99
3	CSH	8.31	7.87	7.66	7.85	8.04	8.24	8.43	8.73
4	RSH	8.24	8.22	8.00	8.21	8.41	8.62	8.83	9.16
5	WW	8.76	8.65	8.41	8.64	8.86	9.08	9.30	9.66
6	ECO	7.92	7.75	7.55	7.74	7.92	8.11	8.30	8.60
7	AH	9.72	11.14	10.86	11.13	11.39	11.66	11.92	12.35
9	FWH7	14.52	14.25	13.90	14.23	14.56	14.89	15.22	15.75
10	FWH6	11.03	10.82	10.55	10.81	11.06	11.32	11.58	11.99
11	FWH5	10.65	10.44	10.18	10.43	10.68	10.93	11.18	11.58
12	FWH4	10.93	10.71	10.44	10.70	10.96	11.22	11.48	11.90
13	FWH3	9.96	9.76	9.51	9.75	9.98	10.22	10.46	10.85
14	FWH2	9.37	9.19	8.95	9.17	9.40	9.63	9.85	10.22
15	FWH1	9.45	9.26	9.02	9.25	9.48	9.70	9.93	10.30
16	DTR	10.46	10.26	10.00	10.25	10.49	10.74	10.98	11.38
17	HP1	9.79	9.60	9.35	9.58	9.82	10.05	10.29	10.66
18	HP2	9.57	9.39	9.15	9.38	9.60	9.83	10.05	10.41
19	IP1	9.78	9.60	9.35	9.58	9.81	10.04	10.28	10.65
20	IP2	9.47	9.28	9.04	9.27	9.49	9.72	9.94	10.30
21	LP1	10.08	9.88	9.63	9.87	10.11	10.34	10.58	10.96
22	LP2	9.73	9.54	9.30	9.53	9.76	9.99	10.22	10.59
23	LP3	9.95	9.76	9.51	9.75	9.98	10.21	10.45	10.83
24	LP4	10.09	9.89	9.64	9.88	10.12	10.35	10.59	10.97
25	LP5	11.95	11.72	11.42	11.70	11.99	12.27	12.55	13.00
26	BFPT	11.43	11.21	10.92	11.19	11.46	11.73	12.00	12.44
27	CP	17.24	16.96	16.61	16.94	17.28	17.61	17.95	18.49
28	FWP	13.44	13.19	12.86	13.17	13.48	13.78	14.09	14.59

续表

序号	组件	富氧燃烧	传统燃烧						
			脱除模型	税收模型(CO_2取不同值(元/t))					环境损害模型
				120	130	140	150	160	
29	CND	0.52	0.51	0.50	0.51	0.52	0.53	0.54	0.56
30	GEN	10.19	10.00	9.75	9.98	10.22	10.46	10.70	11.08
31	MIX	16.35	—	—	—	—	—	—	—
32	ASU	108.99	—	—	—	—	—	—	—
33	J1	3.41	2.30	2.30	2.30	2.31	2.31	2.32	2.33
34	J2	8.61	8.44	8.22	8.43	8.64	8.85	9.06	9.40
35	J3	9.90	9.70	9.45	9.69	9.92	10.16	10.39	10.77

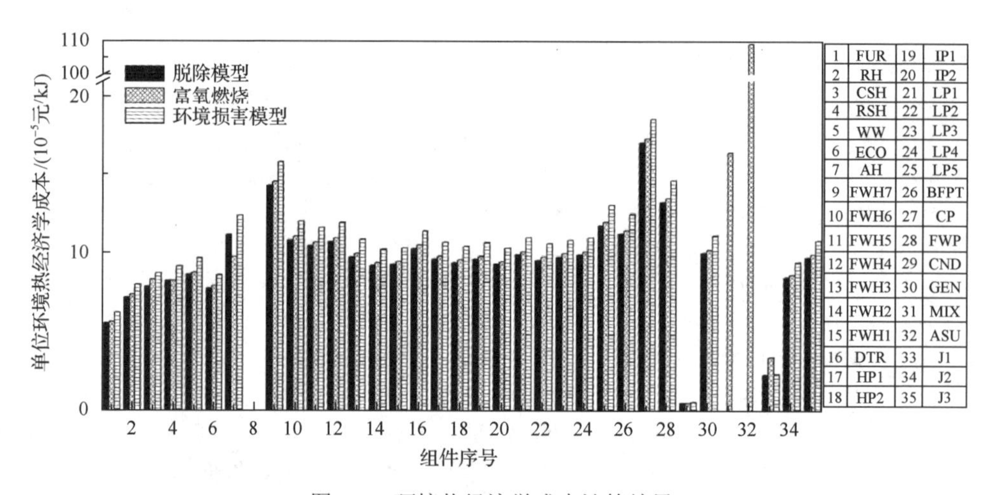

图 8-4　环境热经济学成本计算结果

从计算得到的结果可以看出，不同模型、系统下，不同组件的单位环境热经济学成本的变化规律是基本一致的，即近似线性变化。比较不同工况下的结果可发现，传统燃烧系统在脱除模型下得到的数值与富氧燃烧系统的数值很吻合，这是因为污染物脱除成本的数值来自于第 6 章富氧燃烧技术经济学分析中计算得到的数据，因此这也印证了本章建立的环境热经济学成本模型的合理性、正确性；另外，环境损害模型下得到的数值最大，这表明将污染物质直接排放造成的经济损失是很严重的，大于将污染物质减排的经济投入，因此，对污染物质的减排不仅迫切，而且有利。而对于税收模型下的结果，进一步分析结果如图 8-5 所示，图中挑选了炉膛 FUR 和发电机 GEN 的结果进行分析，从图中的结果可以看出，当 CO_2 单位排放税收额取值 140 元/t 左右时，可认为传统燃烧系统和富氧燃烧系统产品的单位环境热经济学成本相等，即两系统的环境经济性能相当。这一数值较第 6 章中得到的结果有一点差别，主要是因为本章计算时取值(如脱除率等)有所不同，另外就是因为环境热经济学模型和技术经济学方法并不能完全等价，这一点已经在第 7 章热经济学分析中阐明。

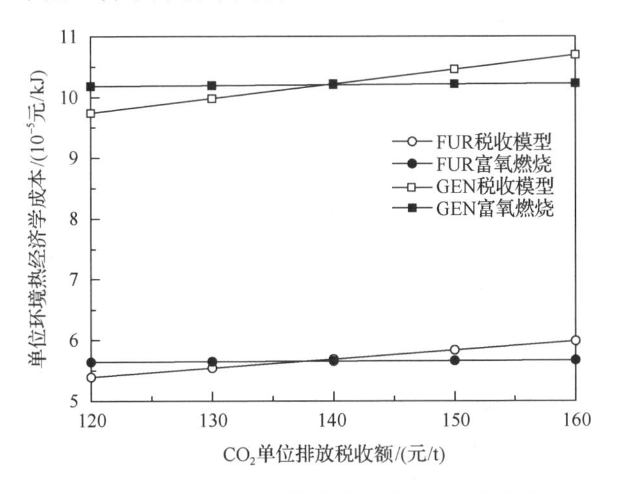

图 8-5　税收模型下环境热经济学成本结果分析

结合表 8-3 中的数据和第 7 章热经济学成本分析得到的结果，可以得出各组件产品单位环境热经济学成本中能量、投资以及环境三方面各占的比例，以脱除模型为例，分析结果如图 8-6 所示。图中结果显示，各组件的单位环境热经济学成本的组成中，能量部分所占比例最大，约 55%，其次为环境部分，约 30%，投资部分最小。

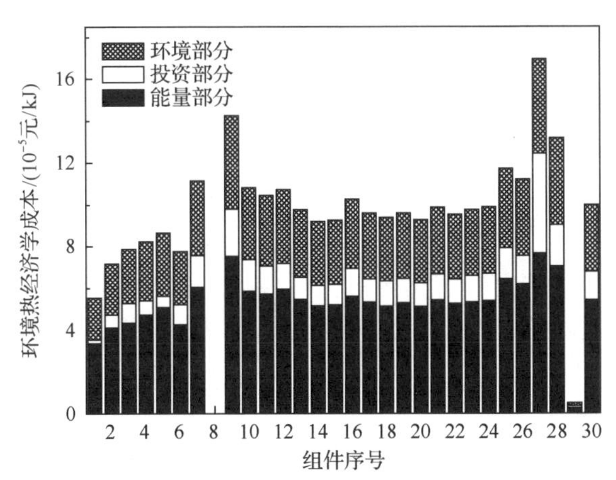

图 8-6　环境热经济学成本分配情况

环境热经济学成本相对于热经济学成本，主要是添加了环境项，而此环境项则主要是由 CO_2、SO_x 和 NO_x 贡献，为了了解这三种物质的排放在环境成本项中所占的比例，本书对总环境成本进行了分解，结果如图 8-7 所示，其中 CO_2 的单位排放税收额取 140 元/t。从图中的结果可以看出：三种模型横向比较，税收模型中 CO_2 造成的环境成本所占比例最大，而环境损害模型中 SO_x 和 NO_x 造成的环境成本所占比例最大，同时可以看出，我国现行的 SO_x 和 NO_x 排放税收额度偏低，难以起到经济上的制约作用。

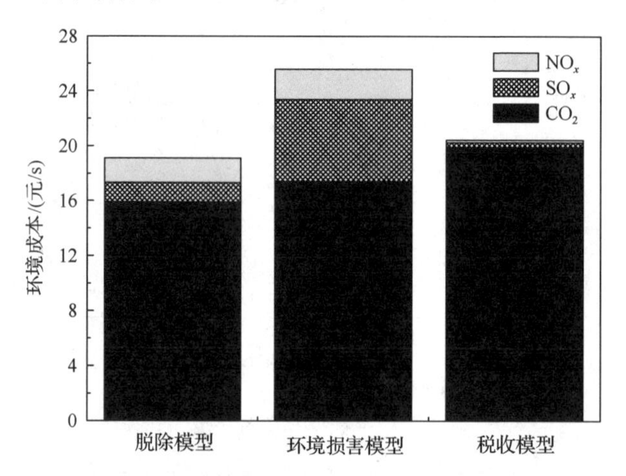

图 8-7　税收模型下环境热经济学成本结果分析

前面 CO_2 单位环境损害成本的确定是参考了一些国外相关研究得到的数值，因此在此数值的选取上存在着一定的主观性，本书对这一数值进行了灵敏性分析，选取范围为 10～18 美元/t，得到的结果如图 8-8 所示。从图中的结果可以看出，临界 CO_2 单位环境损害成本约为 12 美元/t，即当 CO_2 单位环境损害成本大于 12 美元/t 时，前面分析得到的一些结论都是成立的。而从相关研究得到的结果来看，12 美元/t 的数值是较低的。

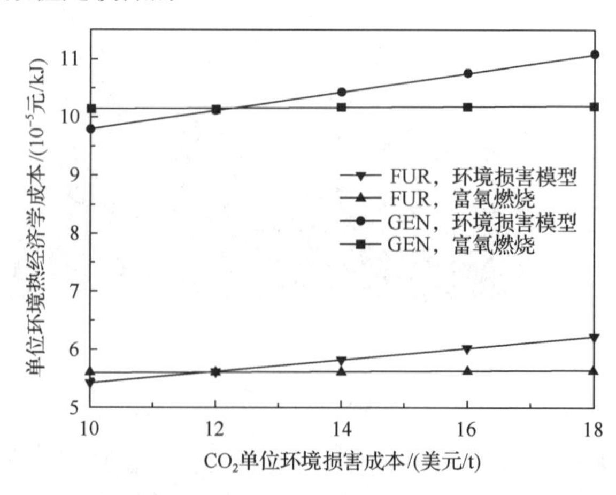

图 8-8　环境热经济学成本分配情况

8.3 本章小结

本章对选取的富氧燃烧系统和传统燃烧系统建立了环境热经济学成本模型，综合考虑其能源、经济及环境性能。本章理论模型依然是基于热经济学结构理论，首先在热经济学成本模型的基础上确立了环境热经济学成本方程的构建方法，然后采用脱除成本、环境损害成本以及税收三种思路将环境因素引入热经济学成本模型中并得到了各种模型下的环境热经济学成本计算结果。

计算结果显示了脱除模型下的结果和富氧燃烧系统的计算结果的高度吻合性，这反映了本章建立的环境热经济学成本模型的合理性；另外，环境损害模型下得到的结果高于脱除模型下得到的结果，这表明应该采取相应的措施对污染物质进行减排。税收是促进污染物质减排的有效手段，合理的 CO_2 单位排放税收额为 140 元/t 左右。而各组件的单位环境热经济学成本的组成中，环境部分所占比例可观，约为 30%，能量部分所占比例最大，约为 55%，投资部分最小。对三种模型下 CO_2、SO_x 和 NO_x 造成的环境成本分配情况的分析显示，税收模型中 CO_2 所占比例最大，而环境损害模型中 SO_x 和 NO_x 所占比例最大，且我国现行的 SO_x 和 NO_x 排放税收额度偏低，难以起到经济上的制约作用。而对 CO_2 单位环境损害成本的灵敏性分析结果显示，当它大于 12 美元/t 时，本章分析得到的一些结论都是成立的。

参考文献

[1] Rosen M A, Ibrahim D. Exergy analysis of waste emissions[J]. International Journal of Energy Research, 1999, 23(23): 1153-1163.

[2] Dones R, Heck T, Bauer C, et al. Externe-pol externalities of energy: extension of accounting framework and policy applications[R/OL]. Switzerland: Paul Scherrer Institute, 2005 [2017-11-20]. http://www.externe.info/externe_d7/sites/default/files/expolwp6.pdf.

[3] Streimikiene D, Ilona A S. External cost of electricity generation in Lithuania[J]. Renewable Energy, 2014,64: 215-224.

[4] Kypreos S, Krakowski R. An assessment of the power-generation sector of China[R]. Switzerland: Paul Scherrer Institute, 2005.

[5] Friedrich R, Rabl A, Spadaro J V, et al. Quantifying the costs of air pollution: the ExternE project of the EC[J]. Pollution Atmospherique, 2001, 23: 77-104.

[6] El-Kordy M N, Badr M A, Abed K A, et al. Economical evaluation of electricity generation considering externalities[J]. Renewable Energy, 2002, 25(2): 317-328.

[7] Schleisner L. Comparison of methodologies for externality assessment[J]. Energy Policy, 2000, 28(15): 1127-1136.

[8] And H S M, Lave L B. Applications of environmental valuation for determining externality costs[J]. Environmental Science & Technology, 2000, 34(8): 1390-1395.

第9章　热经济学故障诊断

故障，即设备或系统在运行中与过程相关的监视参数或计算参数偏离了能够被接受的范围[1]，也意味着该设备或系统此时达到实现其规定的性能。故障的发生通常都是偶然的。设备(系统)发生异常的原因称为故障(malfunctions)或者缺陷(failures)。故障诊断的目的即利用一定的模型，通过设备(系统)发生故障之后的表征来推断发生故障的地方，从而对其进行调整或者维修[2-4]。热力学分析方法无法区分系统中不同局部造成的不可逆之间的不等价性，所以当系统的结构和设备之间的交互关系非常复杂时，仅使用热力学分析方法无法对系统中异常的原因进行精确的定位[5-7]。热经济学理论结合了热力学第二定律分析和成本分析，因此热经济学故障诊断方法不仅能区分系统中不同局部不可逆的不等价性，还能对各种系统异常所导致的经济损失进行量化，而量化的方法通常是用㶲成本[8]、热经济学成本[8]、故障成本(malfunction cost)或者燃料影响(fuel impact)[9,10]来表征。在基于热经济学结构理论[11,12]的热经济学故障诊断中，故障被分解为内在故障(intrinsic malfunction)和诱导故障(induced malfunction)[13,14]，相对于扰动理论，热经济学故障诊断方法可以对故障产生的原因和影响进行更好的定位和评价、获得更加精确的燃料影响数值[14]。

随着对热经济学故障诊断方法的研究的不断深入，诱导故障的辨识和分离逐渐成为研究的热点与难点。由于系统内各组件之间存在着复杂的交互关系，同时控制系统也对系统运行存在着影响，所以各组件中诱导故障的来源非常复杂；而且，诱导故障并不是组件内部的实际故障，它是由其他组件中的故障诱导产生的，所以它的产生和组成与系统中各组件之间的交互关系、系统结构等有较大的关系。因此，如果希望对真正的故障源进行准确定位和精确的诊断[15]，必须对诱导故障进行辨识并且将其从总故障(包括内在故障和诱导故障)中分离出来，而这一工作存在着很大的困难。热经济学故障诊断方法分为两大问题(或两个阶段)[13]：正向问题(已知原因求结果)和逆向问题(已知结果反推原因)。正向问题中，已知故障源的位置和大小(即内在故障)，需要分析该故障源所引起的各组件中不可逆的增加(即内在故障引起的诱导故障和障碍)；而在逆向问题中，已知系统的两个运行状态，即实际运行工况(或故障工况)和参考工况(或无故障工况)，要辨识系统中故障发生的原因和位置。故障诊断的应用实际上对应于逆向问题，而逆向问题相对于正向问题也的确具有更大的难度。但是，正向问题的研究也具有较大的意义，它是当逆向问题难以解决时的一种权宜和研究准备：先研究某一组件的内在故障对其他组件产生的诱导影响，并分析诱导故障和障碍产生的特性以及分布情况。

本章首先介绍故障诊断的基本原理与概念，以便于读者对后续内容中专业术语的理解；然后介绍基于热经济学结构理论的故障诊断方法及过程；接着，重点介绍诱导故障评价模型的建立，利用系统仿真和微分方法建立一套诱导故障的数值逼近方法，该方法利用线性方程描述系统性能参数与特征变量之间的关系，建模和求解非常简单；最后将该方法应用于第 2 章的 300MW 燃煤机组，分析系统中几个典型热力设备故障。

9.1　基本原理和概念

9.1.1　故障和燃料影响

各种复杂能量系统内部各组件生产交互非常复杂，且相互耦合。当某一个组件内部产生一个故障时，该故障有可能诱导与它相连的其他组件内部产生不可逆的变化。如图 9-1 所示，该图包含两个组件(①号组件处于生产的源头，②号组件处于生产过程的最后)，当处于稳定工况时(图中白色部分)，系统内部生产存在如下关系：

$$F_1 = P_1 + I_1,\quad F_2 = P_2 + I_2,\quad P_1 = F_2 \tag{9-1}$$

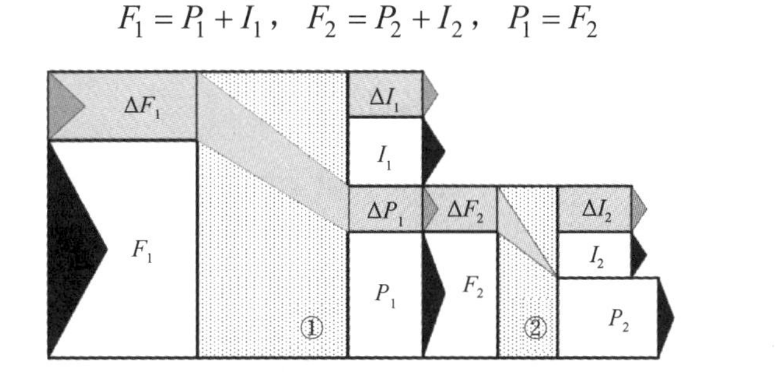

图 9-1　故障和燃料影响

图中灰色部分反映了当②号组件发生故障(内部产生 ΔI_2 大小的不可逆变化)时，②号组件为了维持其生产(即保证 P_2 的产品㶲不变)不得不消耗更多的燃料，引起②号组件燃料消耗增加 $\Delta F_2 = \Delta I_2$。1 号组件为了满足②号组件的生产，不得不增加产量 $\Delta P_1 = \Delta F_2$ 用以维持②号组件的生产。由此引起①号组件的工况发生了变化，①号组件内部的不可逆也相应变化了 ΔI_1。由于①号组件产量及内部不可逆的变化，①号组件燃料消耗量变化 $\Delta F_1 = \Delta P_1 + \Delta I_1 = \Delta I_1 + \Delta I_2$。系统经过一系列的变化之后，最终又维持在一个稳定的平衡态。图中白色部分所表示的故障前的稳定平衡态称为参考工况，白色与灰色部分相加所表示的故障后的稳定平衡态称为实际工况。其中参考工况通常利用热力学仿真或者机组性能测试得到该工况(在本章中采用上标 0 表示该工况变量)。

9.1.2 故障和障碍

如上所述，当使用热力学第二定律分析系统在实际工况下外部燃料消耗增加的原因时，通常将系统增加的燃料消耗量表达为实际工况下系统的外部燃料消耗量和参考工况下的外部燃料消耗量之差，该差值在热经济学中称为燃料影响(Fuel Impact)或故障成本 (malfunction cost)[6,16]：

$$\Delta F_{\mathrm{T}} = F_{\mathrm{T}} - F_{\mathrm{T}}^{0} \tag{9-2}$$

根据系统的烟平衡原理，增加的燃料消耗 ΔF_{T} 都转换为系统内部的不可逆增加 ΔI_{T} 以及系统最终产品的增加 ΔP_{S}，式(9-2)又可以表达为如下形式：

$$\Delta F_{\mathrm{T}} = \Delta P_{\mathrm{S}} + \Delta I_{\mathrm{T}} = \sum_{i=1}^{n}(\Delta \omega_i + \Delta I_i) \tag{9-3}$$

其中，$\Delta\omega_i$ 为系统第 i 组件最终产品的变化；ΔI_i 为系统内部第 i 组件不可逆增加。

传统的热力学第二定律虽然可以使用不可逆来量化系统外部燃料消耗量增加，但是它并不能分析导致其不可逆增长的主要原因。这是由于传统的热力学第二定律方法并没有建立各组件之间的生产联系。通过对不可逆的方程进行微分可以得到[16]

$$I_i = (k_i - 1)P_i \tag{9-4}$$

$$\mathrm{d}I_i = (k_i - 1)\mathrm{d}P_i + P_i^0 \mathrm{d}k_i \tag{9-5}$$

其中，k_{i} 表示第 i 个组件的单位烟耗，从式(9-5)可以看出，第 i 个组件不可逆增加由两部分引起[16]。

(1)外源不可逆(exogenous irreversibility)或“障碍”(dysfunction)，当组件内部效率或单位烟耗不变时，由组件产量变化引起的不可逆增加：

$$\mathrm{DF}_i = (k_i - 1)\mathrm{d}P_i \tag{9-6}$$

(2)内源不可逆(endogenous irreversibility)或“故障”(malfunction)，当组件产量不变时，由组件内部效率或单位烟耗变化引起的不可逆增加：

$$\mathrm{MF}_i = P_i^0 \mathrm{d}k_i \tag{9-7}$$

9.1.3 内在故障和诱导故障

在以上两种不可逆增加中，对“故障”的分析要更为重要，因为故障是由组件效率变化引起的，组件效率的变化直接影响组件的性能。在很多耦合程度很高的系统中，除了以上“故障”和“障碍”，还会在系统中产生一个更为特殊的“故障”。例如，当某一换热器内部出现结垢时，其换热效率会因此降低，由此又有可能引起其他组件效率也发生了变化(如汽轮机效率降低)，而在这些其他组件中并没有发生任何“真正的故障”(如结垢、叶片腐蚀或断裂等)，这种由(系统内部复杂生产交互)诱导引起的效率变化称为“诱导故障”(induced malfunction) MF_i^G[13]。其中导致这些诱导故障的真正故障源(如前面提到的出现结垢的那个换热器)称为“内在故障”(intrinsic malfunction) MF_i^L[13]。对于一个处于实际工况的系统(内部存在某些故障)，利用故障和障碍分析(式(9-5))得到的各组件故障 MF_i 通常是“内在故障”和“诱导故障”两部分故障的叠加：

$$MF_i = MF_i^L + MF_i^G \tag{9-8}$$

对于那些内部耦合程度较小的系统，由于诱导故障很小(通常可以忽略)，此时，利用故障和障碍分析得到的各组件故障 MF_i 近似等于内在故障 MF_i^L。在这种情况下，仅利用故障和障碍分析就可以确定出系统中真正的故障源。然而，现实中的很多系统内部耦合程度都很大，因此诱导故障不能被忽略。在这种情况下，如果仅进行故障和障碍的分析，那么系统中诱导故障的存在会干扰对故障源的判断。因此，需要分离系统中各组件的诱导故障之后，才能真正辨识故障源(也就是内在故障)。

热经济学故障诊断方法正是以“燃料影响”“故障”和“障碍”等概念为基础，利用第 2 章和第 7 章建立的热力学与热经济学模型，研究组件内部不可逆增加的相互影响及其原因。

9.1.4 故障诊断系统的构建

与传统的故障诊断系统[2-4]相类似，热经济学故障诊断系统(图 9-2)由两大部

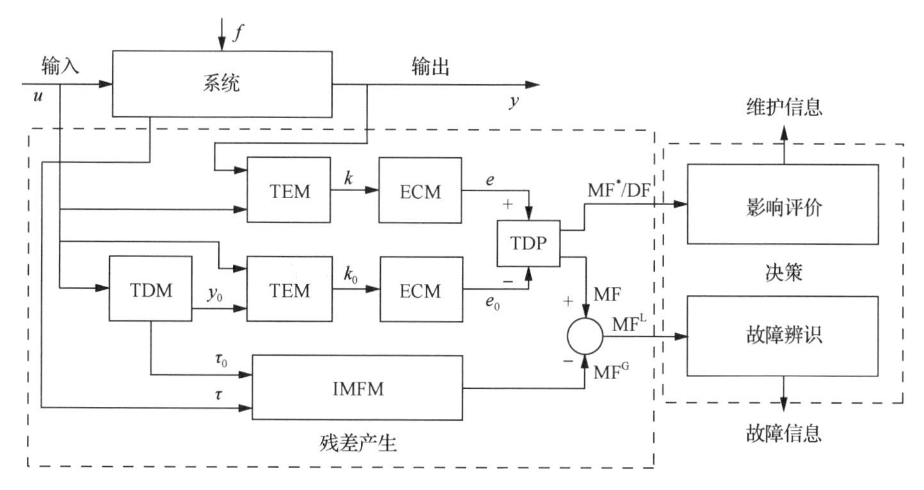

图 9-2 热经济学故障诊断系统示意图

分组成(如图中虚线框内部分所示)：残差产生(residual generation)和决策(decision making)。不同的是，热经济学故障诊断在残差产生阶段，除了能产生用于最终故障辨识的残差 MF^L(在热经济学里，该残差为各组件的内在故障)，还能产生与系统故障有关的经济性影响评价信息 MF^*/DF(即故障的成本以及故障在其他组件内产生的障碍等)。

在残差产生阶段，热力学模型(TDM)用于获得系统在参考工况下的输出值 y_0，热经济学模型(TEM)用于将系统的物理模型转换为由燃料-产品定义[8]表示的生产结构。由热经济学模型(TEM)计算得到各组件的技术产品系数 k(包括单位㶲耗和㶲流率)输入系统的㶲成本模型(ECM)，用于获得生产结构中各股燃料流和产品流的热经济学指标 e(如㶲成本)。热经济学诊断过程(TDP)通过比较在实际工况下(系统存在异常或故障f)得到的热经济学指标e与参考工况下的热经济学指标 e_0，产生两类用于最终决策的评价指标。

第一类评价指标包括故障成本或燃料影响 MF^*以及由于系统内部的故障 MF 而产生在各组件的障碍 DF，这些指标能够用于故障影响的经济性评价，反映了故障的成本及其影响。如果知道校正这些故障需要投入的成本(如人力成本、更换设备部件成本等)，那么通过权衡故障引起的成本增加与校正故障的投入成本之间的关系，就可以获得最佳的故障校正时机。第二类评价指标为系统内各组件的故障 MF，故障反映了组件效率或性能的变化，因而可以用于最终的故障诊断。但是，由于系统内部各组件之间的生产交互通常很复杂，且具有较高的耦合程度，某一组件性能的变化(或效率变化)也会诱导其他组件性能发生变化产生诱导故障[17]。此外，由于控制系统的干预，通常也会在各组件内部产生诱导故障[18]。诱导故障的存在将对故障源的搜索产生负面影响。所以，如果不能有效地排除诱导故障，则将会严重影响热经济学故障诊断的精度。

然而，从数学角度看，利用热经济学现有的方法去分离诱导故障几乎不可能。这是由于在利用热经济学建模的过程中，与系统性能相联系的很多信息在数学转换过程中逐步丢失，导致形式简练的热经济学模型无法反映出系统的某些性能信息。为此，需要借助其他建模手段(如系统仿真、神经网络建模等)来补充这些缺失的信息。由此可以建立一个诱导故障评价模型(induced malfunction model，IMFM)，用于表达系统性能变量与诱导故障之间的关系。一旦建立了诱导故障评价模型，并且已知系统在参考工况和实际工况下(热力学或控制相关)的特征参数(τ_0 和 τ)，就可以计算出系统在实际工况下的诱导故障 MF^G，同时可以获得用于最终故障辨识的内在故障 $MF^L = MF - MF^G$。

以上的诊断过程可以看作一个将诱导影响(障碍和诱导故障)逐步分离的过程。第一步用于从各组件总的不可逆增加中分离“障碍”；第二步用于从剩余的不可逆增加(也就是“故障”)中分离“诱导故障”。通过以上两步的分离过程，能够准确地定位系统的故障源，同时能够得到系统故障的经济性影响。本章主要关注的是热经济学诊断过程(thermal economit diagnosis process，TDP)和诱导故障模型(IMFM)的建立，其中诱导故障模型(IMFM)采用基于系统仿真和微分方法进行建立，与其他诱导故障评价方法[17-22]相比建模和求解相对比较简单，又具有较高的诊断精度，是本章的主要创新工作之一。

9.2　热经济学故障诊断过程

从图 9-2 可以看出，热经济学诊断过程(TDP)主要完成两个任务：①从各组件的不可逆增加中分离障碍 DF(这是诱导影响分离的第一步)；②评价各组件故障的成本 MF^*及其相互影响。

9.2.1　故障和障碍分析

将表达各组件不可逆增加的公式(式(9-5))转换成矩阵形式可以得到

$$\Delta \boldsymbol{I} = \Delta \boldsymbol{K}_{\mathrm{D}} \boldsymbol{P}^0 + (\boldsymbol{K}_{\mathrm{D}} - \boldsymbol{U}_{\mathrm{D}}) \Delta \boldsymbol{P} \tag{9-9}$$

其中，$\Delta \boldsymbol{I}$ 为系统内部的不可逆增加的向量形式；$\boldsymbol{K}_{\mathrm{D}}$ 为包含实际工况下各组件单位㶲耗 k_i 的 $n \times n$ 对角矩阵；$\boldsymbol{U}_{\mathrm{D}}$ 为 $n \times n$ 单位对角矩阵；$\boldsymbol{P}$ 为系统最终产品的向量形式；Δ 代表参考工况与实际工况参数之差。从式(9-9)可以看出，只要确定了 $\Delta \boldsymbol{K}_{\mathrm{D}}$ 和 $\Delta \boldsymbol{P}$ 就可以确定各组件不可逆增加的原因。其中 $\Delta \boldsymbol{P}$ 可以通过将第 7 章定义的各组件产品方程(式(7-12))表达为增量(或微分)形式得到

$$\Delta \boldsymbol{P} = \Delta \boldsymbol{P}_{\mathrm{S}} + \Delta \langle \boldsymbol{KP} \rangle \boldsymbol{P}^0 + \langle \boldsymbol{KP} \rangle \Delta \boldsymbol{P} \tag{9-10}$$

通过数学转换，并将式(7-13)代入式(9-10)得到：

$$\Delta \boldsymbol{P} = |\boldsymbol{P}\rangle \left(\Delta \boldsymbol{P}_{\mathrm{S}} + \Delta \langle \boldsymbol{KP} \rangle \boldsymbol{P}^0 \right) \tag{9-11}$$

将式(9-11)代入式(9-9)可以得到以各组件单位㶲耗为变量的矩阵形式：

$$\Delta \boldsymbol{I} = \left(\Delta \boldsymbol{K}_{\mathrm{D}} + |\boldsymbol{I}\rangle \Delta \langle \boldsymbol{KP} \rangle \right) \boldsymbol{P}^0 + |\boldsymbol{I}\rangle \Delta \boldsymbol{P}_{\mathrm{S}} \tag{9-12}$$

其中，$|\boldsymbol{I}\rangle \equiv (\boldsymbol{K}_{\mathrm{D}} - \boldsymbol{U}_{\mathrm{D}}) |\boldsymbol{P}\rangle$。

也可得到标量形式：

$$\Delta I_i = \sum_{j=0}^{n} \Delta k_{ji} P_i(x_0) + \sum_{j,h=1}^{n} \varphi_{ih}(x) \Delta k_{hj} P_j(x_0) + \sum_{j=1}^{n} \varphi_{ij}(x) \Delta \omega_j, \quad i = 1, \cdots, n \tag{9-13}$$

式(9-13)第一部分为各组件的故障，$\Delta k_{ji} P_i(x_0)$ 表达了由于第 j 个组件提供给

第 i 组件燃料的变化而引起第 i 组件内的故障的大小。第二部分为第 j 个组件的故障 $\Delta k_{hj}P_j(x_0)$，在第 i 个组件中诱导的障碍，其中 $|\boldsymbol{I}\rangle$ 为包含在实际工况下各组件不可逆障碍系数 (φ_{ij}) 的 $n\times n$ 维不可逆矩阵算子，反映了第 j 个组件故障对第 i 个组件障碍影响的权重。不可逆障碍系数 (φ_{ij}) 与故障的数量无关，仅由各组件的单位㶲耗及其在生产过程中所处的位置决定。第三部分为系统对外输出产品的变化 $\Delta\omega$ 在第 i 个组件中诱导的障碍。当参考工况与实际工况的总产量相等时，第三部分可以从式中消去。从式(9-13)的后两部分可以看出，产生在各组件中的障碍是由其他组件的故障或者是系统产量变化间接引起的，障碍无法直接被消除掉，只有消除系统中的故障才能消除所有的障碍。

利用式(9-6)和式(9-7)的表达形式，式(9-12)和式(9-13)可以表达为如下形式：

$$\Delta I_i = \mathrm{MF}_i + \sum_{j=0}^{n} \mathrm{DF}_{ij}, \quad i=1,\cdots,n \tag{9-14}$$

其中，MF_i 为第 i 个组件的故障；DF_{ij} 为第 j 个组件的故障在第 i 个组件中产生的障碍(0 号组件为外部环境，表示由于系统最终产品变化引起的障碍)。从式(9-13)和式(9-14)可以看出，由于系统最终产品的变化也会在各组件诱导产生障碍，在实际分析的过程中通常将参考工况和实际工况的最终产量设定为相同的值，可以避免最终产品变化引起的诱导影响，简化故障和障碍的分析过程。

9.2.2 燃料影响公式

为了评价各组件不可逆增加对外部资源消耗的影响，Valero 等[16]在扰动理论中首次提出了燃料影响公式，后来 Lozano 等[6]和 Torres 等[23]在此基础上做了进一步的研究。其基本思想是从第 7 章得到的系统总体资源消耗的数学形式入手，通过比较参考工况与实际工况下的外部资源消耗，可以得到外部资源消耗的增量形式：

$$\Delta F_{\mathrm{T}} = \Delta {}^{t}k_e \boldsymbol{P}(x^0) + {}^{t}k_e(x)\Delta \boldsymbol{P} \tag{9-15}$$

将式(9-11)代入式(9-15)可以得到以各组件单位㶲耗为变量的矩阵形式：

$$\Delta F_{\mathrm{T}} = \left[\Delta {}^{t}k_e + {}^{t}\boldsymbol{k}_{\mathrm{P}}^{*}(x)\Delta\langle \boldsymbol{KP}\rangle\right]\boldsymbol{P}(x^0) + {}^{t}\boldsymbol{k}_{\mathrm{P}}^{*}\Delta \boldsymbol{P}_{\mathrm{S}} \tag{9-16}$$

或者标量形式：

$$\Delta F_{\mathrm{T}} = \sum_{i=1}^{n}\left(\sum_{j=0}^{n} k_{\mathrm{P},j}^{*}(x)\Delta k_{ji}P_i(x^0) + k_{\mathrm{P},i}^{*}(x)\Delta\omega_i\right) \tag{9-17}$$

式(9-16)和式(9-17)中的某些项反映了热经济学能够从各种角度来量化故障的影响。从局部生产角度来看，$\Delta k_{ji}P_i^0(x^0)$ 为各组件效率变化引起的不可逆增加，也就是故障；从全局生产角度来看，$k_{\mathrm{P},j}^{*}(x)\Delta k_{ji}P_i^0$ 反映了由于各组件效率变化而引起的外部资源消耗增加，也称为故障成本或燃料影响。同理，系统最终产品的变化 $\Delta\omega_i$ 将导致外部资源消耗量变化 $k_{\mathrm{P},j}^{*}(x)\Delta\omega_i$。各组件产品的单位㶲成本向量 ${}^t\boldsymbol{k}_{\mathrm{P}}^{*}$ 可以看作将不可逆造成的局部影响转换为全局影响(即外部资源消耗影响)的权向量，${}^t\boldsymbol{k}_{\mathrm{P}}^{*}$仅依赖于系统的热力学状态及生产结构，具有不同热力学状态或发生在系统不同位置的不可逆，其导致的燃料影响(故障成本)都取决于 ${}^t\boldsymbol{k}_{\mathrm{P}}^{*}$。

将各组件不可逆的故障-障碍表达形式(式(9-14))代入式(9-3)，可以得到燃料影响的故障-障碍表达形式：

$$\Delta F_{\mathrm{T}}=\Delta P_{\mathrm{S}}+\sum_{i=1}^{n}\Delta I_i=\Delta P_{\mathrm{S}}+\sum_{i=1}^{n}\left(\mathrm{MF}_i+\sum_{j=0}^{n}\mathrm{DF}_{ij}\right) \tag{9-18}$$

按照各组件的产品分组，重新排列式(9-18)可以得到

$$\Delta F_{\mathrm{T}}=\sum_{i=1}^{n}\left(\Delta\omega_i+\sum_{j=1}^{n}\varphi_{ij}\Delta\omega_j\right)+\sum_{i=1}^{n}\left(\Delta k_i+\sum_{j,h=1}^{n}\varphi_{jh}\Delta k_{hi}\right)P_i^0 \tag{9-19}$$

由此各组件的燃料影响(或故障成本)可以表达为故障和障碍的另外一种表达形式：

$$\Delta F_{\mathrm{T}}=\mathrm{MF}_0^{*}+\sum_{i=1}^{n}\mathrm{MF}_i^{*} \tag{9-20}$$

其中

$$\mathrm{MF}_i^{*}=\mathrm{MF}_i+\sum_{h=1}^{n}\mathrm{DF}_{hi}=\mathrm{MF}_i+\mathrm{DI}_i,\quad i=1,\cdots,n \tag{9-21}$$

$$\mathrm{MF}_0^{*}=\Delta P_{\mathrm{S}}+\sum_{h=1}^{n}\mathrm{DF}_{h0}=\Delta P_{\mathrm{S}}+\mathrm{DI}_0 \tag{9-22}$$

其中，MF_0^{*}为系统总产品变化时引起的燃料影响；MF_i^{*}为第 i 个组件故障引起的燃料影响。其中，MF_i^{*}表达为第 i 个组件的故障 MF_i 以及由该故障在其他组件诱导的障碍 DI_i 之和：

$$\mathrm{DI}_i=\sum_{h=1}^{n}\mathrm{DF}_{hi},\quad i=1,\cdots,n \tag{9-23}$$

根据式(9-3)中燃料影响和各组件不可逆增加的关系，通过比较式(9-17)和式(9-19)可以得到各组件产品单位㶲成本 ${}^t\boldsymbol{k}_{\mathrm{P}}^{*}$ 与不可逆障碍系数 φ_{ij} 之间关系的表达形式[7]：

$$k_{\mathrm{P},j}^{*}=1+\sum_{h=1}^{n}\varphi_{jh},\quad j=1,\cdots,n \tag{9-24}$$

式(9-24)一方面再次验证了不可逆障碍系数 φ_{ij} 和各组件产品单位㶲成本 ${}^{t}\boldsymbol{k}_{\mathrm{P}}^{*}$ 一样，与系统内所发生的故障无关，仅与系统的状态及其结构形式有关的“状态”参数有关；另一方面，也可以作为各组件产品单位㶲成本的另外一种求解方法。

9.2.3　燃料影响表

从式(9-14)和式(9-21)对各组件不可逆增加与燃料影响的分析可以看出，不可逆增加和燃料影响都可以表达为故障 MF 与障碍 DF 的某种组合，只是组合方式不同而已。这其中最关键的就是对障碍的处理，从式(9-12)可以得到包含各组件障碍的矩阵：

$$[\mathbf{DF}]=\left|\boldsymbol{I}\right\rangle\Delta\left\langle\boldsymbol{KP}\right\rangle\boldsymbol{P}_{\mathrm{D}}^{0} \tag{9-25}$$

其中，下标 D 表示对角矩阵，利用以上的障碍矩阵[**DF**]及各组件的故障 MF_i，可以建立一个故障-障碍表(malfunction and dysfunction table)[7]或燃料影响表(fuel impact table)[9,10]，如图 9-3 所示。图中灰色部分表示系统总产量变化在各组件引起的障碍及燃料影响。障碍矩阵[**DF**]中的第 h 行、第 j 列的障碍 DF_{hj}，表示第 j 个组件的故障在第 h 个组件中引起的障碍。障碍矩阵第 j 列之和表示第 j 个组件的故障在其他组件引起的障碍的总和 DI_j，MF_j 和 DI_j 之和为第 j 个组件的燃料影响(或故障成本)MF_j^*。障碍矩阵第 h 行之和表示其他组件故障在第 h 个组件引起的障碍 $\Sigma\mathrm{DF}_{hj}$，MF_h 与 $\Sigma\mathrm{DF}_{hj}$ 之和为第 h 个组件中的不可逆增加 ΔI_h。

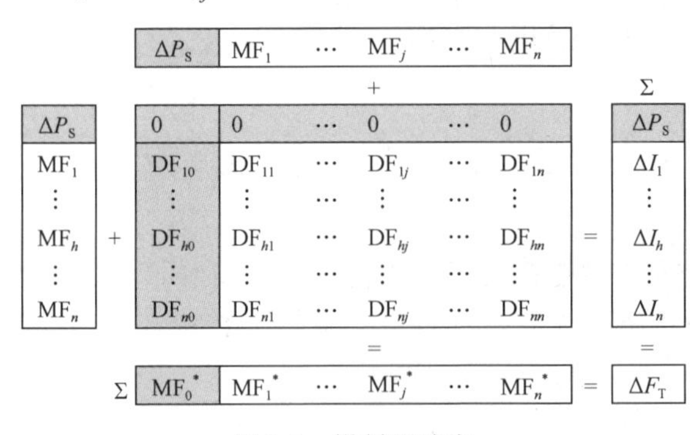

图 9-3　燃料影响表

从图 9-3 可以得出以下结论。

(1) 由于物质和能量是守恒的，无论使用何种分析方法(热力学第一定律和热力学第二定律、热经济学方法)，在计算系统总燃料消耗量 ΔF_{T} 上，各种分析方法所获的结果毫无疑问都是一致的(即 $\Sigma\Delta I_h = \Sigma MF_j^*$)，只是每种方法在各组件之间分配总燃料消耗的数量上存在差别。

(2)传统的热力学第二定律方法在量化各组件不可逆增加时，仅量化不可逆增加的最终结果，而不区别和辨识其增加的原因，即某组件内部的不可逆增加到底是其自身原因(MF_i)引起的还是其他组件诱导(DF_{ij})引起的。

(3)热经济学在进行诊断的过程中，从不可逆产生的原因入手，将某组件故障 MF_i 在其他组件中诱导的不可逆增加之和 DI_i(也就是障碍)归结为该组件的燃料影响($MF_i^* = MF_i + DI_i$)。这种根据不可逆增加原因进行外部燃料消耗分配的方法与传统的热力学第二定律方法相比更为合理。

(4)燃料影响表清晰地反映出了各组件不可逆增加的原因及其相互影响，利用该表能够简单而快速地定位系统中的故障，但要精确地定位故障还必须利用下面提出的诱导故障分离方法，进一步排除系统中的诱导影响。

9.3　热经济学诱导故障评价方法

前面所介绍的热经济学诊断过程(TDP)主要用于辨识和分离系统中的故障与障碍，在热经济学故障诊断系统中具有极其重要的地位和作用，利用 TDP 除了能够获得系统中的故障，还能得到用于评价故障影响的参数(燃料影响和障碍)。但是通过进一步的分析发现，由于系统中各组件之间具有较高的耦合程度，某一组件效率的变化(也就是故障)除了会引起其他组件产量发生变化(也就是障碍)，还会引起其他组件的效率发生变化(引起诱导故障)，仅利用 TDP 仍旧不能有效地辨识系统中的故障源。然而，从数学的角度来看，单纯利用热经济学方法从总的故障中分离诱导故障几乎不可能。这是由于在进行热经济学建模的过程中，一些与系统特性相关的信息在转换过程中逐步丢失，为了补充这些丢失的信息，必须利用其他方法建立起热经济学变量与系统特征参数之间的关系。

9.3.1　诱导故障评价的基本原理

传统的热经济学故障诊断系统(在本章所建立的诊断系统中对应于热经济学诊断过程)仅包括两个模块：①利用故障-障碍分析量化了各组件不可逆增加的原因；②利用燃料影响公式量化了各组件故障的成本。然而通过分析发现，仅利用以上两个模块进行故障诊断仍旧无法辨识系统中的故障源。这是由于系统中各组件之间的生产交互通常很复杂，某一组件性能的变化也会诱导其他组件性能发生变化，进而产生诱导故障。诱导故障的存在降低了热经济学诊断的精度，因此，必须分离诱导故障。

然而，如果仅依靠热经济学方法本身进行诱导故障的分离，从数学角度来看几乎不可能，这是由于在数学转换过程中与系统特性相关的信息逐步丢失。诱导故障成为阻碍热经济学诊断方法进一步发展的最大障碍，很多研究学者都提出了各自的方法。然而，这些方法也都是在探索之中，还不成熟且都存在一定的问题。

本章将传统的热经济学故障诊断与诱导故障评价模型相结合，组成了一个诱导影响的逐步分离过程，可用其来解决热经济学故障诊断领域尚未完全解决的"逆向问题"，同时进一步完善了热经济学故障诊断方法。

本章提出了一种评价诱导故障的微分方法，用于完善和增强整个热经济学诊断系统，该方法的基本思想来自于以下几个方面。

(1) 某一组件性能变化的真实原因是该组件的特性曲线发生了变化[18]。一旦建立了某一组件在各种工况下的特性曲线，就可以通过观察该组件的运行工况点是否沿着某一特性曲线变化来辨识该组件是否发生了故障。

(2) 能够量化组件性能的热力学或热经济学指标很多，不同指标在评价组件性能时所选取的角度不同，包含的信息量也不同。与㶲有关的指标(如单位㶲耗、不可逆等)仅与组件的热力性能有关，不包含过程中的其他信息(如组件在系统中的位置、系统的结构等)，反映了组件的局部性能；与㶲成本有关的指标(如产品的单位㶲成本、比不可逆成本、故障成本等)除了包含组件本身的热力性能，还包含很多与过程有关的信息，反映了组件在全局条件下的生产性能，因此这类指标通常用于量化故障的影响及其成本[21,22]。

(3) 某一组件或整个系统的性能(或特性曲线)通常是系统中所有热力学或控制变量(简称系统特征参数)的函数。在前面几章的分析中可以发现，各种运行参数或组件特征参数(如机组负荷、主蒸汽、再热温度和压力以及加热器端差等)的改变都能引起其他组件性能发生变化，只是各参数影响的范围和程度不相同。换句话说，在某一系统中，由于组件之间的复杂交互及耦合，某一组件的性能变量(如单位㶲耗)并不是一个独立的变量，该变量通常是系统其他特征参数的函数。

从以上三个方面可以看出，利用与㶲有关的指标量化各组件的性能时，因为其所包含的信息量较少，且直接反映了组件的热力性能，所以该类指标更适合作为最终故障辨识的指标。确定了描述系统性能的指标以后，只要选定一种能够描述性能指标和系统特征参数之间关系的方法，就可以建立起组件的特性曲线。

Toffolo 等[18]选择不可逆作为量化组件性能的指标，并重新定义了一套基于不可逆的故障评价指标和方法。通过研究发现，与不可逆相比，将单位㶲耗作为评价指标应该更为合理，原因如下。

(1) 在前面的故障和障碍分析中，某一组件的不可逆增加按照其产生原因分为故障和障碍两部分。式(9-12)和式(9-13)反映了(当系统总产量不变时)故障和障碍是某一参考工况和实际工况下单位㶲耗的函数，组件内部不可逆增加或组件性能的变化主要是由单位㶲耗的变化引起的。

(2) Toffolo 等[18]重新定义的基于不可逆的新指标，虽然能够正确地辨识系统中的故障源，但是，如果利用该指标进行故障诊断则不能充分利用 TDP 中故障和障碍分析提供的结果，由此建立的诱导故障评价方法与 TDP 的连接并不“平滑”。而且，与 TDP 所使用的指标(故障、障碍、燃料影响)相比，他们定义的新指标并没有反映出故障的物理或者经济方面的意义。

本章认为改进热经济学故障诊断最合理、最平滑的方法是直接辨识和量化诱导故障，而不是重新定义一套新的评价指标和方法。

9.3.2　诱导故障的微分评价方法

如图 9-4 所示，本节选择单位㶲耗 k 作为组件性能的评价指标。图中包括两条特性曲线，分别代表了两种不同的工况。实线代表组件在实际工况(也就是故障工况)下的特性曲线，虚线代表了组件在参考工况(无故障工况)下的特性曲线。特性曲线是系统中特征变量 τ(包括热力学或控制变量)的函数。

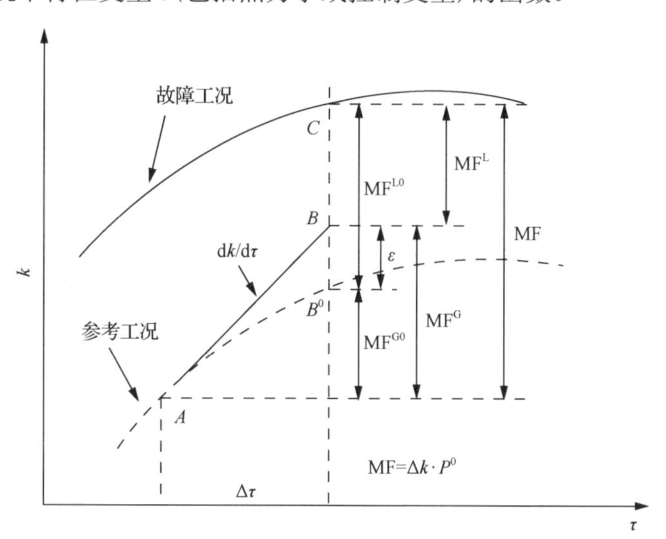

图 9-4　诱导故障评价示意图

当系统的特征变量变化 $\Delta\tau$ 时，某一组件的性能将从参考状态(A 点)变动到一个新的状态(B^0 或 C 点)。两个状态之间的差代表了单位㶲耗的变化 Δk。由于故障值($\mathrm{MF}=\Delta k\cdot P^0$)与单位㶲耗的变化 Δk 成正比，从热经济学诊断的角度来看，这两个状态之间的差也代表了组件由于特征变量变化而引起的故障。当真正的故障源不在该组件中(如其他组件发生了结垢、腐蚀、断裂等)时，该组件的性能将沿着参考工况的特性曲线从 A 点变动到 B^0 点。这种由于其他组件发生故障，而引起系统特性变量发生变化，在该组件中诱导的故障称为诱导故障(在图中由 $\mathrm{MF}^{\mathrm{G0}}$ 表示)。同理，当真正的故障源存在于该组件中时，组件的性能将不再沿着参考工况的特性曲线变化，而是从参考状态变动到一个属于故障工况曲线的新状态点(C 点)。这两个状态点之间的差代表了产生在该组件中的总故障(在图中由 MF 表示)。这个总故障 MF 就是利用 TDP 中的故障-障碍分析计算得到的故障，该故障中包含两部分故障，一个是由于自身原因(如结垢、腐蚀等)而引起的故障，称为内在故障(在图中由 $\mathrm{MF}^{\mathrm{L0}}$ 表示)，另外一个是由于外部原因诱导而引起的诱导故障(如前所述)：

$$\mathrm{MF}=\mathrm{MF}^{\mathrm{L0}}+\mathrm{MF}^{\mathrm{G0}} \tag{9-26}$$

由于总故障 MF 可以通过 TDP 得到，只要想办法计算出诱导故障，从总的故障中减去诱导故障就可以得到系统中真正的故障源——内在故障。

然而，由于缺乏描述组件运行的特性曲线，组件内实际产生的诱导故障 $\mathrm{MF}^{\mathrm{G0}}$ 通常无法得到。因此，只有利用某种数学方法(如神经网络、微分等)进行数值逼近。本章利用微分方法进行逼近，如图 9-4 所示，在参考工况的 A 点上做一条切线 AB，利用 B 点近似逼近 B^0 点，切线 AB 的斜率为 A 点的导数 $\mathrm{d}k/\mathrm{d}\tau$。$A$ 点和 B 点的垂直距离代表由数值方法计算得到的诱导故障值($\mathrm{MF}^{\mathrm{G}}=(\mathrm{d}k/\mathrm{d}\tau)_A\cdot\Delta\tau\cdot P^0$)。利用数值方法计算得到的诱导故障值 MF^{G} 与实际的诱导故障值 $\mathrm{MF}^{\mathrm{G0}}$ 之间通常存在一定的误差 $\varepsilon_{\mathrm{MF}}$：

$$\varepsilon_{\mathrm{MF}}=\left|\mathrm{MF}^{\mathrm{G0}}-\mathrm{MF}^{\mathrm{G}}\right|=\left|\mathrm{MF}^{\mathrm{L0}}-\mathrm{MF}^{\mathrm{L}}\right| \tag{9-27}$$

该误差是由特性曲线的非线性引起的。在总的故障 MF 中减去利用数值方法计算得到的诱导故障 MF^{G} 可以得到利用数值方法逼近的内在故障值 MF^{L}：

$$\mathrm{MF}^{\mathrm{L}}=\mathrm{MF}-\mathrm{MF}^{\mathrm{G}} \tag{9-28}$$

如图 9-4 所示，MF^{L} 是被用于系统最终故障辨识的残差向量。导数 $\mathrm{d}k/\mathrm{d}\tau$ 在诱导故障评价中占有重要的地位，该参数描述了热经济学变量和系统特性变量之间的关系，反映了系统在参考工况附近的性能变化趋势。

利用以上数值方法，第 i 个组件内部的诱导故障可以表达为其他组件特征参数对该组件性能影响的叠加：

$$\mathrm{MF}_i^{\mathrm{G}}=\sum_{\substack{j=1\\ j\notin L_i}}^{m}\left(\frac{\partial k_i}{\partial \tau_j}\right)_{\mathrm{Ref}}\Delta\tau_j P_i^0 \tag{9-29}$$

其中，L_i 为属于第 i 个组件的特征变量；m 为系统内特征变量的总和。第 j 个特征变量对第 i 个组件性能的影响 $\mathrm{d}k_i/\mathrm{d}\tau_j$，可以利用热力学仿真，在参考工况附近依次改变所有不属于第 i 个组件的特征变量从而获得。这样可以获得一个 $n\times m$ 维的导数矩阵，该矩阵反映了系统在参考工况附近的特性曲线的变化趋势，因此该矩阵在本章中被命名为趋势矩阵。

9.4　常规燃煤电站故障诊断结果分析

本章将热经济学故障诊断过程(包括故障-障碍分析和燃料影响评价)以及改进的诱导故障评价方法应用于第 2 章所建立的 300MW 燃煤电厂，利用热力学仿真研究了在系统净负荷 W_{net} = 297MW 时，多个典型热力故障的案例分析(表 9-1 和表 9-2)，并讨论了该方法在故障诊断领域中的能力与局限性。

表 9-1　用于故障仿真的主要物理参数的参考工况值和实际工况下的相对变化值

组件	物理参数(x_i)	参考工况值(x_i^0)	实际工况下的相对变化值(Δx_i)
FWH2	TTD^o_{FWH2}	1.767℃	3℃
FWP	η_{FWP}	0.789	–2%
HP2	η_{HP2}	0.908	–2%

表 9-2　故障产生的案例分析

故障编号	案例 1	案例 2	案例 3	案例 4
故障产生方式	仅 FWH2 发生故障	仅 FWP 发生故障	仅 HP2 发生故障	FWH2、FWP、HP2 同时发生故障

在复杂能量系统中可能导致系统故障的因素很多，通常可以分成两大块：系统内部因素引起的故障(包括内在故障、诱导故障以及控制系统引起的故障等)和外部因素引起的故障(包括系统外部环境、燃料、负荷条件的变化等)。Valero 等[9,10]利用以上故障区分方法，针对每一个设备详细研究了可能导致联合循环系统能量降等(或性能降低)的最终原因，并通过改变一些特定的物理参数(如加热器端差、等熵效率、温度、压力等)来模拟设备故障的产生。在本章中，由外部因素引起的故障被看作系统运行工况的改变。在故障分析之前，可以将参考工况与实际工况设定在同样的运行工况下(即相同的外部环境、燃料和负荷等条件)，这样就可以避免外部因素的干扰，可以关注更为重要的、由系统内部因素引起的故障。在所有的内部故障中，本章仅列出了三个典型设备(换热器、汽轮机、泵)的热力故障，其他设备的故障也可以按照类似的方法进行分析。这三个典型的故障如下。

(1)高加 FWH2 故障：加热器结垢是过程工业中经常会遇到的问题，结垢引起换热效率降低，将使系统运行效率降低、成本增加[24]。通常采用改变加热器端差 TTD(TTD^i 指入口给水端差，TTD^o 指出口给水端差)来模拟加热器的故障[7,25]。

(2)给水泵 FWP 故障：水泵叶轮的腐蚀、沉积、汽蚀和断裂等因素引起给水泵特性曲线发生变化，进而引起给水泵故障[9,10,24]。通常采用改变泵的等熵效率 η 来模拟泵的故障[7,9,10]。

(3) 高压缸第二级组 HP2 故障：动叶的腐蚀、沉积、断裂等因素引起汽轮机级组特性曲线发生变化，进而引起汽轮机故障[24]。通常采用改变汽轮机级组的等熵效率 η 来模拟汽轮机的故障[9,10,24]。

用于模拟以上三个典型设备故障的物理参数 (x_i) 在参考工况值 (x_i^0) 以及实际工况下的相对变化值 (Δx_i) 列于表 9-1。

根据以上故障定义和分类方法，以及本章所研究的三个典型热力设备故障，可以通过组合不同的故障产生方式得到各种故障仿真案例。出于清晰和简单的目的，在故障分析中仅考虑了以下四种故障产生情况，如表 9-2 所示。

9.4.1 特征变量的选择

出于清晰和简单的考虑，本节仅选择了 22 个重要的特征变量 τ 用于诱导故障的辨识。所选择的特征变量名称及其在参考工况以及实际工况下的值列于表 9-3 中 T_{SH} 为锅炉主蒸汽(即过热蒸汽)温度；T_{RH} 为再热蒸汽温度。

表 9-3 在参考工况和实际工况下的特征变量值

名称	单位	参考工况 (τ_0)	案例 1 (τ)	案例 2 (τ)	案例 3 (τ)	案例 4 (τ)
η_{BOI}	%	0.91818	0.91818	0.91818	0.91818	0.91818
η_{HP1}	%	0.82500	0.82501	0.82506	0.82524	0.82530
η_{HP2}	%	0.90858	0.90859	0.90862	0.89058	0.89062
η_{IP1}	%	0.90802	0.90800	0.90801	0.90797	0.90794
η_{IP2}	%	0.93472	0.93471	0.93471	0.93470	0.93469
η_{LP1}	%	0.88769	0.88699	0.88777	0.88801	0.88740
η_{LP2}	%	0.91091	0.91061	0.91094	0.91102	0.91075
η_{LP3}	%	0.93876	0.93876	0.93875	0.93869	0.93868
η_{LP4}	%	0.90545	0.90545	0.90540	0.90523	0.90517
η_{LP5}	%	0.78900	0.78899	0.78885	0.78836	0.78820
η_{FWP}	%	0.78982	0.78982	0.77402	0.78980	0.77400
η_{BFPT}	%	0.79886	0.79873	0.79886	0.79885	0.79871
η_{CP}	%	0.80000	0.80000	0.80000	0.80000	0.80000
TTD^o_{FWH1}	℃	0.25790	0.38376	0.25820	0.25919	0.38545
TTD^o_{FWH2}	℃	1.76774	4.66566	1.76766	1.76714	4.66498
TTD^o_{FWH3}	℃	2.45545	2.45707	2.44636	2.45683	2.44932
TTD^o_{FWH4}	℃	4.59047	4.59154	4.59110	4.59153	4.59322
TTD^o_{FWH5}	℃	4.29186	4.29270	4.29229	4.29244	4.29372
TTD^o_{FWH6}	℃	4.12032	4.12111	4.12075	4.12096	4.12217
TTD^o_{FWH7}	℃	3.98819	3.98868	3.98851	3.98879	3.98959
T_{SH}	℃	537.000	537.000	537.000	537.000	537.000
T_{RH}	℃	537.000	537.000	537.000	537.000	537.000

9.4.2　单个故障的分析

本节使用故障仿真研究了当系统中仅有单个故障产生时(案例 1～案例 3)，各组件不可逆增加(ΔI_i)及燃料影响(MF_i^*)，如表 9-4 所示。其中各组件的燃料影响根据式(9-17)计算得到，各组件的不可逆增加根据㶲分析得到。从表中可以得到以下结论。

表 9-4　297MW 净负荷下单个故障产生时燃料影响和不可逆增加分析　(单位：kW)

组件	案例 1		案例 2		案例 3	
	MF_i^*	ΔI_i	MF_i^*	ΔI_i	MF_i^*	ΔI_i
FWH7	−0.373	1.568	0.443	2.449	0.823	8.292
FWH6	−0.474	0.890	0.149	0.928	−0.652	2.668
FWH5	−0.533	0.731	0.238	0.711	−0.417	1.965
FWH4	−1.122	1.612	0.408	1.524	−1.153	4.140
DTR	−3.020	1.716	−0.230	2.537	−2.199	8.165
FWP	0.008	0.131	**234.091**	**181.622**	−0.248	4.764
FWH3	−0.742	1.176	−2.785	−12.558	−0.746	5.212
FWH2	**180.138**	**−45.988**	1.693	0.726	9.517	13.742
FWH1	118.848	252.489	2.040	1.274	2.504	5.373
B–SH	−10.616	168.296	−6.617	218.287	−56.037	895.392
HP1	−11.668	−0.474	0.868	−4.323	−21.028	−18.273
HP2	−0.998	−16.057	1.327	0.350	**657.872**	**504.617**
RH	−6.899	68.062	−1.464	29.820	−16.352	−344.325
IP1	−10.232	6.773	5.023	2.564	5.084	11.027
IP2	−5.355	2.072	4.561	1.853	5.182	5.495
LP1	18.688	18.228	−0.294	−2.933	−7.475	−2.467
LP2	15.760	19.976	2.259	−3.541	−3.203	3.366
LP3	−5.707	2.500	5.190	−0.958	8.847	9.540
LP4	−3.249	2.962	5.004	−0.119	13.194	15.472
LP5	−3.480	10.836	16.998	4.151	60.827	76.369
BFPT	1.761	2.870	0.978	67.343	1.272	8.618
CND	−5.939	−227.103	14.962	−215.025	−5.043	−552.793
CP	0.000	0.114	0.000	0.111	0.000	0.307
GEN	8.593	0.010	−8.039	0.010	16.127	0.025
总消耗(ΔF_T)	273.389	273.390	276.803	276.803	666.696	666.691

注：加粗为异常数据，余同。

(1)无论利用热经济学诊断方法还是利用传统的㶲分析方法，在分析系统总的燃料消耗量上，两种方法所获的结果几乎是一致的，即各组件燃料影响 MF_i^*之和等于各组件不可逆增加 ΔI_i 之和。热经济学方法与传统的㶲分析方法一样，都关注外部资源消耗在系统各组件之间的分配，只是这两种方法在资源分配时选取的角度不同。传统的㶲分析方法在分配资源时，不考虑资源消耗增加的原因，仅站在组件局部的角度观察该组件不可逆增加的最终结果。热经济学方法从不可逆增加的源头入手，按照各组件的故障及其对其他组件的影响，在各组件中重新分配外部资源消耗。

(2) 某一组件内部不可逆增加较大并不意味着该组件内部发生了真正的故障(也就是内在故障)，其他组件故障有可能诱导该组件产生不可逆增加(如障碍)。如果仅利用传统的㶲分析并不能找到导致其不可逆增加的真正原因，则必须使用TDP 中的故障-障碍分析做进一步的研究。

表 9-5 给出了系统在 297MW 净负荷下，单个故障产生时各组件不可逆增加的故障和障碍分析结果。其中第 i 个组件的故障 MF_i 和其他组件故障在第 i 个组件产生的障碍 DF_i 根据式(9-13)计算得到，第 i 个组件故障诱导其他组件的障碍 DI_i 根据式(9-23)计算得到。由表中可以看出，第 i 个组件的故障 MF_i 与该组件在诱导其他组件的障碍 DI_i 之和等于该组件的燃料影响或故障成本 MF_i^*(表 9-4)。第 i 个组件的故障 MF_i 与其他组件在该组件诱导的障碍 DF_i 之和等于该组件的不可逆增加 ΔI_i(表 9-4)。如果故障或燃料影响值为负数，则说明该组件效率增加或者节省外部燃料。从表 9-5 的分析结果可以得出以下结论。

表 9-5　297MW 净负荷下单个故障产生时各组件故障和障碍分析结果（单位：kW）

组件	案例 1			案例 2			案例 3		
	MF_i	DF_i	DI_i	MF_i	DF_i	DI_i	MF_i	DF_i	DI_i
FWH7	0.043	1.525	−0.417	−0.008	2.457	0.451	−0.104	8.397	0.927
FWH6	0.038	0.852	−0.512	−0.187	1.115	0.336	−0.886	3.554	0.234
FWH5	0.042	0.689	−0.575	−0.149	0.859	0.387	−0.721	2.687	0.305
FWH4	0.058	1.554	−1.180	−0.373	1.897	0.781	−1.736	5.876	0.583
DTR	−1.080	2.796	−1.940	−1.282	3.819	1.052	−3.003	11.169	0.805
FWP	0.005	0.126	0.002	**163.528**	**18.093**	**70.562**	−0.174	4.938	−0.075
FWH3	0.953	0.222	−1.696	−3.537	−9.021	0.752	−1.790	7.002	1.043
FWH2	**158.749**	**−204.737**	**21.389**	−0.507	1.232	2.200	6.240	7.502	3.277
FWH1	105.225	147.263	13.622	0.119	1.154	1.921	0.497	4.876	2.007
B-SH	8.359	159.937	−18.975	−10.548	228.834	3.931	−72.652	968.044	16.615
HP1	−0.649	0.175	−11.018	−5.918	1.594	6.785	−24.982	6.709	3.954
HP2	2.828	−18.885	−3.826	−1.456	1.806	2.783	**567.098**	**−62.481**	**90.774**
RH	−37.497	105.559	30.598	−3.504	33.324	2.040	−58.440	−285.885	42.088
IP1	−2.722	9.495	−7.511	0.018	2.546	5.005	0.007	11.020	5.077

续表

组件	案例 1			案例 2			案例 3		
	MF_i	DF_i	DI_i	MF_i	DF_i	DI_i	MF_i	DF_i	DI_i
IP2	0.628	1.443	–5.983	0.235	1.619	4.327	0.717	4.778	4.465
LP1	18.808	–0.580	–0.120	–2.109	–0.824	1.815	–8.357	5.890	0.882
LP2	18.764	1.212	–3.004	–1.657	–1.884	3.916	–6.441	9.807	3.238
LP3	0.105	2.395	–5.812	0.933	–1.891	4.257	4.048	5.493	4.799
LP4	0.239	2.723	–3.487	2.179	–2.297	2.825	9.241	6.232	3.953
LP5	1.280	9.556	–4.761	11.685	–7.534	5.313	49.603	26.766	11.224
BFPT	2.655	0.215	–0.894	0.049	67.294	0.929	0.292	8.326	0.980
CND	–1.381	—225.722	–4.558	6.127	–221.152	8.835	–2.839	—549.954	–2.204
CP	0.000	0.114	0.000	0.000	0.111	0.000	0.000	0.307	0.000
GEN	0.000	0.010	8.593	0.000	0.010	–8.039	0.000	0.025	16.127
总和	275.450	–2.063	–2.065	153.638	123.161	123.164	455.618	211.078	211.078

(1) 某一组件的内在故障将在其他组件中引发诱导故障。例如，在案例 1 中，FWH2 的内在故障导致 FWH1 产生了 105.225 kW 的故障，由于故障源不在 FWH1 中，所以该故障为诱导故障。由于诱导故障的存在将干扰故障源的搜索，必须设法排除诱导故障。通过分析发现，受影响较大的组件(具有较高的诱导故障值)通常距离故障源(产生内在故障的组件)较近。例如，在案例 3 中，HP2 的内在故障在锅炉(B-SH 和 RH)，则 HP1 及低压缸级组中受到的影响较大。在 Valero 等[25]的分析中也有类似的结果。利用该结果能缩小诱导故障的搜索范围，同时降低诱导故障评价模型(IMFM)的建模复杂性。

(2) 在很多组件中，其不可逆增加并不是由于该组件中存在故障，在很多情况下是其他组件在该组件中诱导的障碍所致。例如，在表 9-4 中的案例 1，FWH2 是真正的故障源，但是 FWH1 和 B-SH 的不可逆增加也很大。通过使用故障-障碍分析可以量化导致这些组件不可逆增加原因，如表 9-5 所示，导致这些组件不可逆增加的原因是其他组件的故障在该组件诱导的障碍较大。

(3) 导致系统消耗更多的外部燃料的最终原因是系统中的内在故障，而非诱导故障和障碍。例如，表 9.5 中的案例 1，FWH2 的内在故障在 FWH1 中产生了较大的诱导故障 105.225kW，FWH1 的诱导故障 MF_i 又在其他组件引起了不可逆增加 DI_i(即障碍) 13.622kW，FWH1 由此引起的燃料影响($MF_i^* = MF_i + DI_i$)为 118.848kW (表 9-4)。如果仅从这个分析结果来看，FWH1 具有较高燃料影响的原因是其故障较大。然而，通过分析发现，只要校正了 FWH2 的内在故障，包括 FWH1 在内的其他组件中的诱导故障和障碍也会随即消除。

总之，寻找导致系统燃料影响和不可逆增加的最终原因必须定位系统中的内在故障。为此，可根据 9.3 节建立的诱导故障评价方法，利用数值手段逼近各组件实际的诱导故障值(MF_i^{G0})，进而逼近各组件实际的内在故障值(MF_i^{L0})。表 9-6 给出了系统在 297MW 净负荷下，各组件诱导故障的分析结果，MF_i^G 为利用数值方法(式(9-29))计算的各组件的诱导故障值，将各组件总的故障值 MF_i(表 9-5)减去 MF_i^G 得到各组件内在故障的数值逼近值 MF_i^L。在 MF_i^L 列中，除故障源组件外(案例 1 为 FWH2，案例 2 为 FWP，案例 3 为 HP2)，所有的非零项为各组件特性曲线的非线性引起的误差 ε(图 9-4)。如表 9-6 所示，将诱导故障分离以后，所获得残差向量(也就是内在故障向量) $\mathbf{MF}^L$ 具有很好的方向性，能够直接用于最终的故障辨识。

表 9-6　297MW 净负荷下单个故障产生时各组件诱导故障分析结果　(单位：kW)

组件	案例 1		案例 2		案例 3	
	MF_i^G	MF_i^L	MF_i^G	MF_i^L	MF_i^G	MF_i^L
FWH7	0.044	0.000	–0.008	0.000	–0.104	0.000
FWH6	0.038	0.000	–0.182	–0.006	–0.884	–0.002
FWH5	0.042	0.000	–0.144	–0.005	–0.719	–0.002
FWH4	0.058	0.000	–0.362	–0.011	–1.728	–0.008
DTR	–1.086	0.006	–1.251	–0.031	–2.997	–0.007
FWP	0.005	0.000	**0.000**	**163.528**	–0.220	0.047
FWH3	0.960	–0.006	–3.444	–0.093	–1.784	–0.005
FWH2	**0.000**	**158.749**	–0.492	–0.015	6.192	0.047
FWH1	105.132	0.093	0.116	0.004	0.494	0.004
B–SH	8.378	–0.019	–10.231	–0.317	–73.090	0.439
HP1	–0.654	0.005	–5.743	–0.175	–24.984	0.002
HP2	2.831	–0.003	–1.411	–0.045	**0.000**	**567.098**
RH	–37.714	0.217	–3.399	–0.106	–58.816	0.375
IP1	–2.741	0.019	0.017	0.001	–0.003	0.010
IP2	0.631	–0.003	0.226	0.008	0.704	0.013
LP1	18.901	–0.093	–2.035	–0.074	–8.146	–0.211
LP2	18.863	–0.099	–1.598	–0.059	–6.250	–0.192
LP3	0.106	–0.001	0.903	0.030	3.995	0.053
LP4	0.240	–0.002	2.109	0.069	9.154	0.086
LP5	1.289	–0.009	11.311	0.374	49.068	0.535
BFPT	2.670	–0.014	0.048	0.001	0.301	–0.009
CND	–1.389	0.008	5.947	0.180	–2.831	–0.008
CP	0.000	0.000	0.000	0.000	0.000	0.000
GEN	0.000	0.000	0.000	0.000	0.000	0.000
总和	116.604	158.848	–9.623	163.258	–112.648	568.265

9.4.3　多个故障的分析

与单个故障的分析方法类似，当多个故障同时产生时(案例 4)，各组件的故障-障碍分析、燃料影响分析及诱导故障评价如表 9-7 所示。

表 9-7　297MW 净负荷下多个故障产生时各组件故障-障碍分析、燃料影响分析及诱导故障分析结果　(单位：kW)

组件	故障辨识						影响评价			ΔI_i
	MF_i	MF_i^{G0}	MF_i^{L0}	MF_i^{G}	MF_i^{L}	r_{ε}/%	DF_i	DI_i	MF_i^*	
FWH7	−0.069	−0.069	0.000	−0.068	−0.001	−1.45	12.364	0.963	0.894	12.295
FWH6	−1.034	−1.034	0.000	−1.028	−0.006	−0.58	5.510	0.061	−0.973	4.477
FWH5	−0.827	−0.827	0.000	−0.821	−0.006	−0.73	4.227	0.120	−0.707	3.399
FWH4	−2.049	−2.049	0.000	−2.032	−0.017	−0.83	9.308	0.190	−1.859	7.259
DTR	−5.345	−5.345	0.000	−5.334	−0.011	−0.21	17.742	−0.072	−5.417	12.398
FWP	**163.338**	**−0.190**	**163.528**	**−0.215**	**163.553**	**13.16**	**23.640**	**70.583**	**233.921**	**186.978**
FWH3	−4.378	−4.378	0.000	−4.269	−0.108	−2.49	−1.843	0.109	−4.269	−6.221
FWH2	**164.324**	**5.575**	**158.749**	**5.701**	**158.623**	**2.26**	**−196.514**	**26.934**	**191.258**	**−32.190**
FWH1	105.723	105.723	0.000	105.742	−0.018	0.02	154.151	17.594	123.318	259.875
B-SH	−74.415	−74.415	0.000	−74.943	0.528	0.71	1355.606	1.535	−72.880	1281.191
HP1	−31.467	−31.467	0.000	−31.381	−0.086	−0.27	8.442	−0.219	−31.686	−23.025
HP2	**568.413**	**1.315**	**567.098**	**1.419**	**566.993**	**7.91**	**−82.427**	**90.214**	**658.626**	**485.985**
RH	−99.136	−99.136	0.000	−99.928	0.792	0.80	−148.748	74.516	−24.620	−247.884
IP1	−2.657	−2.657	0.000	−2.728	0.070	2.67	22.966	2.621	−0.036	20.309
IP2	1.585	1.585	0.000	1.562	0.023	−1.45	7.826	2.850	4.435	9.411
LP1	8.088	8.088	0.000	8.719	−0.632	7.80	4.523	2.557	10.645	12.611
LP2	10.425	10.425	0.000	11.015	−0.590	5.66	9.135	4.153	14.578	19.560
LP3	5.092	5.092	0.000	5.003	0.088	−1.75	5.962	3.287	8.378	11.054
LP4	11.658	11.658	0.000	11.504	0.154	−1.32	6.621	3.322	14.980	18.279
LP5	62.598	62.598	0.000	61.668	0.930	−1.49	28.645	11.857	74.455	91.244
BFPT	2.965	2.965	0.000	3.019	−0.054	1.82	76.074	1.020	3.985	79.039
CND	1.925	1.925	0.000	1.728	0.198	−10.23	−994.480	2.107	4.032	−992.554
CP	0.000	0.000	0.000	0.000	0.000	0.00	0.531	0.000	0.000	0.531
GEN	0.000	0.000	0.000	0.000	0.000	0.00	0.045	13.006	13.006	0.045
总和	884.757	−4.618	889.375	−5.667	890.423	—	329.306	329.308	1214.064	1214.066

当系统中多个设备同时发生故障时，与系统中只有单个设备发生故障的情况

相比要复杂很多。这是由于各诱导影响之间相互叠加，导致某一组件内的诱导故障较大，在某些情况下有可能大于内在故障值。因此，TDP 中的故障-障碍分析仅能缩小内在故障的搜索范围，而不能准确定位故障源。

为了评价利用数值方法计算得到的诱导故障 $\mathrm{MF}_i^{\mathrm{G}}$(或内在故障 $\mathrm{MF}_i^{\mathrm{L}}$)的误差，必须获得实际的诱导故障值 $\mathrm{MF}_i^{\mathrm{G0}}$(或内在故障值 $\mathrm{MF}_i^{\mathrm{L0}}$)。从故障仿真设定的组件来看，只有 FWH2、FWP 和 HP2 中有故障，也就是说除这些组件之外，其他组件的实际内在故障值 $\mathrm{MF}_i^{\mathrm{L0}}$ 均为“0”。FWH2、FWP 和 HP2 中实际的内在故障可以根据单个组件的故障分析得到[7,25]，因为此时只有一个组件产生故障，单个组件故障分析得到的结果不存在故障之间的叠加影响。因此，FWH2、FWP 和 HP2 中实际的内在故障值 $\mathrm{MF}_i^{\mathrm{L0}}$(由表 9-5 获得)分别为 158.749kW、163.528kW 和 567.098kW。在总的故障 MF_i 中减去实际的内在故障 $\mathrm{MF}_i^{\mathrm{L0}}$ 便可得到各组件中实际的诱导故障 $\mathrm{MF}_i^{\mathrm{G0}}$：

$$\mathrm{MF}_i^{\mathrm{G0}} = \mathrm{MF}_i - \mathrm{MF}_i^{\mathrm{L0}} \tag{9-30}$$

诱导故障的相对误差 r_ε 定义如下：

$$r_\varepsilon = \frac{\mathrm{MF}_i^{\mathrm{G}} - \mathrm{MF}_i^{\mathrm{G0}}}{\mathrm{MF}_i^{\mathrm{G0}}} \times 100 \tag{9-31}$$

从表 9-7 中可以看出，利用本章提出的诱导故障评价方法，系统中所有的诱导故障都被逐一分离，特别是几个数量较大的诱导故障(产生在 FWH1、B-SH、RH 和 LP5)，同时该方法也具有较高的精度。绝大多数组件的诱导故障相对误差都在 3%以下，只有 FWP 和 HP2 两个故障源组件中诱导故障相对误差较大，但是这并不会对最终的故障判断产生影响，因为这两个组件中的诱导故障与内在故障相比可以忽略，如果折算成内在故障的相对误差，则误差会在 1%以下。

图 9-5 给出了在以上四种故障仿真案例下，整个系统不可逆增加原因分析，整个系统不可逆增加被分为三个部分：内在故障、障碍和诱导故障。如图所示，内在故障较大是系统不可逆增加的主要原因，在有些情况下，诱导故障的影响也比较大，甚至与内在故障具有相同的量级，这个结果从另外一个角度说明诱导故障对系统的影响不能被忽略，因为诱导故障的存在会严重干扰故障源的辨识。

根据对单个故障和多个故障的分析可以看出，本章所提出的诱导影响的逐步分离过程(先分离障碍，再分离诱导故障)能有效辨识和定位系统中的故障，所获的残差向量(即内在故障向量)$\mathbf{MF}^{\mathrm{L}}$ 具有很好的方向性，除了能够用于故障辨识和分类，又包含了与特定故障有关的物理含义，使研究人员能够准确地把握故障，并能对故障进行更深入的分析。

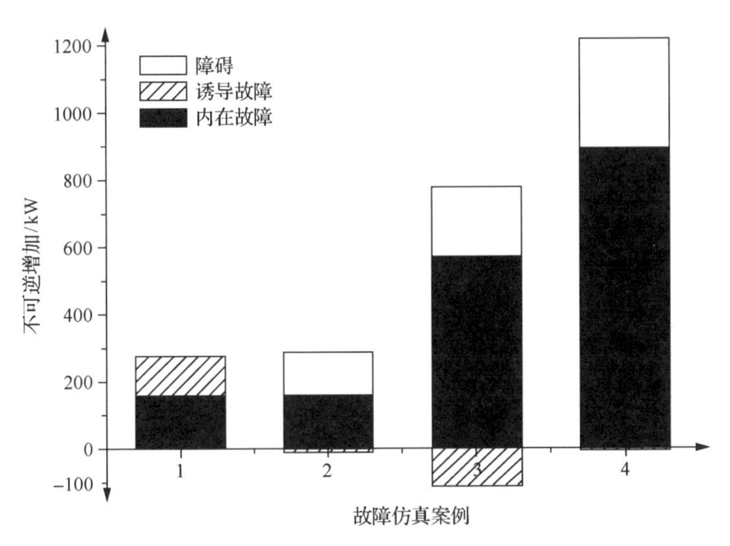

图 9-5　四种故障仿真案例下整个系统不可逆增加原因分析

9.5　本 章 小 结

本章将传统的热经济学故障诊断方法与改进的诱导故障评价方法相结合，建立了一套逐步分离诱导影响的评价体系，并将该方法应用于 300MW 燃煤机组的故障分析。首先，利用 TDP 中的故障-障碍分析将各组件不可逆增加中的障碍 DF 分离出来，得到各组件的故障 MF，同时利用燃料影响公式计算各组件故障的成本或燃料影响 MF^*；然后，利用本章建立的诱导故障数值逼近方法将各组件故障 MF 中的诱导故障 MF^G 分离出来。由此得到的残差向量(也就是内在故障)$\mathbf{MF}^L$ 具有很好的方向性，同时具有明确的物理意义，能够用于最终的故障辨识。

与传统的热力学第二定律分析方法相比，基于热经济学结构理论的诊断方法不仅能量化系统外部燃料消耗量，而且能够辨识和量化导致各组件不可逆增加以及系统额外燃料消耗的原因。在很多组件内部产生的不可逆增加，通常不是该组件的故障引起的，很多时候都是其他组件故障在该组件诱导的障碍所引起的。某一组件性能(或效率)的变化并不意味着该组件存在内在故障，其他组件性能(或效率)的变化也会导致该组件性能发生变化(产生诱导故障)。通过分析发现，受影响较大的组件通常距离故障源较近。

为了定位导致系统性能变化的真正原因(也就是内在故障)，必须从总的故障中分离诱导故障。然而，由于与系统特性有关的信息在热经济学转换的过程中逐步丢失，仅依靠热经济学方法完成这个分离过程几乎不可能。为了补充这些丢失的信息，最简单的方法是建立一个线性的数学模型，描述各组件性能变量与系统特征参数之间的关系。确定了各特征参数(在参考工况和实际工况之间)的变化值便可以获得各组件性能变量的变化，进而可以获得各组件的诱导故障。然而，由于使用了线性模型，该方法仅能分析系统在参考工况附近的诱导故障，当实际工况与参考工况偏离很大时，该方法有可能产生较大的误差(该误差与系统特性曲线的非线性有关)。

参 考 文 献

[1] Himmelblau D M. Fault Detection and Diagnosis in Chemical and Petrochemical processes[M]. New York:Elsevier Scientific Publishing Company, 1978.

[2] Venkatasubramanian V, Rengaswamy R, Kavuri S N. A review of process fault detection and diagnosis. Part II: Qualitative models and search strategies[J]. Computers & Chemical Engineering, 2003, 27(3): 313-326.

[3] Venkatasubramanian V, Rengaswamy R, Kavuri S N, et al. A review of process fault detection and diagnosis. Part III: Process history based methods[J]. Computers & Chemical Engineering, 2003, 27(3): 327-346.

[4] Venkatasubramanian V, Rengaswamy R, Yin K, et al. A review of process fault detection and diagnosis. Part I: Quantitative model-based methods[J]. Computers & Chemical Engineering, 2003, 27(3): 293-311.

[5] Lozano M A, Valero A. Theory of the exergetic cost[J]. Energy, 1993, 18(9): 939-960.

[6] Lozano M A, Bartolome J L, Valero A, et al. Thermoeconomic diagnosis of energy systems[C]// Carnevale, E. Proceedings of the International Conference Flowers'94. Florence: Florence World Energy Research Symposium, 1994: 149-156.

[7] Uche J. Thermoeconomic analysis and simulation of a combined power and desalination plant[D]. Zaragoza: University of Zaragoza, 2000.

[8] Valero A, Lozano M A, Munoz M. A general theory of exergy saving. Parts I: On the Exergetic Cost[J]. Computeraided Engineering of Energy Systems, 1986, 2: 1-8.

[9] Valero A, Correas L, Zaleta A, et al. On the thermoeconomic approach to the diagnosis of energy system malfunctions. Part 1: the TADEUS problem[J]. Energy, 2004, 29(12-15): 1875-1887.

[10] Valero A, Correas L, Zaleta A, et al. On the thermoeconomic approach to the diagnosis of energy system malfunctions.Part 2: Malfunction definitions and assessment[J]. Energy, 2004, 29(12-15): 1889-1907.

[11] Valero A, Torres C, Serra L. A general theory of thermoeconomics: Part I. Structural analysis[C]//ECOS'92 International Symposium. Zaragoza, Spain: The American Society of Mechanical Engineers, 1992.

[12] Valero A, Serra L, Lozano M A. Structural Theory of Thermoeconomics[M]. Zaragoza: University of Zaragoza, 1993.

[13] Valero A, Torres C, Lerch F. Structural theory and thermoeconomic diagnosis. Part III: Intrinsic and Induced Malfunctions[C]//Ishida, M. ECOS'99. Efficiency, Costs, Optimization, Simulation and Environmental Aspects of Energy Systems. Tokyo: The American Society of Mechanical Engineers, 1999.

[14] Torres C, Valero A, Serra L, et al. Structural theory and thermoeconomic diagnosis. Part I: On malfunction and dysfunction analysis[J]. Energy Conversion and Management, 2002, 43(9-12): 1503-1518.

[15] Lazzaretto A, Toffolo A. A critical review of the thermoeconomic diagnosis methodologies for the location of causes of malfunctions in energy systems[J]. Journal of Energy Resources Technology, 2006, 128(4): 335-342.

[16] Valero A, Lozano M A, Torres C. On causality in organized energy systems: Part III. Theory of perturbations[C]//Stecco S S. International Symposium: A future for energy. Florence: Pergamon Press, 1990.

[17] Verda V. Thermoeconomic analysis and diagnosis of energy utility systems-from diagnosis to prognosis[J]. International Journal of Thermodynamics, 2004, 7 (2) : 73-83.

[18] Toffolo A, Lazzaretto A. On the thermoeconomic approach to the diagnosis of energy system malfunctions-indicators to diagnose malfunctions: application of a new indicator for the location of causes[J]. International Journal of Thermodynamics, 2004, 7 (2) : 41-49.

[19] Correas L. On the thermoeconomic approach to the diagnosis of energy system malfunctions-suitability to real-time monitoring[J]. International Journal of Thermodynamics, 2004, 7 (2) : 85-94.

[20] Reini M, Taccani R. On the thermoeconomic approach to the diagnosis of energy system malfunctions-the role of the fuel impact formula[J]. International Journal of Thermodynamics, 2004, 7 (2) : 61-72.

[21] Verda V, Serra L, Valero A. Thermoeconomic diagnosis: Zooming strategy applied to highly complex energy systems. Part 1: Detection and localization of anomalies[J]. Journal of Energy Resources Technology, 2005, 127 (1) : 42-49.

[22] Verda V, Serra L, Valero A. Thermoeconomic diagnosis: Zooming strategy applied to highly complex energy systems. Part 2: On the choice of the productive structure. Journal of Energy Resources Technology, Transactions of the ASME, 2005, 127 (1) : 50-58.

[23] Torres C, Valero A, Serra L, et al. Structural theory and thermoeconomic diagnosis: Part I. On malfunction and dysfunction analysis[J]. Energy Conversion and Management, 2002, 43 (9) : 1503-1518.

[24] Sreedhar R. Fault diagnosis and control of a thermal power plant[D]. Austin: The University of Texas, 1995.

[25] Valero A, Lerch F, Serra L, et al. Structural theory and thermoeconomic diagnosis. Part II: Application to an actual power plant[J]. Energy Conversion and Management, 2002, 43 (9) : 1519-1535.

第 10 章　热经济学系统优化

优化,即在一定的(物理、经济和环境等)约束和限度内,采用某种系统配置(或结构),使用某种组件的设计方式和运行策略,使整个系统达到全局最优。优化的定义反映了能量系统优化的三个层次[1,2]:综合、设计和运行优化。

能源资源的短缺、生态环境的日益恶化,使得利用传统能量优化方法所建立的以热力学(或技术)最优为目标的能源系统已经无法应对当前能源和环境状况。即使在传统的能量系统优化中引入经济和环境等问题的优化,也无法做到真正意义上的优化。这是由于传统的能量分析体系无法真正做到将热力学和经济学进行"无缝融合",这样的优化通常是由两个顺序相连的优化组成,即先热力学优化再进行经济学优化[3],这种优化方式通常无法获得真正的全局最优,从数学角度来看,这种"优化"只能称为改进。而且,由于缺乏某种权衡,单纯基于热力学第二定律的优化也无法获得某些重要参数的热力学最优值,如汽轮机等熵效率、温度比等[4]。

热经济学理论的诞生,利用㶲成本的概念紧密地将热力学和经济学联系在一起,使得利用热经济学进行复杂能量系统的全局优化成为可能。热经济学优化过程既能反映系统的热力学性能,又能反映系统的经济性能。很容易利用热经济学方法进行各种优化问题的拓展,如考虑环境影响的多目标优化、系统可靠性等。

1970 年,El-Sayed 和 Evans[5]基于微积分方法建立了一个完整的热经济学优化体系,并建立了基于拉格朗日乘子的系统分解优化方法[6],这个工作是热经济学优化领域中的先驱,具有重大的意义。之后发展而来的热经济学优化领域中众多重要的优化方法(如 Frangopoulos 的热经济学功能分析[4,7]、von Spakovsky 等的工程功能分析[8,9]及结构理论[10,11]等)都是 El-Sayed 等所构建方法的某种扩展。其中,热经济学结构理论逐步脱颖而出,提出了一种基于线性㶲模型的通用数学形式,将平均成本和边际成本的计算统一到一个通用的模型中,并且包含了以上所有热经济学方法。

这些优化方法首先需要解决的问题就是系统分解问题。对于复杂的能源系统而言,对其进行全局优化可以得到很精确的优化解,但是收敛慢,运算量庞大,而且,现有的数学优化算法(尤其是非线性优化算法)还不是很成熟,算法的性能也不是很高,对优化模型的变量、约束方程的数量有着严格的限制。如果将系统分解为若干个子系统,对它们逐一进行局部优化,由于此时需要优化的变量和约束方程较少,则局部优化往往收敛很快,但是,系统中的各组件并不是孤立的,它们的自变量之间往往存在着复杂的耦合、反馈作用，所以局部优化的结果不是太精确，无法使整个系统达到全局最优。而分解优化方法则是将系统中联系紧密的组件划分到一起，因此整个系统被划分为多块，它能够在尽量逼近全局优化的前提下提高优化效率。

本章首先介绍了热经济学优化的基本原理和概念，然后以第 2 章 300MW 燃煤机组为例，利用热经济学结构理论建立了系统的热经济学模型、全局优化模型和局部优化模型，并以序列二次规划(sequential quadratic programming，SQP)法作为优化模型的求解算法，通过权衡系统热力学效率及系统各设备投资成本，最终获得系统最优解。

10.1　基本原理和概念

10.1.1　系统优化的三个阶段

如图 10-1 所示，一个过程系统(或能量系统)按其优化任务可以分为最优综合(synthesis optimization)、最优设计(design optimization)和最优操作(operation optimization)三个阶段[12]。

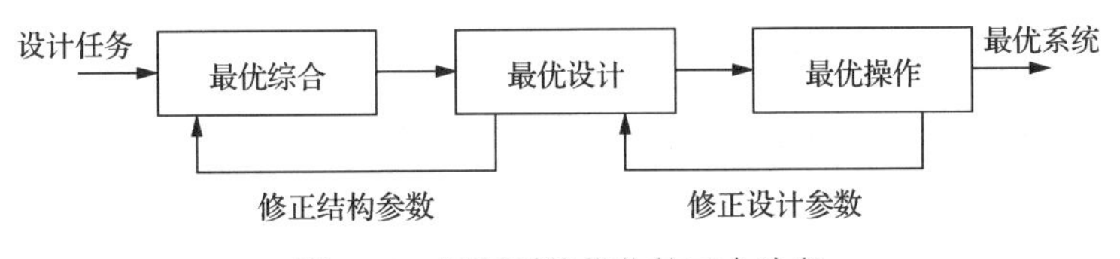

图 10-1　过程系统优化的三个阶段

1. 最优综合

为了完成某类产品的生产任务，遵循一定的法则，将分散的单元组织成对给定的性能指标来说是最优的过程系统的阶段称为最优综合。在此阶段要确定的是单元间的连接关系，它是过程系统能够达到最优化的基础。但是，能满足生产要求的过程结构不止一个。例如，对发电、化工等系统，生产同一种产品可以使用不同的原料、不同性能的生产装置，组成不同的工艺路线。即使在工艺路线已经确定的前提下，组成系统的生产设备的多样性也会造成过程结构的多样性。过程系统越复杂，可供选择的方案就越多，待求变量的维数就越高。

2. 最优设计

在给定过程结构的条件下，确定各单元参数的最优值，该阶段称为最优设计。待定参数称为设计变量，例如，在设计换热器系统时，工艺条件决定了冷热流体的流量和温度、换热器系统的结构及换热器的形式，此时需要利用优化技术，获得在总投资或总换热面积最小的情况下各种换热器的尺寸。最优设计以过程系统模拟为基础，通过求解过程的物理、经济以及环境等模型获得系统的最优解。

3. 最优操作和控制

在结构参数和设计参数都已固定的条件下，为了使生产过程能在外界条件变化以及各种因素干扰的情况下，保证过程系统的经济性，就必须对操作参数或控制参数进行优化分析。对过程的启停，如大型生产装置最短开工时间、间歇生产系统最优操作顺序的确定等，都属于最优操作和控制的问题。

实现最优操作和控制对提高生产技术水平、增加经济效益等都具有重要意义。由于过程系统动态模型中含有大量的微分方程，这对优化的实时性和控制策略的确定都提出了较高的要求，所以最优控制仅在少数的几个大型系统中得到成功应用。

将过程系统的优化过程分解为最优综合、最优设计、最优操作和控制三个阶段的目的是便于处理所研究的问题。实际上，在最优综合阶段，为了确定系统的结构变量，也要考虑系统的设计变量。由于控制参数的调整范围通常对设计尺寸有一定的影响，所以在最优设计阶段又需要考虑控制参数。

10.1.2 系统优化的主要步骤

为了把数学最优化理论的数值方法应用到能量系统中，必须明确地描绘出要优化的系统边界，选择用于量化所研究对象的系统变量，并建立用于描述变量之间关系的数学模型。系统优化大概可以分为以下几步。

1. 确定系统边界

首先要选定研究的范围，也就是系统。例如，可以选择一套生产装置作为系统，也可以选择多套装置组成的一个生产车间作为系统，还可以选择一个工厂作为系统。系统范围选取得越大，优化后得到的效益也越大，但是，变量维数将急剧增加、流程结构也更为复杂。系统范围选取得过小，虽然能够得到最优值，但从全局来看该结果不一定是最优的。确定多大范围的系统取决于研究目的、优化目标以及当前的优化技术水平。

2. 建立优化模型

系统最优化是指系统在一定限制或约束条件下，使系统总目标达到最优。该过程所建立的优化模型包括两个部分[6]：约束条件和目标。相应的数学表达形式称为约束方程和目标函数。所有的约束方程加在一起构成一个封闭的约束空间，在这个封闭的约束空间内或边界上，约束方程都满足约束条件。满足约束条件的方案是一个可行方案，但不一定是最好的方案。方案是否为“最优”需要使用性能指标或目标函数的数值来判断。目标函数将追求目标与系统的参数关联起来，利用某种优化算法(如拉格朗日乘子法)，在约束空间中寻找最优解。系统优化的数学表达形式如下：

$$\min_{x} \quad f(x) \tag{10-1}$$

关于

$$x = (x_1, x_2, \cdots, x_n) \tag{10-2}$$

服从于约束

$$h_i(x) = 0, \quad i = 1, 2, \cdots, m \tag{10-3}$$

$$g_j(x) \leqslant 0, \quad j = 1, 2, \cdots, p \tag{10-4}$$

其中，h_{i} 为等式约束(也称强约束)，通常由系统的仿真模型(包括质量平衡、能量平衡、过程的物理和化学机理方程等)所组成；g_i 为不等式约束(也称弱约束)，对应于系统设计和运行的限度、安全及环境要求等。

x 为系统自变量集，通常将其分为三个子集：

$$x \equiv (v, w, z) \tag{10-5}$$

其中，v 为用于操作优化的自变量子集(如负荷因子、质量流量、压力和温度等)；w 为用于设计优化的自变量子集(如机组负荷、等熵效率、加热器端差等)；z 为用于综合优化的自变量子集，系统中的每一个组件都有一个这种类型的变量，该变量能够显示出该组件是否存在于最优的流程结构或配置中，通常使用二进制数 0 和 1 来表示。此时，目标函数(式(10-1))转换为

$$\min_{v,w,z} \quad f(v, w, z) \tag{10-6}$$

对于一个给定的系统综合(或系统结构)，此时自变量子集 z 已知，优化问题变成设计和操作优化：

$$\min_{v,w} \quad f_d(v, w) \tag{10-7}$$

如果系统的综合和设计都已知，即 z 和 w 都已知，优化问题变为单纯的操作优化：

$$\min_{v} \quad f_{\mathrm{op}}(v) \tag{10-8}$$

3. 进行优化计算

根据优化模型的特点，选择适当的优化方法，使系统在满足所有约束条件的情况下，达到最优解。例如，如果优化模型均为线性模型，则可选用线性规划法求解；如果优化模型均为非线性模型，则需要选用非线性优化方法或者遗传算法等求解。线性问题的优化算法相对比较成熟，然而，绝大多数过程系统都是非线性的，与线性优化相比，非线性优化还不成熟，现有的各种优化算法通常对系统自变量的维数及约束方程的数量有着严格的限制，当系统的维数超过这些限制时，就不得不将系统分解为多个子系统逐个进行优化。

4. 优化结果分析

系统总是运行在一定的环境之中，当环境的某些参数(如燃料成本、投资成本、机组负荷等)发生变化时，势必影响系统的稳定、经济性运行。优化结果分析通常采用系统灵敏度的分析方法，研究系统外部环境中的某些参数的变化对系统最优解以及目标函数值的影响。如果系统最优解以及目标函数值变化不大，则这样的系统称为低灵敏度系统或柔性系统，反之则称为高灵敏度系统。

10.1.3 解决优化问题的数学方法

根据前面所建立的优化模型的数学表达式(式(10-1)～式(10-4))中函数f、h、g_i的结构以及$\boldsymbol{x}$的维数，最优化问题可以进行更详细的分类。x是单变量的无约束问题则称为单变量问题，它构成最简单又极为重要。函数h和g如果都是线性函数的约束问题，则称为线性约束问题。这一分支又可以进一步细分为目标函数f是线性的和非线性的两类。所有函数都是x的线性函数的这一类问题又包括两种，一种变量为连续的，称为线性规划，另一种变量为整数，称为整数规划。具有线性目标函数和线性约束的问题有时称为线性约束非线性规划。根据非线性目标函数的特殊结构又可以进一步细分。如果$f(\boldsymbol{x})$是二次的，则是二次规划问题；如果$f(\boldsymbol{x})$是线性函数之比，则称为分数线性规划。以上所介绍的优化分类中，每一类都有很多相应的数学优化算法(如 Powell 算法、GRG(广义简约梯度，general reduced gradient)算法、SQP 算法等)[6]。由于本章所研究对象的系统流程(结构)已经给定，不对系统结构进行寻优，优化问题实际上简化为设计和操作优化。该类问题的目标函数是非线性的，自变量为连续型变量，并且带有大量的等式和不等式约束，该类优化为带有约束的非线性优化问题。对于这类问题，使用最多的算法包括 GRG、GRG2、SQP、遗传算法、退火算法等[6,12]。其中，SQP 算法在电力、能源、化工等过程系统中有着广泛的应用(如 RodriGuez-Toral 等[13]利用 SQP 优化了一个热电联产的发电厂)，本章也采用 SQP 算法作为系统寻优的数学算法。

标准 SQP 算法的基本思想是[6,12]：将目标函数 $f(\boldsymbol{x})$ 引入等式和不等式的拉格朗日乘子向量 $\boldsymbol{\lambda}$ 和 $\boldsymbol{\mu}$，将目标函数转换为拉格朗日函数 $L(\boldsymbol{x},\boldsymbol{\lambda},\boldsymbol{\mu})$：

$$L(\boldsymbol{x},\boldsymbol{\lambda},\boldsymbol{\mu})=f(\boldsymbol{x})+\boldsymbol{\lambda}^{\mathrm{T}}C(\boldsymbol{x})+\boldsymbol{\mu}^{\mathrm{T}}G(\boldsymbol{x}) \tag{10-9}$$

其中，$C(\boldsymbol{x})$ 为包含等式约束 h_i 的向量；$G(\boldsymbol{x})$ 为包含不等式约束 g_i 的向量。在某个近似解 $\boldsymbol{x}^k$ 处，拉格朗日函数按照泰勒级数展开，并将级数取到二次项可以得到

$$\begin{aligned}L(\boldsymbol{x},\boldsymbol{\lambda},\boldsymbol{\mu})=&f(\boldsymbol{x}^k)+\boldsymbol{\lambda}^{\mathrm{T}}C(\boldsymbol{x}^k)+\boldsymbol{\mu}^{\mathrm{T}}G(\boldsymbol{x}^k)+\nabla f(\boldsymbol{x}^k)\Delta\boldsymbol{x}^k\\&+\boldsymbol{\lambda}^{\mathrm{T}}\nabla C(\boldsymbol{x}^k)\Delta\boldsymbol{x}^k+\boldsymbol{\mu}^{\mathrm{T}}\nabla G(\boldsymbol{x}^k)\Delta\boldsymbol{x}^k+\frac{1}{2}(\Delta\boldsymbol{x}^k)^{\mathrm{T}}\boldsymbol{H}^k\Delta\boldsymbol{x}^k\end{aligned} \tag{10-10}$$

其中，算子 $\nabla=\dfrac{\partial}{\partial\boldsymbol{x}}$；$\boldsymbol{H}^k$ 为拉格朗日函数(式(10-9))在 $\boldsymbol{x}^k$ 处的 Hessian 矩阵 ∇_x^2L：

$$\boldsymbol{H}^k=\begin{bmatrix}\dfrac{\partial^2L}{\partial x_1^2} & \dfrac{\partial^2L}{\partial x_1\partial x_2} & \cdots & \dfrac{\partial^2L}{\partial x_1\partial x_m}\\ \vdots & \vdots & \vdots & \vdots\\ \dfrac{\partial^2L}{\partial x_m\partial x_1} & \dfrac{\partial^2L}{\partial x_m\partial x_2} & \cdots & \dfrac{\partial^2L}{\partial x_m^2}\end{bmatrix} \tag{10-11}$$

对式(10-10)求最优解可等价为求如下优化模型的解：

$$\min_{x} f(\boldsymbol{x}^k)+\nabla f(\boldsymbol{x}^k)\Delta\boldsymbol{x}^k+\frac{1}{2}\Delta\boldsymbol{x}^k\boldsymbol{H}^k\Delta\boldsymbol{x}^k \tag{10-12}$$

服从于约束：

$$C(\boldsymbol{x}^k)+\nabla C(\boldsymbol{x}^k)\Delta\boldsymbol{x}^k=0 \tag{10-13}$$

$$G(\boldsymbol{x}^k)+\nabla G(\boldsymbol{x}^k)\Delta\boldsymbol{x}^k\leqslant 0 \tag{10-14}$$

这样原优化问题就近似地由二次规划所代替，求解这个二次规划问题的最优解 $\boldsymbol{x}^{k+1}$，就可作为原问题的一个新的近似解。如果 $\boldsymbol{x}^{k+1}$ 与 $\boldsymbol{x}^k$ 充分接近，例如：

$$\left\|x^{k+1}-x^k\right\|=\sqrt{\sum_{i=1}^{n}(x^{k+1}-x^k)^2}\leqslant\varepsilon \tag{10-15}$$

则以 $\boldsymbol{x}^{k+1}$ 为最优解，否则，将 $\boldsymbol{x}^{k+1}$ 代替 $\boldsymbol{x}^k$，构造新的二次规划问题继续进行迭代求解。很多学者在标准的 SQP 算法上做了很多的改进工作，用于强化 SQP 的收

敛速度并尽可能优化更大维数、更多约束的非线性优化问题。本章采用 Spellucci 提出的改进算法，具体算法请参阅文献[14]和[15]。

10.2 热经济学系统优化的方法

系统优化大致可以分为全局优化和局部优化两种，全局优化通常在全局角度建立系统的优化模型(目标函数和约束方程)，利用数学优化算法直接对模型进行求解，该方法所获得的最优解更为精确，但是，因为能源系统通常具有相当复杂的内部结构以及大量的系统参数，系统优化计算量大、迭代收敛慢，收敛速度完全取决于系统的特性及数学优化算法的性能，当自变量数量或约束方程数量较大时，优化性能将降低。局部优化则是将系统分解为多个子系统，通过对子系统的局部寻优达到全局最优，可以获得较高的收敛速度，但子系统之间通常具有较强的耦合、反馈作用，这对局部优化提出了挑战，需要尽可能降低局部优化时各子系统之间的耦合程度，保证子系统之间的寻优互不影响，通过对子系统的逐个优化达到全局最优。

针对系统分解策略，Evans[16]提出了热经济学孤立化(thermoeconomic isolation)原理，它指出：如果某一组件的产品㶲以及该组件所消耗资源(包括内部资源和外部资源)的单位成本为已知量，并且为常量(意味着不随组件自变量的变化而改变)，那么该组件就处于热经济学“孤立化”条件。只要通过某种方式(如子系统的划分)使各设备或子系统满足热经济学“孤立化”条件，在优化某一设备或子系统时，就不用考虑其他设备或子系统的优化。根据以上方法，将所有子系统逐个进行局部寻优，由此得到的解也能够保证全局最优。他认为，使用“能质”(essergy = essential aspect of energy)[16,17]这一概念能够近似地达到热经济学孤立化状态。Evans 等[18]随后即提出了能质功能分析(essergetic functional analysis)法以逼近热经济学孤立化。但是，热经济学孤立化的理想条件在实际系统中通常很难达到，而且 Evans 对热经济学孤立化的数学证明也并不十分严谨[19]，此外，利用能质功能分析法也无法正确量化凝汽器的生产功能[20]，因此热经济学孤立化法也逐渐淡出了视野。

针对热经济学孤立化法所存在的问题，Frangopoulos[17]在 Evans 等的指导下，对能质功能分析法进行了改进，基于热力学第二定律和优化理论，严格地推导出了热经济学优化领域著名的热经济学功能分析法。因为该方法使用了系统分解优化，所以优化过程收敛较快，通过分解块(或组件)的逐个寻优可以达到整个系统的最优，也因此能够应用于任何尺度的系统。而由 von Spakovsky 和 Evans 所提出的工程功能分析法能够更加便利地对热力系统和非热力系统进行分解。系统分解的程度越高，单个组件所处的经济环境则越稳定，因此也就越有利于复杂系统的综合和优化。

热经济学结构理论[11]的提出将热经济学优化领域的众多方法进行了统一，Torres 等[21]的工作显示了热经济学结构理论与热经济学功能分析[18]在系统优化上的等价性。Uche 等[22,23]在 Lozano 等[24]工作的基础上，利用热经济学结构理论和热经济学孤立化原理对一个多级闪蒸海水淡化联合发电系统进行了优化、分析，得到的结果显示出此种方法具有易于操作、精度高、收敛快等特点。除了以上介绍的典型热经济学优化方法，还有许多将其他优化理论(如遗传算法、退火算法等)、图形理论(如连通性矩阵等)与热经济学优化相结合的优化方法，具体介绍参见文献[2]、文献[12]和文献[25]。

本章重点介绍基于热经济学结构理论的热经济学系统优化，仍然以第 2 章的 300MW 燃煤电站为例。在过程模拟、技术经济评价和热经济学建模的基础上，对燃煤机组的热经济学系统优化考虑两种优化方法，即全局优化和局部优化。

10.2.1　优化范围及系统自变量的确定

因为本章所研究系统的流程已经确定(图 2-1)，同时为了降低优化的复杂性(不考虑整数非线性优化的问题)，所以在优化的过程中没有考虑系统的最优综合。系统的优化范围选定为除凝汽器和发电机外的所有设备，包括锅炉、汽轮机各级组、水泵、给水加热器。系统自变量 $\boldsymbol{x}$ 选择为与各设备设计和运行有关的特征变量(如效率、端差、温度等)，共计 21 个：

$$\boldsymbol{x}=(\eta_{\text{BOI}},\eta_{\text{HP1}},\eta_{\text{HP2}},\eta_{\text{IP1}},\eta_{\text{IP2}},\eta_{\text{LP1}},\eta_{\text{LP2}},\eta_{\text{LP3}},\eta_{\text{LP4}},\eta_{\text{LP5}},\eta_{\text{FWP}},\eta_{\text{BFPT}},\eta_{\text{CP}},\text{TTD}^{\text{o}}_{\text{FWH1}},\text{TTD}^{\text{o}}_{\text{FWH2}},\text{TTD}^{\text{o}}_{\text{FWH3}},\text{TTD}^{\text{o}}_{\text{FWH4}},\text{TTD}^{\text{o}}_{\text{FWH5}},\text{TTD}^{\text{o}}_{\text{FWH6}},\text{TTD}^{\text{o}}_{\text{FWH7}},T_{\text{SH}})$$

其中，η_{BOI} 为锅炉的热力学效率；其他效率 η 均为各设备的等熵效率；TTD^{o} 为加热器的出口给水端差(℃)；T_{SH} 为锅炉主蒸汽(也就是过热蒸汽)和再热蒸汽的温度(℃)，本章将这两个温度设定为同一值。这些自变量的取值范围如表 10-1 所示。

表 10-1　系统主要变量取值范围

变量	加热器端差/℃	主蒸汽和再热蒸汽温度/℃	汽机和泵的效率	锅炉效率
范围	$-2.8\leqslant\text{TTD}^0\leqslant 2.8$	$0< T_{\text{SH}}\leqslant 550$	$0<\eta<1$	$0<\eta_{\text{BOI}}<1$

10.2.2　全局优化

在一定的物理环境和经济环境条件下，图 10-2 所示系统的全局优化可以表达为：当在一定的经济环境下(如一定的利率、通货膨胀率、系统年运行小时数等)，系统总的产品输出量一定(也就是系统的净负荷一定)，通过调整系统的内部自变

量 $\boldsymbol{x}$($\boldsymbol{y}$ 为应变量)，使系统所消耗的外部资源 F 和总投资 Z 最小，即最小化系统的年度化总成本 Γ(美元/s)。

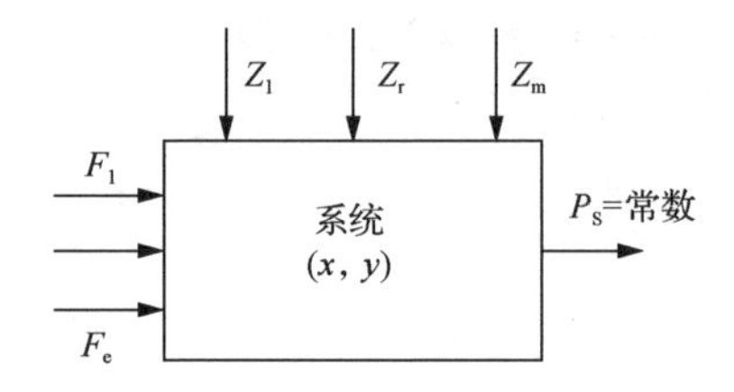

图 10-2　系统全局优化示意图

该问题可以表达为如下的数学形式：

$$\min_{x} \Gamma = \Gamma_{燃料} + \Gamma_{投资} = \sum_{i=1}^{e} c_{f,i} F_i + \xi \sum_{r=1}^{m} Z_r \tag{10-16}$$

关于自变量

$$\boldsymbol{x} = (x_1, x_2, \cdots, x_n) \tag{10-17}$$

服从于约束：

$$h_j(\boldsymbol{x}, \boldsymbol{y}) = 0, \quad j = 1, \cdots, J \tag{10-18}$$

$$g_k(\boldsymbol{x}, \boldsymbol{y}) \leqslant 0, \quad k = 1, \cdots, K \tag{10-19}$$

其中，$c_{f,i}$ 为外部燃料的单位㶲价格(美元/kJ)；ξ 为分期偿还因子(见第 6 章)，应变量 $\boldsymbol{y}$=($y_1, y_2, \cdots, y_l$)，y_i 包括(除自变量外)各股流的温度、压力、流量、比焓等。目标函数中的外部燃料消耗和投资成本由以下两个函数确定：

$$F_i = F_i(\boldsymbol{x}, \boldsymbol{y}), \quad i = 1, \cdots, e \tag{10-20}$$

$$Z_r = Z_r(\boldsymbol{x}, \boldsymbol{y}), \quad r = 1, \cdots, m \tag{10-21}$$

函数 $F_i(\boldsymbol{x}, \boldsymbol{y})$ 为外部燃料消耗函数，对于本章所研究系统(如第 7 章所示的生产结构)，系统仅消耗两股外部燃料(即 F_{10} 和 F_{13})，$F_i(\boldsymbol{x}, \boldsymbol{y})$ 由燃料-产品模型(见第 7 章)确定。函数 $Z_r(\boldsymbol{x}, \boldsymbol{y})$ 为各设备投资成本估算方程(详见第 6 章)，表达了系统变量($\boldsymbol{x}, \boldsymbol{y}$)与投资成本之间的关系。$h_j(\boldsymbol{x}, \boldsymbol{y})$ 为系统物理模型(包括质量平衡、能量平衡、设备特性方程等)的约束方程(详见第 2 章的热力学建模)，$g_k(\boldsymbol{x}, \boldsymbol{y})$ 为考虑系统运行的安全性、稳定性等要求，人为设定的系统变量的取值范围，本章所研究系统主要变量限定情况如表 10-1 所示。

一旦确定了系统的优化模型(包括目标函数以及等式和不等式约束方程)，就可以利用 SQP 算法(或其他任何非线性优化算法)对该模型进行直接寻优，能够同时求解出系统自变量 $\boldsymbol{x}$ 的最优解 $\boldsymbol{x}^*$及相应的应变量 $\boldsymbol{y}$ 的值。全局优化结果具有最高的进度，可作为局部优化的基准解。

10.2.3　局部优化

传统的局部优化是对系统中的每一个组件依次优化，优化目标降低是组件的燃料成本和分期投资成本之和，其约束函数为组件各自的约束条件。以 HP1(#11)为例，传统局部优化时的目标函数如下：

$$\min_{\eta_{\text{HP1}}} \Gamma_{\text{HP1}} = c_{\text{P},11} P_{11} = \left(\sum_{i=0}^{n} k_{i11} c_{\text{P,i}} + kZ_{11} \right) P_{11} = (kB_{11} c_{\text{FB},11} + kS_{11} c_{\text{FS},11} + kZ_{11}) P_{11} \quad (10\text{-}22)$$

传统局部优化收敛速度快但是精度低，与全局最优的结果存在着较大的误差。这是因为组件之间的耦合、反馈作用，传统的局部优化在优化某一组件时会影响其余组件的性能，使得已经优化过的组件偏离局部最优点，最终造成偏离全局优化。本书试图寻求一种收敛速度快、优化精度高的优化方法，对所研究系统进行热经济学优化。

改进的局部优化中，以整个系统的年度化总成本作为每个组件的优化目标函数，约束函数为组件各自的约束条件，对每一个组件依次优化，可以更大程度地逼近全局优化。

10.3　常规燃煤电站热经济学优化结果

本章将系统外部的物理和经济环境参数设定如表 10-2 所示。利用前面建立的全局优化和局部优化算法分别对第 2 章建立的 300MW 燃煤机组进行了优化。全局优化和局部优化的迭代收敛公差分别设定为 10^{-5}。

表 10-2　系统优化的外部环境参数

环境		参数
物理环境		机组净负荷 W_{net} = 300MW，环境温度 20℃
经济环境	燃料	外部燃料单位㶲价格 $c_{\text{Fuel}} = 2\times10^{-6}$ 美元/kJ
	投资	系统维护因子 φ= 1.06，系统年运行小时数 H = 8000h，系统建造周期 CP = 1 年，分期偿还周期 k = 5 年，利率 in = 8%，通货膨胀率 ri = 5%(具体请见第 6 章)），各设备投资成本计算方程及相关参数见第 6 章

10.3.1　全局优化与局部优化结果对比

全局优化和局部优化从同样的初始值开始迭代(表 10-3 中 $\boldsymbol{x}^0$)，各种方式的优化结果列于表 10-3。其中，局部优化采用两种方式进行，一种是常规的局部优化(所获得的最优解为 $\boldsymbol{x}^{*L1}$)，另外一种是改进的局部优化(所获得的最优解为 $\boldsymbol{x}^{*L2}$)。局部优化($\boldsymbol{x}^{*L}$)和全局优化($\boldsymbol{x}^{*G}$)最优解的相对误差 ε_x 定义为

$$\varepsilon x=\frac{x^{*L}-x^{*G}}{x^{*G}}\times 100 \tag{10-23}$$

表 10-3　全局优化和局部优化结果

变量	初始值 x^0	全局优化 x^{*G}	传统局部优化 x^{*L1}	改进局部优化 x^{*L2}	ε_{x1}/%	ε_{x2}/%
η_{BOI}	0.91802	0.92136	0.92117	0.92136	−0.02	0
η_{HP1}	0.82624	0.86122	0.84933	0.86122	−1.38	0
η_{HP2}	0.90949	0.91320	0.90452	0.91320	−0.95	0
η_{IP1}	0.90779	0.90841	0.90452	0.90841	−0.43	0
η_{IP2}	0.93463	0.91040	0.90595	0.91040	−0.49	0
η_{LP1}	0.89003	0.92269	0.90559	0.92269	−1.85	0
η_{LP2}	0.91176	0.85356	0.91394	0.85352	7.07	0
η_{LP3}	0.93839	0.92608	0.92382	0.92608	−0.24	0
η_{LP4}	0.90426	0.91777	0.91496	0.91777	−0.31	0
η_{LP5}	0.78556	0.82261	0.82319	0.82261	0.07	0
η_{FWP}	0.78963	0.85669	0.84801	0.85669	−1.01	0
η_{BFPT}	0.79889	0.81061	0.80210	0.81060	−1.05	0
η_{CP}	0.80000	0.83330	0.82939	0.83330	−0.47	0
TTD^o_{FWH1}	−1.70000	2.8	1.30522	2.8	−53.39	0
TTD^o_{FWH2}	0.00000	2.44774	0.75193	2.44943	−69.28	0.07
TTD^o_{FWH3}	0.00000	−2.8	0.87919	−2.8	−131.4	0
TTD^o_{FWH4}	2.80000	−0.88876	0.66622	−0.90786	−174.96	2.15
TTD^o_{FWH5}	2.80000	−1.69336	0.48686	−1.68088	−128.75	−0.74
TTD^o_{FWH6}	2.80000	−1.47274	−0.19684	−1.49539	−86.63	1.54
TTD^o_{FWH7}	2.80000	−0.58316	−1.37445	−0.52352	135.69	−10.23
T_{SH}	537.00000	545	545	545	0	0
年度化总成本/(美元/s)	2.4776404	2.4161197	2.4289045	2.4161198	0.53	0
总投资成本(10^8 美元)	1.530263	1.48057	1.487197	1.48056	0.45	0

两种局部优化方法所获得解的相对误差分别为 ε_{x1} 和 ε_{x2}。如表 10-3 所示，与传统的局部优化方法最优解的相对误差 ε_{x1} 相比，改进的局部优化方法所获得的最

优解的相对误差 ε_{x2} 非常小。图 10-3 显示了全局优化和局部优化迭代收敛速度，从图中可以看出，改进的局部优化方法具有很高的收敛速度，通过 3～4 次迭代就基本趋于稳定，所用时间大约是全局优化时间的四分之一左右。

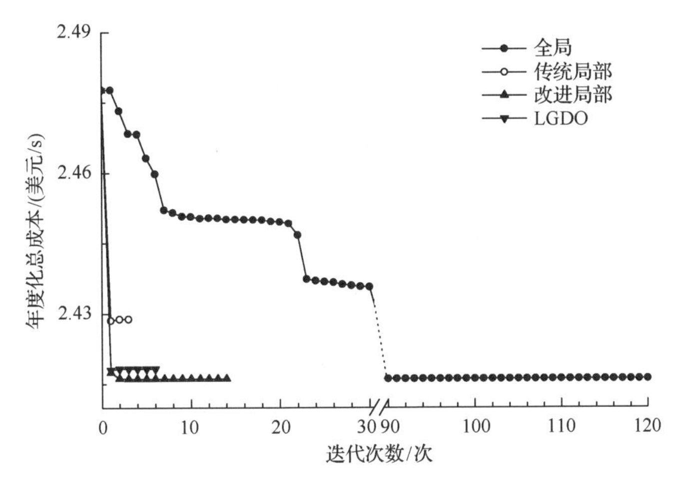

图 10-3　全局优化与局部优化迭代收敛速度对比

10.3.2　最优工况下热经济学分析结果

表 10-4 给出了最优工况下系统的㶲成本及热经济学成本计算结果。图 10-4 给出了优化前后各设备热经济学成本的相对变化值。从图中可以看出，绝大多数组件(除了 LP2)产品单位热经济学成本都降低了 1～2 个百分点，LP3 的降幅最大，达到 7 个百分点。而对于终端产品，即发电机 GEN 所产生的电力的成本，在优化后减少了约 2.5%。这些组件成本降低的主要原因是设备的热力特性改善了，其比不可逆成本降低较多。DTR、FWH2、GEN、IP1、CND 等组件的成本降低，是因为其所消耗燃料的成本降低幅度较大。

表 10-4　最优工况下㶲成本及热经济学成本分析结果

编号	组件	优化前 c_P/(10^{-6} 美元/kJ)	全局优化结果	局部优化结果	改进局部优化结果
1	FWH7	14.3633	13.8526	13.85982	13.85568
2	FWH6	10.3778	9.9686	9.90096	9.97405
3	FWH5	9.1871	8.9111	8.92466	8.90959
4	FWH4	8.8539	8.5838	8.67512	8.58451
5	DTR	8.9590	8.7870	8.83794	8.78679
6	FWP	11.9325	11.6181	11.61436	11.61811
7	FWH3	7.9018	7.8536	7.81492	7.85360

续表

编号	组件	优化前 c_P/(10^{-6}美元/kJ)	全局优化结果	局部优化结果	改进局部优化结果
8	FWH2	7.3909	7.2285	7.29096	7.22856
9	FWH1	7.2274	7.0977	7.11653	7.09771
10	B-SH	5.8357	5.7345	5.75466	5.73454
11	HP1	7.7771	7.6185	7.63903	7.61850
12	HP2	7.7502	7.6197	7.63290	7.61969
13	RH	5.4160	5.2804	5.32019	5.28044
14	IP1	7.6525	7.5211	7.55885	7.52111
15	IP2	7.6994	7.4236	7.44878	7.42359
16	LP1	7.8837	7.7520	7.73530	7.75196
17	LP2	7.7401	7.8229	7.61241	7.82308
18	LP3	7.8839	7.2919	7.66815	7.29171
19	LP4	8.0264	7.8641	7.89000	7.86418
20	LP5	9.2943	9.0032	9.03114	9.00324
21	BFPT	9.8553	9.7760	9.78570	9.77595
22	CND	0.5452	0.5392	0.54009	0.53920
23	CP	11.2646	10.9161	10.96258	10.91603
24	GEN	8.2588	8.0537	8.09635	8.05373
25	J1	6.2429	6.1011	6.13108	6.10107
26	J2	7.9053	7.7038	7.74569	7.70381

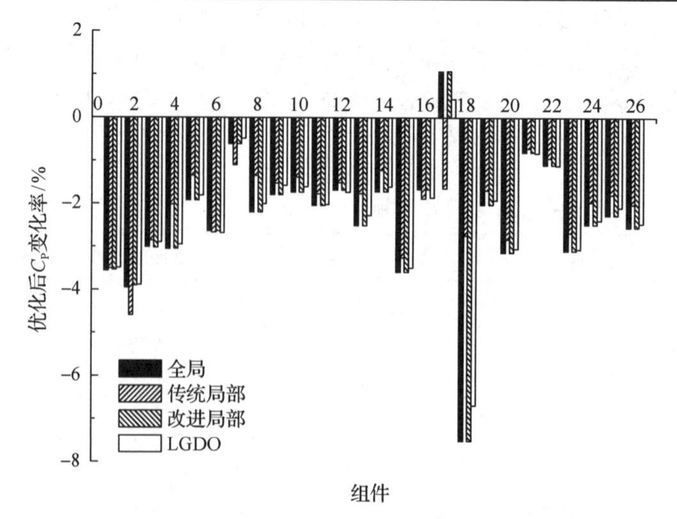

图 10-4　优化前后各组件产品单位热经济学成本变化

10.3.3　系统灵敏度分析

系统灵敏度是系统优化模型中参数和各种变量的微小扰动对系统输出参数及性能指标所产生影响的定量表示。为了估计各种不确定因素对系统所产生的影响，以及定量分析在最优工况下，设计参数、操作参数的变动对系统的影响，必须在系统优化后，计算系统的灵敏度，为进一步校正系统做出合理的估计。为此，本节分析以下两种情况的灵敏度：①系统自变量和目标函数对外部环境参数(物理和环境参数)变化的灵敏度；②系统自变量在最优解附近变化时的灵敏度。

1) 外部环境参数的灵敏度

由于系统优化通常在预先设定好的物理和环境条件下进行，而环境参数的变动性和不确定性通常很大，为此，这里研究了表 10-2 中所设定的环境参数的变化对系统自变量以及目标函数的影响，如图 10-5～图 10-8 所示。从图中可以看出，燃料价格、投资成本、机组净负荷的变化对系统特征变量的最优解的影响的程度相差不大。机组净负荷变化对年度化总成本和系统总投资成本影响较大。

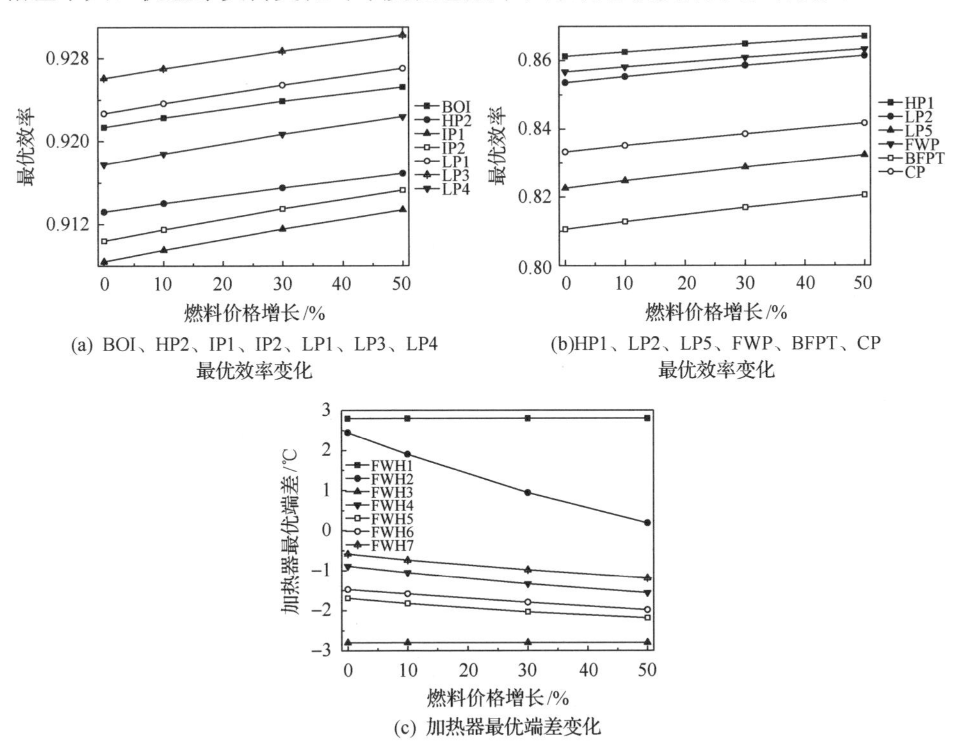

(a) BOI、HP2、IP1、IP2、LP1、LP3、LP4 最优效率变化

(b)HP1、LP2、LP5、FWP、BFPT、CP 最优效率变化

(c) 加热器最优端差变化

图 10-5　燃料价格增长对系统最优解的影响分析

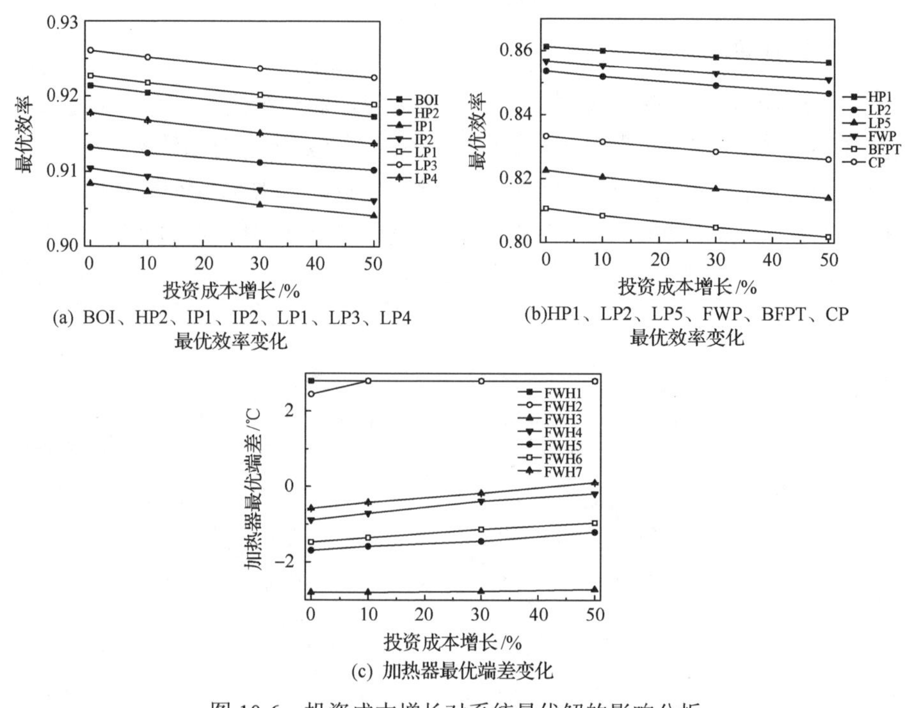

(a) BOI、HP2、IP1、IP2、LP1、LP3、LP4 最优效率变化

(b)HP1、LP2、LP5、FWP、BFPT、CP 最优效率变化

(c) 加热器最优端差变化

图 10-6　投资成本增长对系统最优解的影响分析

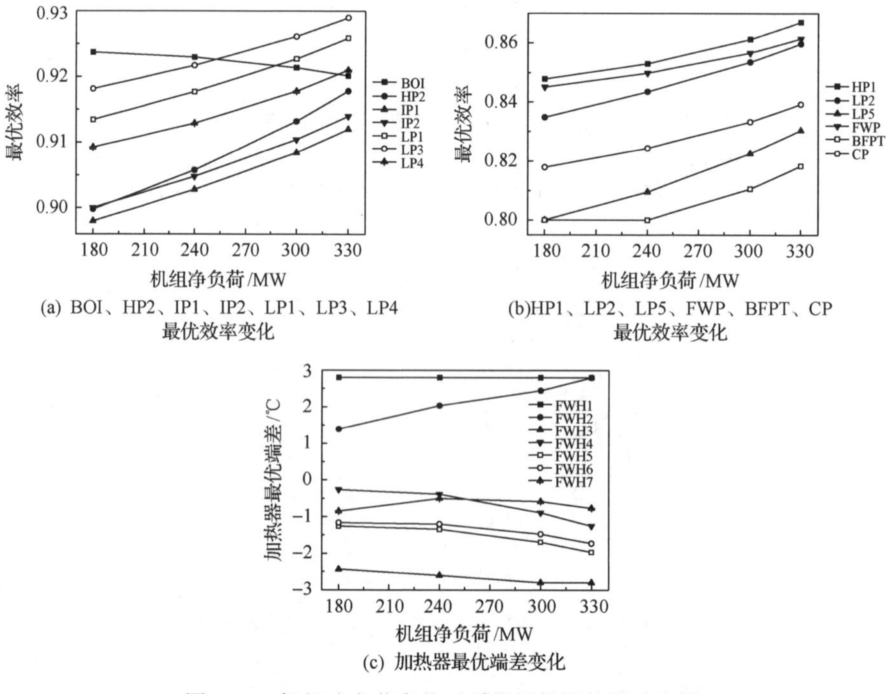

(a) BOI、HP2、IP1、IP2、LP1、LP3、LP4 最优效率变化

(b)HP1、LP2、LP5、FWP、BFPT、CP 最优效率变化

(c) 加热器最优端差变化

图 10-7　机组净负荷变化对系统最优解的影响分析

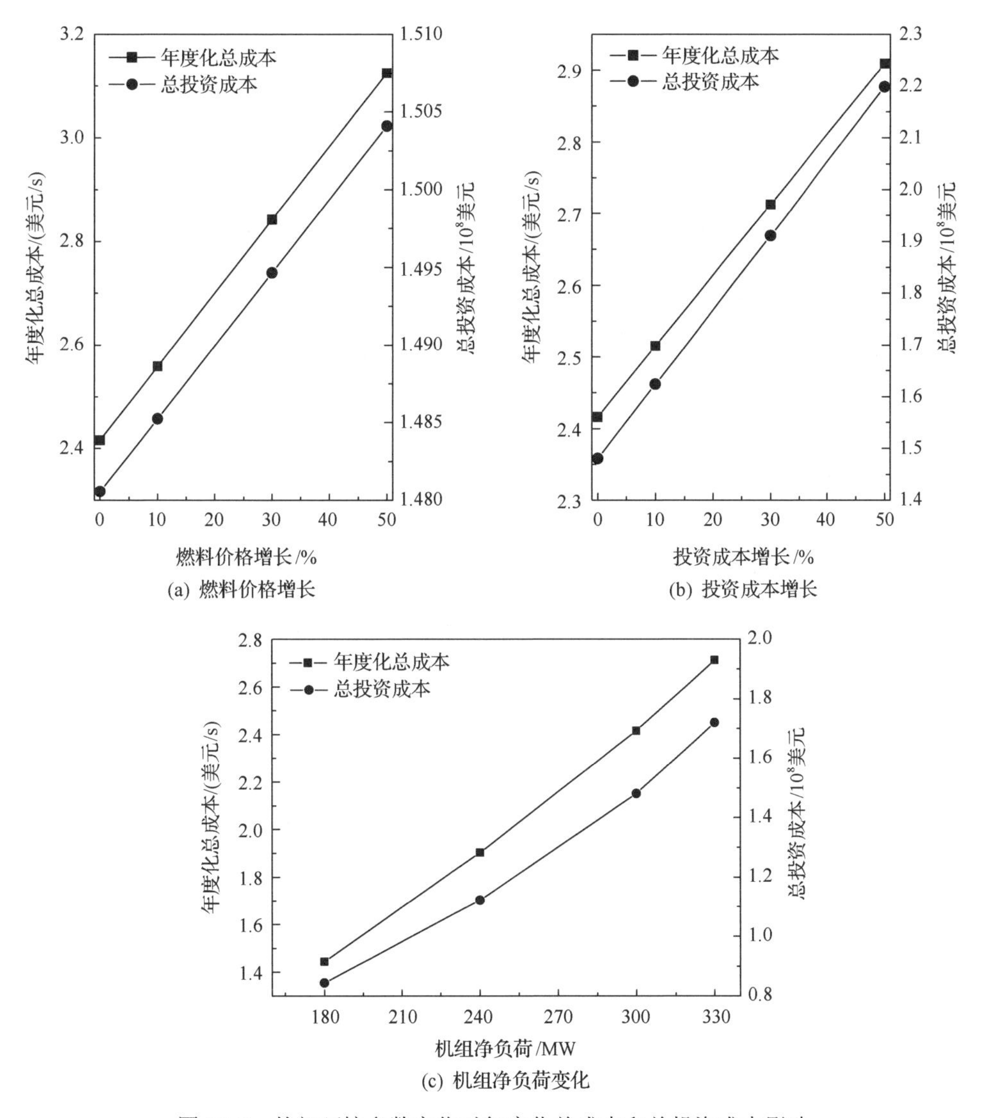

图 10-8　外部环境参数变化对年度化总成本和总投资成本影响

2) 系统自变量在最优解附近变化时的灵敏度

图 10-9 研究了系统自变量对系统目标函数(年度化总成本)的灵敏度，从图中可以看出，本章所获得的最优解能够确保系统具有全局最小的年度化总成本。另外，锅炉、汽机、给水泵效率以及主蒸汽和再热蒸汽温度变化对年度化总成本影响较大，加热器端差变化对年度化总成本影响较小。

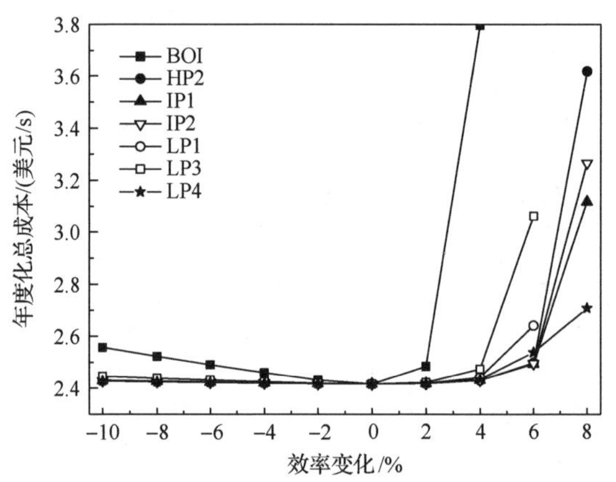

(a) BOI、HP2、IP1、IP2、LP1、LP3、LP4效率变化±10%

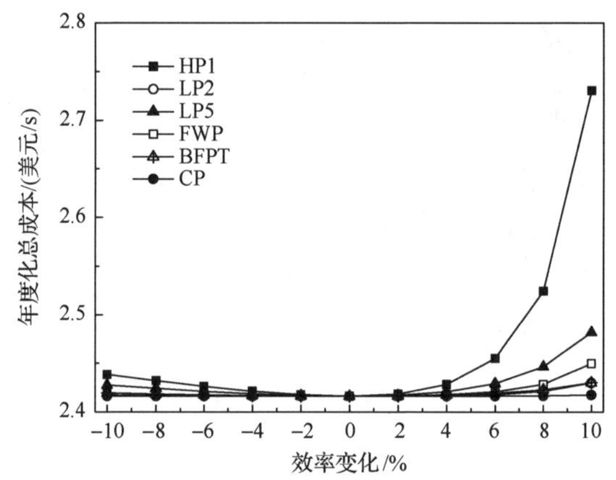

(b) HP1、LP2、LP5、FWP、BFPT、CP效率变化±10%

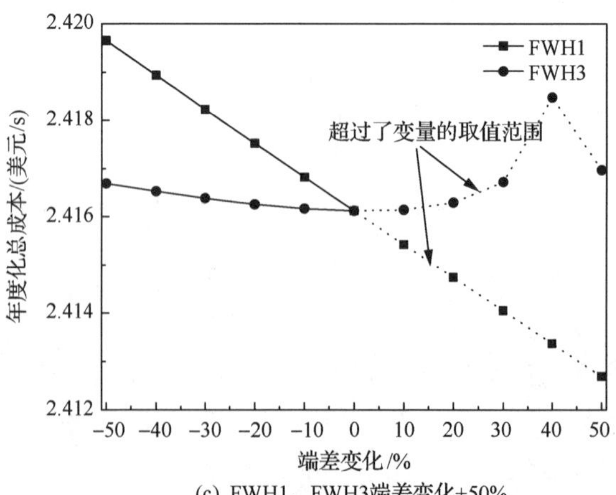

(c) FWH1、FWH3端差变化±50%

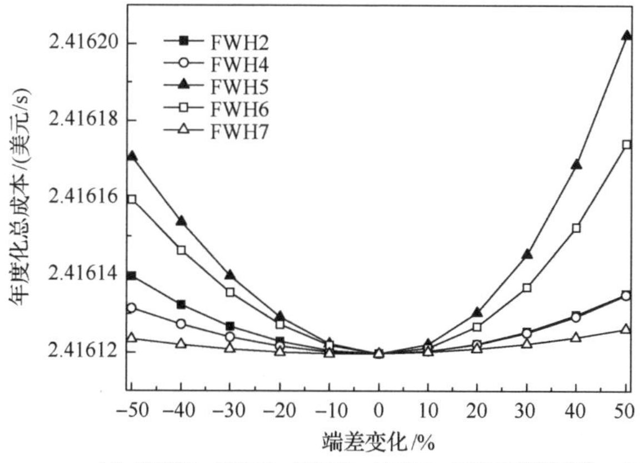

(d) FWH2、FWH4、FWH5、FWH6、FWH7端差变化±50%

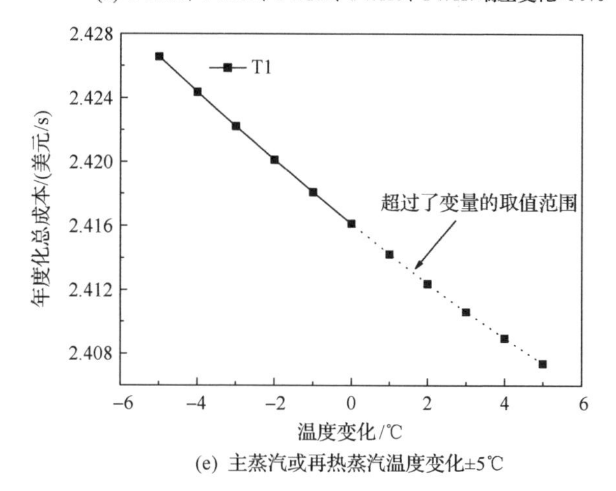

(e) 主蒸汽或再热蒸汽温度变化±5℃

图 10-9　系统自变量对总目标函数的灵敏度分析

10.4　本 章 小 结

本章利用热经济学分析方法，以 300MW 燃煤机组为例，研究了复杂能量系统的优化问题，建立了全局优化和局部优化模型及相应的求解算法。其中，全局优化和改进的局部优化的目标函数设定为最小化系统的年度化总成本，等式和不等式约束方程分别设定为系统的物理模型(质量平衡、能量平衡、设备特性方程等)和经济性模型(投资成本计算方程等)。利用 SQP 算法直接求解优化模型，用以获得优化模型的最优解。全局优化方法建模工作量较小，不需要考虑系统分解等复杂问题，求解精度较高。但当系统自变量和约束方程维数较高时，利用该方法进行求解的收敛速度较慢。全局优化方法可以验证和对比所建立的局部优化方法的精度和收敛性能等。改进的局部优化方法具有类似的精度，可以很好地逼近全局优化的结果，并且其收敛次数也不是太多(14 次)，与全局优化的 120 次收敛有量级的差别。

热经济学系统优化的结果表明，系统经过热经济学优化之后总投资成本降低了 3.5%，而总年度化成本降低了约 2.5%，几乎所有部件的单位热经济学成本均有所降低，这表明对一个实际电厂采用热经济学结构理论来优化、指导系统的设计、运行和改造是可行的、也是有必要的。

最后，本章利用系统灵敏度的分析方法，研究了外部环境参数及系统自变量变化对系统的影响。通过分析发现，外部经济性参数与物理参数对系统目标函数和最优解的影响均较大。通过研究系统自变量在最优解附近的扰动分析发现，本章所获得的最优解能够确保系统具有全局最小的年度化总成本。另外，加热器端差变化对年度化总成本影响较小，其他参数变化对年度化总成本影响较大。

参 考 文 献

[1] Frangopoulos C A. Optimal synthesis and operation of thermal systems by the thermoeconomic functional approach[J]. Journal of Engineering for Gas Turbines and Power, 1992, 114(4): 707-714.

[2] Frangopoulos C A, von Spakovsky M R, Sciubba E. A brief review of methods for the design and synthesis optimization of energy systems[J]. International Journal of Applied Thermodynamics, 2002, 5(4): 151-160.

[3] 布罗章斯基 B W. 㶲方法及其应用.(第一版). 王加璇译[D]. 北京: 中国电力出版社, 1996.

[4] Frangopoulos C A. Thermoeconomic functional analysis: a method for optimal design or improvement of complex thermal systems[D]. Atlanta: Georgia Institute of Technology, 1983.

[5] El-Sayed Y M, Evans R B. Thermoeconomics and the design of heat systems[J]. Journal of Engineering for Gas Turbines & Power, 1970, 92(1): 27.

[6] Reklaitis G V, Ravindran A, Ragsdell K M. Engineering Optimization: Methods and Applications[M]. New Jersey: Hoboken: John Wiley & Sons, Inc, 1983.

[7] Frangopoulos C A. Thermo-economic functional analysis and optimization[J]. Energy, 1987, 12(7): 563-571.

[8] Evans R B, von Spakovsky M R. Engineering functional-analysis-part2[J]. Journal of Energy Resources Technology, 1993, 115(2): 93-99.

[9] von Spakovsky M R, Evans R B. Engineering functional analysis-Part I[J]. Journal of Energy Resources Technology, 1993, 115(2): 86-92.

[10] Frangopoulos C A. Application of the thermoeconomic functional approach to the CGAM problem[J]. Energy, 1992, 19(3): 323-342.

[11] Valero A, Serra L, Lozano M A. Structural theory of thermoeconomics[C]. New York: International Symposium on Thermodynamics and the Design, Analysis and Improvement of Energy Systems, ASME Winter Annual Meeting, 1993, 30: 189-198.

[12] Frangopoulos C A. Methods of Energy Systems Optimization[M]. Gliwice: Summer School, 2003.

[13] RodríGuez-Toral M A, Morton W, Mitchell D R. The use of new SQP methods for the optimization of utility systems[J]. Computers & Chemical Engineering, 2001, 25(2-3): 287-300.

[14] Spellucci P. A new technique for inconsistent QP problems in the SQP method[J]. Mathematical Methods of Operations Research, 1998, 47(3): 355-400.

[15] Spellucci P. An SQP method for general nonlinear programs using only equality constrained subproblems[J]. Mathematical Programming, 1998, 82(3): 413-448.

[16] Evans R B. Thermoeconomic isolation and essergy analysis[J]. Energy, 1980, 5(8-9): 805-821.

[17] Frangopoulos C A. Thermoeconomic functional analysis: a method for optimal design or improvement of complex thermal systems[D]. Atlanta:Georgia Institute of Technology, 1983.

[18] Evans R B, Kadaba P V, Hendrix W A. Essergetic Functional Analysis for Process Design and Synthesis[M]. Washington: American Chemical Society, 2009.

[19] 王加璇. 动力工程热经济学[M]. 北京: 水利电力出版, 1995.

[20] von Spakovsky M R. A practical generalized analysis approach to the optimal thermoeconomic design and improvement of real-world thermal systems[D]. Atlanta:Georgia Institute of Technology, 1986.

[21] Torres C, Serra L, Valero A, et al. The productive structure and thermoeconomic theories of system optimization[R]. New York: the American Society of Mechanical Engineers, 1996.

[22] Uche J. Thermoeconomic analysis and simulation of a combined power and desalination plant[D]. Zaragoza: University of Zaragoza, 2000.

[23] Uche J, Serra L, Valero A. Thermoeconomic optimization of a dual-purpose power and desalination plant[J]. Desalination, 2001, 136(1-3): 147-158.

[24] Lozano M A, Valero A, Serra L. Local optimization of energy systems[C]//Advanced Energy System Division. Atlanta: the American Society of Mechanical Engineer, 1996.

[25] Gogus Y A. Thermoeconomic optimization[J]. International Journal of Energy Research, 2005, 29(7): 559-580.

第11章　总结与展望

本节基于过程系统工程、热力学与热经济学等理论，以燃煤电站这一复杂能量系统为研究对象，围绕能源—经济—环境综合分析评价这一主题，从过程模拟与控制、热力学分析、热经济学分析、故障诊断与系统优化以及环境热经济学评价等多方位考量，以提升燃煤电站热经济性和降低碳排放。

11.1　能量系统的过程模拟和热力学分析评价

11.1.1　过程模拟与仿真

对能量系统(如燃煤电站)进行过程模拟与仿真，是虚拟重现真实系统、搭建系统性能评价平台的一种手段。通过这一手段，可以获取某一能量系统的热力学数据，进行热力学分析评价，为技术可行性评判提供有力依据。目前，对于能量系统过程模拟与仿真，可主要从两个方面总结。第一，基于黑箱模型的复杂能量系统建模与仿真，即侧重于从全局宏观角度出发，考虑系统的完整性，而简化某些复杂机理描述，获取系统在某一运行工况下的能流与物流数据，评价系统的热力学性能与经济学性能，明确系统热力学不可逆性源头，辨识系统运行控制策略与动态特性，为安全、可靠、高效运行提供理论基础。第二，基于机理模型的能量系统建模与仿真，即侧重于描述系统内部传热、流动、传质、反应等机理，关注复杂能量系统中某一关键部位或某一子系统，明确某些因素对模型精确度的影响，获取多因素耦合下系统内部参数分布情况，为某一区域优化运行提供指导。前者模型较为粗略、计算代价小、集成度高，可用于不同流程方案比较、技术经济可行性分析及不同运行控制分析评价等；后者模型较接近真实系统、计算所需资源较多、对机理描述较为精确，可用于获取前者无法获取的一些细节信息，便于更加有效地指导运行优化。

无论前者还是后者，都将面对一定的挑战[1]。第一，能量系统建模的数据来源。数据搜集是建模与仿真的基础，且数据的可靠性与多少直接决定了所建立模型的精准性。第二，描述能量系统的深度与广度。当获取的信息与资源很多时，可较深入地描述系统的机理与细节，所建立的模型更接近真实情况，有利于为实际运行进行较为准确的指导，但所需要的计算资源和难度也会急剧增加。相反，描述的细节较少时，系统可能会偏离真实工况，计算很容易实现，但精准性降低。应在广度与深度之间权衡，根据已有信息和资源找到合适的建模精度，来满足某一实际应用的要求。第三，模型的可接受度。从建模者角度看，模型本身能较好地满足某一任务要求，具有一定的准确度；但从实际系统运行角度看，模型存在很多假设，无论何种描述，总归会脱离实际，从而产生不信任感。因此，建模者最好也是运行者，知道建模到何种程度可以用于评价与指导实际运行。

11.1.2　热力学分析和评价

基于过程模型的热力学分析与评价，也主要分为两个方面：基于热力学第一定律的能量分析与基于热力学第二定律的㶲分析。通过过程模拟所获取的能流数据，能量分析主要是获取系统所产生的能耗大小，比较不同系统结构与方案的差异，确定基于热力学第一定律的最优方案。然而，如前面章节所述，该方法较为片面，仅关注能量的数量方面，分析评价结果可能不太准确。与此不同，㶲分析兼顾能量的质量与数量，侧重于分析系统热力学不可逆性来源，明确系统整体效率和系统内部组成㶲损分布，可为提升系统热力学性能提供依据。通常情况下，复杂能量下系统的热力学分析与评价，主要包括过程模拟、能流与物流数据获取、能量值与㶲值计算、系统评价分析等步骤。对于稳态模拟而言，其所对应的热力学分析侧重于针对某一运行工况，所获取的数据与结果主要是某一工况点的。然而，对于真实系统运行而言，对系统实时运行的热力学分析更为重要，可获得热力学性能随时间变化的曲线，也可获得某一运行工况点的数据，但难点是如何实时计算表征系统性能的热力学指标。

目前，基于稳态过程模型的热力学分析评价较为成熟，模型建立后，只需按照上述步骤就可完成对能量系统的评价。然而，对于以动态过程模型为基础的热力学分析与评价，其关注度仍然不够，这主要归因于动态模型构建及动态热力学分析两个方面。一方面，如前所述，动态模型构建所需信息与计算均比稳态模型复杂，当某一设定要求可以用稳态模型满足时，这就大大降低了动态建模的必要性。另一方面，动态热力学分析不够成熟，未能形成较好的理论体系，其中所涉及的方法与理论均为各家之言，当用于某一系统评价时，可能会引起较为广大的争议。再者，动态热力学分析到底能起到多大的功用，仍需进一步去挖掘，需要进一步建立完善的理论基础与评价体系[2-4]。

11.2　能量系统的热经济学分析和评价

如第 1 章所述，本书主要侧重于基于结构理论的热经济学，分为热经济学成本、故障诊断、系统优化，以及环境热经济学四个部分。热经济学成本分析用于辨识系统成本形成过程，即从原料进入到产品输出的整个过程中，每个组件完成其功能所需的经济成本与能源消耗。热经济学故障诊断则是评价在系统参数偏离所允许的范围或设备发生运行故障时，如何用热力学与经济学手段去量化各种系统异常所带来的损失。热经济学系统优化以某一指标最小化或最大化为目标函数设定相对应的约束方程，以降低系统及各个组件的热经济学成本。环境热经济学是在热力学、经济学基础上进一步考虑环境因素的影响，对能量系统实现能源-经济-环境系统综合分析评价。除环境热经济学外，基于结构理论的热经济学分析和评价已形成较为完备的理论体系，广泛应用于复杂能量系统中。近年来，为进一步细分内、外部因素所带来的㶲损以及设备自身或与其他设备交互作用的区别，先进㶲分析(advanced exergy analysis)[3]和先进热经济学分析(advanced exergoeconomic analysis)[5]先后得以提出，并将这四种情况分别定义为内部㶲损(endogenous exergy destruction)、外部㶲损(exogenous exergy destruction)、不可避免㶲损(unavoidable exergy destruction)与可避免㶲损(avoidable exergy destruction)，从而更加精确地区分内、外部因素和设备之间相互作用对㶲损的影响机制。另外，也有研究结合㶲方法与全生命周期评价，类比于热经济学分析，形成了㶲环境学分析(exergoenvironmental analysis)[6]方法，考虑从原料进入到产品输出的过程中，系统㶲环境影响的形成。进而，结合先进㶲分析，形成了先进㶲环境学分析方法，并应用到复杂能量系统中。

目前，对于热经济学分析与评价的挑战，可能集中在以下几点[7,8]：①热经济学优化与熵产最小化相结合，即进一步细化对系统中设备的熵产最小化优化，考虑宏观系统优化与微观设备优化相结合，但该方法需要描述系统内部的流场分布，计算复杂度较大；②新型复杂能量系统的热经济学故障诊断与系统优化，难点在于找到适合于这些系统和中国国情的投资成本经验方程，明确这些系统中可能存在的不同于传统系统的故障来源与可获得的实际运行经验；③真正意义上的环境热经济学分析方法与理论体系。热经济学分析与㶲环境学分析相对独立，分别采用经济学与环境学和㶲分析方法相结合，形成方式类似，关键在于如何找到将㶲、成本、环境影响三者相结合的切点，形成通用的环境热经济学理论。

11.3 能源-经济-环境综合评价的发展趋势

为实现能源清洁、高效、低碳利用，需要从能源-经济-环境等方面去综合评价，明确热力学不可逆性源头、降低污染物排放及 CO_2 排放等，这其中所使用的方法随着日趋严格的环境要求，将进一步完善，考虑的因素也将进一步细化。

1) 耦合微观机理的过程模拟

如前所述，系统过程模型主要侧重于宏观层面，明确系统热力学性能。通常情况下，忽略了对系统中关键过程的微观机理描述，而使模型的精确性降低。事实上，运用计算流体力学(CFD)模拟详细描述流动、传热、传质以及动力学过程等，并将其嵌入系统稳态或动态过程模型中，进一步提升模型的精确性，更加接近真实过程。这种方式的难点在于机理模型与过程模型之间的耦合形式，且应尽量降低计算代价，实现精准快速模拟。已有相关研究[2,9]将 CFD 所获取的热流分布耦合到系统稳态模型中，以实现燃烧过程的准确描述，这个方式借助模型降阶方法来完成 CFD 与过程模型之间的耦合。后续需要考虑如何将这种耦合方式推广到动态模拟当中，进行实时计算，获取系统运行的动态特性，同时能获取系统关键部位的动态运行细节信息。这个将为后续动态热力学分析等提供更多可以用于评价的数据，为实际运行优化提供更多参考。

2) 环境热经济学

理论上，环境热经济学包括环境影响、经济成本和能源消耗三个方面。基于㶲方法，分别引入经济成本和环境影响，形成了热经济学和㶲环境学，两种方法相互独立。第 10 章中尝试将脱除成本、环境损害成本以及税收三种环境因素引入热经济学成本模型中，初步形成一种环境热经济学成本分析方法，这种方法主要基于热经济学结构理论框架，但环境影响、经济成本和能源消耗三个因素之间是否存在其他形式的耦合仍需进一步研究。其实，已有相关文献用其他方式将三种因素耦合起来，需要进一步确定这些不同耦合方式是否能统一到某一通用理论框架下。另外，需进一步推广环境热经济学综合分析评价，将其应用到复杂能量系统当中，以实现资源清洁高效利用与环境友好目标。

3) 动态热经济学

实际系统动态运行在工业中是常态，如何调控系统运行，使系统维持在高效低成本状态，甚至处于近零排放状态，是工程师追求的目标。热经济学兼顾热力学与经济学双重特性，运行控制会影响系统的热力、经济性能，两者之间存在着某种关联性，挖掘这一层关系，将有利于实现绿色、高效、低成本目标。这里，需要努力的方向是构建动态热经济学方法，辨识出系统实时的热力、经济性能，优化系统运行控制，寻求运行控制与性能目标之间的平衡点[2,9]。

参 考 文 献

[1] Zitney S E. CAPE-OPEN integration for advanced process engineering co-Simulation[C]. San Francisco: AIChE 2006 Annual Meeting, 2006.

[2] Zitney S E. Process/equipment co-simulation for design and analysis of advanced energy systems[J]. Computer & Chemical Engineering, 2010, 34(9): 1532-1542.

[3] Jin B, Zhao H, Zheng C, et al. Dynamic exergy method for evaluating the control and operation of Oxy-Combustion boiler island systems[J]. Environmental Science & Technology, 2017, 51(1): 725-732.

[4] Jin B, Zhao H, Zheng C. Dynamic exergy method and its application for CO_2 compression and purification unit in oxy-combustion power plants[J]. Chemical Engineering Science, 2016, 144(1-2): 336-345.

[5] Jin B, Zhao H, Zheng C, et al. Control optimization to achieve energy-efficient operation of the air separation unit in oxy-fuel combustion power plants[J]. Energy, 2018, 152(1): 313-321.

[6] Petrakopoulou F, Tsatsaronis G, Morosuk T, et al. Environmental evaluation of a power plant using conventional and advanced exergy-based methods[J]. Energy, 2012, 45(1): 23-30.

[7] Petrakopoulou F, Tsatsaronis G, Morosuk T. Evaluation of a power plant with chemical looping combustion using an advanced exergoeconomic analysis[J]. Sustainable Energy Technologies and Assessments, 2013, 3: 9-16.

[8] Meyer L, Tsatsaronis G, Buchgeister J. Exergoenvironmental analysis for evaluation of the environmental impact of energy conversion systems[J]. Energy, 2009, 31(1): 75-89.

[9] Engl G, Kröner A, Pottmann M. Practical Aspects of Dynamic Simulation in Plant Engineering[J]. Computer Aided Chemical Engineering, 2010, 28(1): 451-456.